普通高等学校计算机教育
"十二五"规划教材

卓越工程师培养计划推荐教材
——软件开发类

ASP.NET
应用开发与实践

■ 刘乃琦 郭小芳 主编　■ 熊风光 王高 副主编

人民邮电出版社
北　京

图书在版编目（CIP）数据

ASP.NET应用开发与实践 / 刘乃琦，郭小芳主编. --北京：人民邮电出版社，2012.12（2021.12重印）
普通高等学校计算机教育"十二五"规划教材
ISBN 978-7-115-30182-6

Ⅰ．①A… Ⅱ．①刘… ②郭… Ⅲ．①网页制作工具－程序设计－高等学校－教材 Ⅳ．①TP393.092

中国版本图书馆CIP数据核字(2012)第296214号

内 容 提 要

本书系统全面地介绍了有关ASP.NET网站开发所涉及的各类知识。全书共分20章，内容包括Web开发基础、搭建ASP.NET网站开发环境、ASP.NET开发基础、ASP.NET内置对象、ASP.NET常用服务器控件、ADO.NET数据库操作技术、数据绑定控件的使用、Web用户控件、ASP.NET中的站点导航控件、母版页的使用、外观与皮肤——主题、AJAX异步刷新技术、LINQ数据操作技术、文件流操作、Web Service服务应用、程序调试与错误处理、网站优化打包与发布、综合案例——供求信息网、课程设计——在线音乐网、课程设计——AJAX许愿墙。全书每章内容都与实例紧密结合，有助于学生理解知识、应用知识，达到学以致用的目的。

本书附有配套DVD光盘，光盘中包含本书所有实例、综合实例、实验、综合案例和课程设计的源代码、制作精良的电子课件PPT及教学录像、《ASP.NET编程词典（个人版）》体验版学习软件。其中，源代码全部经过精心测试，能够在Windows XP、Windows 2003、Windows 7系统下编译和运行。

本书可作为本科计算机专业、软件学院、高职软件专业及相关专业的教材，同时也适合ASP.NET爱好者、初、中级的Web程序开发人员参考使用。

◆ 主　编　刘乃琦　郭小芳
　副主编　熊风光　王　高
　责任编辑　邹文波

◆ 人民邮电出版社出版发行　北京市丰台区成寿寺路11号
　邮编　100164　电子邮件　315@ptpress.com.cn
　网址　https://www.ptpress.com.cn
　涿州市京南印刷厂印刷

◆ 开本：787×1092　1/16
　印张：25.5　　　　　　　2012年12月第1版
　字数：699千字　　　　　2021年12月河北第14次印刷

ISBN 978-7-115-30182-6

定价：52.00元（附光盘）

读者服务热线：(010)81055256　印装质量热线：(010)81055316
反盗版热线：(010)81055315

前 言

ASP.NET 是 Microsoft 公司推出的新一代建立动态 Web 应用程序的开发平台，它是当今最主流的 Web 程序开发技术之一。目前，无论是高校的计算机专业还是 IT 培训学校，都将 ASP.NET 作为教学内容之一，这对于培养学生的计算机应用能力具有非常重要的意义。

在当前的教育体系下，实例教学是计算机语言教学最有效的方法之一，本书将 ASP.NET 知识和实用的实例有机结合起来，一方面，跟踪 ASP.NET 发展，适应市场需求，精心选择内容，突出重点、强调实用，使知识讲解全面、系统；另一方面，设计典型的实例，将实例融入到知识讲解中，使知识与实例相辅相成，既有利于学生学习知识，又有利于指导学生实践。另外，本书在每一章的后面还提供了习题和实验，方便读者及时验证自己的学习效果（包括理论知识和动手实践能力）。

本书作为教材使用时，课堂教学建议 60~65 学时，实验教学建议 15~20 学时。各章主要内容和学时建议分配如下，老师可以根据实际教学情况进行调整。

章	主 要 内 容	课堂学时	实验学时
第 1 章	Web 开发基础，包括 Web 简介、Web 程序运行机制	1	
第 2 章	搭建 ASP.NET 网站开发环境，包括 ASP.NET 概述、ASP.NET 与 .NET 框架、ASP.NET 开发环境搭建、熟悉 Visual Studio 2010 开发环境、Visual Studio 2010 帮助系统	2	
第 3 章	ASP.NET 开发基础，包括第一个 ASP.NET 网站、ASP.NET 网页基础语法、综合实例——根据系统时间显示"上午好！"或"下午好！"字符串	2	1
第 4 章	ASP.NET 内置对象，包括 Response 对象、Request 对象、Application 对象、Session 对象、Cookie 对象、Server 对象、综合实例——实现用户密码记忆功能	4	1
第 5 章	ASP.NET 常用服务器控件，包括服务器控件概述、文本类型控件、按钮类型控件、链接类型控件、选择类型控件、Image 图像控件、Panel 容器控件、FileUpload 文件上传控件、数据验证控件、综合实例——实现省份与城市二级联动下拉菜单	6	1
第 6 章	ADO.NET 数据库操作技术，包括 ADO.NET 概述、ADO.NET 对象模型、数据库开发基本操作、综合实例——批量更新供求信息发布时间	5	1
第 7 章	数据绑定控件的使用，包括 GridView 控件、DataList 控件、ListView 控件、综合实例——设置在线考试系统管理权限	3	1
第 8 章	Web 用户控件，包括 Web 用户控件的概述、创建并使用 Web 用户控件、综合实例——制作一个站内搜索 Web 用户控件	2	1
第 9 章	ASP.NET 中的站点导航控件，包括站点地图 web.sitemap 概述、TreeView 树型导航控件、Menu 下拉菜单导航控件、SiteMapPath 站点地图导航控件、综合实例——实现企业门户网站的导航	3	1

续表

章	主 要 内 容	课堂学时	实验学时
第 10 章	母版页的使用，包括母版页的使用、访问母版页的成员、综合实例——动态加载网站母版页	2	1
第 11 章	外观与皮肤——主题，包括主题概述、创建主题、主题的使用、综合实例——设计网站登录模块外观	2	1
第 12 章	AJAX 异步刷新技术，包括 ASP.NET AJAX 概述、ASP.NET AJAX 服务器端控件、AJAXControlToolkit 工具包的使用、综合实例——AJAX 开发聊天室	4	1
第 13 章	LINQ 数据操作技术，包括 LINQ 技术概述、LINQ 查询常用子句、使用 LINQ 操作 SQL Server 数据库、使用 LINQ 操作其他数据、综合实例——使用 LINQ 实现数据分页	4	1
第 14 章	文件流操作，包括 System.IO 命名空间、文件的基本操作、文件夹的基本操作、数据流操作、综合实例——文件下载功能的实现	4	1
第 15 章	Web Service 服务应用，包括 Web Service 概述、Web 服务的创建及使用、综合实例——利用 Web 服务上传和下载图片	2	1
第 16 章	程序调试与错误处理，包括错误类型、程序调试、常见服务器故障排除、异常处理语句	2	
第 17 章	网站优化、打包与发布，包括 ASP.NET 网站优化、ASP.NET 网站打包、ASP.NET 网站发布	2	
第 18 章	综合案例——供求信息网，包括需求分析、总体设计、数据库设计、公共类设计、网站主要模块开发、网站编译与发布	6	
第 19 章	课程设计——在线音乐网，包括课程设计目的、功能描述、总体设计、数据库设计、实现过程、调试运行、课程设计总结	5	
第 20 章	课程设计——AJAX 许愿墙，包括课程设计目的、功能描述、总体设计、数据库设计、实现过程、调试运行、课程设计总结	5	

由于编者水平有限，书中难免存在疏漏和不足之处，敬请广大读者批评指正，使本书得以改进和完善。

编　者
2012 年 10 月

目 录

第1章 Web 开发基础 ·········· 1

1.1 Web 简介 ·········· 1
- 1.1.1 什么是 Web ·········· 1
- 1.1.2 B/S 结构简介 ·········· 1
- 1.1.3 C/S 结构简介 ·········· 2
- 1.1.4 B/S 结构与 C/S 结构比较 ·········· 2

1.2 Web 程序运行机制 ·········· 3
- 1.2.1 Web 浏览器 ·········· 3
- 1.2.2 HTML 5 标记语言 ·········· 3
- 1.2.3 CSS 简介 ·········· 14
- 1.2.4 JavaScript 简介 ·········· 14
- 1.2.5 HTTP ·········· 15
- 1.2.6 Web 系统的三层架构 ·········· 15
- 1.2.7 MVC 架构 ·········· 17

知识点提炼 ·········· 19
习题 ·········· 19

第2章 搭建 ASP.NET 网站开发环境 ·········· 20

2.1 ASP.NET 概述 ·········· 20
- 2.1.1 ASP.NET 的优势 ·········· 20
- 2.1.2 ASP.NET 的应用领域 ·········· 21
- 2.1.3 ASP.NET 网站的运行原理 ·········· 21
- 2.1.4 ASP.NET 网站的运行机制 ·········· 23

2.2 ASP.NET 与.NET 框架 ·········· 24
- 2.2.1 .NET 框架简介 ·········· 24
- 2.2.2 ASP.NET 与.NET 框架 ·········· 24

2.3 ASP.NET 开发环境搭建 ·········· 24
- 2.3.1 安装并配置 IIS 7.x 服务器 ·········· 24
- 2.3.2 安装 Visual Studio 2010 系统必备 ·········· 26
- 2.3.3 安装 Visual Studio 2010 ·········· 27
- 2.3.4 卸载 Visual Studio 2010 ·········· 28

2.4 熟悉 Visual Studio 2010 开发环境 ·········· 29
- 2.4.1 菜单栏 ·········· 29
- 2.4.2 工具栏 ·········· 30
- 2.4.3 "工具箱"窗口 ·········· 30
- 2.4.4 "属性"窗口 ·········· 31
- 2.4.5 "错误列表"窗口 ·········· 31
- 2.4.6 "输出"窗口 ·········· 32

2.5 Visual Studio 2010 帮助系统 ·········· 32
- 2.5.1 安装 Help Library 管理器 ·········· 32
- 2.5.2 使用 Help Library 管理器 ·········· 34

2.6 综合实例——创建一个 ASP.NET 网站 ·········· 35

知识点提炼 ·········· 36
习题 ·········· 37
实验：安装 Visual Studio 2010 开发环境 ·········· 37

第3章 ASP.NET 开发基础 ·········· 38

3.1 第一个 ASP.NET 网站 ·········· 38
- 3.1.1 创建 ASP.NET 网站 ·········· 38
- 3.1.2 设计 ASP.NET 页面 ·········· 40
- 3.1.3 添加 ASP.NET 特殊文件夹 ·········· 42
- 3.1.4 运行 ASP.NET 网站 ·········· 42
- 3.1.5 配置 IIS 服务器并浏览网站 ·········· 42

3.2 ASP.NET 网页基础语法 ·········· 45
- 3.2.1 ASP.NET 网页扩展名 ·········· 45
- 3.2.2 ASP.NET 页面指令 ·········· 45
- 3.2.3 注释 ASPX 文件中的代码 ·········· 49
- 3.2.4 ASP.NET 服务器控件语法 ·········· 49
- 3.2.5 代码块语法 ·········· 50
- 3.2.6 表达式语法 ·········· 51

3.3 综合实例——根据系统时间显示 "上午好！"或"下午好！"字符串 ·········· 51

知识点提炼 ·········· 52
习题 ·········· 53
实验：在网页中添加一个下拉列表控件 ·········· 53

1

第4章 ASP.NET 内置对象······54

4.1 Response 对象······54
4.1.1 Response 对象概述······54
4.1.2 Response 对象常用属性和方法······54
4.1.3 在页面中输出指定信息数据······55
4.1.4 页面跳转并传递参数······56

4.2 Request 对象······57
4.2.1 Request 对象概述······57
4.2.2 Request 对象常用属性和方法······57
4.2.3 获取页面间传送的值······58
4.2.4 获取客户端浏览器相关信息······58

4.3 Application 对象······59
4.3.1 Application 对象概述······59
4.3.2 Application 对象常用集合、属性和方法······59
4.3.3 统计网站的访问量······60
4.3.4 简单的网络聊天室······61

4.4 Session 对象······62
4.4.1 Session 对象概述······62
4.4.2 Session 对象常用集合、属性和方法······63
4.4.3 利用 Session 对象存储用户登录信息······63

4.5 Cookie 对象······65
4.5.1 Cookie 对象概述······65
4.5.2 Cookie 对象常用属性和方法······65
4.5.3 利用 Cookie 对象实现网络投票功能······65

4.6 Server 对象······68
4.6.1 Server 对象概述······68
4.6.2 Server 对象常用属性和方法······69
4.6.3 获取服务器的物理地址······69
4.6.4 对字符串进行编码和解码······69

4.7 综合实例——实现用户密码记忆功能······70
知识点提炼······71
习题······72
实验：投票系统中限制每月只能投票一次······72

第5章 ASP.NET 常用服务器控件······74

5.1 服务器控件概述······74
5.1.1 HTML 服务器控件······74
5.1.2 Web 服务器控件······75

5.2 文本类型控件······76
5.2.1 Label 控件······77
5.2.2 TextBox 控件······77

5.3 按钮类型控件······78
5.3.1 Button 控件······78
5.3.2 ImageButton 控件······79

5.4 链接类型控件······79
5.4.1 HyperLink 控件······80
5.4.2 LinkButton 控件······80

5.5 选择类型控件······81
5.5.1 RadioButton 控件······81
5.5.2 RadioButtonList 控件······82
5.5.3 CheckBox 控件······84
5.5.4 CheckBoxList 控件······85
5.5.5 ListBox 控件······87
5.5.6 DropDownList 控件······89

5.6 Image 图像控件······90
5.7 Panel 容器控件······90
5.8 FileUpload 文件上传控件······91
5.9 数据验证控件······93
5.9.1 RequiredFieldValidator 控件······93
5.9.2 CompareValidator 控件······94
5.9.3 RangeValidator 控件······94
5.9.4 RegularExpressionValidator 控件······95
5.9.5 CustomValidator 控件······96
5.9.6 ValidationSummary 控件······96

5.10 综合实例——实现省份与城市二级联动下拉菜单······96
知识点提炼······98
习题······99
实验：设计用户注册页面······99

第6章 ADO.NET 数据库操作技术······102

6.1 ADO.NET 概述······102

6.2 ADO.NET 对象模型……103
 6.2.1 Connection 对象……103
 6.2.2 Command 对象……104
 6.2.3 DataReader 对象……104
 6.2.4 DataAdapter 对象……105
 6.2.5 DataSet 对象……106
 6.2.6 DataTable 对象……107
 6.2.7 DataView 对象……108
6.3 数据库开发基本操作……108
 6.3.1 打开和关闭数据库连接……109
 6.3.2 查询数据库中的数据……109
 6.3.3 向数据库中添加数据……110
 6.3.4 修改数据库中的数据……112
 6.3.5 删除数据库中的数据……113
 6.3.6 使用事务……115
6.4 综合实例——批量更新供求信息
  发布时间……116
知识点提炼……120
习题……120
实验：以二进制形式存取图片……120

第 7 章 数据绑定控件的使用……123

7.1 GridView 控件……123
 7.1.1 GridView 控件概述……123
 7.1.2 GridView 控件常用的属性、
   方法和事件……124
 7.1.3 使用 GridView 控件绑定数据源……125
 7.1.4 自定义 GridView 控件的列……128
 7.1.5 使用 GridView 控件分页
   显示数据……130
 7.1.6 以编程方式实现选中、编辑和
   删除 GridView 数据项……131
7.2 DataList 控件……134
 7.2.1 DataList 控件概述……134
 7.2.2 DataList 控件常用的属性、
   方法和事件……134
 7.2.3 分页显示 DataList
   控件中的数据……136
7.3 ListView 控件……139
 7.3.1 ListView 控件概述……139

 7.3.2 ListView 控件常用的属性、
   方法和事件……140
 7.3.3 ListView 控件的模板……142
 7.3.4 使用 ListView 服务器控件对
   数据进行显示、分页和排序……142
7.4 综合实例——设置在线考试系统
  管理权限……143
知识点提炼……145
习题……146
实验：在 DataList 控件中批量删除数据……146

第 8 章 Web 用户控件……149

8.1 Web 用户控件的概述……149
 8.1.1 Web 用户控件与 Web 窗体比较……149
 8.1.2 Web 用户控件的优点……150
8.2 创建并使用 Web 用户控件……150
 8.2.1 创建 Web 用户控件……150
 8.2.2 在 ASP.NET 网页中使用 Web
   用户控件……151
8.3 综合实例——制作一个站内搜索
  Web 用户控件……156
知识点提炼……157
习题……158
实验：使用 Web 用户控件制作
  博客导航条……158

第 9 章 ASP.NET 中的站点
　　　　导航控件……160

9.1 站点地图 Web.sitemap 概述……160
9.2 TreeView 树型导航控件……161
 9.2.1 TreeView 控件概述……161
 9.2.2 TreeView 控件的常用
   属性和事件……162
 9.2.3 TreeView 控件的使用……163
9.3 Menu 下拉菜单导航控件……166
 9.3.1 Menu 控件概述……166
 9.3.2 Menu 控件的常用属性和事件……166
 9.3.3 Menu 控件的使用……167
9.4 SiteMapPath 站点地图导航控件……169
 9.4.1 SiteMapPath 控件概述……169

  9.4.2 SiteMapPath 控件的常用

    属性和事件 ································ 169

  9.4.3 SiteMapPath 控件的使用 ········ 170

 9.5 综合实例——实现企业门户

   网站的导航 ······································ 172

 知识点提炼 ··· 174

 习题 ··· 174

 实验：使用 TreeView 控件实现 OA

    系统导航 ·· 174

第 10 章 母版页的使用 ·································· 177

 10.1 母版页的使用 ······································ 177

  10.1.1 母版页概述 ······························ 177

  10.1.2 创建母版页 ······························ 178

  10.1.3 创建内容页 ······························ 179

  10.1.4 嵌套母版页 ······························ 180

 10.2 访问母版页的成员 ······························ 182

  10.2.1 使用 Master.FindControl 方法

    访问母版页上的控件 ············ 182

  10.2.2 引用@MasterType 指令访问

    母版页上的属性 ···················· 183

 10.3 综合实例——动态加载网站

    母版页 ··· 185

 知识点提炼 ··· 187

 习题 ··· 187

 实验：创建一个带网站计数器的母版页 ···· 187

第 11 章 外观与皮肤——主题 ········ 189

 11.1 主题概述 ·· 189

  11.1.1 组成元素 ·································· 189

  11.1.2 文件存储和组织方式 ············ 190

 11.2 创建主题 ·· 191

  11.2.1 创建外观文件 ·························· 191

  11.2.2 为主题添加 CSS 样式 ············ 192

 11.3 主题的使用 ·· 194

  11.3.1 指定和禁用主题 ···················· 194

  11.3.2 动态加载主题 ························ 195

 11.4 综合实例——设计网站登录

    模块外观 ··· 197

 知识点提炼 ··· 198

 习题 ··· 198

 实验：设计网站注册模块外观 ··············· 199

第 12 章 AJAX 异步刷新技术 ········· 200

 12.1 ASP.NET AJAX 概述 ·························· 200

  12.1.1 AJAX 开发模式 ····················· 200

  12.1.2 ASP.NET AJAX 优点 ············ 201

  12.1.3 ASP.NET AJAX 架构 ············ 201

 12.2 ASP.NET AJAX 服务器端控件 ········ 202

  12.2.1 ScriptManager 控件 ··············· 202

  12.2.2 UpdatePanel 控件 ··················· 206

  12.2.3 Timer 控件 ······························ 208

 12.3 AJAXControlToolkit 工具包的使用 ··· 209

  12.3.1 安装 AJAX Control Toolkit

    扩展控件工具包 ···················· 209

  12.3.2 PasswordStrength 控件 ········· 210

  12.3.3 TextBoxWatermark 控件 ······· 212

  12.3.4 SlideShow 控件 ······················ 213

 12.4 综合实例——AJAX 开发聊天室 ····· 216

 知识点提炼 ··· 217

 习题 ··· 218

 实验：仿当当网对图书通过五星显示

    好评等级 ·· 218

第 13 章 LINQ 数据操作技术 ··········· 221

 13.1 LINQ 技术概述 ···································· 221

 13.2 LINQ 查询常用子句 ··························· 222

  13.2.1 from 子句 ································ 222

  13.2.2 where 子句 ······························ 223

  13.2.3 select 子句 ······························ 223

  13.2.4 orderby 子句 ··························· 224

 13.3 使用 LINQ 操作 SQL Server

    数据库 ··· 224

  13.3.1 创建 LINQ 数据源 ··············· 224

  13.3.2 使用 LINQ 执行操作数据库 ··· 225

  13.3.3 灵活运用 LinqDataSource 控件 ··· 228

 13.4 使用 LINQ 操作其他数据 ················· 230

  13.4.1 使用 LINQ 操作数组和集合 ··· 230

  13.4.2 使用 LINQ 操作 DataSet

    数据集 ···································· 231

13.4.3 使用 LINQ 操作 XML 文件⋯⋯233
13.5 综合实例——使用 LINQ 实现
　　　数据分页⋯⋯236
知识点提炼⋯⋯238
习题⋯⋯239
实验：使用 LINQ 防止 SQL 注入式攻击⋯⋯239

第 14 章　文件流操作⋯⋯241

14.1 System.IO 命名空间⋯⋯241
14.2 文件的基本操作⋯⋯242
　14.2.1 判断文件是否存在⋯⋯242
　14.2.2 创建文件⋯⋯243
　14.2.3 打开文件⋯⋯244
　14.2.4 复制文件⋯⋯247
　14.2.5 移动文件⋯⋯247
　14.2.6 删除文件⋯⋯248
　14.2.7 获取文件基本信息⋯⋯248
14.3 文件夹的基本操作⋯⋯249
　14.3.1 判断文件夹是否存在⋯⋯249
　14.3.2 创建文件夹⋯⋯250
　14.3.3 移动文件夹⋯⋯250
　14.3.4 删除文件夹⋯⋯251
　14.3.5 遍历文件夹⋯⋯252
14.4 数据流操作⋯⋯253
　14.4.1 流操作类介绍⋯⋯253
　14.4.2 文件流类⋯⋯254
　14.4.3 文本文件的写入与读取⋯⋯255
　14.4.4 二进制文件的写入与读取⋯⋯257
14.5 综合实例——文件下载功能的实现⋯⋯259
知识点提炼⋯⋯260
习题⋯⋯261
实验：使用 ASP.NET 传送大文件⋯⋯261

第 15 章　Web Service 服务应用⋯⋯263

15.1 Web Service 概述⋯⋯263
15.2 Web 服务的创建及使用⋯⋯264
　15.2.1 Web 服务文件的指令⋯⋯264
　15.2.2 Web 服务代码隐藏文件⋯⋯265
　15.2.3 创建一个简单的 Web 服务⋯⋯266
　15.2.4 ASP.NET 网站中调用
　　　　　Web 服务⋯⋯267
　15.2.5 ASP.NET AJAX 调用
　　　　　Web 服务⋯⋯269
15.3 综合实例——利用 Web 服务
　　　上传和下载图片⋯⋯271
知识点提炼⋯⋯274
习题⋯⋯274
实验：使用 Web 服务生成产品编号⋯⋯275

第 16 章　程序调试与错误处理⋯⋯277

16.1 错误类型⋯⋯277
　16.1.1 语法错误⋯⋯277
　16.1.2 语义错误⋯⋯278
　16.1.3 逻辑错误⋯⋯278
16.2 程序调试⋯⋯279
　16.2.1 断点操作⋯⋯279
　16.2.2 开始、中断和停止程序的执行⋯⋯280
　16.2.3 单步执行和逐过程执行⋯⋯281
　16.2.4 运行到指定位置⋯⋯282
16.3 常见服务器故障排除⋯⋯282
　16.3.1 Web 服务器配置不正确⋯⋯282
　16.3.2 IIS 管理服务没有响应⋯⋯282
　16.3.3 未安装 ASP.NET⋯⋯283
　16.3.4 连接被拒绝⋯⋯283
　16.3.5 不能使用静态文件⋯⋯283
16.4 异常处理语句⋯⋯283
　16.4.1 使用 throw 语句抛出异常⋯⋯284
　16.4.2 使用 try…catch 语句捕捉异常⋯⋯284
　16.4.3 使用 try…catch…finally 语句
　　　　　捕捉异常⋯⋯285
知识点提炼⋯⋯287
习题⋯⋯287

第 17 章　网站优化、打包与发布⋯⋯288

17.1 ASP.NET 网站优化⋯⋯288
　17.1.1 ASP.NET 缓存概述⋯⋯288
　17.1.2 ASP.NET 缓存的应用⋯⋯288
17.2 ASP.NET 网站打包⋯⋯292
17.3 ASP.NET 网站发布⋯⋯295
　17.3.1 使用 IIS 浏览 ASP.NET 网站⋯⋯295

17.3.2 使用"发布网站"发布 ASP.NET 网站 ················ 296
17.3.3 使用"复制网站"发布 ASP.NET 网站 ················ 298
知识点提炼 ··· 299
习题 ··· 299

第 18 章 综合案例——供求信息网 ························ 300

18.1 网站需求 ·· 300
18.2 总体设计 ·· 301
　18.2.1 系统目标 ··································· 301
　18.2.2 构建开发环境 ······························· 301
　18.2.3 网站功能结构 ······························· 301
　18.2.4 业务流程图 ································· 302
18.3 数据库设计 ······································ 302
　18.3.1 数据库概要说明 ····························· 303
　18.3.2 数据库实体图 ······························· 303
　18.3.3 数据表结构 ································· 303
18.4 公共类设计 ······································ 304
　18.4.1 数据层功能设计 ····························· 304
　18.4.2 网站逻辑业务功能设计 ······················· 309
18.5 网站主要模块开发 ································ 314
　18.5.1 网站主页设计（前台）······················· 314
　18.5.2 网站招聘信息页设计（前台）················· 320
　18.5.3 免费供求信息发布页（前台）················· 324
　18.5.4 网站后台主页设计（后台）··················· 327
　18.5.5 免费供求信息审核页（后台）················· 329
18.6 网站编译与发布 ·································· 334
　18.6.1 网站编译 ··································· 334
　18.6.2 网站发布 ··································· 335

第 19 章 课程设计——在线音乐网 ························ 337

19.1 课程设计目的 ···································· 337
19.2 功能描述 ·· 337
19.3 总体设计 ·· 338
　19.3.1 构建开发环境 ······························· 338
　19.3.2 网站功能结构 ······························· 338
　19.3.3 业务流程图 ································· 339

19.4 数据库设计 ······································ 339
　19.4.1 数据库实体图 ······························· 339
　19.4.2 数据表设计 ································· 339
19.5 实现过程 ·· 340
　19.5.1 母版页设计 ································· 340
　19.5.2 在线音乐网首页设计 ························· 341
　19.5.3 歌曲详细信息页设计 ························· 344
　19.5.4 歌曲试听页设计 ····························· 345
　19.5.5 播放歌曲页设计 ····························· 347
　19.5.6 搜索歌曲页设计 ····························· 348
19.6 调试运行 ·· 349
19.7 课程设计总结 ···································· 351

第 20 章 课程设计——AJAX 许愿墙 ····················· 352

20.1 课程设计目的 ···································· 352
20.2 功能描述 ·· 352
20.3 总体设计 ·· 353
　20.3.1 构建开发环境 ······························· 353
　20.3.2 网站功能结构 ······························· 353
　20.3.3 业务流程图 ································· 353
20.4 数据库设计 ······································ 354
　20.4.1 数据库实体图 ······························· 354
　20.4.2 数据表设计 ································· 354
20.5 实现过程 ·· 354
　20.5.1 页眉用户控件设计 ··························· 354
　20.5.2 页脚用户控件设计 ··························· 355
　20.5.3 生成验证码页设计 ··························· 355
　20.5.4 AJAX 许愿墙首页设计 ······················· 357
　20.5.5 发送祝福页设计 ····························· 359
20.6 调试运行 ·· 363
20.7 课程设计总结 ···································· 364

附录 C#语言基础 ······································ 365

A.1 C#语言简介 ······································ 365
B.2 代码编写规则 ···································· 365
　B.2.1 代码书写规则 ······························· 365
　B.2.2 代码注释及规则 ····························· 366
C.3 数据类型 ·· 366
　C.3.1 数值类型 ··································· 366

- C.3.2 字符串类型 ……………………367
- C.3.3 日期类型 ……………………367
- C.3.4 布尔类型 ……………………368
- C.3.5 数据类型的转换 ……………368
- D.4 变量和常量 …………………………369
  - D.4.1 变量和常量的概念 ……………369
  - D.4.2 变量的声明和赋值 ……………370
  - D.4.3 定义常量 ………………………371
- E.5 C#中运算符 …………………………372
  - E.5.1 算术运算符 ……………………372
  - E.5.2 关系运算符 ……………………372
  - E.5.3 赋值运算符 ……………………373
  - E.5.4 逻辑运算符 ……………………373
  - E.5.5 位运算符 ………………………374
  - E.5.6 其他运算符 ……………………374
  - E.5.7 运算符的优先级 ………………375
- F.6 字符串处理 …………………………376
  - F.6.1 比较字符串 ……………………376
  - F.6.2 定位字符及子串 ………………376
  - F.6.3 格式化字符串 …………………377
  - F.6.4 截取字符串 ……………………377
  - F.6.5 分隔字符串 ……………………377
  - F.6.6 插入和填充字符串 ……………377
  - F.6.7 删除和剪切字符串 ……………378
  - F.6.8 复制字符串 ……………………378
  - F.6.9 替换字符串 ……………………379
- G.7 流程控制 ……………………………379
  - G.7.1 有效使用分支语句 ……………379
  - G.7.2 有效使用循环语句 ……………381
- H.8 数组的基本操作 ……………………384
  - H.8.1 数组的声明 ……………………384
  - H.8.2 初始化数组 ……………………384
- I.9 面向对象的程序设计 ………………385
  - I.9.1 面向对象的概念 ………………385
  - I.9.2 类和对象 ………………………385
  - I.9.3 使用 private、protected 和 public 关键字控制访问权限 …………387
  - I.9.4 构造函数和析构函数 …………388
  - I.9.5 定义类成员 ……………………389
  - I.9.6 命名空间的使用 ………………393
- J.10 小结 …………………………………394

第 1 章
Web 开发基础

本章要点
- Web 的基本概念
- B/S 结构和 C/S 结构的概念
- B/S 结构和 C/S 结构的区别
- Web 浏览器和 HTTP 协议
- HTML5、CSS 和 JavaScript 基础
- 三层架构的概念及使用
- MVC 架构的使用

随着 Internet 和电子商务的普遍应用，陆续诞生了各种动态网页技术，其中 ASP.NET 自从发布以来，在诸多主流的动态网页技术中一直受到密切的关注。本章将首先对 Web 开发的基础知识进行介绍。

1.1 Web 简介

1.1.1 什么是 Web

Web 的本意是网和网状物，现在被广泛认识为网络、万维网或互联网等技术领域。它是一种基于超文本方式工作的信息系统。作为一个能够处理文字、图像、声音和视频等多媒体信息的综合系统，它提供了丰富的信息资源，这些信息资源通常表现为以下三种形式。

❑ 超文本（hypertext）

超文本是一种全局性的信息结构，它将文档中的不同部分通过关键字建立链接，使信息得以用交互方式搜索。

❑ 超媒体（hypermedia）

超媒体是超文本（hypertext）和多媒体在信息浏览环境下的结合。有了超媒体，用户不仅能从一个文本跳到另一个文本，而且可以显示图像、播放动画、音频和视频等。

❑ 超文本传输协议（HTTP）

超文本传输协议是超文本在互联网上的传输协议。

1.1.2 B/S 结构简介

B/S 是 Browser/Server 的缩写，即浏览器/服务器结构。在这种结构中，客户端不需要开发任

何用户界面,而统一采用如 IE 和火狐等浏览器,通过 Web 浏览器向 Web 服务器发送请求,由 Web 服务器进行处理,并将处理结果逐级传回客户端,如图 1-1 所示。这种结构利用不断成熟和普及的浏览器技术实现原来需要复杂专用软件才能实现的强大功能,从而节约了开发成本,是一种全新的软件体系结构。这种体系结构已经成为当今应用软件的首选体系结构。

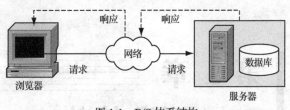

图 1-1 B/S 体系结构

1.1.3 C/S 结构简介

C/S 是 Client/Server 的缩写,即客户端/服务器结构。在这种结构中,服务器通常采用高性能的 PC 机或工作站,并采用大型数据库系统(如 Oracle 或 SQL Server),客户端则需要安装专用的客户端软件,如图 1-2 所示。这种结构可以充分利用两端硬件环境的优势,将任务合理分配到客户端和服务器,从而降低了系统的通信开销。在 2000 年以前,C/S 结构占据网络程序开发领域的主流。

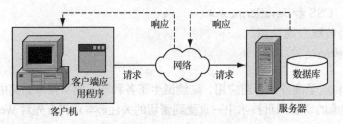

图 1-2 C/S 体系结构

1.1.4 B/S 结构与 C/S 结构比较

C/S 结构和 B/S 结构是当今世界网络程序开发体系结构的两大主流。目前,这两种结构都有自己的市场份额和客户群。但是,这两种体系结构又各有各的优点和缺点,下面将从以下 3 个方面进行比较说明。

1. 开发和维护成本方面

C/S 结构的开发和维护成本都比 B/S 高。采用 C/S 结构时,对于不同客户端要开发不同的程序,而且软件的安装、调试和升级均需要在所有的客户机上进行。例如,如果一个企业共有 10 个客户站点,使用一套 C/S 结构的软件,则这 10 个客户站点都需要安装客户端程序。当这套软件进行了哪怕很微小的改动,系统维护员都必须将客户端原有的软件卸载,再安装新的版本并进行配置,最可怕的是客户端的维护工作必须不折不扣地进行 10 次。若某个客户端忘记进行这样的更新,则该客户端将会因软件版本不一致而无法工作。而 B/S 结构的软件,则不必在客户端进行安装及维护。如果我们将前面企业的 C/S 结构的软件换成 B/S 结构的,这样在软件升级后,系统维护员只需要将服务器的软件升级到最新版本,对于其他客户端,只要重新登录系统,就可以使用最新版本的软件了。

2. 客户端负载

C/S 的客户端不仅负责与用户的交互,收集用户信息,还需要完成通过网络向服务器请求对数据库、电子表格或文档等信息的处理工作。由此可见,应用程序的功能越复杂,客户端程序也就越庞大,这也给软件的维护工作带来了很大的困难。而 B/S 结构的客户端把事务处理逻辑部分交给了服务器,由服务器进行处理,客户端只需要进行显示,这样,将使应用程序服务器的运行数据负荷较重,一旦发生服务器"崩溃"等问题,后果不堪设想。因此,许多单位都备有数据库存储服务器,以防万一。

3. 安全性

C/S 结构适用于专人使用的系统,可以通过严格的管理派发软件,达到保证系统安全的目的,这样的软件相对来说安全性比较高。而对于 B/S 结构的软件,由于使用的人数较多,且不固定,相对来说安全性就会低些。

由此可见,B/S 相对于 C/S 具有更多的优势,现今大量的应用程序开始转移到应用 B/S 结构,许多软件公司也争相开发 B/S 版的软件,也就是 Web 应用程序。随着 Internet 的发展,基于 HTTP 协议和 HTML 标准的 Web 应用呈几何数量级增长,而这些 Web 应用又是由各种 Web 技术所开发。

1.2 Web 程序运行机制

1.2.1 Web 浏览器

浏览器主要是用于客户端用户访问 Web 应用的工具,与开发 ASP.NET 网站不存在很大的关系,所以开发 ASP.NET 网站对浏览器的要求并不是很高,任何支持 HTML 的浏览器都可以。现在比较流行的 Web 浏览器主要有微软的 IE 浏览器、Firefox 火狐浏览器、谷歌的 Chrome 浏览器、360 安全浏览器等。

1.2.2 HTML 5 标记语言

HTML 5 是下一代的 HTML,它将会取代 HTML 4.0 和 XHTML 1.1,成为新一代的 Web 语言。HTML 5 自从 2010 年正式推出以来,就以一种惊人的速度被迅速地推广,世界各知名浏览器厂商也对 HTML 5 有很好的支持。例如,微软就对下一代 IE 9 做了标准上的改进,使其能够支持 HTML 5。HTML 5 还有一个特点是在老版本的浏览器上也可以正常运行。

1. HTML 5 文档结构

在介绍 HTML 5 文档结构以前,我们先来看一个基本的 HTML 5 文档,具体代码如图 1-3 所示。

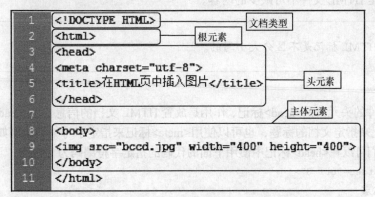

图 1-3 一个基本的 HTML 5 文档

在图 1-3 所示的代码中,第 1 行代码用于指定的是文档的类型;第 2 行和第 11 行,为 HTML 5 文档的根元素,也就是<html>标记;第 3 行和第 6 行为头元素,也就是<head>标记;第 8 行和第 10 行为主体元素,也就是<body>标记。

图 1-3 所示代码的运行结果如图 1-4 所示。

图 1-4　一个基本的 HTML 5 文档的运行结果

在对 HTML 5 文档有了一个基本的了解以后，我们再来看一看，组成 HTML 5 文档的各元素。

❑ 文档类型

一个标准的 HTML 文档，它的起始元素为指定文档类型的标记。在 HTML 5 以前的 HTML 文档中，用于指定文档类型的标记代码如下：

```
<!DOCTYPE html PUBLIC "-//W3C//DTD XHTML 1.0 Transitional//EN""http://www.w3.org/TR/xhtml1/DTD/xhtml1-transitional.dtd">
```

而在 HTML 5 的文档中，指定文档类型的代码则更加简短和美观，仅仅使用下面的 15 个字符就可以实现了。

```
<!DOCTYPE HTML>
```

说明　在 HTML 5 文档中，如果你喜欢使用以前版本中提供的指定文档类型的代码，也是可以的。

❑ 根元素

HTML 文档的根元素是<html>标记。所有 HTML 文件都是以<html>标记开头，以</html>标记结束。HTML 页面的所有标记都要放置在<html>与</html>标记中，虽然<html>标记并没有实质性的功能，却是 HTML 文件不可缺少的内容。

说明　HTML 标记是不区分大小写的。

❑ 头元素

HTML 文件的头元素是<head>标记，作用是放置 HTML 文档的信息。在<head>标记中，可以使用<title>标记来指定文档的标题，也可以使用<meta>标记来指定字符编码。例如，在 HTML 5 的文档中，我们可以在<head>标记中使用下面的代码的指定字符编码为 UTF-8。

```
<meta charset="utf-8">
```

❑ 主体元素

HTML 页面的主体元素为<body>标记。<body>标记也是成对使用的，以<body>标记开头，</body>标记结束。页面中的所有内容都定义在<body>标记中。

2. HTML 文字排版标记

对于 HTML 页面，文字排版标记必不可少，一个美观大方的文字页面能够确切地传达出页面的主要信息。常用的文字排版标记主要包括以下几个。

❏ 文字与特殊符号

在 HTML 文档中，要显示普通文字，只需要在<body>主体标记中或者其他子标记中，直接输入所需文字就可以了。不过，对于空格和一些特殊符号就不能直接输入了，而是需要通过一个以"&"符号开头、以";"符号结束的实体名称来代替。常用的特殊符号及其对应的实体名称如表 1-1 所示。

表 1-1　　　　　　　　　　　　特殊符号及其对应的实体名称

特殊符号	实体名称	特殊符号	实体名称
空格		×	&times;
"	&quot;	§	&sect;
&	&amp;	¢	&cent;
<	&lt;	¥	&yen;
>	&gt;	·	&middot
©	&copy;	€	&euro;
®	&reg;	£	&pound;
+	&plusmn;	™	&trade;

例如，在 HTML 文档上输出版权信息，代码如下：

```
CopyRight &copy; 2012 www.mrbccd.com 吉林省明日科技有限公司
   本站请使用 IE 9.0 或以上版本 1280&times;1024 为最佳显示效果
```

上面这段代码运行后，将显示如图 1-5 所示的运行结果。

CopyRight © 2012 www.mrbccd.com 吉林省明日科技有限公司
　　　本站请使用 IE 9.0 或以上版本　1280×1024 为最佳显示效果

图 1-5　在 HTML 文档上输出版权符号和空格等文字信息

❏ 段落标记

HTML 中的段落标记也是一个很重要的标记，段落标记以<p>标记开头，以</p>标记结束。段落标记在段前和段后各添加一个空行，而定义在段落标记中的内容，不受该标记的影响。

❏ 换行标记

段落与段落之间是隔行换行的，使得文字的行间距过大；可以使用换行标记
来完成文字的换行显示。如果直接在 HTML 文档中输入类似于 Word 等文本编辑软件中常用的换行符(〈Enter〉键)是没有用的。

❏ 标题标记

在 Word 文档中，可以很轻松地实现不同级别的标题。如果要在 HTML 页面中创建不同级别的标题，可以使用 HTML 语言中的标题标记。在 HTML 标记中，设定了 6 个标题标记，分别为<h1>至<h6>，其中<h1>代表 1 级标题，<h2>代表 2 级标题，<h6>代表 6 级标题等。数字越小，表示级别越高，文字的字体也就越大。

例如，在 HTML 文档上输出 1~6 标题，并设置不同的对齐方式。代码如下：

```
<h1>1 级标题—HTML 5 标记语言</h1>
<h2>2 级标题—文字排版标记</h2>
<h3>3 级标题—标题标记</h3>
<h4 align="left">4 级标题—居左对齐</h4>
<h5 align="center">5 级标题—居中对齐</h5>
```

```
<h6 align="right">6级标题—居右对齐</h6>
```

运行上面代码后，将显示图 1-6 所示的运行结果。

❑ 文字列表标记

HTML 语言中提供了文字列表标记，文字列表标记可以将文字以列表的形式依次排列。通过这种形式可以更加方便网页的访问者。HTML 中的列表标记主要有无序的列表和有序的列表两种。

图 1-6 标题标记

- 无序列表

无序列表是在每个列表项的前面添加一个圆点符号。通过<ul>标记可以创建一组无序列表，其中每一个列表项以<li>标记表示。

- 有序列表

有序列表和无序列表的区别是，使用有序列表标记可以将列表项进行排号。有序列表的标记为<ol>，每一个列表项前使用<li>标记。有序列表的列表项是有一定的顺序的。下面将对例 2-3 进行修改，使用有序列表进行编号。

3. 图片与超链接标记

在网页中，经常需要插入图片和超链接。在 HTML 页面中，可以使用图片标记来插入图片，使用超链接标记来插入超链接。下面将分别进行介绍。

❑ 图片标记

在网页设计时，经常需要插入图片。例如，电子商务网站中对商品进行展示，网络相册中对相片进行展示等。另外，在网页中插入图片也可以起到美化页面的作用。在 HTML 页面中可以使用<img>标记插入图片。<img>标记的语法格式如下：

```
<img src="uri" width="value" height="value" border="value" alt="提示文字">
```

<img>标记的属性说明如表 1-2 所示。

表 1-2　　　　　　　　　　　　　　超链接标记的属性说明

属　　性	说　　明
src	用于指定图片的来源
width	用于指定图片的宽度
height	用于指定图片的高度
border	用于指定图片外边框的宽度，默认值为 0
alt	用于指定当图片无法显示时显示的文字

例如，在 HTML 文档中，插入一个图片标记用于显示一幅图片，关键代码如下：

```
<img src="mrlogo.jpg">
```

❑ 超链接标记

超链接是网页页面中最重要的元素之一。一个网站是由多个页面组成的，页面之间是根据链接确定相互的导航关系。单击网页上的链接文字或者图像后，就可以跳转到另一个网页。每一个网页都有唯一的地址，在英文中被称作 URL（Uniform Resource Locator，统一资源定位符）。在 HTML 文档中，使用<a>标记来定义超链接。超链接标记的基本语法格式如下：

```
<a href="url" hreflang="language" name="bookmarkName" type="mimeType" charset="code"
shape="area" coords="coordinate " target="target" tabindex="value" accesskey="key">
Linkcontent
</a>
```

属性说明如表 1-3 所示。

表 1-3　　　　　　　　　　　超链接标记的属性说明

属　性	说　　　明
href	用于指定超链接地址，可以是绝对路径（需要提供完全的路径，包括适用的协议，如 http 或 ftp 等），也可以是相对路径（只要属于同一网站之下就可以，可以不在同一个目录下）
hreflang	用于指定超链接位置所使用的语言
name	用于指定超链接的标识名
type	用于指定超链接位置所使用的 MIME 类型
charset	用于指定超链接位置所使用的编码方式
target	用于指定超链接的目标窗口，可选值如表 1-4 所示
tabindex	用于指定按下〈Tab〉键时移动的顺序，从属性值最小的开始移动，其取值范围为 0~32767
linkcontent	用于指定设置超链接的内容，可以是文字，也可以是图片
accesskey	用于为超链接设置快捷键

表 1-4　　　　　　　　　　　链接的目标窗口属性

属性值	说　　　明
_parent	在上一级窗口中打开。一般使用框架页时经常使用
_blank	在新窗口中打开
_self	在同一个窗口中打开，这项一般不用设置
_top	在浏览器的整个窗口中打开，忽略任何框架

　　在 IE 浏览器中，按住〈Alt〉键，再按下 accesskey 属性定义的快捷键（焦点将移动到该超链接），再按回车键即可执行该超链接；在火狐浏览器中，按住〈Alt+Shift〉快捷键，再按下 accesskey 属性定义的快捷键即可执行该超链接。

例如，在 HTML 文档中，添加一个链接到明日图书网的超链接的代码如下：

```
<a href="http://www.mingribook.com">明日图书网</a>
```

4．HTML 5 新增的语义元素

在 HTML 5 中，为了使文档的结构更加清晰明确，追加了几个与页眉、页脚、内容区块等文档结构相关联的语义元素，下面将分别进行介绍。

❏ <header>元素

<header>元素表示页面中一个内容区域或整个页面的标题。通常情况下，它可能是一个页面中（指主体标记中）的第一个元素，可以包含站点的标题、Logo 和旗帜广告等。

例如，应用<header>标记定义页面的页眉，包括网站的 Logo 和标题。代码如下：

```
<header>
    <img src="mrlogo.jpg">
    <h1>吉林省明日科技有限公司</h1>
</header>
```

运行上面的代码后，将显示图 1-7 所示的运行结果。

图 1-7　应用<header>标记定义的页眉

❏ <footer>元素

<footer>元素表示整个页面或页面中一个内容区域块的脚注。脚注中通常包含一些基本信息，例如，日期、作者、相关文档的链接或版权信息等。尽管脚注通常情况下都是放置在页面或者内

容区块的最底部,但是它并不是必须放置在最底部,也可以根据实际需要进行合理的放置。

例如,应用<footer>标记定义页面的脚注,这里为显示版权信息。代码如下:

```
<footer>
    <ul>
        <li>CopyRight &copy; 2012 www.mrbccd.com 吉林省明日科技有限公司 </li>
        <li>
            本站请使用 IE 9.0 或以上版本 1280&times;1024 为最佳显示效果
        </li>
    </ul>
</footer>
```

运行上面的代码后,将显示图 1-8 所示的运行结果。

图 1-8 应用<footer>标记定义页面的脚注

❑ <section>元素

<section>元素表示页面中的一个区域。例如,章节、页眉、页脚或页面中的其他部分。可以与 h1、h2、h3、h4 等元素结合起来使用,标识文档结构。

例如,应用<section>标记在页面中定义一个区域,代码如下:

```
<section>
    <h2>section 标记的使用</h2>
    <p>编程词典系列软件是为各类爱好编程者和各级程序开发人员提供了
        学、查、用为一体的数字化编程软件。</p>
    <footer>2012 年 5 月 12 日</footer>
</section>
```

上面这段代码相当于在 HTML 4 中使用<div>标记来在页面中定义一个区域,运行结果如图 1-9 所示。

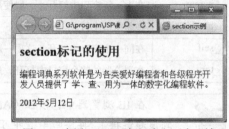

图 1-9 应用<section>标记定义一个区域

❑ article 元素

article 元素代表文档、页面或应用程序中的所有"正文"部分,它所描述的内容应该是独立的、完整的、可以独自被外部引用的,可以是一篇博文、报刊中的一篇文章、一篇论坛帖子、一段用户评论或任何独立于上下文中其他部分的内容。除了内容部分,一个<acticle>元素通常有自己的标题和脚注等内容。

<article> 标记的内容独立于文档的其余部分。

❑ <aside>元素

<aside>元素用来表示当前页面或文章的附属信息部分。可以包含与当前页面或主要内容相关的引用、侧边栏、广告、导航条等信息。

❑ <nav>元素

nav 元素用来表示页面中导航链接区域,其中包括一个页面中(例如,一篇文章顶端的一个目录,它可以链接到同一页面的锚点)或一个站点内的链接。但是,并不是链接的每一个集合都是一个 nav,只需要将主要的、基本的链接组放进 nav 元素即可。例如,在页脚中通常会有一组链接,包括服务条款、版权声明、联系方式等。对于这些 footer 元素就足够放置了。一个页面中可以拥有多个 nav 元素,作为页面整体或不同部分的导航。

5. 制作表格

表格是网页中十分重要的组成元素。表格用来存储数据。表格通常由标题、表头、行和单元格组成。在 HTML 语言中，表格使用<table>标记来定义。不过定义表格时，只使用<table>标记是不够的，还需要定义表格中的行、列、标题等内容。在 HTML 页面中定义表格，需要使用以下几个标记。

- 表格标记<table>

<table>…</table>标记表示整个表格。<table>标记中有很多属性，例如 width 属性用来设置表格的宽度，border 属性用来设置表格的边框，align 属性用来设置表格的对齐方式，bgcolor 属性用来设置表格的背景色等。

- 标题标记<caption>

标题标记以<caption>开头，以</caption>结束，标题标记也有一些属性，例如 align 和 valign 等。

- 表头标记<th>

表头标记以<th>开头，以</th>结束，也可以通过 align、background、colspan、valign 等属性来设置表头。

- 表格行标记<tr>

表格行标记以<tr>开头，以</tr>结束，一组<tr>标记表示表格中的一行。<tr>标记要嵌套在<table>标记中使用，该标记也具有 align、background 等属性。

- 单元格标记<td>

单元格标记<td>又称为列标记，一个<tr>标记中可以嵌套若干个<td>标记。该标记也具有 align、background、valign 等属性。

例如，在 HTML 文档中定义学生成绩表，代码如下：

```
<table width="300" height="150" border="1" align="center">
  <caption>学生考试成绩单</caption>
  <tr>
    <td align="center" valign="middle">姓名</td>
    <td align="center" valign="middle">语文</td>
    <td align="center" valign="middle">数学</td>
    <td align="center" valign="middle">英语</td>
  </tr>
  <tr>
    <td align="center" valign="middle">琦琦</td>
    <td align="center" valign="middle">89</td>
    <td align="center" valign="middle">92</td>
    <td align="center" valign="middle">97</td>
  </tr>
  <tr>
    <td align="center" valign="middle">宁宁</td>
    <td align="center" valign="middle">93</td>
    <td align="center" valign="middle">86</td>
    <td align="center" valign="middle">80</td>
  </tr>
  <tr>
    <td align="center" valign="middle">婷婷</td>
    <td align="center" valign="middle">85</td>
    <td align="center" valign="middle">86</td>
    <td align="center" valign="middle">90</td>
  </tr>
</table>
```

运行上面的代码后，将显示图 1-10 所示的运行结果。

学生考试成绩单			
姓名	语文	数学	英语
琦琦	89	92	97
宁宁	93	86	80
婷婷	85	86	90

图 1-10　在 HTML 文档中显示学生成绩单

6. 播放音频和视频

在 HTML 5 出现以前，如果开发者想要在 Web 页面中包含视频，可以使用<object>和<embed>元素，而这两个元素使用起来需要指定很多参数，比较麻烦。现在 HTML 5 提供了两个用来播放音频和视频的标记<audio>和<video>，使用起来比较简单。下面将对这两个标记进行介绍。

到目前为止，还不是所有浏览器都支持<audio>和<video>标记，不过在新版本的浏览器中将对该标记提供支持。其中，IE 9、Firefox 3.5、Safari 3.2、Chrome 3.0 和 Opera10.5 浏览器都已经开始支持<audio>和<video>标记了。

❑ 播放音频标记<audio>

<audio>标记专门用来播放音频数据。它的使用方法比较简单，例如，要播放网络中的一首 MP3 音乐，那么可以使用下面的代码：

```
<audio src="http://www.mingrisoft.com/temp/cuckoo.mp3" autoplay>您的浏览器不支持&lt;audio&gt;标记! </audio>
```

<audio>标记可以支持多种音频格式，包括 Ogg、MP3、AAC 和 WAV 等，不同浏览器支持的音频格式也不尽相同。例如，IE 9支持MP3和ACC；Firefox 3.6+支持 Ogg 和 WAV；Chrome 10+支持 Ogg、MP3、AAC 和 WAV；Opera 11+支持 Ogg 和 WAV。

由于各个浏览器支持的音频格式不尽相同，所以在应用<audio>标记在页面中播放音频时，需要根据不同的浏览器提供不同格式的音频文件，这样才能让要播放的音频数据在不同的浏览器上都能播放。例如，要播放一首萨克斯曲《茉莉花》，我们需要使用下面的代码。

```
<audio autoplay>您的浏览器不支持&lt;audio&gt;标记!
    <source src="jasmine.ogg" type="audio/ogg">
    <source src="jasmine.mp3" type="audio/mpeg">
</audio>
```

这样就可以做到，在 IE 9 浏览器中能播放这首音乐，而在 Firefox 3.6+中也能播放这首音乐了。

❑ 播放视频标记<video>

<video>标记用于播放视频数据。它的语法格式如下：

```
<video src="url" width="value" height="value" autoplay="true|false" controls="true|false" >
您的浏览器不支持&lt;video&gt;标记!
</video>
```

- src 属性：用于指定要播放的视频，它的属性值为视频的 URL 地址。
- width 属性：用于指定播放器的宽度。
- height 属性：用于指定播放器的高度。
- autoplay 属性：用于指定是否自动播放视频，属性值为 true 或 false。为 true 时表示自动播放，否则为不自动播放。
- controls 属性：用于指定是否显示播放控制组件，属性值为 true 或 false。为 true 时表示显示播放控制组件，否则为不显示播放控制组件。

例如，在 HTML 文档中播放 MP4 视频。代码如下：

```
<video src="mingrisoft.mp4" autoplay="true" controls="true" >
    您的浏览器不支持&lt;audio&gt;标记!
</video>
```

<video>标记可以支持多种视频格式，包括 Ogg、MP4、WebM 等，不同浏览器支持的视频格式也不尽相同。例如，IE 9 支持 MP4；Firefox 3.6+支持 Ogg；Chrome 11+支持 Ogg、MP4、WebM 和 WAV；Opera 11+支持 Ogg 和 WebM。

由于各个浏览器支持的音频格式不尽相同，所以在应用<video>标记在页面中播放视频时，需要根据不同的浏览器提供不同格式的视频文件，这样才能让要播放的视频数据在不同的浏览器上都能播放。例如，要播放一传宣传视频，那么，我们需要使用下面的代码。

```
<video width="720" height="576" autoplay="true" controls="true" >
    您的浏览器不支持&lt;audio&gt;标记！
    <source src="mingrisoft.mp4" type='video/mp4; codecs="avc1.42E01E, mp4a.40.2"'/>
    <source src="Big.ogv" type='video/ogg; codecs="theora, vorbis"' />
</video>
```

这样就可以做到，在 IE 9 浏览器中能播放这段视频，而在 Firefox 3.6+中也能播放这段视频了。

7. 表单标记

通过 HTML 表单，可以将用户输入的信息提交到服务器中，经服务器处理后，再回传给客户端的浏览器。从而实现网站与用户之间的交互。所以说 HTML 表单是进行动态网站开发必不可少的内容。下面将对 HTML 中的表单标记进行介绍。

❑ <from>标记

<form>标记用于在页面中插入表单，在该标记中可以定义处理表单数据程序的 URL 地址等信息。<form>标记的语法格式如下：

```
<form name="form name" method="method" action="url" enctype="value"target="target_win">
    ...
</form>
```

- name 属性：用于指定表单的名称。
- method 属性：用于指定表单的提交方式，其可选项包括 POST 和 GET。
- action 属性：用于指定表单提交的 URL 地址（相对地址和绝对地址），也就是表单的处理页。
- enctype 属性：用于设置表单内容的编码方式。其可选值包括以下 3 个：text/plain 以纯文本形式传送信息；application/x-www-form-urlencoded 表示默认的编码形式；multipart/form-data 表示使用 MINE 编码。
- target 属性：用于指定返回信息的显示方式，其可选值如表 1-5 所示。

表 1-5　　　　　　　　　　　target 属性的可选值

值	说　明
_blank	将返回信息显示在新的窗口中
_parent	将返回信息显示在父级窗口中
_self	将返回信息显示在当前窗口中
_top	将返回信息显示在顶级窗口中

例如，在 HTML 文档中插入一个表单标记，设置表单名称为 form，当用户提交表单时，提交至 action.html 页面进行处理。

```
<form id="form1" name="form" method="post" action="action.html" target="_blank">
</form>
```

❑ <input>表单输入标记

表单输入标记是使用最频繁的表单标记，通过这个标记可以向页面中添加单行文本、多行文本、按钮等。<input>标记的语法格式如下：

```
<input type="image" disabled="disabled" checked="checked" width="digit"height="digit" maxlength="digit" readonly="" size="digit" src="uri" usemap="uri" alt=""name="checkbox" value="checkbox">
```

<input>标记的属性如表 1-6 所示。

表 1-6　　　　　　　　　　　　　　　<input>标记的属性

属性值	说明
type	用于指定添加的是哪种类型的输入字段，共有 9 个可选值，如表 1-7 所示
disabled	用于指定输入字段不可用，即字段变成灰色。其属性值可以为空值，也可以指定为 disabled
checked	用于指定输入字段是否处于被选中状态，用于 type 属性值为 radio 和 checkbox 的情况下。其属性值可以为空值，也可以指定为 checked
width	用于指定输入字段的宽度，用于 type 属性值为 image 的情况下
height	用于指定输入字段的高度，用于 type 属性值为 image 的情况下
maxlength	用于指定输入字段可输入文字的个数，用于 type 属性值为 text 和 password 的情况下，默认没有字数限制
readonly	用于指定输入字段是否为只读。其属性值可以为空值，也可以指定为 readonly
size	用于指定输入字段的宽度，当 type 属性为 text 和 password 时，以文字个数为单位，当 type 属性为其他值时，以像素为单位
src	用于指定图片的来源，只有当 type 属性为 image 时有效
usemap	为图片设置热点地图，只有当 type 属性为 image 时有效。属性值为 URI，URI 格式为 "#+<map>标记的 name 属性值"。例如，<map>标记的 name 属性值为 Map，该 URI 为#Map
alt	用于指定当图片无法显示时显示的文字，只有当 type 属性为 image 时有效
name	用于指定输入字段的名称
value	用于指定输入字段默认数据值，当 type 属性为 checkbox 和 radio 时，不可省略此属性，为其他值时，可以省略。当 type 属性为 button、reset 和 submit 时，指定的是按钮上的显示文字；当 type 属性为 checkbox 和 radio 时，指定的是数据项选定时的值

type 属性是<input>标记中非常重要的内容，决定了输入数据的类型。该属性值的可选项如表 1-7 所示。

表 1-7　　　　　　　　　　　　　　　type 属性的属性值

属性值	说明	示例	属性值	说明	示例
text	文本框	请输入用户名	submit	提交按钮	提交
password	密码域	●●●●●●●	reset	重置按钮	重置
file	文件域	"H:\图片\apple.jpg" 选择...	button	普通按钮	按钮
url	* URL 地址		hidden	隐藏域	
email	* E-mail 地址		image	图像域	登录
color	* 颜色选择器	#000000 其它……	radio	单选按钮	◉男 ◉女

属性值	说明	示例	属性值	说明	示例
datetime	* 日期时间选择器		* date	日期选择器	
number	* 数字选择器		checkbox	复选按钮	
range	* 滑块				

在表 1-7 所列出的属性值中，"说明"栏目中被标记为*号的属性值为 HTML 5 新增加的功能，在 Opera 11 浏览器中，可以看到表 1-6 所示的效果。

在 HTML 5 中，还提供了两个有用的属性，即 placeholder（占位文本）属性和 autofocus（自动聚焦）属性。使用 placeholder 属性，可以为输入框设置占位文本；使用 autofocus 属性时，当页面载入后，该输入框将自动获得焦点。不过，到目前为止，IE 9 还不支持这两个属性。

当输入框为空，并且失去焦点时显示出来，而一旦用户输入了实际内容，或者该输入框获得了焦点，这个占位文本就会消失。

❑ `<select>…</select>` 下拉菜单标记

`<select>` 标记可以在页面中创建下拉列表，此时的下拉列表是一个空的列表，要使用 `<option>` 标记向列表中添加内容。`<select>` 标记的语法格式如下：

```
<select name="name" size="digit" multiple="multiple" disabled="disabled">
</select>
```

- name 属性：用于指定列表框的名称。
- Size 属性：用于指定列表框中显示的选项数量，超出该数量的选项可以通过拖动滚动条查看。
- Disabled 属性：用于指定当前列表框不可使用（变成灰色）。
- Multiple 属性：用于让多行列表框支持多选。

例如，在 HTML 文档中插入一个表单标记，设置表单名称为 form，当用户提交表单时，提交至 action.html 页面进行处理。

```
<select name="zone" >
    <option value="1">吉林省</option>
    <option value="2">辽宁省</option>
    <option value="3">黑龙江省</option>
    <option value="4">河北省</option>
    <option value="5">河南省</option>
    <option value="6">山西省</option>
</select>
```

运行上面这段代码，将显示图 1-11 所示的运行结果。

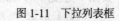

图 1-11 下拉列表框

❑ `<textarea>` 多行文本标记

`<textarea>` 为多行文本标记，与单行文本相比，多行文本可以输入更多的内容。通常情况下，`<textarea>` 标记出现在 `<form>` 标记的标记内容中。`<textarea>` 标记的语法格式如下：

```
<textarea cols="digit" rows="digit" name="name" disabled="disabled"readonly="readonly" wrap="value">默认值</textarea>
```

<textarea>标记的属性说明如表 1-8 所示。

表 1-8　　　　　　　　　　　　　　<textarea>标记的属性说明

属性	说明
name	用于指定多行文本框的名称，当表单提交后，在服务器端获取表单数据时应用
cols	用于指定多行文本框显示的列数（宽度）
rows	用于指定多行文本框显示的行数（高度）
disabled	用于指定当前多行文本框不可使用（变成灰色）
readonly	用于指定当前多行文本框为"只读"
wrap	用于设置多行文本中的文字是否自动换行，可选值有 hard（默认值，表示自动换行，如果文字超过 cols 属性所指的列数就自动换行，并且提交到服务器时，换行符同时被提交）、soft（表示自动换行，如果文字超过 cols 属性所指的列数就自动换行，但提交到服务器时，换行符不被提交）和 off（表示不自动换行，如果想让文字换行，只能按下〈Enter〉键强制换行）

例如，在表单中添加一个编辑框，名称为 content，5 行 30 列，文字换行方式为 hard，具体代码如下：

```
<textarea name="content" cols="30" rows="5" wrap="hard">默认值</textarea>
```

1.2.3　CSS 简介

CSS（级联样式表）主要用来定义网页中元素的样式，比如通常使用 CSS 来定义网页中控件、超链接、文本等的样式。通常情况下，在 ASP.NET 网站中引入 CSS 样式有以下两种方法，一种是在 ASP.NET 页面中直接定义 CSS 样式，另一种是链接外部 CSS 样式文件。下面分别进行介绍。

1. 在页面中直接定义 CSS 样式

在 ASP.NET 页面中，可以使用<style>...</style>标记对封装 CSS 样式。例如，在<style>中指定 page 页面样式的代码如下：

```
<style>
.page
{
    width: 960px;
    background-color: #fff;
    margin: 20px auto 0px auto;
    border: 1px solid #496077;
}
</style>
```

2. 链接外部 CSS 样式文件

在 ASP.NET 中引入 CSS 样式的另一种方法是采用链接外部 CSS 样式文件的形式。如果样式比较复杂或者可以被多个页面所使用，则可以将这些样式代码放置在一个单独的文件中，该文件的扩展名为.css，然后在需要使用该样式的 ASP.NET 页面中链接该 CSS 样式文件即可。在 ASP.NET 页面中链接外部 CSS 样式文件的语法格式如下：

```
<link href="~/Styles/Site.css" rel="stylesheet" type="text/css" />
```

1.2.4　JavaScript 简介

JavaScript 是一种基于对象和事件驱动并具有安全性能的解释型脚本语言，在 Web 应用中得到了非常广泛的应用。它不但可以用于编写客户端的脚本程序，由 Web 浏览器解释执行，还可以编写在服务器端执行的脚本程序，在服务器端处理用户提交的信息，并动态地向浏览器返回处理结果，通常在 ASP.NET 网站中应用 JavaScript 编写客户端脚本程序。

通常情况下，在 ASP.NET 网站中引入 JavaScript 有以下两种方法，一种是在 ASP.NET 页面中直接嵌入 JavaScript 脚本，另一种是链接外部 JavaScript 脚本文件。下面分别进行介绍。

1. 在页面中直接嵌入 JavaScript

在 ASP.NET 页面中，可以使用<script>...</script>标记对封装脚本代码，当浏览器读取到<script>标记时，将解释并执行其中的脚本。

在使用<script>标记时，还需要通过其 language 属性指定使用的脚本语言。例如，在<script>中指定使用 JavaScript 脚本语言的代码如下：

```
<script language="javascript">…</script>
```

2. 链接外部 JavaScript 脚本文件

在 ASP.NET 中引入 JavaScript 的另一种方法是采用链接外部 JavaScript 脚本文件的形式。如果脚本代码比较复杂，或是同一段代码可以被多个页面所使用，则可以将这些脚本代码放置在一个单独的文件中，该文件的扩展名为.js，然后在需要使用该代码的 ASP.NET 页面中链接该 JavaScript 脚本文件即可。在 ASP.NET 页面中链接外部 JavaScript 脚本文件的语法格式如下：

```
<script language="javascript" src="javascript.js"></script>
```

1.2.5 HTTP

超文本传输协议（Hyper Text Transfer Proctocal，HTTP），是 www 浏览器（客户机）和服务器之间的应用层通信协议。HTTP 是用于分布式协作超媒体信息系统的快速实用协议，是通用的、无状态的、面向对象的协议。只要在网站中单击了某一个超级链接，HTTP 的工作就开始了。www 客户机通过 HTTP 与 www 的服务器建立连接。

连接建立后，客户机发出需要服务或需要信息的请求，还包括一些地址信息和补充信息，传递给服务器。服务处理请求，返回所请求的信息或返回一个响应指出不能答复该请求，其中包括影响客户的要求、提供信息和服务，以及一些记录状态的信息。

www 上的客户端接收服务器所返回的应答信息，并通过浏览器显示在显示屏上，然后客户端和服务器自动关闭连接。如果在上述过程中某一步发生错误，则产生错误信息，返回到客户端由显示屏输出。但对于用户来说，这些过程是由 HTTP 自己完成的，用户要做的只是用鼠标单击，然后等待信息输出到用户的显示屏上。

HTTP 协议是基于 TCP/IP 的协议，它不仅需要保证正确传送超文本文档，还必须能够确定传送文档中的哪一部分、以及哪部分内容首先显示等。

1.2.6 Web 系统的三层架构

1. 什么是三层架构

所谓的三层开发就是将系统的整个业务应用划分为表示层、逻辑层和数据层，这样有利于系统的开发、维护、部署和扩展，图 1-12 为三层架构示意图。

分层是为了实现"高内聚、低耦合"，采用"分而治之"的思想，把问题划分开来各个解决，易于控制，易于延展，易于分配资源。

- 表示层：负责直接跟用户进行交互，一般也就是指系统的界面，用于数据录入、数据显示等。这意味着只做与外观显示相关的工作，不属于他的工作不用做。

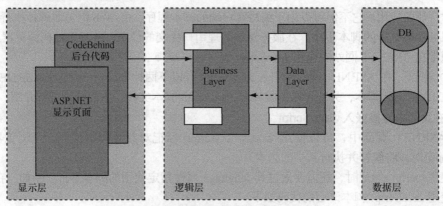

图 1-12 三层架构示意图

- 逻辑层：用于做一些有效性验证的工作，以更好地保证程序运行的健壮性。如完成数据添加、修改和查询业务等。
- 数据层：用于专门跟数据库进行交互，执行数据的添加、删除、修改和显示等。需要强调的是，所有的数据对象只在这一层被引用，如 System.Data.SqlClient 等，除数据层之外的任何地方都不应该出现这样的引用。

ASP.NET 可以使用.NET 平台快速方便地部署三层架构。ASP.NET 革命性的变化是在网页中也使用基于事件的处理，可以指定处理的后台代码文件，可以使用 C#、VB、C++和 J#作为后台代码的语言。.NET 中可以方便地实现组件的装配，后台代码通过命名空间可以方便地使用自己定义的组件。显示层放在 ASPX 页面中，数据库操作和逻辑层用组件或封装类来实现，这样就很方便地实现了三层架构。

2. 为什么使用三层架构

对于一个简单的应用程序来说，代码量不是很多的情况下，一层结构或二层结构开发完全够用，没有必要将其复杂化。如果对一个复杂的大型系统，设计为一层结构或二层结构开发，就存在很严重的缺陷。下面会具体介绍，分层开发其实是为大型系统服务的。

在开发过程中，程序人员遇到相似的功能经常复制代码，那么同样的代码为什么要写那么多次？这不但使程序变得冗长，更不利于维护，一个小小的修改或许会涉及很多页面，经常导致异常产生使程序不能正常运行。最主要是面向对象的思想没有得到丝毫的体现，打着面向对象的幌子，却依然走着面向过程的道路。

意识到这样的问题，程序人员开始将程序中一些公用的处理程序写成公共方法，封装在类中，供其他程序调用。例如写一个数据操作类，对数据操作进行合理封装。在数据库操作过程中，只要类中的相应方法（数据添加、修改、查询等）可以完成特定的数据操作，这就是数据层，不用每次操作数据库时都写那些重复性的数据库操作代码。在新的应用开发中，数据层可以直接拿来用。面向对象的三大特性之一的封装性在这里得到了很好的体现。读者现在似乎找到了面向对象的感觉，代码量较以前有了很大的减少，而且修改的时候也比较方便，也实现了代码的重用性。

下面举两个案例，解释一下为什么要使用三层架构，案例涉及的架构图如图 1-13 所示。

- 案例一

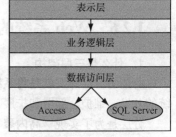

图 1-13 案例涉及的框架图

由于数据量的不断增加，数据库由 Access 变成了 SQL Server，这样原来的数据层失效了，数据操作对象发生了变化，并且页面中涉及数据对象的地方也要进行修改，因为原来可能会使用 OleDbDataReader 对象将数据传递给显示页面，现在都需要换成 SqlDataReader 对象，SQL Server 和 Access 支持的数据类型也不一致，在显示数据时进行的数据转换也要进行修改，这是其中一种情况。

❏ 案例二

由于特殊情况的需要，把 Web 形式的项目改造成 Windows 应用，此时需要做多少修改呢？如果在 aspx.cs 中占据了大量代码，或者还有部分代码存在于 aspx 中，那么整个系统是否需要重新来开发呢？

总结，以上情况是设计不合理造成的。在上面的案例中是否体会到了没有分层开发模式的缺陷呢？是否碰到过这样的情况呢？其实，多层开发架构的出现很好地解决了这样的问题。通过程序架构进行合理的分层，将极大地提高程序的通用性。

3. 使用三层架构开发的优点

从开发角度和应用角度来看，三层架构比二层架构或单层架构都有更大的优势。三层架构适合团队开发，每个人可以有不同的分工，协同工作使效率倍增。开发二层或单层应用时，每个开发人员都应对系统有较深的理解，能力要求很高。开发三层应用时，则可以结合多方面的人才，只需少数人对系统有全面了解，从一定程度降低了开发的难度。

三层架构可以更好地支持分布式计算环境。逻辑层的应用程序可以在多个机器上运行，充分利用网络的计算功能。分布式计算的潜力巨大，远比升级 CPU 有效。美国人曾利用分式计算解密，几个月就破解了据称永远都破解不了的密码。

三层架构的最大优点是它的安全性。用户只能通过逻辑层来访问数据层，减少了入口点，把很多危险的系统功能都屏蔽了。

1.2.7 MVC 架构

MVC（Model-View-Controller）是一种软件开发架构，它包含了很多的设计模式，最为密切的有以下 3 种：Observer（观察者模式）、Composite（合成模式）和 Strategy（策略模式）。本节主要对 MVC 架构的原理、优点以及 MVC 能为 Web 应用带来的好处等方面进行介绍。

1. 什么是 MVC 架构

模型（Model）– 视图（View）– 控制器（Controller）即为 MVC，MVC 是 Xerox PARC 在 20 世纪 80 年代为编程语言 Smalltalk – 80 发明的一种软件架构模式，至今已被广泛使用。

2. MVC 工作原理

MVC 架构使应用程序的输入、处理和输出强制性分开，使得软件可维护性、可扩展性、灵活性以及封装性得到提高。使用 MVC 的应用程序被分成 3 个核心部件：M（模型）、V（视图）、C（控制器）。模型是所有的商业逻辑代码片段所在；视图表示数据在屏幕上的显示；控制器提供处理过程控制，它在模型和视图之间起连接作用。控制器本身不输出任何信息和做任何处理，它只负责把用户的请求转成针对 Model 的操作，并调用相应的视图来显示 Model 处理后的数据。三者之间关系如图 1-14 所示。

下面对 MVC 架构中的 3 个核心部件：M（模型）、V（视图）、C（控制器）分别进行介绍。

❏ 模型

模型表示企业数据和业务规则。在 MVC 的 3 个部件中，模型拥有最多的处理任务。被模型返回的数据是中立的，就是说模型与数据格式无关，这样一个模型能为多个视图提供数据。由于应用于模型的代码只需写一次就可以被多个视图重用，所以减少了代码的重复性。

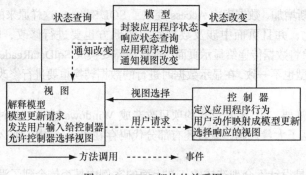

图 1-14 MVC 架构的关系图

❑ 视图

视图是用户可以看到并与之交互的界面。视图就是由 HTML 元素组成的界面，HTML 依旧在视图中扮演着重要的角色，但一些新的技术已层出不穷，它们包括 Macromedia Flash、XHTML、XML/XSL、WML 等一些标识语言和 Web Services 等。

如何处理应用程序的界面变得越来越有挑战性。MVC 有一个突出的优点，是能为应用程序处理很多不同的视图，在视图中其实没有真正的处理发生，不管这些数据是联机存储的还是本地储存，作为视图来讲，它只是作为一种输出数据并允许用户操纵的方式。

❑ 控制器

控制器用来接收用户的请求，并决定应该调用哪个模型来进行处理，然后模型用业务逻辑来处理用户的请求并返回数据，最后控制器用相应的视图格式化模型返回数据，并通过表示层呈现给用户。

3. 为什么要使用 MVC 架构

ASP.NET 提供了一个很好的实现这种经典设计模式的环境，程序人员通过在 ASPX 页面中开发用户接口来实现视图，控制器的功能在逻辑功能代码（.cs）中实现，模型通常对应系统的业务部分。就 MVC 结构的本质而言，它是一种解决耦合系统问题的方法。

在 ASP.NET 中编写 MVC 模式具有极其良好的可扩展性，它可以轻松实现以下功能：

❑ 实现一个模型的多个视图；
❑ 采用多个控制器；
❑ 当模型改变时，所有视图将自动刷新；
❑ 所有的控制器将相互独立工作。

4. MVC 架构的优点

❑ 提高代码重用率

多个视图能共享一个模型，无论用户想要 Flash 界面或是 WAP 界面，用一个模型就能处理它们。由于已经将数据和业务规则从表示层分开，所以可以最大化地重用代码。

❑ 提高程序的可维护性

因为模型是自包含的，并且与控制器和视图相分离，所以很容易改变数据层和业务规则。例如，把数据库从 SQL Server 移植到 Oracle，只需改变模型即可。一旦正确地实现了模型，不管数据来自哪里，视图都会正确地显示它们。MVC 架构的运用，使得程序的 3 个部件相互对立，大大提高了程序的可维护性。

❑ 有利于团队开发

在开发过程中，可以更好地分工，更好地协作，有利于开发出高质量的软件。良好的项目架构设计，将减少编码工作量，而采用 MVC 结构和代码生成器，是大多数 Web 应用的理想选择。部分模型（Model）和存储过程一般可用工具自动生成；控制器（Controller）比较稳定，一般由架构师(或经验丰富的程序人员)完成;那么整个项目需要手动编写代码的地方就只有视图(View)了。在这种模式下,个人能力不是特别重要,只要懂一些语法基础的人都可以编写,无论项目成员写出什么样的代码,都在项目管理者的可控范围内。即使开放项目途中人员流动,也不会有太大问题。在个人能力不均衡的团队开发中,采用 MVC 开发是非常理想的。

5. MVC 架构的多种模式

MVC 架构还可以有多种模式,比如可以实现一个模型、两个视图和一个控制器的程序,其中,模型类及视图类根本不需要改变,与前面的完全一样,这就是面向对象编程的好处。对于控制器中的类,只需要增加另一个视图,并与模型发生关联即可。该模式下视图、控制器、模型三者之间的示意图如图 1-15 所示。

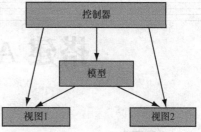

图 1-15 双视图 MVC 架构

同样的道理,也可以实现其他形式的 MVC,例如:一个模型、两个视图和两个控制器等。从上面可以看出,通过 MVC 模式实现的应用程序具有极其良好的可扩展性,是 ASP.NET 面向对象编程的未来方向。

知识点提炼

(1)B/S(Browser/Server)结构,即浏览器和服务器结构。
(2)C/S(Client/Server)结构,即客户机和服务器结构。
(3)HTML 5 是下一代的 HTML,它将会取代 HTML 4.0 和 XHTML 1.1,成为新一代的 Web 语言。
(4)CSS 是一种样式文件,又称为级联样式表。
(5)JavaScript 是一种基于对象和事件驱动并具有安全性能的解释型脚本语言,它不但可以用于编写客户端的脚本程序,由 Web 浏览器解释执行,还可以编写在服务器端执行的脚本程序。
(6)HTTP,超文本传输协议(Hyper Text Transfer Protocol,HTTP),是 www 浏览器(客户机)和服务器之间的应用层通信协议。
(7)三层开发就是将系统的整个业务应用划分为表示层、逻辑层和数据层。
(8)表示层:负责直接跟用户进行交互,一般也就是指系统的界面,用于数据录入、数据显示等。
(9)逻辑层:用于做一些有效性验证的工作,以更好地保证程序运行的健壮性。
(10)数据层:用于专门跟数据库进行交互,执行数据的添加、删除、修改和显示等。
(11)MVC 架构:模型(Model)- 视图(View)- 控制器(Controller)即为 MVC。

习 题

1-1 什么是 B/S 结构和 C/S 结构?
1-2 简述 B/S 结构和 C/S 结构的区别。
1-3 说明什么是 HTTP。
1-4 如何在 ASP.NET 网站中引入外部 JavaScript 脚本文件?
1-5 为什么要在程序中使用三层架构?
1-6 何为 MVC 架构,为什么要使用 MVC 架构?

第 2 章
搭建 ASP.NET 网站开发环境

本章要点
- ASP.NET 的运行原理及运行机制
- ASP.NET 与 .NET 框架的关系
- 安装并配置 IIS 服务器
- 安装并熟悉 Visual Studio 2010 开发环境
- 安装并使用 Help Library 管理器

ASP.NET 是 Microsoft Web 开发史上的一个重要的里程碑，使用 ASP.NET 开发网站并维持其运行比以前变得更加简单。本章将重点对如何搭建 ASP.NET 网站开发环境进行详细讲解，同时会对 ASP.NET 的概念及 Visual Studio 2010 帮助的使用进行介绍。

2.1 ASP.NET 概述

ASP.NET 是 Microsoft 公司推出的新一代建立动态 Web 应用程序的新技术，本节将对 ASP.NET 的基础进行介绍。

2.1.1 ASP.NET 的优势

ASP.NET 是目前主流的网络开发技术之一，ASP.NET 技术本身具有许多优点和特性，具体介绍如下。

（1）高效的运行性能

由于 ASP.NET 应用程序采用页面脱离代码技术，即前台页面代码保存到 ASPX 文件中，后台代码保存到 CS 文件中，这样当编译程序将代码编译为 DLL 文件，并且 ASP.NET 网站在服务器上运行时，可以直接运行编译好的 DLL 文件，而且 ASP.NET 采用缓存机制，从而可以提高 ASP.NET 的性能。

（2）简易性灵活性

很多 ASP.NET 功能都可以扩展，这样可以轻松地将自定义功能集成到应用程序中。例如，ASP.NET 提供程序模型为不同数据源提供输入支持。

（3）可管理性

ASP.NET 中包含的新增功能使得管理宿主环境变得更加简单，从而为宿主主体创建了更多增值的机会。

（4）开发效率

使用 ASP.NET 服务器控件，可以轻松、快捷地创建 ASP.NET 网站。诸如成员资格、个性化和主题等，可以提供系统级的功能，而一些数据控件、无代码绑定和智能数据显示控件等，可以解决 ASP.NET 网站核心开发方案（尤指数据）的问题。

2.1.2 ASP.NET 的应用领域

ASP.NET 作为微软全力推出的一种动态网站开发技术，经过最近几年的发展，在实际生活中已经有了很多成功的项目案例，比如世界饮食行业的龙头老大 KFC、中国最成功的游戏之一《问道》、中国国家行政机关人事部，以及中国最著名的汽车厂商之一"东风汽车公司"等，它们的官方网站都是用 ASP.NET 开发的。下面就给出 ASP.NET 网站成功案例的效果图，分别如图 2-1、图 2-2、图 2-3 和图 2-4 所示。

图 2-1　KFC 官方网站

图 2-2　问道游戏官方网站

2.1.3 ASP.NET 网站的运行原理

ASP.NET 网站运行时，当一个 HTTP 请求被 IIS 服务器接收到之后，IIS 首先通过客户端请求的页面类型为其加载相应的 dll 文件，然后在处理过程中将这条请求发送给能够处理这个请求的模块。在 ASP.NET 中，这个模块叫做 HttpHandler（HTTP 处理程序组件），之所以 aspx 这样的文件可以被服务器处理，就是因为在服务器端有默认的 HttpHandler 专门处理 aspx 文件。IIS 在将这

图 2-3　中华人民共和国人事部官方网站

图 2-4　东风汽车公司官方网站

条请求发送给能够处理这个请求的模块之前，还需要经过一些 HttpModule 处理，这些都是系统默认的 Modules（用于获取当前应用程序的模块集合），在这个 HTTP 请求传到 HttpHandler 之前要经过不同的 HttpModule 处理。这样做的好处，一是为了一些必须的过程，二是为了安全性，三是为了提高效率，四是为了用户能够在更多的环节上进行控制，增强用户的控制能力。ASP.NET 网站的运行原理如图 2-5 所示。

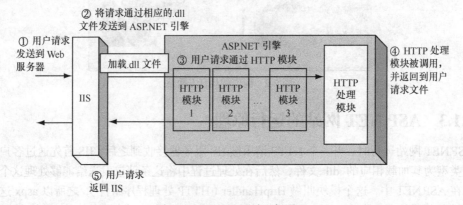

图 2-5　ASP.NET 网站运行原理

HTTP 模块是一个组件,可以注册为 ASP.NET 请求生命周期的一部分,当处理该组件时,该组件可以读取或更改请求或响应。HTTP 模块通常用于执行需要监视每个请求的特殊任务,如安全或站点统计信息等。

2.1.4 ASP.NET 网站的运行机制

通常情况下,ASP.NET 框架搭建在 Windows Server(服务器版操作系统)+IIS(Web 服务器,是 Internet 信息服务管理器的英文缩写)环境中,在安装 .NET FrameWork 时,安装程序会在 IIS 中注册 ASP.NET 所需的 ISAPI 扩展(aspnet_isapi.dll),这就使得作为 ASP.NET 宿主的 IIS 在接收到客户端的 HTTP 请求后,将响应请求的控制权交给 ASP.NET 运行时。

ASP.NET 运行时接收到请求后,会判断站点是否是第一次被访问,如果是第一次访问,则运行初始化工作(如加载 Bin 目录中的 DLL 动态链接库、读取 Web.Config 网站配置文件、初始化 HttpApplication 实例、编译和加载 Global.asax 文件等)。ASP.NET 运行时还负责创建请求响应线程的 HttpContext 上下文实例和创建承载响应结果的 HttpTextWriter 实例。然后,ASP.NET 运行时寻找合适的 HttpHandler(通常就是具有的 ASP.NET 页面)处理 HTTP 请求,并等待 HttpHandler 返回请求处理结果。最后,ASP.NET 运行时在完成一些后续工作之后(如保存 Session、异常处理等),再通过 IIS 把响应结果返回给客户端。

ASP.NET 网站的运行机制如图 2-6 所示。

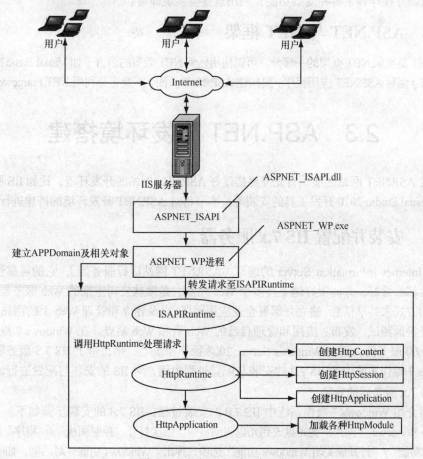

图 2-6 ASP.NET 网站运行机制

2.2　ASP.NET 与 .NET 框架

2.2.1　.NET 框架简介

.NET 框架是微软公司推出的完全面向对象的软件开发与运行平台，.NET Framework 具有两个主要组件：公共语言运行库（Common Language Runtime，简称 CLR）和.NET Framework 类库，如图 2-7 所示。

❑ 公共语言运行库（CLR）

公共语言运行库是所有.NET 程序的执行引擎，它的工作包括加载及执行.NET 程序，为每个.NET 应用程序准备一个独立、安全、稳定的执行环境，包括内存管理、安全控制、代码执行、代码完全验证、编译及其他系统服务等。

图 2-7　.NET Framework 两大组件

❑ 类库（Class Library）

.NET 框架面向所有的.NET 程序语言提供了一个公共的基础类库，该类库中提供的面向对象的类就像许多零件，程序开发人员编写程序时只要思考程序逻辑的部分，其他（如数学计算、字符操作、数据库操作等）各种复杂功能，利用这些类实现即可。

2.2.2　ASP.NET 与 .NET 框架

ASP.NET 是微软.NET 框架的一部分，可以使用任何.NET 兼容的语言（如 Visual Basic.NET、C#、J#、VC.NET）编写 ASP.NET 应用程序。要构建 ASP.NET 页面，需要充分利用.NET Framework 的特性。

2.3　ASP.NET 开发环境搭建

在开发 ASP.NET 网站之前，首先需要搭建好 ASP.NET 网站的开发环境，比如 IIS 服务器的安装配置、Visual Studio 2010 开发工具的安装等。本节将对 ASP.NET 开发环境的搭建进行详细讲解。

2.3.1　安装并配置 IIS 7.x 服务器

IIS 是 Internet Information Server 的缩写（ASP.NET 网站运行服务器），它的可靠性、安全性和可扩展性都非常好，并能很好地支持多个 Web 站点，是微软公司主推的 Web 服务器。IIS 提供了最简捷的方式来共享信息、建立并部署企业应用程序、以及建立和管理 Web 上的网站。通过 IIS，用户可以轻松地测试、发布、应用和管理自己的 Web 页和 Web 站点。在 Windows 7 操作系统上，自带了 IIS 7.0 服务器；而在 Windows Server 2008 操作系统上，则自带了 IIS 7.5 服务器。本节将以 Windows 7 操作系统中的 IIS 7.0 的安装与配置过程为例，对 IIS 的安装与配置进行详细讲解。

1. IIS 7.x 服务器的安装

下面将介绍 Windows 7 操作系统中 IIS 7.0 的安装过程，IIS 7.0 的安装步骤如下。

（1）将 Windows 7 操作系统光盘放到光盘驱动器中。依次打开"控制面板"/"程序"选项，再选择"程序和功能"/"打开或关闭 Windows 功能"选项，弹出"Windows 功能"对话框，如图 2-8 所示。

（2）该对话框中选中"Internet 信息服务"复选框，单击"确定"按钮，弹出图 2-9 所示的

Microsoft Windows 对话框,该对话框中显示安装进度。安装完成后自动关闭 Microsoft Windows 对话框和"Windows 功能"对话框。

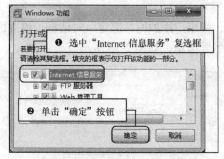

图 2-8 "Windows 功能"对话框

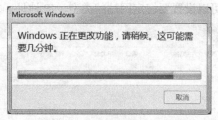

图 2-9 Microsoft Windows 对话框

(3)IIS 信息服务管理器安装完成之后,依次打开"控制面板"/"系统和安全"/"管理工具"选项,在其中可以看到"Internet 信息服务(IIS)管理器"选项,如图 2-10 所示。

图 2-10 Internet 信息服务(IIS)管理器选项

2. IIS 7.x 服务器的配置

IIS 7.0 安装完成后,就要对其进行必要的配置,这样才能使服务器在最优的环境下运行,下面介绍 IIS 7.0 服务器配置的具体步骤。

(1)依次打开"控制面板"/"系统和安全"/"管理工具"选项,在图 2-10 所示的窗口中双击"Internet 信息服务(IIS)管理器"选项,弹出"Internet 信息服务(IIS)管理器"窗口,如图 2-11 所示。

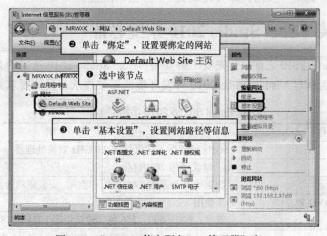

图 2-11 "Internet 信息服务(IIS)管理器"窗口

（2）在图 2-11 所示窗口的左侧列表中选中"网站"/"Default Web Site"节点，在右侧单击"绑定"超级链接，弹出图 2-12 所示的"网站绑定"对话框，该对话框中可以添加、编辑、删除和浏览绑定的网站。

（3）在图 2-12 所示的对话框中单击"添加"按钮，弹出"添加网站绑定"对话框，该对话框中可以设置要绑定网站的类型、IP 地址、端口及主机名等信息，如图 2-13 所示。

图 2-12 "网站绑定"对话框

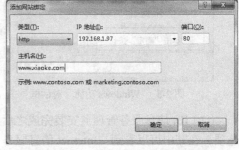
图 2-13 "添加网站绑定"对话框

（4）设置完要绑定的网站后，单击"确定"按钮，返回"Internet 信息服务(IIS)管理器"窗口，单击该窗口右侧的"基本设置"超级链接，弹出"编辑网站"对话框，该对话框中可以设置应用程序池、网站的物理路径等信息，如图 2-14 所示。

（5）在图 2-14 所示的对话框中单击"选择"按钮，可以弹出"选择应用程序池"对话框，在该对话框的下拉列表中可以选择要使用的.NET 版本，如图 2-15 所示。

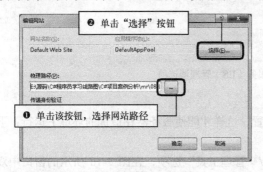
图 2-14 "编辑网站"对话框

图 2-15 "选择应用程序池"对话框

（6）依次单击"确定"按钮，即可完成 IIS 服务器的配置。

2.3.2　安装 Visual Studio 2010 系统必备

安装 Visual Studio 2010 之前，首先要了解安装 Visual Studio 2010 所需的必备条件，检查计算机的软硬件配置是否满足 Visual Studio 2010 开发环境的安装要求，具体要求如表 2-1 所示。

表 2-1　　　　　　　　　　安装 Visual Studio 2010 所需的必备条件

名　称	说　明
处理器	1.6GHz 处理器，建议使用 2.0 GHz 双核处理器
RAM	1G，建议使用 2G 内存
可用硬盘空间	系统驱动器上需要 5.4G 的可用空间，安装驱动器上需要 2G 的可用空间
CD-ROM 驱动器或 DVD-ROM	必须使用
显示器	分辨率：800×600，256 色，建议使用 1024×768，增强色 16 位
操作系统及所需补丁	Windows Server 2003（SP2）、Windows Vista、Windows 7

2.3.3 安装 Visual Studio 2010

安装 Visual Studio 2010 的步骤如下所述。

（1）将 Visual Studio 2010 安装盘放到光驱中，光盘自动运行后会进入安装程序文件界面，如果光盘不能自动运行，可以双击 setup.exe 可执行文件，应用程序会自动跳转到图 2-16 所示的"Visual Studio 2010 安装程序"界面，该界面上有两个安装选项："安装 Microsoft Visual Studio 2010"和"检查 Service Release"，一般情况下需安装第一项。

（2）单击第一个安装选项"安装 Microsoft Visual Studio 2010"，弹出图 2-17 所示的"Visual Studio 2010 安装向导"界面。

图 2-16　Visual Studio 2010 安装界面

图 2-17　Visual Studio 2010 安装向导

（3）单击"下一步"按钮，弹出图 2-18 所示的"Visual Studio 2010 安装程序-起始页"界面，该界面左边显示的是关于 Visual Studio 2010 安装程序的所需组件信息，右边显示用户许可协议。

（4）选中"我已阅读并接受许可条款"单选按钮，单击"下一步"按钮，弹出图 2-19 所示的"Visual Studio 2010 安装程序-选项页"界面，用户可以选择要安装的功能和产品安装路径。一般使用默认设置即可，产品默认路径为"C:\Program Files\Microsoft Visual Studio 10.0\"。

图 2-18　Visual Studio 2010 安装程序-起始页

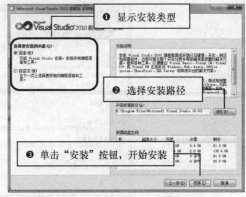

图 2-19　选择"完全"安装方式

在选择安装选项页中，用户可以选择"完全"和"自定义"两种方式。如果选择"完全"，安程序会安装所有功能。如果选择"自定义"，用户可以选择希望安装的项目，增加了安装程序的灵活性。

（5）在图 2-19 中，选择"自定义"安装，单击"下一步"按钮，进入选择要安装的功能界面，如图 2-20 所示。

（6）选择好产品安装路径之后，单击"安装"按钮，进入图 2-21 所示的"Visual Studio 2010 安装程序-安装页"界面，显示正在安装组件。

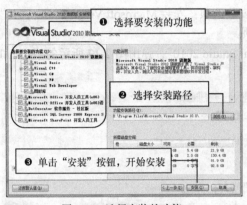

图 2-20　选择安装的功能

图 2-21　Visual Studio 2010 安装程序-安装页

（7）安装完毕后，单击"下一步"按钮，弹出图 2-22 所示的"Visual Studio 2010 安装程序-完成页"界面，单击"完成"按钮，至此，Visual Studio 2010 开发环境安装完成。

2.3.4　卸载 Visual Studio 2010

如果要卸载 Visual Studio 2010 开发环境，可以按以下步骤进行。

（1）在 Windows 7 操作系统中，打开"控制面板"/"程序"/"程序和功能"选项，在打开的窗口中选中"Microsoft Visual Studio 旗舰版-简体中文"选项，如图 2-23 所示。

（2）单击"卸载/更改"按钮，进入"Microsoft Visual Studio 2010 安装程序-维护模式"，单击"下一步"按钮，进入"Microsoft Visual Studio 2010 安装程序-维护页"，如图 2-24 所示。单击"卸载"选项即可卸载 Visual Studio 2010。

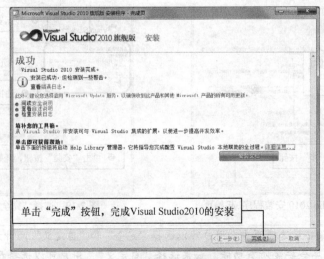

图 2-22　Visual Studio 2010 安装程序-完成页

第 2 章 搭建 ASP.NET 网站开发环境

图 2-23 添加或删除程序

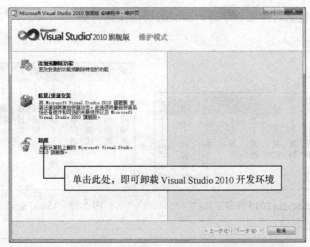

图 2-24 Microsoft Visual Studio 2010 安装程序-维护页

2.4 熟悉 Visual Studio 2010 开发环境

2.4.1 菜单栏

菜单栏显示了所有可用的 Visual Studio 2010 命令，除了"文件"、"编辑"、"视图"、"窗口"和"帮助"菜单之外，还提供编程专用的功能菜单，如"网站"、"生成"、"调试"、"工具"和"测试"等，如图 2-25 所示。

图 2-25 Visual Studio 2010 菜单栏

每个菜单项中都包含若干个菜单命令，分别执行不同的操作，例如，"调试"菜单包括调试网站的各种命令，如"启动调试"、"开始执行"和"新建断点"等，如图 2-26 所示。

2.4.2 工具栏

为了操作更方便、快捷，菜单项中常用的命令按功能分组分别放入相应的工具栏中。通过工具栏可以快速地访问常用的菜单命令。常用的工具栏有标准工具栏和调试工具栏，下面分别介绍。

（1）标准工具栏包括大多数常用的命令按钮，如新建网站、添加新项、打开文件、保存、全部保存等。标准工具栏如图 2-27 所示。

（2）调试工具栏包括对应用程序进行调试的快捷按钮，如图 2-28 所示。

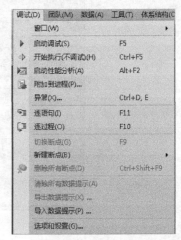

图 2-26 "调试"菜单

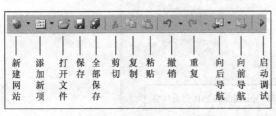

图 2-27 Visual Studio 2010 标准工具栏

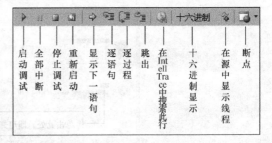

图 2-28 Visual Studio 2010 调试工具栏

在调试程序或运行程序的过程中，通常可用以下 4 种快捷键来操作：

（1）按下〈F5〉快捷键实现调试运行程序；

（2）按下〈Ctrl+F5〉快捷键实现不调试运行程序；

（3）按下〈F11〉快捷键实现逐语句调试程序；

（4）按下〈F10〉快捷键实现逐过程调试程序。

2.4.3 "工具箱"窗口

工具箱是 Visual Studio 2010 的重要工具，每一个开发人员都必须对这个工具非常熟悉。工具箱提供了进行 ASP.NET 网站开发所必需的控件。通过工具箱，开发人员可以方便地进行可视化的窗体设计，简化了程序设计的工作量，提高了工作效率。根据控件功能的不同，将工具箱划分为 12 个栏目，如图 2-29 所示。

单击某个栏目，显示该栏目下的所有控件，如图 2-30 所示。当需要某个控件时，可以通过双击所需要的控件直接将控件加载到 ASP.NET 页面中，也可以先单击选择需要的控件，再将其拖动到 ASP.NET 页面上。"工具箱"窗口中的控件可以通过工具箱右键菜单（见图 2-31）来控制，例如，实现控件的排序、删除、显示方式等。

第 2 章 搭建 ASP.NET 网站开发环境

图 2-29 "工具箱"窗口

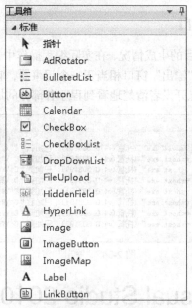
图 2-30 展开后的"工具箱"窗口

图 2-31 工具箱右键菜单

2.4.4 "属性"窗口

"属性"窗口是 Visual Studio 2010 中另一个重要的工具，该窗口中为 ASP.NET 网站的开发提供了简单的属性修改方式。ASP.NET 页面中的各个控件属性都可以由"属性"窗口设置完成。"属性"窗口不仅提供了属性的设置及修改功能，还提供了事件的管理功能。"属性"窗口可以管理控件的事件，方便编程时对事件的处理。

另外，"属性"窗口采用了两种方式管理属性和方法，分别为按分类方式和按字母顺序方式。读者可以根据自己的习惯采用不同的方式。该窗口的下方还有简单的帮助，方便开发人员对控件的属性进行操作和修改，"属性"窗口的左侧是属性名称，相对应的右侧是属性值。"属性"窗口如图 2-32 所示。

图 2-32 "属性"窗口

2.4.5 "错误列表"窗口

"错误列表"窗口为代码中的错误提供了即时的提示和可能的解决方法。例如，当某句代码结束忘记了输入分号时，错误列表中会显示图 2-33 所示的错误。错误列表就好像是一个错误提示器，它可以将程序中的错误代码及时地显示给开发人员，并通过提示信息找到相应的错误代码。

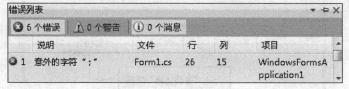
图 2-33 "错误列表"窗口

说明　用鼠标双击错误列表中的某项，Visual Studio 2010 开发平台会自动定位到发生错误的语句。

2.4.6 "输出"窗口

"输出"窗口用于提示项目的生成情况,在实际编程操作中,开发人员会无数次地看到这个窗口,其外观如图 2-34 所示。"输出"窗口相当于一个记事器,它将程序运行的整个过程序以数据的形式进行显示,这样可以让开发者清楚地看到程序各部分的加载与编译过程。

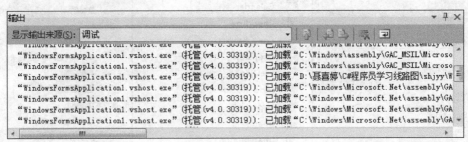

图 2-34 "输出"窗口

2.5 Visual Studio 2010 帮助系统

Visual Studio 2010 中提供了一个广泛的帮助工具,称为 Help Library 管理器。在 Help Library 管理器中,用户可以查看任何 C#语句、类、属性、方法、编程概念及一些编程的示例。帮助工具包括用于 Visual Studio IDE、.NET Framework、C#、J#、C++等的参考资料,用户可以根据需要进行筛选,使其只显示某方面(C#)的相关信息。本节将对 Help Library 管理器的安装与使用进行详细介绍。

 Help Library 管理器类似于 Visual Studio 前期版本中附带的 MSDN 帮助,都是为了给开发人员提供一定的帮助。

2.5.1 安装 Help Library 管理器

安装 Help Library 管理器的步骤如下所述。
(1)在"Visual Studio 2010 安装程序-完成页"中,单击"安装文档"按钮,如图 2-35 所示。

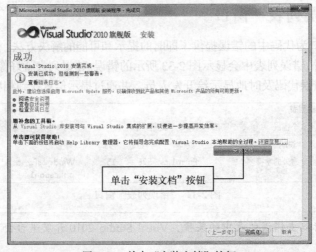

图 2-35 单击"安装文档"按钮

（2）进入到图 2-36 所示的"设置本地内容位置"界面，单击"浏览"按钮选择 Microsoft Visual Studio 2010 Help Library 管理器的安装路径。

（3）选择好安装位置后，单击"确定"按钮，进入到图 2-37 所示的 Help Library 管理器"从磁盘安装内容"界面，在"操作"列表下添加要安装的内容。

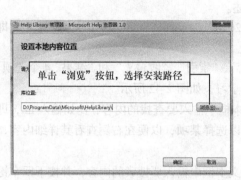

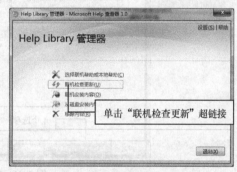

图 2-36 "设置本地内容位置"界面　　　　　图 2-37 "从磁盘安装内容"界面

（4）单击"更新"按钮，进入到图 2-38 所示的 Visual Studio 2010 Help Library 管理器的更新界面。

（5）本地库更新完成后，将自动弹出 Help Library 管理器界面，如图 2-39 所示。

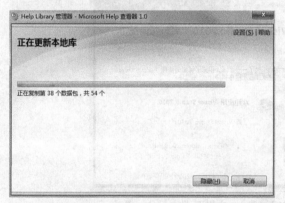

图 2-38 Visual Studio 2010 Help Library 管理器更新界面　　　图 2-39 Help Library 管理器

（6）单击"联机检查更新"超链接，弹出 Help Library 管理器设置界面，如图 2-40 所示。

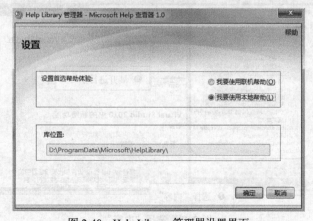

图 2-40 Help Library 管理器设置界面

（7）如果本地机器已经联网，可以选择"我要使用联机帮助"单选按钮；否则，选择"我要使用本地帮助"单选按钮，然后单击"确定"按钮，即可完成 Help Library 管理器的安装。

2.5.2 使用 Help Library 管理器

Help Librery 是微软的帮助文档库，它提供了大量的技术文档，是开发人员的左膀右臂，下面介绍如何使用 Help Library 管理器。具体步骤如下所述。

（1）选择"开始"/"所有程序"/"Visual Studio 2010"/"Visual Studio 2010 文档"选项，即可进入 Help Library 主界面，如图 2-41 所示。

（2）在 Help Library 主界面的左侧可以看到"内容"、"索引"、"收藏夹"和"结果"4 个选项，当用户选择"内容"时，可以依次展开左侧列表进行学习，如图 2-42 所示。

（3）当用户选择"索引"时，可以在左上方的文本框中输入要查找的内容，比如输入 int，即可在左侧列表中显示与 int 相关的所有内容，用户可以选择某项，以便在右侧查看其详细内容，如图 2-43 所示。

（4）当用户在 Help Library 主界面右上方的搜索文本框中输入要搜索的内容，并按下回车键时，即可将搜索结果显示在左侧列表中，用户可以单击进行查看，如图 2-44 所示。

图 2-41　Help Librery 主界面

图 2-42　选择"内容"

第 2 章 搭建 ASP.NET 网站开发环境

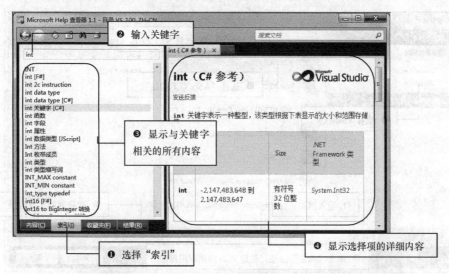

图 2-43 选择"索引"

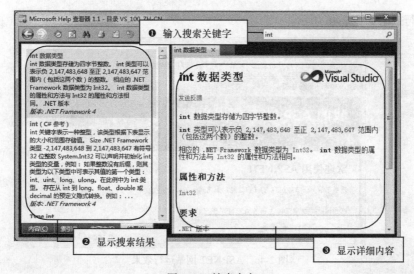

图 2-44 搜索内容

2.6 综合实例——创建一个 ASP.NET 网站

本实例主要演示如何使用 Visual Studio 2010 开发环境创建一个 ASP.NET 网站，开发步骤如下所述。

（1）选择"开始"/"所有程序"/"Microsoft Visual Studio 2010"/"Microsoft Visual Studio 2010"选项，进入 Visual Studio 2010 开发环境。在菜单栏中选择"文件"/"新建"/"网站"选项，弹出图 2-45 所示的"新建网站"对话框。

（2）选择要使用的.NET 框架和"ASP.NET 网站"后，用户可对所要创建的 ASP.NET 网站进行命名、选择存放位置的设定，在命名时可以使用用户自定义的名称，也可以使用默认名"WebSite1"，用户可以单击"浏览"按钮设置网站存放的位置，然后单击"确定"按钮，即可创建一个 ASP.NET 网站。

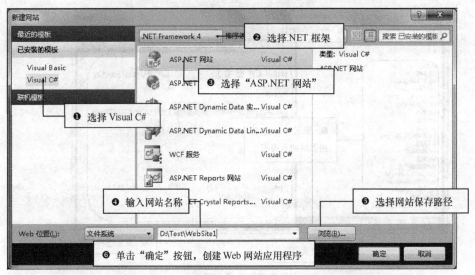

图 2-45　新建网站

程序运行效果如图 2-46 所示。

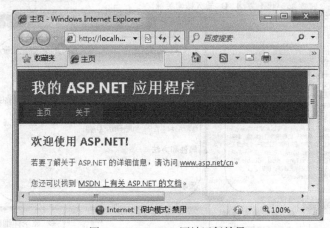

图 2-46　ASP.NET 网站运行效果

知识点提炼

（1）ASP.NET 是 Microsoft 公司推出的新一代建立动态 Web 应用程序的新技术。

（2）.NET 框架是微软公司推出的完全面向对象的软件开发与运行平台，.NET Framework 具有两个主要组件：公共语言运行库（Common Language Runtime，简称 CLR）和 .NET Framework 类库。

（3）公共语言运行库（CLR）是所有 .NET 程序的执行引擎，它的工作包括加载及执行 .NET 程序，为每个 .NET 应用程序准备一个独立、安全、稳定的执行环境。

（4）.NET Framework 类库提供 .NET 框架下所有语言所支持的面向对象的类。

（5）Visual Studio 2010 是微软最新推出的一个开发平台，在该平台上，可以进行 ASP.NET 网站、Windows 窗体应用程序和 Web Service 应用程序的开发。

（6）Help Library 管理器类似于 Visual Studio 前期版本中附带的 MSDN 帮助，为了给开发人员提供一定的帮助。

习 题

2-1 什么是 ASP.NET？它有何优势？
2-2 简述 ASP.NET 网站的运行原理及运行机制。
2-3 ASP.NET 与.NET Framework 有什么关系？
2-4 列举安装 Visual Studio 2010 开发环境的必备条件。
2-5 Visual Studio 2010 的"属性"窗口有何作用？
2-6 Help Library 管理器哪几种学习使用方式？

实验：安装 Visual Studio 2010 开发环境

实验目的

熟悉 Visual Studio 2010 开发环境的安装过程。

实验内容

根据自己的 Windows 操作系统，安装相应的补丁后，使用 Visual Studio 2010 安装光盘安装 Visual Studio 2010 开发环境。

实验步骤

（1）首先确定自己的 Windows 操作系统是否需要安装补丁，如果是 Windows XP，需要安装 SP3 补丁；如果是 Windows Server 2003，需要安装 SP2 补丁；如果是 Windows 7，则不需要安装任何补丁。

（2）Windows 补丁安装完成后，将 Visual Studio 2010 安装盘放到光驱中，光盘自动运行后会进入安装程序文件界面，如果光盘不能自动运行，可以双击加载到光驱中的 setup.exe 可执行文件，应用程序会自动跳转到"Visual Studio 2010 安装程序"界面，该界面上有两个安装选项：安装 Microsoft Visual Studio 2010 和检查 Service Release。

（3）单击第一个安装选项"安装 Microsoft Visual Studio 2010"，弹出"Visual Studio 2010 安装向导"界面。

（4）单击"下一步"按钮，弹出"Visual Studio 2010 安装程序-起始页"界面，该界面左边显示的是关于 Visual Studio 2010 安装程序的所需组件信息，右边显示用户许可协议。

（5）选中"我已阅读并接受许可条款"单选按钮，单击"下一步"按钮，弹出"Visual Studio 2010 安装程序-选项页"界面，用户可以选择要安装的功能和产品安装路径。一般使用默认设置即可，产品默认路径为"C:\Program Files\Microsoft Visual Studio 10.0\"。

（6）这里选择"完全"安装方式，单击"安装"按钮，进入"Visual Studio 2010 安装程序-安装页"界面，显示正在安装组件。

（7）安装完毕后，单击"下一步"按钮，弹出"Visual Studio 2010 安装程序-完成页"界面，单击"完成"按钮，即可完成 Visual Studio 2010 开发环境的安装。

第 3 章
ASP.NET 开发基础

本章要点
- 如何创建一个 ASP.NET 网站
- 在 IIS 上配置并浏览 ASP.NET 网站
- 常见的 ASP.NET 网页扩展名
- 5 种常用的 ASP.NET 页面指令
- 注释 ASPX 文件中的代码
- 3 种基本的 ASP.NET 网页语法

ASP.NET 是由 Microsoft 公司推出的新一代 Web 开发架构，并且作为 Web 开发的直接承载者，继承了微软一贯的风格——简单、易用，它集成了 ASP 和.NET 两套技术，为网页开发提供了一条新的途径。ASP.NET 的语法定义了 ASP.NET 网页的结构、布局和设置，并且可以定义 ASP.NET 服务器控件、应用程序代码、应用程序配置和 XML Web services 的布局。本章将详细介绍如何制作一个 ASP.NET 网站，并熟悉 ASP.NET 网页的基本语法。

3.1 第一个 ASP.NET 网站

本节将使读者快速了解并熟悉 ASP.NET 网站开发环境，并学会如何设计简单的 Web 页面，同时学会配置 IIS 虚拟路径。

3.1.1 创建 ASP.NET 网站

创建 ASP.NET 网站的步骤如下所述。

（1）选择"开始"/"所有程序"/"Microsoft Visual Studio 2010"/"Microsoft Visual Studio 2010"选项，进入 Visual Studio 2010 开发环境。

（2）在菜单栏中选择"文件"/"新建"/"网站"选项，如图 3-1 所示。

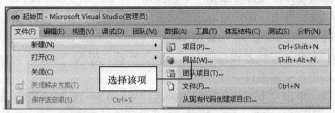

图 3-1　选择新建网站

(3)弹出图 3-2 所示的"新建网站"对话框。

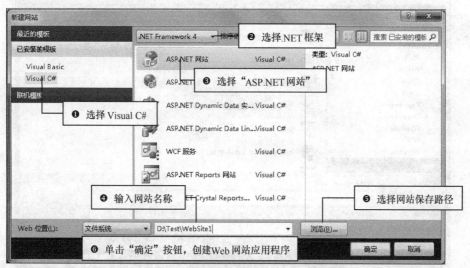

图 3-2 新建网站

(4)选择要使用的.NET 框架和"ASP.NET 网站"后,用户可对所要创建的 ASP.NET 网站进行命名、选择存放位置的设定,在命名时可以使用用户自定义的名称,也可以使用默认名"WebSite1",用户可以单击"浏览"按钮设置网站存放的位置,然后单击"确定"按钮,完成 ASP.NET 网站的创建,如图 3-3 所示。

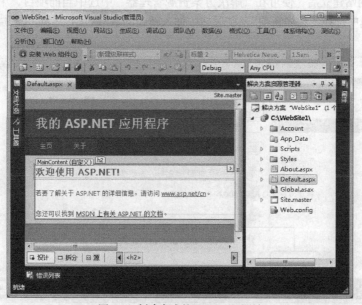

图 3-3 创建完成的 ASP.NET 网站

说明

用户也可以通过在 Visual Studio 2010 开发环境中选择"文件"/"新建"/"项目"选项,并在弹出的"新建项目"对话框中选择"ASP.NET Web 应用程序"模板来创建网站,如图 3-4 所示。另外,用这种方式,用户还可以通过选择"ASP.NET MVC 2 Web 应用程序"模板创建 ASP.NET MVC 网站程序。

图 3-4 "新建项目"对话框

3.1.2 设计 ASP.NET 页面

1. 加入 ASP.NET 网页

ASP.NET 网站建立后,便可在"解决方案资源管理器"中选中当前项目,单击鼠标右键,在弹出的快捷菜单中选择"添加新项",在网站中加入新建的 ASP.NET 网页。图 3-5 为"添加新项"对话框。

图 3-5 "添加新项"对话框

如图 3-5 所示,ASP.NET 网站里可以放入许多不同种类的文件,最常见的就是 ASP.NET 网页,也就是所谓的"Web 窗体",它的扩展名为.aspx,主文件名的部分可自行定义,默认为 Default。因为网页里可编写程序,所以加入新网页时需要设定这个网页里的程序要使用哪一种编程语言,本书统一使用 C#语言。

下面主要介绍一下加入的 ASP.NET 网页的"设计"、"拆分"及"源"3 种视图方式。

每个.aspx 的 Web 窗体网页都有 3 种视图方式，分别为"设计"、"拆分"及"源"视图。在"解决方案资源管理器"上双击某个*.aspx 就可以打开.aspx 文件，接下来便可以通过 3 种方式加以切换。

❑ "设计"视图

图 3-6 演示了如何切换到"设计"视图，"设计"视图可模拟用户在浏览器里看到的界面。

❑ "拆分"视图

"拆分"视图会将 HTML 及设计界面同时呈现在开发工具中，让开发人员设计好 HTML 马上看到显示的界面，如图 3-7 所示。

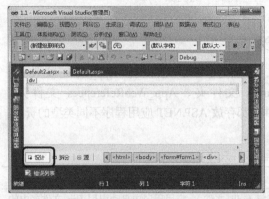 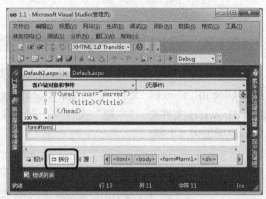

图 3-6 "设计"视图方式　　　　　　　　　图 3-7 "拆分"视图方式

❑ "源"视图

"源"视图可以让网页设计人员针对网页的 HTML 代码做细致的编辑及调整，如图 3-8 所示。

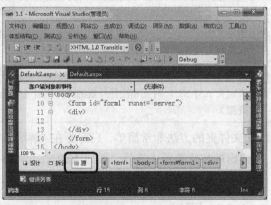

图 3-8 "源"视图方式

2. 布局 ASP.NET 网页

通过两种方法可以实现布局 ASP.NET 网页，一种是使用 Table 表格布局，另一种是使用 CSS+DIV 布局。使用 Table 表格布局时，在 Web 窗体中添加一个 HTML 格式表格，然后根据位置的需要，向表格中添加相关文字信息或服务器控件；而使用 CSS+DIV 布局时，需要通过 CSS 样式控制 Web 窗体中的文字信息或服务器控件的位置，这需要精通 CSS 样式。

3. 添加服务器控件

添加服务器控件既可以通过拖曳的方式添加，也可以通过 ASP.NET 网页代码添加。例如，通过这两个方法添加一个 Button 按钮。

□ 拖曳方法

首先，打开工具箱，在"标准"栏中找到 Button 控件，然后按住鼠标左键，将 Button 按钮拖曳到 Web 窗体中指定位置或表格单元格中，最后松开鼠标左键即可，如图 3-9 所示。

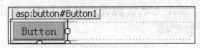

图 3-9　添加 Button 控件

□ 代码方法

打开 Web 窗体的源视图，使用代码添加一个 Button 控件，代码如下：

```
<td>
    <asp:Button ID="Button1" runat="server" Text="Button" />
</td>
```

3.1.3　添加 ASP.NET 特殊文件夹

ASP.NET 应用程序包含 7 个默认文件夹，分别为：Bin 文件夹、App_Code 文件夹、App_GlobalResources 文件夹、App_LocalResources 文件夹、App_WebReferences 文件夹、App_Browsers 文件夹、"主题"文件夹，每个文件夹都存放 ASP.NET 应用程序不同类型的资源。具体说明如表 3-1 所示。

表 3-1　　　　　　　　　　ASP.NET 应用程序文件夹说明

文件夹	说明
Bin	包含程序所需的所有已编译程序集（.dll 文件）。应用程序中自动引用 Bin 文件夹中的代码所表示的任何类
APP_Code	包含页使用的类（例如.cs、.vb 和.jsl 文件）的源代码
App_GlobalResources	包含编译到具有全局范围的程序集中的资源（.resx 和.resources 文件）
App_LocalResources	包含与应用程序中的特定页、用户控件或母版页关联的资源（.resx 和.resources 文件）
App_WebReferences	包含用于定义在应用程序中使用的 Web 引用的引用协定文件（.wsdl 文件）、架构（.xsd 文件）和发现文档文件（.disco 和.discomap 文件）
App_Browsers	包含 ASP.NET 用于标识个别浏览器并确定其功能的浏览器定义（.browser）文件
主题	包含用于定义 ASP.NET 网页和控件外观的文件集合（.skin 和.css 文件，以及图像文件和一般资源）

向 ASP.NET 网站中添加文件夹的方法非常简单，只需要在"解决方案资源管理器"中选中当前项目，单击鼠标右键，在弹出的快捷菜单中选择"添加 ASP.NET 文件夹"项的子项即可，如图 3-10 所示。

3.1.4　运行 ASP.NET 网站

Visual Studio 2010 中有多种方法运行 ASP.NET 网站。可以选择 Visual Studio 2010 开发环境的菜单栏中的"调试"\"启动调试"选项，也可以单击工具栏上的 ▶ 按钮。

3.1.5　配置 IIS 服务器并浏览网站

在网站设计完成之后，需要在 IE 等网页浏览器中进行浏览。IIS 作为当今流行的 Web 服务器之一，提供了强大的 Internet 和 Intranet 服务功能，可以发布、测试和维护自己的 Web 页和 Web 站点。下面以 Windows 7 系统为例，介绍如何在 IIS 管理器中配置 ASP.NET 网站虚拟站点，步骤如下所述。

第 3 章 ASP.NET 开发基础

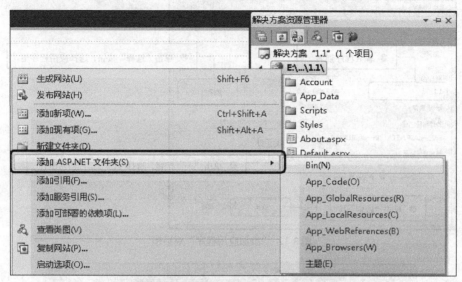

图 3-10 添加 ASP.NET 文件夹

图 3-11 选择"添加应用程序"菜单项

（1）依次打开"控制面板"/"系统和安全"/"管理工具"/"Internet 信息服务(IIS)管理器"，在打开的"Internet 信息服务(IIS)管理器"窗口中，依次展开"网站"/"Default Web Site"节点，选中该节点，单击鼠标右键，在弹出的快捷菜单中选择"添加应用程序"菜单项，如图 3-11 所示。

（2）弹出图 3-12 所示的"添加应用程序"对话框，在该对话框中，首先输入应用程序别名，并单击"选择"按钮，选择应用程序池；然后单击"…"按钮选择 ASP.NET 网站路径；最后单击"确定"按钮即可。

（3）配置完成后，选中添加的应用程序名，切换到内容视图，选中要浏览的页面，单击鼠标右键，在弹出的快捷菜单中选择"浏览"菜单项，即可在 IE 等网页浏览器中浏览配置的 ASP.NET 网站，如图 3-13 所示。

（4）创建的第一个 ASP.NET 网站的 Default.aspx 页面在 IE 浏览器中的运行效果如图 3-14 所示。

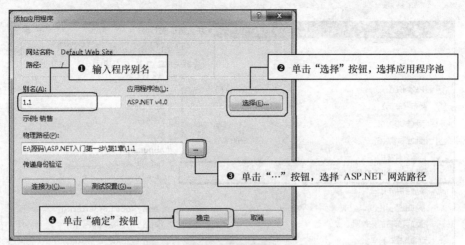

图 3-12 "添加应用程序"对话框

图 3-13 选择"浏览"菜单项

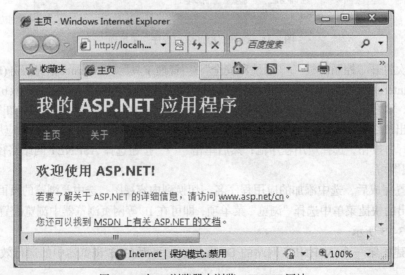

图 3-14 在 IE 浏览器中浏览 ASP.NET 网站

3.2 ASP.NET 网页基础语法

3.2.1 ASP.NET 网页扩展名

ASP.NET 的任何功能都可以在具有相应文件扩展名的文本文件中实现,可以把 ASP.NET 网页扩展名理解为是 ASP.NET 文件的"身份证",不同的扩展名决定了不同文件的类型和作用。

例如,Web 页面的扩展名为.aspx,母版页的扩展名为.master 等。ASP.NET 网页中包含很多种文件类型,其扩展名的具体描述如表 3-2 所示。

表 3-2　　　　　　　　　　　ASP.NET 网页扩展名

文　件	扩展名
ASP.NET 页面	.aspx
Web 用户控件	.ascx
HTML 页	.htm
XML 页	.xml
母版页	.master
Web 服务	.asmx
全局应用程序类	.asax
Web 配置文件	.config
网站地图	.sitemap
外观文件	.skin
样式表	.css

3.2.2 ASP.NET 页面指令

ASP.NET 页面中通常包含一些类似于<%@…%>这样的代码,被称为页面指令,这些指令允许为相应的 ASP.NET 页面指定页面属性和配置信息,并由 ASP.NET 用作处理页面的指令,但不作为发送到浏览器标记的一部分呈现。本节将对 ASP.NET 网页中的常用页面指令进行介绍。

1. @Page 指令

@Page 指令允许开发人员为页面指定多个配置选项,并且该指令只能在 Web 窗体页中使用。每个.aspx 文件只能包含一条@Page 指令。@Page 指令可以指定以下信息:页面中代码的服务器编程语言;页面是将服务器代码直接包含在其中(即单文件页面),还是将代码包含在单独的类文件中(即代码隐藏页面);调试和跟踪选项;页面是否为某母版页的内容页等。

@Page 指令的语法格式如下:

```
<%@ Page attribute="value" [attribute="value"...]%>
```

attribute 为@Page 指令的属性。@Page 指令语法中属性的说明如表 3-3 所示。

表 3-3　　　　　　　　　　　@Page 指令的属性说明

属　性	说　明
AutoEventWireup	指示页的事件是否自动绑定。如果启用了事件自动绑定,则为 true;否则为 false。默认值为 true
Buffer	确定是否启用了 HTTP 响应缓冲。如果启用了页缓冲,则为 true;否则为 false。默认值为 true

续表

属性	说明
ClassName	一个字符串，指定在请求页时将自动进行动态编译的页的类名。此值可以是任何有效的类名，并且可以包括类的完整命名空间（完全限定的类名）。如果未指定该属性的值，则已编译页的类名将基于页的文件名
CodeFile	指定指向页引用的代码隐藏文件的路径
Culture	指示页的区域性设置。该属性的值必须是有效的区域性 ID。注意，LCID 和 Culture 属性是互相排斥的；如果使用了其中一个属性，就不能在同一页中使用另一个属性
Description	提供该页的文本说明。ASP.NET 分析器忽略该值
EnableEventValidation	在回发方案中启用事件验证。如果验证事件，则为 true；否则为 false。默认值为 true
EnableSessionState	定义页的会话状态要求。如果启用了会话状态，则为 true；如果可以读取会话状态，但不能进行更改，则为 ReadOnly；否则为 false。默认值为 true。这些值不区分大小写
EnableTheming	指示是否在页上使用主题。如果使用主题，则为 true；否则为 false。默认值为 true
Inherits	定义供页继承的代码隐藏类。它与 CodeFile 属性（包含指向代码隐藏类的源文件的路径）一起使用
Language	指定在对页中的所有内联呈现（<% %> 和 <%= %>）和代码声明块进行编译时使用的语言。值可以表示任何 .NET Framework 支持的语言，如 C#
MasterPageFile	设置内容页的母版页或嵌套母版页的路径。支持相对路径和绝对路径
Src	指定包含链接到页的代码的源文件的路径。在链接的源文件中，可以选择将页的编程逻辑包含在类中或代码声明块中。可以使用 Src 属性将生成提供程序链接到页
StyleSheetTheme	指定在页上使用的有效主题标识符。如果设置了 StyleSheetTheme 属性，则单独的控件可以重写主题中包含的样式设置。这样，主题可以提供站点的整体外观，同时，利用 StyleSheetTheme 属性中包含的设置可以自定义页及其各个控件的特定设置
Theme	指定在页上使用的有效主题标识符。如果设置 Theme 属性时没有使用 StyleSheetTheme 属性，则将重写控件上单独的样式设置，允许您创建统一的页外观
Title	指定在响应的 HTML<title> 标记中呈现的页的标题。也可以通过编程方式将标题作为页的属性来访问
Trace	指示是否启用跟踪。如果启用了跟踪，则为 true；否则为 false。默认值为 false

例如，新添加一个 .aspx 页时，设置该页面代码隐藏文件的路径为 "Default2.aspx.cs"，并且指定 ASP.NET 页编译器使用 C# 作为页的服务器端代码语言。代码如下：

```
<%@ Page Language="C#" CodeFile="Default2.aspx.cs" Inherits="Default2" %>
```

2. @Import 指令

@Import 指令用于将命名空间显式导入到 ASP.NET 应用程序文件中，并且导入该命名空间所包含的所有类和接口。导入的命名空间可以是 .NET Framework 类库的一部分，也可以是自定义命名空间的一部分。

@Import 指令的语法格式如下：

```
<%@ Import namespace="value" %>
```

其中，namespace 属性用来指定要导入的命名空间的完全限定名。

@Import 指令不能有多个 namespace 属性，如果要导入多个命名空间，需要使用多条 @Import 指令实现。

例如，在 .aspx 页面导入 System.Data.SqlClient 命名空间的代码如下：

```
<%@ Import namespace="System.Data.SqlClient" %>
```

3. @OutputCache 指令

@OutputCache 指令用于以声明的方式控制 ASP.NET 页或 ASP.NET 页中包含的用户控件的输出缓存策略。具体来说，该指令用来表示页输出缓存，该缓存机制实质上是在内存中存储处理后的 ASP.NET 页的内容，这一机制允许 ASP.NET 向客户端发送页响应，而不必再次经过页处理生命周期。

@OutputCache 指令的语法格式如下：

```
<%@OutputCache attribute="value" [attribute="value"...]%>
```

其中，attribute 表示@OutputCache 指令中的属性。@OutputCache 指令的属性说明如表 3-4 所示。

表 3-4　　　　　　　　　　　　　@OutputCache 指令的属性说明

属　　性	说　　明
Duration	设置页或用户控件进行缓存的时间（以秒计）
Location	设置控制资源的输出缓存 HTTP 响应的位置，它的属性值为 OutputCacheLocation 枚举值之一，默认值为 Any
CacheProfile	与该页关联的缓存设置的名称。这是可选属性，默认值为""
NoStore	设置是否阻止敏感信息的二级存储
Shared	设置用户控件输出是否可以由多个页共享。默认值为 false
SqlDependency	设置缓存与数据库之间的对应关系。设置一组数据库：表名称对的字符串值，页或控件的输出缓存依赖于这些名称对。多个用分号隔开。需要特别注意，SqlCacheDependency 类监视输出缓存所附带的数据库中的表,因此当更新表中的项时,使用基于表的轮询时将从缓存中移除这些项
VaryByCustom	设置自定义输出缓存要求的任意文本。如果属性值为 browser，则缓存将随浏览器名称和主要版本信息的不同而异。如果为自定义字符串，则必须在应用程序的 Global.asax 文件中重写 GetVaryByCustomString 方法
VaryByHeader	设置分号分隔的 HTTP 标头列表，用于使输出缓存发生变化。将该属性设为多标头时，对于每个指定标头组合，输出缓存都包含一个不同版本的请求文档
VaryByParamer	分号分隔的字符串列表，用于使输出缓存发生变化
VaryByControl	一个分号分隔的字符串列表，用于更改用户控件的输出缓存。这些字符串代表用户控件中声明的 ASP.NET 服务器控件的 ID 属性值

例如，设置页或用户控件进行输出缓存的持续时间为 100 秒。代码如下：

```
<%@ OutputCache Duration="100" VaryByParam="none" %>
```

 Duration 属性是必选属性，如果@OutputCache 指令中未包含该属性，将出现分析器错误。

4. @Register 指令

@Register 指令用来创建标记前缀和自定义控件之间的关联，这为开发人员提供了一种在 ASP.NET 应用程序文件（包括网页、用户控件和母版页）中引用自定义控件的简单方法。

@Register 指令的语法格式有 3 种形式，分别如下：

```
//第一种
<%@ Register tagprefix="tagprefix" namespace="namespace" assembly="assembly" %>
//第二种
<%@ Register tagprefix="tagprefix" namespace="namespace" %>
//第三种
<%@ Register tagprefix="tagprefix" tagname="tagname" src="pathname" %>
```

@Register 指令语法中各属性的说明如表 3-5 所示。

表 3-5　　　　　　　　　　　　　　@Register 指令的属性说明

属　　性	说　　明
assembly	设置与 tagprefix 属性关联的命名空间所驻留的程序集。程序集名称不包括文件扩展名。如果将自定义控件的源代码文件放置在应用程序的 App_Code 文件夹下，ASP.NET 会在运行时动态编译源文件，因此不必使用 assembly 属性
namespace	设置正在注册的自定义控件的命名空间
src	与 tagprefix:tagname 对关联的声明性用户控件文件的相对或绝对的位置
tagname	与类关联的任意别名。此属性只用于用户控件
tagprefix	提供对包含指令的文件中所使用的标记的命名空间的短引用

例如，使用@Register 指令声明 tagprefix 和 tagname 别名，同时分配 src 属性，以在网页中引用用户控件。在.aspx 页中使用@Register 指令的代码如下：

```
<%@ Page %>
<%@ register tagprefix="uc1" tagname="CalendarUserControl"src="~/CalendarUserContr
ol.ascx" %>
```

上面代码中用到的用户控件代码如下：

```
<%@ Control ClassName="CalendarUserControl" %>
<asp:calendar id="Calendar1" runat="server" />
```

上面的示例中，tagprefix 属性被分配了一个用于标记的任意前缀值 uc1；tagname 属性使用分配给用户控件的类名称的值"CalendarUserControl"（尽管此属性的值是任意的，并可以使用任何字符串值，但是不必使用所引用的控件的类名称）；src 属性指向用户控件的源文件"~/CalendarUserControl.ascx"（相对于应用程序根文件夹）。

使用@Register 指令注册了用户控件后，在.aspx 页面中可以使用如下形式引用用户控件（即使用前缀、冒号以及标记名称）。代码如下：

```
<uc1:CalendarUserControl runat="server" />
```

5. @Control 指令

@Control 指令与@Page 指令基本相似，在.aspx 文件中包含了@Page 指令，而在.ascx 文件中则不包含@Page 指令，该文件中包含@Control 指令，该指令只能用在用户控件中。用户控件在带有.ascx 扩展名的文件中进行定义，每个.ascx 文件只能包含一条@Control 指令。此外，对于每个@Control 指令，只允许定义一个 Language 属性，因为每个控件只能使用一种语言。

@Control 指令的语法格式如下：

```
<%@ Control attribute="value" [attribute="value"...]%>
```

其中，attribute 表示@Control 指令中的各属性，@Control 指令属性的说明如表 3-6 所示。

表 3-6　　　　　　　　　　　　　　@Control 指令的属性说明

属　　性	说　　明
AutoEventWireup	设置控件的事件是否自动匹配。如果启用事件自动匹配，则为 true；否则为 false。默认值为 true
ClassName	用于指定需在请求时进行动态编译的控件的类名。此值可以是任何有效的类名，并且可以包括类的完整命名空间。如果没有为此属性指定值，已编译控件的类名将基于该控件的文件名
CodeFile	设置所引用的控件代码隐藏文件的路径。此属性与 Inherits 属性一起使用，将代码隐藏源文件与用户控件相关联。该属性只对已编译控件有效
Description	提供控件的文本说明
EnableTheming	指示控件上是否使用主题。如果使用主题，则为 true；否则为 false。默认值为 true

续表

属　性	说　明
EnableViewState	设置是否跨控件请求维护视图状态。如果维护视图状态，则为 true；否则为 false。默认值为 true
Inherits	设置供控件继承的代码隐藏类。它可以是从 UserControl 类派生的任何类。与包含代码隐藏类源文件的路径的 CodeFile 属性一起使用
Language	设置在编译控件中所有内联呈现（<%%>和<%=%>）和代码声明块时使用的语言。值可以表示任何.NET Framework 支持的语言，包括 Visual Basic、C#或 JScript。对于每个控件，只能使用和指定一种语言
Src	设置包含链接到控件的代码的源文件的路径。在所链接的源文件中，可选择在类中或在代码声明块中包括控件的编程逻辑。可以使用 Src 属性生成提供程序链接到控件。在 ASP.NET 中，将代码隐藏源文件链接到控件的首选方法是使用 Inherits 属性指定一个类，并使用 CodeFile 属性指定该类的源文件的路径

例如，新添加一个.ascx 用户控件时，@Control 指令默认代码如下：

```
<%@ Control Language="C#" AutoEventWireup="true" CodeFile="AdminPanel.ascx.cs" Inherits="Controls_AdminPanel" %>
```

3.2.3 注释 ASPX 文件中的代码

服务器端注释（<%--注释内容--%>）允许开发人员在 ASP.NET 应用程序文件的任何部分（除了<script>代码块内部）嵌入代码注释。服务器端注释元素的开始标记和结束标记之间的任何内容，不管是 ASP.NET 代码还是文本，都不会在服务器上进行处理或呈现在结果页上。

例如，使用服务器端注释 TextBox 控件，代码如下：

```
<%--
    <asp:TextBox ID="TextBox2" runat="server"></asp:TextBox>
--%>
```

执行后，浏览器上将不显示此文本框。

如果<script>代码块中的代码需要注释，则使用 HTML 代码中的注释（<!--注释//-->）。此标记用于告知浏览器忽略该标记中的语句。例如：

```
<script language ="javascript" runat ="server">
    <!--
        注释内容
    //-->
</script>
```

服务器端注释用于页面的主体，但不在服务器端代码块中使用。当在代码声明块（包含在<script runat="server"></script>标记中的代码）或代码呈现块（包含在<%%>标记中的代码）中使用特定语言时，应使用用于编码的语言的注释语法。如果在<% %>块中使用服务器端注释块，则会出现编译错误。开始和结束注释标记可以出现在同一行代码中，也可以由许多被注释掉的行隔开。服务器端注释块不能被嵌套。

3.2.4 ASP.NET 服务器控件语法

在 ASP.NET 中，服务器控件标记的名称是以"asp:"开头，服务器控件还包含 runat="server" 属性和一个可选的 ID 属性，使用 ID 属性可以在服务器代码中引用该服务器控件。

ASP.NET 服务器控件语法格式如下：

```
<asp:Control ID="value" runat="server"></asp:Control>
```

例如,下面代码用来在 ASP.NET 网页中声明一个 Button 服务器控件:

```
<asp:Button ID="btnText" runat="server" Text="按钮" />
```

3.2.5 代码块语法

代码呈现块(<% %>)定义了当呈现页时执行的内联代码或内联表达式,这两种形式的语法格式如下:

```
<% code %>                        //内联代码
<%= expression %>                 //内联表达式
```

使用内联代码可以定义独立的行或代码块,它是在呈现页面的过程中执行的服务器代码。

【例 3-1】 通过使用内联代码在页面上输出 5 个 "欢迎使用 ASP.NET!" 字符串,代码如下(实例位置:光盘\MR\源码\第 3 章\3-1):

```
<%@ Page Language="C#" AutoEventWireup="true" CodeFile="Default.aspx.cs"Inherits="_Default" %>
<!DOCTYPE html PUBLIC "-//W3C//DTD XHTML 1.0 Transitional//EN" "http://www.w3.org/TR/xhtml1/DTD/xhtml1-transitional.dtd">
<html xmlns="http://www.w3.org/1999/xhtml">
<head runat="server">
    <title>内联代码</title>
</head>
<body>
    <form id="form1" runat="server">
    <div>
    <%for (int i = 1; i <= 5; i++) %>
    <%{ %>
    <%Response.Write("欢迎使用 ASP.NET!"); %><br />
    <%} %>
    </div>
    </form>
</body>
</html>
```

运行程序,效果如图 3-15 所示。

图 3-15 使用内联代码循环输出字符串

内联表达式主要用于解析表达式,并将其值返回到块中。

【例 3-2】 通过使用内联表达式在页面上输出当前系统日期,代码如下(实例位置:光盘\MR\源码\第 3 章\3-1):

```
<%@ Page Language="C#" AutoEventWireup="true" CodeFile="Default.aspx.cs" Inherits="_Default" %>
<!DOCTYPE html PUBLIC "-//W3C//DTD XHTML 1.0 Transitional//EN" "http://www.w3.org/TR/xhtml1/DTD/xhtml1-transitional.dtd">
<html xmlns="http://www.w3.org/1999/xhtml">
<head runat="server">
    <title>内联表达式</title>
    <script type="text/javascript" runat="server">
        public string GetDate()
        {
            return DateTime.Now.ToShortDateString();
        }
    </script>
</head>
```

第 3 章 ASP.NET 开发基础

```
<body>
    <form id="form1" runat="server">
    <div>
    当前系统日期：<%=GetDate() %>
    </div>
    </form>
</body>
</html>
```
运行程序，效果如图 3-16 所示。

图 3-16 使用内联表达式输出当前系统日期

代码块中的代码必须使用该页的默认语言进行编写。例如，如果该页的@Page 指令包含属性 language="C#"，则该页将使用 Visual C#编译器对标有 runat="server"的所有脚本块中的代码，以及<%%>分隔符中的所有内嵌代码进行编译。

3.2.6 表达式语法

ASP.NET 表达式是根据运行时计算的信息设置控件属性的一种声明性方式，其语法格式如下：

```
<%$ expressionPrefix: expressionValue %>
```

- $：通知 ASP.NET 它的后面是一个表达式。
- expressionPrefix：表达式前缀，定义了表达式的类型，如 AppSettings、ConnectionStrings 或 Resources。
- expressionValue：ASP.NET 将解析的实际表达式值。

表达式语法不受任何特定.NET 语言的约束，无论在 ASP.NET 页中使用 Visual Basic、C#还是其他任何编程语言，都可以使用相同的表达式语法。

例如，使用 ASP.NET 表达式设置 SqlDataSource 控件的数据库连接字符串属性，在 Web.Config 文件的<connectionStrings>元素中定义数据库连接字符串的代码如下：

```
<configuration>
  <connectionStrings>
    <add name="ConStr"
      connectionString="Server=MRWXK\MRWXK;uid=sa;pwd=;database=db_ASPNET"/>
  </connectionStrings>
</configuration>
```

在.aspx 文件中设置 SqlDataSource 控件的数据库连接字符串属性的代码如下：

```
<asp:SqlDataSource ID="SqlDataSource1" Runat="server"
    SelectCommand="SELECT * FROM Orders" ConnectionString="<%$ ConnectionStrings: ConStr %>">
</asp:SqlDataSource>
```

3.3 综合实例——根据系统时间显示"上午好!"或"下午好!"字符串

在浏览网站时，经常会看到在网站的导航部分显示类似"**用户，上午/下午好!"这样的欢迎消息，该功能可以通过 ASP.NET 中的代码块语法实现，本实例就实现了根据系统时间显示"上午好！"或"下午好！"字符串的功能。实例运行结果如图 3-17 所示。

程序开发步骤如下。

（1）新建一个网站，命名为 ShowAPM，默认主页名为 Default.aspx。

（2）在 Default.aspx 页面的 HTML 代码中，使用代码块语法判断当前时间中的小时是否小于 12，如果小于，则显示"上午好！"，否则，显示"下午好！"。代码如下：

图 3-17 根据系统时间显示"上午好！"或"下午好！"字符串

```
<form id="form1" runat="server">
<div>
<%if(DateTime.Now.Hour<12) %>
上午好！
<%else%>
下午好！
</div>
</form>
```

知识点提炼

（1）使用 Visual Studio 2010 开发工具提供的"新建网站"功能可以创建一个 ASP.NET 网站。

（2）每个.aspx 的 Web 窗体网页都有 3 种视图方式，分别为"设计"、"拆分"及"源"视图。其中，"设计"视图可模拟用户在浏览器里看到的界面；"拆分"视图会将 HTML 及设计界面同时呈现在开发工具中，让开发人员设计好 HTML 马上能看到显示的界面；"源"视图可以让网页设计人员针对网页的 HTML 代码做细致的编辑及调整。

（3）通过两种方法可以实现布局 ASP.NET 网页，一种是使用 Table 表格布局，另一种是使用 CSS+DIV 布局。

（4）ASP.NET 应用程序包含 7 个默认文件夹，分别为：Bin 文件夹、App_Code 文件夹、App_GlobalResources 文件夹、App_LocalResources 文件夹、App_WebReferences 文件夹、App_Browsers 文件夹、"主题"文件夹。

（5）通过配置 IIS 服务器，可以在本地快速浏览创建的 ASP.NET 网站。

（6）@Page 指令允许开发人员为页面指定多个配置选项，并且该指令只能在 Web 窗体页中使用。每个.aspx 文件只能包含一条@Page 指令。

（7）@Import 指令用于将命名空间显式地导入到 ASP.NET 应用程序文件中，并且导入该命名空间所包含的所有类和接口。

（8）@OutputCache 指令用于以声明的方式控制 ASP.NET 页或 ASP.NET 页中包含的用户控件的输出缓存策略。

（9）@Register 指令用来创建标记前缀和自定义控件之间的关联，这为开发人员提供了一种在 ASP.NET 应用程序文件（包括网页、用户控件和母版页）中引用自定义控件的简单方法。

（10）@Control 指令只能用在用户控件中，而且每个.ascx 文件只能包含一条@Control 指令。

（11）服务器端注释（<%--注释内容--%>）允许开发人员在 ASP.NET 应用程序文件的任何部分（除了<script>代码块内部）嵌入代码注释。

（12）代码呈现块（<% %>）定义了当呈现页时执行的内联代码或内联表达式，其语法格式为：<% code %>或者<%= expression %>。

（13）ASP.NET 表达式是根据运行时计算的信息设置控件属性的一种声明性方式，其语法格式为：<%$ expressionPrefix: expressionValue %>。

习　题

3-1　举例说明创建一个 ASP.NET 网站的具体步骤。

3-2　ASP.NET 网站中有几种特殊文件夹？它们的作用分别是什么？

3-3　分别说出母版页、普通 Web 窗体和用户控件的扩展名。

3-4　如果要在 ASP.NET 网页的 HTML 中导入命名空间，需要使用什么指令？

3-5　如果要在 ASP.NET 网站中使用第 3 方控件，需要使用什么指令注册？

3-6　简单描述如何注册 ASPX 文件中的代码。

3-7　举例说明如何使用内联表达式在 ASP.NET 网页中显示当前系统时间。

3-8　举例说明表达式语法在 ASP.NET 网站中的使用。

实验：在网页中添加一个下拉列表控件

实验目的

（1）掌握 ASP.NET 网站的创建过程。
（2）掌握 ASP.NET 服务器控件语法的使用。
（3）了解 DropDownList 列表项的添加。

实验内容

根据本章所学知识，使用 ASP.NET 服务器控件语法在 ASP.NET 网页中添加一个有 3 个列表项的下拉列表控件，实验运行效果如图 3-18 所示。

图 3-18　有 3 个列表项的下拉列表控件

实验步骤

（1）打开 Visual Studio 2010 开发环境，新建一个 ASP.NET 空网站，命名为 AddDropDownList。

（2）在创建的 ASP.NET 网站中创建一个 Web 窗体，命名为 Default.aspx。

（3）在 Default.aspx 页面的 HTML 代码中，使用 ASP.NET 服务器控件语法添加一个 DropDownList 下拉列表控件，并且在下拉列表中添加 3 个列表项，代码如下：

```
<asp:DropDownList ID="DropDownList1" runat="server">
    <asp:ListItem>列表项一</asp:ListItem>
    <asp:ListItem>列表项二</asp:ListItem>
    <asp:ListItem>列表项三</asp:ListItem>
</asp:DropDownList>
```

第 4 章
ASP.NET 内置对象

本章要点
- Response 对象的应用
- Request 对象的应用
- Application 对象的应用
- Session 对象的应用
- Cookie 对象的应用
- Server 对象的应用

ASP.NET 的内置对象在网站开发中经常用到，它通过向用户提供基本的请求、响应、会话等处理功能，实现了 ASP.NET 的绝大多数功能。ASP.NET 中的内置对象主要包括 Response 程序请求对象、Request 程序响应对象、Application 全局变量应用对象、Session 会话信息处理对象、Cookie 保存信息对象、Server 服务器信息处理对象等，本章将对常用的内置对象进行详细讲解。

4.1 Response 对象

4.1.1 Response 对象概述

Response 对象用于将数据从服务器发送回浏览器，它允许将数据作为请求的结果发送到浏览器中，并提供有关响应的信息。另外，它还可以用来在页面中输入数据、跳转或者传递页面中的参数。

4.1.2 Response 对象常用属性和方法

由于 Response 对象映射到 Page 对象的 Response 属性，因此可以直接把它用在 ASP.NET 4.0 网页中。Response 对象常用属性及说明如表 4-1 所示。

表 4-1　　　　　　　　　　　　　　Response 对象常用属性及说明

属　　性	描　　述
Buffer	获取或设置一个值，该值指示是否缓冲输出，并在完成处理整个响应之后将其发送
Cache	获取 Web 页的缓存策略，如：过期时间、保密性、变化子句等
Charset	设定或获取 HTTP 的输出字符编码
Expires	获取或设置在浏览器上缓存的页过期之前的分钟数

续表

属性	描述
Cookies	获取当前请求的 Cookie 集合
IsClientConnected	传回客户端是否仍然和 Server 连接
SuppressContent	设定是否将 HTTP 的内容发送至客户端浏览器,若为 True,则网页将不会传至客户端

Response 对象常用方法及说明如表 4-2 所示。

表 4-2　　　　　　　　　　Response 对象常用方法及说明

方法	描述
AddHeader	将一个 HTTP 头添加到输出流
AppendToLog	将自定义日志信息添加到 IIS 日志文件
Clear	将缓冲区的内容清除
End	将目前缓冲区中所有的内容发送至客户端然后关闭
Flush	将缓冲区中所有的数据发送至客户端
Redirect	将网页重新导向另一个地址
Write	将数据输出到客户端
WriteFile	将指定的文件直接写入 HTTP 内容输出流

4.1.3　在页面中输出指定信息数据

Response 对象通过 Write 方法或 WriteFile 方法在页面上输出数据,输出的对象可以是字符、字符数组、字符串、对象或文件等。

【例 4-1】　本实例主要是使用 Response 对象的 Write 方法和 WriteFile 方法实现在页面上输出数据的功能。新建一个 ASP.NET 网站,默认主页为 Default.aspx。在 Default.aspx 的 Page_Load 事件中定义 4 个变量,分别为字符型变量、字符串变量、字符数组变量和 Page 对象,然后将定义的数据在页面上输出。代码如下(实例位置:光盘\MR\源码\第 4 章\4-1):

```
protected void Page_Load(object sender, EventArgs e)
{
    char c = 'a';                              //定义一个字符变量
    string s = "Hello World!";                 //定义一个字符串变量
    //定义一个字符数组
    char[] cArray = { 'H', 'e', 'l', 'l', 'o', ',', ' ', 'w', 'o', 'r', 'l', 'd' };
    Page p = new Page();//定义一个Page对象
    Response.Write("输出单个字符:");
    Response.Write(c);
    Response.Write("<br>");
    Response.Write("输出一个字符串:" + s + "<br>");
    Response.Write("输出字符数组:");
    Response.Write(cArray, 0, cArray.Length);
    Response.Write("<br>");
    Response.Write("输出一个对象:");
    Response.Write(p);
    Response.Write("<br>");
    Response.Write("输出一个文件:");
```

```
        Response.WriteFile(Server.MapPath(@"TextFile.txt"));
    }
```
实例运行效果如图 4-1 所示。

图 4-1 在页面中输出指定信息数据

4.1.4 页面跳转并传递参数

使用 Response 对象的 Redirect 方法可以实现页面跳转的功能，并且在跳转页面时可以传递一个或者多个参数。

 在页面跳转中传递参数时，可以使用"？"分隔页面的链接地址和参数，如果有多个参数，参数与参数之间使用"&"分隔。

【例 4-2】本实例主要是使用 Response 对象的 Redirect 方法实现页面跳转并传递参数的功能。运行程序，在 TextBox 文本框中输入姓名并选择性别，单击"确定"按钮，跳转到 welcome.aspx 页，实例运行结果如图 4-2 和图 4-3 所示。（实例位置：光盘\MR\源码\第 4 章\4-2。）

图 4-2 页面跳转传递参数

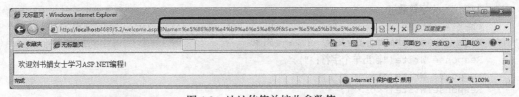

图 4-3 地址传值并接收参数值

程序开发步骤如下所述。

（1）新建一个网站，默认主页为 Default.aspx，在 Default.aspx 页面上添加一个 TextBox 控件、一个 Button 控件和两个 RadioButton 控件。

（2）单击 Default.aspx 页面中的"确定"按钮，触发其 Click 事件，该事件实现跳转到 welcome.aspx 页面并传递参数 Name 和 Sex 的功能。代码如下：

```
protected void btnOK_Click(object sender, EventArgs e)
{
    string name = this.txtName.Text;
    string sex = "先生";
    if (rbtnSex2.Checked)
        sex = "女士";
    Response.Redirect("~/welcome.aspx?Name=" + name + "&Sex=" + sex);
}
```

（3）在该网站中，添加一个新页，将其命名为 welcome.aspx。在该页面的加载事件中获取 Response 对象传递过来的参数，并将其输出在页面上。代码如下：

```
protected void Page_Load(object sender, EventArgs e)
{
    string name = Request.Params["Name"];
    string sex = Request.Params["Sex"];
    Response.Write("欢迎" + name + sex + "学习ASP.NET编程!");
}
```

4.2 Request 对象

4.2.1 Request 对象概述

当用户打开 Web 浏览器，并从网站请求 Web 页时，Web 服务器接收一个 HTTP 请求，该请求包含用户、用户的计算机、页面以及浏览器的相关信息，这些信息将被完整地封装，在 ASP.NET 中，这些信息都是通过 Request 对象一次性提供的。

Request 对象是 HttpRequest 类的一个实例，它提供对当前页请求的访问，其中包括标题、Cookie、客户端证书、查询字符串等，用户可以使用该类来读取浏览器已经发送的内容。

4.2.2 Request 对象常用属性和方法

Request 对象使用户可以获得 Web 请求的 HTTP 数据包的全部信息，其常用属性及说明如表 4-3 所示。

表 4-3　　　　　　　　　　Request 对象常用属性及说明

属　　性	描　　述
ApplicationPath	获取服务器上 ASP.NET 应用程序虚拟应用程序的根目录路径
Browser	获取或设置有关正在请求的客户端浏览器的功能信息
ContentLength	指定客户端发送的内容长度（以字节计）
Cookies	获取客户端发送的 Cookie 集合
FilePath	获取当前请求的虚拟路径
Files	获取采用多部分 MIME 格式的由客户端上载的文件集合
Form	获取窗体变量集合
Item	从 Cookies、Form、QueryString 或 ServerVariables 集合中获取指定的对象
Params	获取 QueryString、Form、ServerVariables 和 Cookies 项的组合集合
Path	获取当前请求的虚拟路径
QueryString	获取 HTTP 查询字符串变量集合
UserHostAddress	获取远程客户端 IP 主机地址

Request 对象常用方法及说明如表 4-4 所示。

表 4-4　　　　　　　　　　　　Request 对象常用方法及说明

方　　法	描　　述
MapPath	为当前请求将请求的 URL 中的虚拟路径映射到服务器上的物理路径
SaveAs	将 HTTP 请求保存到磁盘

4.2.3　获取页面间传送的值

获取页面间传送的值可以使用 Request 对象的 QueryString 属性实现。其实，在例 4-2 中已经使用过 Request 对象来接收页面的传值，不过，例 4-2 中用的是 Request 对象的 Params，这里使用 Request 对象的 QueryString 属性对其进行修改，修改后的代码如下：

```
string name = Request.QueryString["Name"];
string sex = Request.QueryString["Sex"];
```

4.2.4　获取客户端浏览器相关信息

获取客户端浏览器相关信息可以借助 Request 对象的 Browser 属性实现。

【例 4-3】 新建一个网站，默认主页为 Default.aspx。在 Default.aspx 的 Page_Load 事件中首先定义 HttpBrowserCapabilities 类的对象，用于获取 Request 对象的 Browser 属性的返回值；然后，调用 Request 对象中相关属性获取客户端浏览器相关信息。代码如下（实例位置：光盘\MR\源码\第 4 章\4-3）：

```
protected void Page_Load(object sender, EventArgs e)
{
    HttpBrowserCapabilities b = Request.Browser;
    Response.Write("客户端浏览器信息：");
    Response.Write("<hr>");
    Response.Write("类型：" + b.Type + "<br>");
    Response.Write("名称：" + b.Browser + "<br>");
    Response.Write("版本：" + b.Version + "<br>");
    Response.Write("操作平台：" + b.Platform + "<br>");
    Response.Write("是否支持框架：" + b.Frames + "<br>");
    Response.Write("是否支持表格：" + b.Tables + "<br>");
    Response.Write("是否支持 Cookies：" + b.Cookies + "<br>");
    Response.Write("<hr>");
    Response.Write("客户端其他信息：");
    Response.Write("<hr>");
    Response.Write("客户端主机名称：" + Request.UserHostName + "<br>");
    Response.Write("客户端主机 IP：" + Request.UserHostAddress + "<br>");
    Response.Write("指定页面路径：" + Request.MapPath("Default.aspx") + "<br>");
    Response.Write("原始 URL：" + Request.RawUrl + "<br>");
    Response.Write("当前请求的 URL：" + Request.Url + "<br>");
    Response.Write("客户端 HTTP 传输方法：" + Request.HttpMethod + "<br>");
    Response.Write("原始用户代理信息：" + Request.UserAgent + "<br>");
    Response.Write("<hr>");
}
```

实例运行效果如图 4-4 所示。

第 4 章 ASP.NET 内置对象

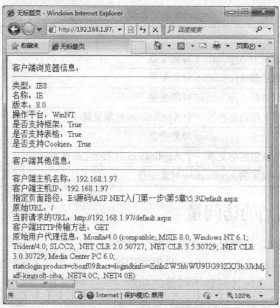

图 4-4　获取客户端浏览器相关信息

4.3　Application 对象

4.3.1　Application 对象概述

Application 对象用于共享应用程序级信息，即多个用户共享一个 Application 对象。具体使用时，在第一个用户请求 ASP.NET 文件时，将启动应用程序并创建 Application 对象，一旦 Application 对象被创建，它就可以共享和管理整个应用程序的信息；在应用程序关闭之前，Application 对象将一直存在，所以，Application 对象是用于启动和管理 ASP.NET 应用程序的主要对象。

4.3.2　Application 对象常用集合、属性和方法

Application 对象的常用集合及说明如表 4-5 所示。

表 4-5　　　　　　　　　　　Application 对象的集合及说明

集　　合	描　　述
Contents	用于访问应用程序状态集合中的对象名
StaticObjects	确定某对象指定属性的值或遍历集合，并检索所有静态对象的属性

Application 对象的常用属性及说明如表 4-6 所示。

表 4-6　　　　　　　　　　　Application 对象常用属性及说明

属　　性	描　　述
AllKeys	返回全部 Application 对象变量名到一个字符串数组中
Count	获取 Application 对象变量的数量
Item	允许使用索引或 Application 变量名称传回内容值

Application 对象常用方法及说明如表 4-7 所示。

表 4-7 Application 对象常用方法及说明

方 法	描 述
Add	新增一个 Application 对象变量
Clear	清除全部 Application 对象变量
Lock	锁定全部 Application 对象变量
Remove	使用变量名称移除一个 Application 对象变量
RemoveAll	移除全部 Application 对象变量
Set	使用变量名称更新一个 Application 对象变量的内容
UnLock	解除锁定的 Application 对象变量

4.3.3 统计网站的访问量

统计网站的访问量时,主要是记录网站曾经被访问次数的组件,用户可以通过 Application 对象实现这一功能。下面介绍如何实现统计网站访问量的功能。

【例 4-4】 本实例主要是在 Global.asax 文件中通过对 Application 对象进行设置,实现统计网站访问量功能,程序运行结果如图 4-5 所示。(实例位置:光盘\MR\源码\第 4 章\4-4。)

图 4-5 统计网站的访问量

说明　　Global.asax 文件是一个全局程序集文件,该文件包含响应 ASP.NET 或 HTTP 模块所引发的应用程序级别和会话级别事件的代码。

程序开发步骤如下所述。

(1)新建一个网站,默认主页名为 Default.aspx,用鼠标右键单击该网站名称,在弹出的快捷菜单中选择"添加新项"选项,添加一个"全局应用程序类(即 Global.asax 文件)"。

(2)在 Global.asax 文件的 Application_Start 事件中首先将访问数初始化为 0,代码如下:

```
void Application_Start(object sender, EventArgs e)
{
    // 在应用程序启动时运行的代码
    Application["count"] = 0;
}
```

(3)当有新的用户访问网站时,将建立一个新的 Session 对象,并在 Session 对象的 Session_Start 事件中对 Application 对象加锁,以防止因为多个用户同时访问页面造成并行,同时将访问人数加 1;当用户退出该网站时,关闭该用户的 Session 对象,同理对 Application 对象加锁,然后将访问人数减 1。代码如下:

```
void Session_Start(object sender, EventArgs e)
{
    //在新会话启动时运行的代码
    Application.Lock();
    Application["count"] = (int)Application["count"] + 1;
    Application.UnLock();
}
void Session_End(object sender, EventArgs e)
{
    //在会话结束时运行的代码
    // 注意: 只有在 Web.config 文件中的 sessionstate 模式设置为
```

```
    // InProc 时，才会引发 Session_End 事件。如果会话模式
    //设置为 StateServer 或 SQLServer，则不会引发该事件
    Application.Lock();
    Application["count"] = (int)Application["count"] - 1;
    Application.UnLock();
}
```

（4）对 Global.asax 文件进行设置后，需要将访问人数在网站的默认主页 Default.aspx 中显示出来。在 Default.aspx 页面上添加了一个 Label 控件，用于显示访问人数。代码如下：

```
protected void Page_Load(object sender, EventArgs e)
{
    Label1.Text="您是该网站的第 <B>" + Application["count"].ToString() + "</B> 位访问者!";
}
```

4.3.4 简单的网络聊天室

【例 4-5】 本实例主要使用 Application 对象制作一个简单的网络聊天室。运行程序，首先应该登录聊天室，在"用户名"文本框中输入登录用户的名称，单击"登录"按钮进入聊天室，即可在聊天室内进行聊天。程序运行结果如图 4-6 所示。（实例位置：光盘\MR\源码\第 4 章\4-5。）

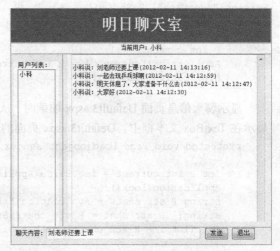

图 4-6 聊天室主页面

程序开发步骤如下所述。

（1）新建一个网站，其主页默认为 Default.aspx。

（2）在该网站中添加 3 个 Web 页面，分别为 Default2.aspx、Default3.aspx 和 Default4.aspx，其中 Default2.aspx 页面为聊天室的主页面，Default3.aspx 页面用来显示聊天信息，Default4.aspx 页面用来显示用户列表。

（3）在该网站中添加一个 Global.asax 全局程序集文件，用来初始化 Application 对象值。

（4）程序的主要代码如下。

由于该聊天室是使用 Application 对象实现的，因此在应用程序启动时，应该将所有 Application 对象中的值设置为 0，代码如下：

```
void Application_Start(object sender, EventArgs e)
{
    // 在应用程序启动时运行的代码
    //建立用户列表
    string user = "";//用户列表
    Application["user"] = user;
    Application["userNum"] = 0;
    string chats = "";//聊天记录
    Application["chats"] = chats;
    //当前的聊天记录数
    Application["current"] = 0;
}
```

在聊天室主页面 Default2.aspx 中，单击"发送"按钮，程序调用 Application 对象的 Lock 方

法对所有 Application 对象进行锁定,然后判断当前显示的信息记录数是否大于 20,如果大于,则将所有记录清空,同时重新记录用户发送的信息;否则,在原有记录的基础上,增加一条新信息。"发送"按钮的 Click 事件代码如下:

```
protected void Button1_Click(object sender, EventArgs e)
{
    int P_int_current = int.Parse(Application["current"].ToString());
    Application.Lock();
    if (P_int_current == 0 || P_int_current > 20)
    {
        P_int_current = 0;
        Application["chats"] = Session["userName"].ToString() + " 说 : " +
TextBox1.Text.Trim() + "(" + DateTime.Now.ToString() + ")";
    }
    else
    {
        Application["chats"] = Application["chats"].ToString() + "," +
Session["userName"].ToString() + " 说 : " + TextBox1.Text.Trim() + "(" +
DateTime.Now.ToString() + ")";
    }
    P_int_current += 1;
    Application["current"] = P_int_current;
    Application.UnLock();
}
```

显示聊天信息页面 Default3.aspx 加载时,从 Application 对象中读取保存的聊天信息,并将其显示在 TextBox 文本框中。Default3.aspx 页面的 Page_Load 事件代码如下:

```
protected void Page_Load(object sender, EventArgs e)
{
    int P_int_current = int.Parse(Application["current"].ToString());
    Application.Lock();
    string P_str_chats = Application["chats"].ToString();
    string[] P_str_chat = P_str_chats.Split(',');
    for (int i = P_str_chat.Length - 1; i >= 0; i--)
    {
        if (P_int_current == 0)
        {
            TextBox2.Text = P_str_chat[i].ToString();
        }
        else
        {
            TextBox2.Text = TextBox2.Text + "\n" + P_str_chat[i].ToString();
        }
    }
    Application.UnLock();
}
```

4.4 Session 对象

4.4.1 Session 对象概述

Session 对象的功能和 Application 对象类似,都是用来存储跨网页程序的变量或者对象,但 Session 对象和 Application 对象有些特性存在着差异。Application 对象中止于停止 IIS 服务时;而 Session 对象中止于联机机器离线时,也就是当网页使用者关掉浏览器或超过设定 Session 变量的有效时间时，Session 对象才会消失。

Session 对象和 Application 对象都是 Page 对象的成员，因此可直接在网页中使用。使用 Session 对象存放信息的语法格式如下：

Session["变量名"]= "内容";

从会话中读取 Session 信息的语法格式如下：

VariablesName=Session["变量名"];

Session 对象是与特定用户相联系的，针对某一个用户赋值的 Session 对象和其他用户的 Session 对象是完全独立的，不会相互影响。换句话说，这里面针对每一个用户保存的信息是每一个用户自己独享的，不会产生共享的情况。

4.4.2 Session 对象常用集合、属性和方法

Session 对象的常用集合及说明如表 4-8 所示。

表 4-8　　　　　　　　　　Session 对象的集合及说明

集　　合	描　　述
Contents	用于确定指定会话项的值或遍历 Session 对象的集合
StaticObjects	确定某对象指定属性的值或遍历集合，并检索所有静态对象的所有属性

Session 对象的常用属性及说明如表 4-9 所示。

表 4-9　　　　　　　　　　Session 对象常用属性及说明

属　　性	描　　述
TimeOut	传回或设定 Session 对象变量的有效时间，当使用者超过有效时间没有动作，Session 对象就会失效。默认值为 20 分钟

Session 对象常用方法及说明如表 4-10 所示。

表 4-10　　　　　　　　　　Session 对象常用方法及说明

方　　法	描　　述
Abandon	此方法结束当前会话，并清除会话中的所有信息。如果用户随后访问页面，可以为它创建新会话（"重新建立"非常有用，这样用户就可以得到新的会话）
Clear	此方法清除全部的 Session 对象变量，但不结束会话

4.4.3 利用 Session 对象存储用户登录信息

Session 对象在 ASP.NET 网站开发中经常用到，下面通过一个实例，讲解如何使用 Sessiont 对象存储用户的登录信息。

【例 4-6】 开发网站登录模块时，当用户登录后，有时会根据其登录身份（如管理员）来记录该用户相关信息，而该信息是其他用户不可见，并且不可访问的，这就需要使用 Session 对象进行存储。本实例介绍如何使用 Session 对象保存当前登录用户的信息，同时也应用了 Application 对象来记录网站的访问人数。程序运行结果分别如图 4-7 和图 4-8 所示。（实例位置：光盘\MR\源码\第 4 章\4-6。）

图 4-7 用户登录界面

图 4-8 使用 Session 对象记录用户登录名

程序开发步骤如下所述。

（1）新建一个网站，默认主页 Default.aspx，将其修改为 Login.aspx。在 Login.aspx 页面上添加两个 TextBox 控件和两个 Button 控件，它们的属性设置如表 4-11 所示。

表 4-11　　　　　　　　　Default.aspx 页面中控件属性设置及用途

控件类型	控件名称	主要属性设置	用　　途
TextBox	txtUserName	无	输入用户名
	txtPwd	TextMode 属性设置为 Password	输入密码
Button	Button1	Text 属性设置为"登录"	登录按钮
	Button2	Text 属性设置为"取消"	取消按钮

（2）双击 Login.aspx 页面中的"提交"按钮，触发其 Click 事件，实现将用户登录名及登录时间存储到 Session 对象中的功能，代码如下：

```
protected void Button1_Click(object sender, EventArgs e)
{
    if (txtName.Text == "mr" && txtPwd.Text == "mrsoft")
    {
        Session["UserName"] = txtName.Text;          //使用 Session 变量记录用户名
        Session["TimeLogin"] = DateTime.Now;         //使用 Session 变量记录用户登录系统的时间
        Response.Redirect("~/UserPage.aspx");        //跳转到主页
    }
    else
    {
        Response.Write("<script>alert('登录失败！请返回查找原因');location='Login.aspx'</script>");
    }
}
```

（3）在该网站中，添加一个新页，将其命名为 UserPage.aspx。在 UserPage.aspx 页面的加载事件中，将登录页中保存的用户登录信息显示在页面上，同时将在线访问人数显示在该页面中。代码如下：

```
protected void Page_Load(object sender, EventArgs e)
{
    Response.Write("欢迎用户" + Session["UserName"].ToString() + "登录本系统!<br>");
    Label1.Text = "您是该网站的第" + Application["count"].ToString() + "个访问者!";
    Response.Write("您登录的时间为: " + Session["TimeLogin"].ToString());
}
```

4.5 Cookie 对象

4.5.1 Cookie 对象概述

Cookie 对象用于保存客户端浏览器请求的服务器页面，也可以用它存放非敏感性的用户信息，信息保存的时间可以根据用户的需要进行设置，Cookie 中的数据信息是以文本的形式保存在客户端计算机中的。

 并非所有的浏览器都支持 Cookie。

4.5.2 Cookie 对象常用属性和方法

Cookie 对象的常用属性及说明如表 4-12 所示。

表 4-12　　　　　　　　　　Cookie 对象常用属性及说明

属　　性	描　　述
Expires	设定 Cookie 变量的有效时间，默认为 1000 分钟，若设为 0，则可以实时删除 Cookie 变量
Name	取得 Cookie 变量的名称
Value	获取或设置 Cookie 变量的内容值
Path	获取或设置 Cookie 适用于的 URL

Cookie 对象常用方法及说明如表 4-13 所示。

表 4-13　　　　　　　　　　Cookie 对象常用方法及说明

方　　法	描　　述
Equals	确定指定 Cookie 是否等于当前的 Cookie
ToString	返回 Cookie 对象的一个字符串表示形式
Clear	清除所有的 Cookie

4.5.3 利用 Cookie 对象实现网络投票功能

【例 4-7】 本实例使用 Cookie 对象实现一个简单的网上投票系统。运行本实例，在"在线投票"页面中选择某选项，单击"投票"按钮，系统会提示投票成功，单击"查看"按钮，跳转到"查看投票结果"页面，该页面中显示每个选项所占投票总数的百分比。程序运行结果分别如图 4-9 和图 4-10 所示。（实例位置：光盘\MR\源码\第 4 章\4-7。）

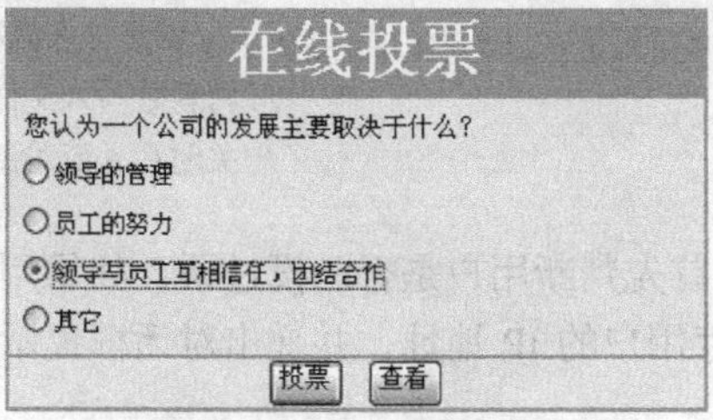

图 4-9　在线投票页面 　　　　　　　　　　图 4-10　查看投票结果页面

程序开发步骤如下所述。

（1）新建一个网站，默认主页名为Default.aspx。

（2）在Default.aspx页面中添加一个Table表格，用来布局页面；在该Table表格中添加一个RadioButtonList控件和两个Button控件，分别用来供用户选择投票、执行投票操作和查看投票结果功能。

（3）在该网站中添加一个Web页面，命名为Default2.aspx，该页面主要用来显示投票结果；在该网站的虚拟目录下新建4个记事本文件count1.txt、count2.txt、count3.txt和count4.txt，分别用来记录各投票选项的投票数量。

（4）程序主要代码如下。

为了提高代码的重用率，本系统在实现各功能之前，首先新建了一个公共类文件count.cs，该类主要用来对txt文本文件进行读取和写入操作。在count.cs类文件中，定义了两个方法readCount和addCount。其中，readCount方法用来从txt文件中读取投票数量，addCount方法用来向txt文本文件中写入投票数量。readCount方法实现代码如下：

```
/// <summary>
/// 从txt文件中读取投票数
/// </summary>
/// <param name="P_str_path">要读取的txt文件的路径及名称</param>
/// <returns>返回一个int类型的值，用来记录投票数</returns>
public static int readCount(string P_str_path)
{
    int P_int_count = 0;                                    //记录读取的内容
    StreamReader streamread;                                //创建读取流对象
    streamread = File.OpenText(P_str_path);                 //打开文件
    while (streamread.Peek() != -1)                         //开始读取数据
    {
        P_int_count = int.Parse(streamread.ReadLine());     //获取文件中的内容
    }
    streamread.Close();                                     //关闭读取流
    return P_int_count;                                     //返回获取到的投票数
}
```

addCount方法实现代码如下：

```
/// <summary>
/// 写入投票数量
/// </summary>
/// <param name="P_str_path">要操作的txt文件的路径及名称</param>
public static void addCount(string P_str_path)
{
    int P_int_count = readCount(P_str_path);                //获取原投票数
    P_int_count += 1;                                       //投票数加1
    StreamWriter streamwriter = new StreamWriter(P_str_path, false);//创建写入流对象
    streamwriter.WriteLine(P_int_count);                    //将新数写入文件中
    streamwriter.Close();                                   //关闭写入流对象
}
```

在页面Default.aspx中，单击"投票"按钮，程序首先判断用户是否已投过票，如果用户已投票，则弹出信息提示框，否则，利用Cookie对象保存用户的IP地址，并弹出对话框提示用户投票成功。"投票"按钮的Click事件代码如下：

```
protected void Button1_Click(object sender, EventArgs e)
```

```csharp
    {
        string P_str_IP = Request.UserHostAddress.ToString();//获取客户端IP地址
        HttpCookie oldCookie = Request.Cookies["userIP"];        //创建Cookie对象
        if (oldCookie == null) //判断Cookie是否为空
        {
            if (RadioButtonList1.SelectedIndex == 0)             //判断第1个选项是否选中
            {
                count.addCount(Server.MapPath("count1.txt"));   //写入第1个文件
            }
            if (RadioButtonList1.SelectedIndex == 1)             //判断第2个选项是否选中
            {
                count.addCount(Server.MapPath("count2.txt"));   //写入第2个文件
            }
            if (RadioButtonList1.SelectedIndex == 2)             //判断第3个选项是否选中
            {
                count.addCount(Server.MapPath("count3.txt"));   //写入第3个文件
            }
            if (RadioButtonList1.SelectedIndex == 3)             //判断第4个选项是否选中
            {
                count.addCount(Server.MapPath("count4.txt"));   //写入第4个文件
            }
            Response.Write("<script>alert('投票成功,谢谢您的参与!')</script>");
            HttpCookie newCookie = new HttpCookie("userIP");    //定义新的Cookie对象
            newCookie.Expires = DateTime.MaxValue;              //设置Cookie过期时间
            //添加新的Cookie变量IPaddress,值为P_str_IP
            newCookie.Values.Add("IPaddress", P_str_IP);
            Response.AppendCookie(newCookie);                    //将变量写入Cookie文件中
        }
        else
        {
            string P_str_oldIP = oldCookie.Values["IPaddress"];//获取Cookie中的IP地址
            if (P_str_IP.Trim() == P_str_oldIP.Trim())           //判断客户端IP是否已经存在
            {
                Response.Write("<script>alert('一个 IP 地址只能投一次票,谢谢您的参与!')</script>");
            }
            else
            {
                HttpCookie newCookie = new HttpCookie("userIP");//创建Cookie对象
                newCookie.Values.Add("IPaddress", P_str_IP);    //添加Cookie值
                newCookie.Expires = DateTime.MaxValue;          //设置Cookie过期时间
                Response.AppendCookie(newCookie);                //将Cookie添加到服务器相应
                if (RadioButtonList1.SelectedIndex == 0)         //判断第1个选项是否选中
                {
                    count.addCount("count1.txt");                //写入第1个文件
                }
                if (RadioButtonList1.SelectedIndex == 1)         //判断第2个选项是否选中
                {
                    count.addCount("count2.txt");                //写入第2个文件
                }
                if (RadioButtonList1.SelectedIndex == 2)         //判断第3个选项是否选中
                {
```

```
            count.addCount("count3.txt");              //写入第 3 个文件
        }
        if (RadioButtonList1.SelectedIndex == 3)       //判断第 4 个选项是否选中
        {
            count.addCount("count4.txt");              //写入第 4 个文件
        }
        Response.Write("<script>alert('投票成功,谢谢您的参与!')</script>");
    }
}
```

在 Default2.aspx 页面中,声明 4 个 string 类型的全局变量,用来记录各选项投票数量的百分比,代码如下:

```
protected string M_str_rate1;                          //记录第 1 项的投票数
protected string M_str_rate2;                          //记录第 2 项俄投票数
protected string M_str_rate3;                          //记录第 3 项的投票数
protected string M_str_rate4;                          //记录第 4 项的投票数
```

为了更直观地显示投票结果,在 Default2.aspx 页面中将以百分比的形式来显示。实现此功能时,首先需要将用来记录各选项百分比的全局变量绑定到 Table 表格的单元格中,实现代码如下:

```
<td style="color: #ff0000; background-color: lightcyan">  <%=M_str_rate1%></td>
```

Default2.aspx 页面在加载时,定义了 5 个 int 类型的变量,分别用来记录各选项的投票数量和总的投票数量,然后判断总投票数量是否为 0,如果为 0,弹出信息提示框,说明还没有人投过票,否则,计算各选项所占的百分比,并将其分别赋值给对应的全局变量。Default2.aspx 页面的 Page_Load 事件代码如下:

```
protected void Page_Load(object sender, EventArgs e)
{
    int P_int_count1 = count.readCount(Server.MapPath("count1.txt"));
    int P_int_count2 = count.readCount(Server.MapPath("count2.txt"));
    int P_int_count3 = count.readCount(Server.MapPath("count3.txt"));
    int P_int_count4 = count.readCount(Server.MapPath("count4.txt"));
    int P_int_count = P_int_count1 + P_int_count2 + P_int_count3 + P_int_count4;
    if (P_int_count == 0)
    {
        Response.Write("<script>alert('还没有人投过票!')</script>");
        Label1.Text = "0";
    }
    else
    {
        M_str_rate1 = Convert.ToString(P_int_count1 * 100 / P_int_count) + "%";
        M_str_rate2 = Convert.ToString(P_int_count2 * 100 / P_int_count) + "%";
        M_str_rate3 = Convert.ToString(P_int_count3 * 100 / P_int_count) + "%";
        M_str_rate4 = Convert.ToString(P_int_count4 * 100 / P_int_count) + "%";
        Label1.Text = P_int_count.ToString();
    }
}
```

4.6 Server 对象

4.6.1 Server 对象概述

Server 对象定义了一个与 Web 服务器相关的类,提供对服务器上的方法和属性的访问,用于

4.6.2　Server 对象常用属性和方法

Server 对象常用属性及说明如表 4-14 所示。

表 4-14　　　　　　　　　　　　Server 对象常用属性及说明

属　　性	描　　述
MachineName	获取服务器的计算机名称
ScriptTimeout	获取和设置请求超时值（以秒计）

Server 对象常用方法及说明如表 4-15 所示。

表 4-15　　　　　　　　　　　　Server 对象常用方法及说明

方　　法	描　　述
Execute	在当前请求的上下文中执行指定资源的处理程序，然后将控制返回给该处理程序
HtmlDecode	对已被编码以消除无效 HTML 字符的字符串进行解码
HtmlEncode	对要在浏览器中显示的字符串进行编码
MapPath	返回与 Web 服务器上的指定虚拟路径相对应的物理文件路径
UrlDecode	对字符串进行解码，该字符串为了进行 HTTP 传输而进行编码并在 URL 中发送到服务器
UrlEncode	编码字符串，以便通过 URL 从 Web 服务器到客户端进行可靠的 HTTP 传输
Transfer	终止当前页的执行，并为当前请求开始执行新页

4.6.3　获取服务器的物理地址

MapPath 方法用来返回与 Web 服务器上的指定虚拟路径相对应的物理文件路径，其语法格式如下：

```
public string MapPath(string path)
```

❑ path：表示 Web 服务器上的虚拟路径。

❑ 返回值：与 path 相对应的物理文件路径，如果 path 值为空，则该方法返回包含当前应用程序的完整物理路径。

例如，在浏览器中输出"Default.aspx"的物理文件路径，代码如下：

```
Response.Write(Server.MapPath("Default.aspx"));
```

不能将相对路径语法与 MapPath 方法一起使用，即不能将"."或".."作为指向指定文件或目录的路径。

4.6.4　对字符串进行编码和解码

使用 Server 对象的 UrlEncode 方法和 UrlDecode 方法可以分别对字符串进行编码和解码，下面分别对这两个方法进行讲解。

❑ UrlEncode 方法

Server 对象的 UrlEncode 方法用于对通过 URL 传递到服务器的数据进行编码，其语法格式如下：

```
public string UrlEncode(string s)
```

- s：要进行 URL 编码的文本。
- 返回值：URL 编码的文本。

例如，下面代码使用 Server 对象的 UrlEncode 方法对网址 http://Default.aspx 进行编码，代码如下：

`Response.Write(Server.UrlEncode("http://Default.aspx"));`

编码后的输出结果为："`http%3a%2f%2fDefault.aspx`"。

UrlEncode 方法的编码规则如下：
- 空格将被加号"+"字符所代替；
- 字段不被编码；
- 字段名将被指定为关联的字段值；
- 非 ASCII 字符将被转义码所替代。

❏ UrlDecode 方法

Server 对象的 UrlDecode 方法用来对字符串进行 URL 解码，并返回已解码的字符串，其语法格式如下：

`public string UrlDecode(string s)`

- s：要解码的文本字符串。
- 返回值：已解码的文本。

例如，下面代码使用 Server 对象的 UrlDecode 方法对文本字符串"`http%3a%2f%2fDefault.aspx`"进行解码，代码如下：

`Response.Write(Server.UrlDecode("http%3a%2f%2fDefault.aspx"));`

解码后的输出结果为："`http://Default.aspx`"。

4.7 综合实例——实现用户密码记忆功能

在各种网站的用户登录页面中，经常会看到类似"记住密码"、"有效期 xxx 天"等功能，类似这些功能，可以借助 ASP.NET 中的 Cookie 内置对象来实现。在本实例中，当用户第一次登录输入用户名和密码，并选中"记住密码"复选框后，程序会将用户的用户名和密码存储到 Cookie 中，在用户以后登录时，当输入用户名后，程序会查找 Cookie 中是否存在该用户名，并获取相应的密码，从而实现用户密码的记忆功能。实例运行结果如图 4-11 所示。

程序开发步骤如下所述。

（1）新建一个网站，命名为 RememberME，默认主页名为 Default.aspx。

（2）在 Default.aspx 页中添加两个 TextBox 控件、两个 Button 控件和一个 CheckBox 控件。分别用于输入用户名和密码、登录或重置，以及选择是否记住密码。

（3）输入用户名和密码后，单击"登录"按钮，在"登录"按钮的 Click 事件中，首先判断输入的用户名和密码是否正确，然后判断是否选中了"记住密码"复选框，如果复选框被选中，则判断是否存在名为"username"的 Cookie

图 4-11 实现用户密码记忆功能

对象，如果不存在，则将用户名和密码存入 Cookie 中，并设置 Cookie 的有效时间，代码如下：

```
protected void Button1_Click(object sender, EventArgs e)
{
```

```
        if (txtname.Text.Trim().Equals("mr") && txtpwd.Text.Trim().Equals("mrsoft"))
        {
            Session["username"] = txtname.Text.Trim();
            if (ckbauto.Checked)
            {
                if (Request.Cookies["username"] == null)
                {
                    Response.Cookies["username"].Expires = DateTime.Now.AddDays(30);
                    Response.Cookies["userpwd"].Expires = DateTime.Now.AddDays(30);
                    Response.Cookies["username"].Value = txtname.Text.Trim();
                    Response.Cookies["userpwd"].Value = txtpwd.Text.Trim();
                }
            }
            Response.Redirect("admin.aspx");
        }
        else
        {
            ClientScript.RegisterStartupScript(this.GetType(),"","alert('用户名或密码错误!
');",true);
        }
    }
```

（4）当用户再次登录时，输入用户名后，会触发 TextBox 控件的 TextChanged 事件，在该事件中判断名为"username"的 Cookie 对象是否存在，如果存在，则判断该对象中存储的值是否与用户输入的相同。如果相同，则获取上次输入的密码，并显示在密码文本框中，代码如下：

```
protected void txtname_TextChanged(object sender, EventArgs e)
{
    if (Request.Cookies["username"] != null)
    {
        if (Request.Cookies["username"].Value.Equals(txtname.Text.Trim()))
        {
            txtpwd.Attributes["value"] = Request.Cookies["userpwd"].Value;
        }
    }
}
```

知识点提炼

（1）Response 对象可形象地称之为响应对象，用于将数据从服务器发送回浏览器。

（2）Request 对象是 HttpRequest 类的一个实例，它提供对当前页请求的访问，其中包括标题、Cookie、查询字符串等，用户可以使用此类来读取浏览器已经发送的内容。

（3）Application 对象可称之为记录应用程序参数的对象，该对象用于共享应用程序级信息。

（4）Session 对象用来存储跨网页程序的变量或者对象，该对象只针对单一网页使用者，即：服务器会为连接的客户端分配各自的 Session 对象，不同的客户端无法互相存取。

（5）Cookie 对象也称缓存对象，该对象用于保存客户端浏览器请求的服务器页面，也可用它存放非敏感性的用户信息。

（6）Server 对象又称为服务器对象，该对象定义了一个与 Web 服务器相关的类，提供对服务器上的方法和属性的访问。

（7）虚拟路径为网站文件之间的相对路径，以网站根目录为基础；而物理文件路径是指网页在计算机硬盘上的绝对路径。

习 题

4-1 ASP.NET 常用的 6 个内置对象都有哪几个？
4-2 如何在使用 Response 对象跳转页面时传递多个参数？
4-3 使用 Request 对象接收地址栏传值时，需要用到它的什么属性？
4-4 简述 Application 对象和 Session 对象的区别。
4-5 如何设置 Cookie 对象的过期时间？
4-6 简述 Server 对象的作用。

实验：投票系统中限制每月只能投票一次

实验目的

（1）掌握 Cookie 对象的使用。
（2）熟悉 Request 对象的相关属性。
（3）熟悉 Response 对象的使用。

实验内容

使用 Request 对象的 UserHostAddress 属性获取本地用户的 IP 地址，并存储到 Cookie 中，然后根据该 IP 地址，设置 Cooike 对象的过期时间为一个月，从而实现在一个月中，一个 IP 地址只能投票一次的功能。

实验的运行效果如图 4-12 和图 4-13 所示。

图 4-12 投票页面

图 4-13 查看投票结果页面

实验步骤

（1）新建一个 ASP.NET 空网站，分别添加 Default.aspx 和 Result.aspx 两个页面，其中，Default.aspx 页面用来作为投票页面，Result.aspx 用来作为查看投票结果页面。
（2）在 Default.aspx 页面中添加一个 RadioButtonList 控件，供用户选择投票；然后添加两个

Button控件,分别用来执行投票和查看投票结果的功能。

(3) 在 Result.aspx 页面中添加一个 GridView 控件,用于显示投票结果。

(4) 在 Default.aspx 页面中,用户单击"我要投票"按扭后,首先判断用户是否在本月已投过票,如果用户已投过票,则弹出提示对话框;如果用户是第一次投票,则利用Cookie对象保存用户的IP地址,并弹出对话框提示用户投票成功,实现代码如下:

```
protected void Button1_Click(object sender, EventArgs e)
{
    //判断指定的 IP 是否已在本月投过票了,如果已经投过了,则弹出提示对话框
    string UserIP = Request.UserHostAddress.ToString();
    int VoteID = Convert.ToInt32(RadioButtonList1.SelectedIndex.ToString())+1;
    HttpCookie oldCookie=Request.Cookies["userIP"];
    if (oldCookie == null)
    {
        UpdateVote(VoteID);
        Response.Write("<script>alert('投票成功,谢谢您的参与!')</script>");
        HttpCookie newCookie = new HttpCookie("userIP");   //定义新的Cookie对象
        newCookie.Expires = DateTime.Now.AddMonths(1);
        //添加新的 Cookie 变量 IPaddress, 值为 UserIP
        newCookie.Values.Add("IPaddress", UserIP);
        Response.AppendCookie(newCookie);                  //将变量写入Cookie文件中
        return;
    }
    else
    {
        string userIP = oldCookie.Values["IPaddress"];     //读取Cookie对象中的IP地址
        if (UserIP.Trim() == userIP.Trim())                //如果等于当前地址
        {
            Response.Write("<script>alert('一个 IP 地址一个月内只能投一次票,谢谢您的参与!');history.go(-1);</script>");                 //弹出错误提示
            return;
        }
        Else                                               //如果不等于当前地址
        {
            HttpCookie newCookie = new HttpCookie("userIP");
            newCookie.Values.Add("IPaddress", UserIP);     //将IP地址存储到Cookie对象中
            newCookie.Expires=DateTime.Now.AddMonths(1);   //设置有效期是一个月
            Response.AppendCookie(newCookie);
            UpdateVote(VoteID);
            Response.Write("<script>alert('投票成功,谢谢您的参与!')</script>");
            return;
        }
    }
}
```

第 5 章
ASP.NET 常用服务器控件

本章要点
- HTML 服务器控件的简单使用
- Web 服务器控件的概念及分类
- 文本类控件的使用
- 按钮类控件的使用
- 链接类控件的使用
- 选择类控件的使用
- Image 控件、Panel 控件和 FileUpload 控件
- 数据验证控件的使用

服务器控件在 ASP.NET 框架中起着举足轻重的作用，是构建 Web 应用程序最关键、最重要的组成元素。对于一个优秀的开发人员，掌握服务器控件的使用是非常重要的。本章将对 ASP.NET 中常用的服务器控件及其使用进行详细讲解。

5.1 服务器控件概述

ASP.NET 中的服务器控件分为两种，分别是：HTML 服务器控件和 Web 服务器控件，这两种服务器控件各有用处，下面分别对它们进行介绍。

5.1.1 HTML 服务器控件

HTML 服务器控件是为了更好地将传统 ASP 页面转换为 ASP.NET 页面而提供的，使用这类控件时，实质上是使用 HTML 元素对 ASP.NET 页面进行控制。Visual Studio 2010 开发环境中提供的 HTML 服务器控件如图 5-1 所示。

例如，在 ASP.NET 页面中添加一个 Input(Button)控件，代码如下：
```
<input id="Button1" type="button" value="button"/>
```
当双击该控件触发其 Click 事件时，会自动出现如下的 javaScript 代码：
```
<script language="javascript" type="text/javascript">
// <![CDATA[
    function Button1_onclick() {
    }
// ]]>
</script>
```

第 5 章 ASP.NET 常用服务器控件

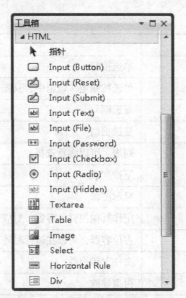

图 5-1　Visual Studio 2010 开发环境中提供的 HTML 服务器控件

而 Input(Button)控件的声明代码也自动替换如下：

`<input id="Button1" type="button" value="button" onclick="return Button1_onclick()" />`

通过上面的例子可以看出，在 ASP.NET 页面中使用 HTML 服务器控件时，HTML 服务器控件会通过相应的 javaScript 脚本执行指定的操作。

5.1.2　Web 服务器控件

在 ASP.NET 中提到服务器控件时，一般都指的是 Web 服务器控件，Web 服务器控件是指在服务器上执行程序逻辑的组件，这个组件可能生成一定的用户界面，也可能不包括用户界面。每个服务器控件都包含一些成员对象，以便开发人员调用，例如属性、事件、方法等。

通常情况下，Web 服务器控件都包含在 ASP.NET 页面中。当运行页面时，.NET 引擎将根据控件成员对象和程序逻辑定义完成一定的功能。例如在客户端呈现用户界面，这时用户可与控件发生交互行为，当页面被用户提交时，控件可在服务器端引发事件，并由服务器端根据相关事件处理程序来进行事件处理。服务器控件是 Web 编程模型的重要元素，它们构成了一个新的基于控件的表单程序的基础，通过这种方式可以简化 Web 应用程序的开发，提高程序的开发效率。ASP.NET 中常用的 Web 服务器控件如表 5-1 所示。

表 5-1　　　　　　　　　　　　ASP.NET 中常用的服务器控件

功　能	控　件	说　明
文本	Label	显示文本
	TextBox	接受用户的输入信息，包括文本、数字和日期等
	Literal	显示文本而不添加任何 HTML 元素
按钮（命令）	Button	命令按钮
	ImageButton	包含图像的命令按钮
超链接	HyperLink	超链接控件
	LinkButton	具有超链接外观的命令按钮

续表

功能	控件	说明
选择	RadioButton	单选按钮
	RadioButtonList	单选按钮组,该组中,只能选择一个按钮
	CheckBox	复选框
	CheckBoxList	复选框组
	ListBox	列表,可以多重选择
	DropDownList	下拉列表
图像	Image	显示图像
容器	Panel	用作其他控件的容器,对应 HTML 中的<div>标记
	PalceHoder	占位容器,可以在运行时动态添加内容
文件上传	FileUpload	文件上传控件
导航	TreeView	树型导航
	Menu	下拉菜单导航
	SiteMapPath	显示导航路径
数据绑定控件	GridView	数据表格控件
	DataList	可以使用自定义格式的数据绑定控件
	ListView	使用用户定义的模板显示数据源数据,可以选择、排序、删除、编辑和插入记录
	Repeater	可以为数据绑定列表中显示的每一项重复指定模板
	DetailsView	在表中显示来自数据源的单条记录,其中每个数据行表示该记录的一个字段
	FormView	使用用户定义的模板显示数据源中的单条数据,可以删除、编辑和插入记录
数据源控件	SqlDataSource	绑定到 SQL Server 数据库的数据源
	ObjectDataSource	为多层 Web 应用程序体系结构中的数据绑定控件提供数据的业务对象
数据验证	RequiredFieldValidator	检查某个字段是否输入
	CompareValidator	检查某个字段的内容与指定的对象进行比较
	RangeValidator	检查某个字段的内容是否处在指定的范围内
	RegularExpressionValidator	检查某个字段的内容是否符合指定的格式,如电话号码等
	CustomValidator	自定义验证控件
	ValidationSummary	显示所有的验证报错信息

5.2 文本类型控件

文本类型控件主要包括:标签控件 Label 和文本框控件 TextBox,都是用来接收文本信息,本节将对这两个控件进行讲解。

5.2.1 Label 控件

Label 控件又称标签控件，主要用来在浏览器上显示文本。在页面中添加静态文本的最简单方法是，直接将文本添加到页面中。但是如果希望在代码中修改页面中显示的文本，就需要使用 Label 控件显示文本。

Label 控件最主要的属性是 Text 属性，该属性用来设置 Label 控件所显示的文本，例如，在声明 Label 控件时设置其 Text 属性的代码如下：

```
<asp:Label ID="Label1" runat="server" Text="文本"></asp:Label>
```

在.cs 代码中动态设置 Label 控件 Text 属性的代码如下：

```
Label1.Text = "ASP.NET 编程词典！";
```

说明　　用户也可以直接在"属性"窗口中设置 Label 控件的 Text 属性值或者其他属性。

5.2.2 TextBox 控件

在 Web 页面中，常常使用文本框控件（TextBox）来接受用户的输入信息，包括文本，数字和日期等。默认情况下，文本框控件是一个单行的文本框，用户只能输入一行内容，但是通过设置它的 TextMode 属性，可以将文本框改为允许输入多行文本或者输入密码的形式。声明 TextBox 控件的代码如下：

```
<asp:TextBox ID="TextBox1" runat="server"></asp:TextBox>
```

TextBox 控件常用的属性及说明如表 5-2 所示。

表 5-2　　　　　　　　　　　　TextBox 控件常用的属性及说明

属　　性	说　　明
AutoPostBack	获取或设置一个值，该值指示无论何时用户在 TextBox 控件中按〈Enter〉或〈Tab〉键时，是否自动回发到服务器的操作
CausesValidation	获取或设置一个值，该值当 TextBox 控件设置为在回发发生时进行验证，是否执行验证
Text	控件要显示的文本
TextMode	获取或设置 TextBox 控件的行为模式（单行、多行或密码）
Visible	控件是否可见
ReadOnly	获取或设置一个值，用于指示能否更改 TextBox 控件的内容
Enabled	控件是否可用
MaxLength	可输入的最大字符数

使用表 5-2 中列出的 TextBox 控件属性时，TextMode 属性是比较特殊的一个，该属性用于控制 TextBox 控件的文本显示方式，它的属性值有 3 个枚举值，分别如下所述。

- 单行（SingleLine）：用户只能在一行中输入信息，还可以通过设置 TextBox 的 Columns 属性值，限制文本的宽度；通过设置 MaxLength 属性值，限制输入的最大字符数。
- 多行（MultiLine）：文本很长时，允许用户输入多行文本并执行换行，还可以通过设置 TextBox 的 Rows 属性值，限制文本框显示的行数。
- 密码（Password）：将用户输入的字符用黑点（●）屏蔽，以隐藏这些信息。

【例 5-1】 制作一个用户登录界面，该界面中有两个 TextBox 控件，分别用来输入登录用户名和登录密码，其中用来输入登录密码的 TextBox 控件，需要设置其 TextMode 属性值为 Password，实例运行结果如图 5-2 所示。（实例位置：光盘\MR\源码\第 5 章\5-1。）

另外，TextBox 控件还有一个比较常用的事件，即 TextChanged 事件，该事件在用户更改 TextBox 控件中的文本时触发。

图 5-2 使用 TextBox 控件制作用户登录界面

在对 TextChanged 事件编程时，首先需要将该控件的 AutoPostBack 属性设为 True。AutoPostBack 属性用于控制 TextBox 控件的事件是否自动提交服务器，系统默认设置为 False。当该属性设置为 True 时，若事件被触发则事件自动被提交到服务器，否则事件在下一次页面提交服务器时才被触发。

5.3 按钮类型控件

按钮类型控件也称为命令控件，这种类型的控件允许用户发送命令，本节主要对 Button 和 ImageButton 这两种按钮类型控件的使用进行讲解。

5.3.1 Button 控件

Button 控件是一个命令按钮控件，该控件可以将 Web 页面回送到服务器，也可以处理控件命令事件，声明 Button 控件的代码如下：

```
<asp:Button ID="Button1" runat="server" Text="Button" />
```

Button 控件常用的属性、方法、事件及说明如表 5-3 所示。

表 5-3　　　　　　　　　　Button 控件常用的属性、方法、事件及说明

属性、方法或事件	说明
Text 属性	获取或设置在 Button 控件中显示的文本标题
CausesValidation 属性	获取或设置一个值，该值指示在单击 Button 控件时是否执行了验证
CommandName 属性	按钮被单击时，该值来指定一个命令名称
CommandArgument 属性	按钮被单击时，将该值传递给 Command 事件
OnClientClick 属性	获取或设置在引发某个 Button 控件的 Click 事件时所执行的客户端脚本
PostBackUrl 属性	获取或设置单击 Button 控件时从当前页发送到的网页的 URL
Focus 方法	使 Button 控件获得鼠标焦点
Click 事件	在单击 Button 控件时引发的事件
Command 事件	在单击 Button 控件时引发的事件（当命令名与控件关联时，通常使用该事件）

【例 5-2】 新建一个 ASP.NET 网站，在 Default.aspx 页面中添加一个 Button 控件，设置其 Text 属性为 "Button 按钮"，然后触发其 Click 事件，在该事件中调用 JavaScript 脚本弹出一个信息提示框，代码如下（实例位置：光盘\MR\源码\第 5 章\5-2）：

```
protected void Button1_Click(object sender, EventArgs e)
{
```

```
Response.Write("<script>alert('提示消息内容！')</script>");
}
```
实例运行效果如图 5-3 所示。

图 5-3　单击 Button 弹出对话框

5.3.2　ImageButton 控件

ImageButton 控件为图像按钮控件，它在功能上和 Button 控件相同，只是在呈现外观上包含了图像，该控件的声明代码如下：

```
<asp:ImageButton ID="ImageButton1" runat="server" ImageUrl="~/test.jpg"/>
```

ImageButton 控件常用的属性及说明如表 5-4 所示。

表 5-4　　　　　　　　　　ImageButton 控件常用的属性及说明

属　　性	说　　明
AlternateText	在图像无法显示时显示的替换文字
CausesValidation	获取或设置一个值，该值指示在单击 ImageButton 控件时是否执行了验证
ImageUrl	获取或设置在 ImageButton 控件中显示的图像的位置
PostBackUrl	获取或设置单击 ImageButton 控件时从当前页发送到的网页的 URL

【例 5-3】　新建一个 ASP.NET 网站，在 Default.aspx 页面中添加一个 ImageButton 控件，在 HTML 代码中分别设置 ImageButton 控件的 ImageUrl 属性和 PostBackUrl 属性为指定的图像路径和超级链接页面，代码如下（实例位置：光盘\MR\源码\第 5 章\5-3）：

```
<asp:ImageButton ID="ImageButton1" runat="server" AlternateText="图像按钮"
        ImageUrl="~/img.gif" PostBackUrl="~/Default2.aspx" />
```

实例运行效果如图 5-4 和图 5-5 所示。

图 5-4　ImageButton 控件　　　　　　　　图 5-5　单击 ImageButton 跳转到的链接页面

5.4　链接类型控件

链接类型控件主要包括 HyperLink 和 LinkButton 两个控件，本节将分别对它们的使用进行讲解。

5.4.1 HyperLink 控件

HyperLink 控件又称超链接控件，该控件在功能上和 HTML 的 "<a href="">" 元素相似，它显示模式为超级链接的形式。HyperLink 控件与大多数 Web 服务器控件不同，当用户单击 HyperLink 控件时，并不会在服务器代码中引发事件，它只实现导航功能。HyperLink 控件的声明代码如下：

```
<asp:HyperLink ID="HyperLink1" runat="server">HyperLink</asp:HyperLink>
```

HyperLink 控件常用的属性及说明如表 5-5 所示。

表 5-5　　　　　　　　　　HyperLink 控件常用的属性及说明

属　　性	说　　明
Text	获取或设置 HyperLink 控件的文本标题
NavigateUrl	获取或设置单击 HyperLink 控件时链接到的 URL
Target	获取或设置单击 HyperLink 控件时，显示链接到的 Web 页内容的目标窗口或框架

使用表 5-5 中列出的 HyperLink 控件属性时，Target 属性是比较特殊的一个，该属性用于获取或设置单击 HyperLink 控件时显示链接到的网页内容的目标窗口或框架，它的属性值有 5 个枚举值，分别如下。

- _blank：将内容呈现在一个没有框架的新窗口中。
- _parent：将内容呈现在上一个框架中。
- _search：在搜索窗格中呈现内容。
- _self：将内容呈现在含焦点的框架中。
- _top：将内容呈现在没有框架的全窗口中。

【例 5-4】 新建一个 ASP.NET 网站，在 Default.aspx 页面中添加一个 HyperLink 控件，在 HTML 代码中首先设置其 NavigateUrl 属性为要跳转到的页面，然后设置其 Target 属性为_top，表示在没有框架的全窗口中查看跳转到的页面，代码如下（实例位置：光盘\MR\源码\第 5 章\5-4）：

```
<asp:HyperLink ID="HyperLink1" runat="server"
NavigateUrl="~/Default2.aspx"
        Target="_top">超链接</asp:HyperLink>
```

实例运行效果如图 5-6 所示。

图 5-6　HyperLink 超链接控件

5.4.2 LinkButton 控件

LinkButton 控件又称链接按钮控件，该控件在功能上与 Button 控件相似，但在呈现样式上与 HperLink 相似，LinkButton 控件以超链接的形式显示。LinkButton 控件的声明代码如下：

```
<asp:LinkButton ID="LinkButton1" runat="server">LinkButton</asp:LinkButton>
```

LinkButton 控件最常用的一个属性是 PostBackUrl 属性，该属性用来获取或设置单击 LinkButton 控件时从当前页发送到的网页的 URL；其常用的一个事件是 Click 事件，用来在单击该超链接按钮时触发。

【例 5-5】 新建一个 ASP.NET 网站，在 Default.aspx 页面中添加一个 LinkButton 控件，设置其 Text 属性为"链接按钮"，然后将其 BackColor 属性设置为#FFFFC0，BorderColor 属性设置为

Black，BorderWidth 属性设置为 2px，Font 属性设置为 18pt，PostBackUrl 属性设置为"~/Default2.aspx"，代码如下（实例位置：光盘\MR\源码\第 5 章\5-5）：

```
<asp:LinkButton ID="LinkButton1" runat="server"
BackColor="#FFFFC0"
    BorderColor="Black" BorderWidth="2px"
PostBackUrl="~/Default2.aspx">链接按钮</asp:LinkButton>
```

实例运行效果如图 5-7 所示。

图 5-7　LinkButton 链接按钮控件

5.5　选择类型控件

选择类型控件就是在控件中可以选择项目。在 ASP.NET 中，常用的选择类型控件主要包括 RadioButton、RadioButtonList、CheckBox、CheckBoxList、ListBox 和 DropDownList 6 个控件，本节将分别对它们进行介绍。

5.5.1　RadioButton 控件

RadioButton 控件是一种单选按钮控件，用户可以在页面中添加一组 RadioButton 控件，通过为所有的单选按钮分配相同的 GroupName（组名），来强制执行从给出的所有选项集合中仅选择一个选项。RadioButton 控件的声明代码如下：

```
<asp:RadioButton ID="RadioButton1" runat="server" />
```

RadioButton 控件常用的属性及说明如表 5-6 所示。

表 5-6　　　　　　　　　RadioButton 控件常用的属性及说明

属　　性	说　　明
AutoPostBack	获取或设置一个值，该值指示在单击 RadioButton 控件时，是否自动回发到服务器
Checked	获取或设置一个值，该值指示是否已选中 RadioButton 控件
GroupName	获取或设置单选按钮所属的组名
Text	获取或设置与 RadioButton 关联的文本标签
TextAlign	获取或设置与 RadioButton 控件关联的文本标签的对齐方式

RadioButton 控件最常用的事件是 CheckedChanged 事件，该事件在 RadioButton 控件的选中状态发生改变时触发。

【例 5-6】　使用 RadioButton 控件模拟网上有奖竞猜问答，实现过程主要通过设置 RadioButton 控件的 GroupName 属性值，并在 RadioButton 控件的 CheckedChanged 事件下，将用户竞猜的答案显示出来。实例运行效果如图 5-8 所示。（实例位置：光盘\MR\源码\第 5 章\5-6）。

程序开发步骤如下所述。

（1）新建一个 ASP.NET 网站，在 Default.aspx 页面中添加 4 个 RadioButton 控件（需要将这 4 个 RadioButton 控件的 AutoPostBack 属性设置为 True，GroupName 属性设置为 Key），

图 5-8　使用 RadioButton 控件模拟有奖问答

一个 Label 控件和一个 Button 控件，页面设计如图 5-8 所示。

（2）触发每个 RadioButton 控件的 CheckedChanged 事件，该事件中，使用 Checked 属性来判断每个 RadioButton 控件是否已经被选中，如果已经选中，则将其显示出来。代码如下：

```
protected void RadioButton1_CheckedChanged(object sender, EventArgs e)
{
    if (RadioButton1.Checked == true)
    {
        this.Label1.Text = "已选择: A";
    }
}
protected void RadioButton2_CheckedChanged(object sender, EventArgs e)
{
    if (RadioButton2.Checked == true)
    {
        this.Label1.Text = "已选择: B";
    }
}
protected void RadioButton3_CheckedChanged(object sender, EventArgs e)
{
    if (RadioButton3.Checked == true)
    {
        this.Label1.Text = "已选择: C";
    }
}
protected void RadioButton4_CheckedChanged(object sender, EventArgs e)
{
    if (RadioButton4.Checked == true)
    {
        this.Label1.Text = "已选择: D";
    }
}
```

（3）单击"提交答案"按钮，获取正确答案，并弹出相应的信息提示。"提交答案"按钮的 Click 事件代码如下：

```
protected void Button1_Click(object sender, EventArgs e)
{
    //判断用户是否已选择了答案。如果没有作出选择，将会弹出对话框，提示用户选择答案
    if (RadioButton1.Checked == false && RadioButton2.Checked == false && RadioButton3.Checked == false && RadioButton4.Checked == false)
    {
        Response.Write("<script>alert('请选择答案')</script>");
    }
    else if (RadioButton3.Checked == true)
    {
        Response.Write("<script>alert('恭喜您，答对了！您获得了一份礼品！')</script>");
    }
    else
    {
        Response.Write("<script>alert('正确答案为C，对不起，答错了！')</script>");
    }
}
```

5.5.2 RadioButtonList 控件

RadioButtonList 控件表示封装一组单选按钮控件的列表控件，该控件的声明代码如下：

```
<asp:RadioButtonList ID="RadioButtonList1" runat="server">
```

```
<asp:ListItem>选项A</asp:ListItem>
<asp:ListItem>选项B</asp:ListItem>
<asp:ListItem>选项C</asp:ListItem>
</asp:RadioButtonList>
```
RadioButtonList 控件常用的属性及说明如表 5-7 所示。

表 5-7　　　　　　　　　　RadioButtonList 控件常用的属性及说明

属　　性	说　　明
DataSource	获取或设置对象，数据绑定控件从该对象中检索其数据项列表
DataTextField	获取或设置为列表项提供文本内容的数据源字段
DataTextFormatString	获取或设置格式化字符串，该字符串用来控制如何显示绑定到列表控件的数据
DataValueField	获取或设置为各列表项提供值的数据源字段
Items	获取列表控件项的集合
RepeatColumns	获取或设置要在 RadioButtonList 控件中显示的列数
RepeatDirection	获取或设置组中单选按钮的显示方向
RepeatedItemCount	获取 RadioButtonList 控件中的列表项数

RadioButtonList 控件最常用的一个事件是 SelectedIndexChanged 事件，该事件在单选按钮组中的选定项发生更改时触发。

【例 5-7】 使用 RadioButtonList 控件实现例 5-6 的功能。（实例位置：光盘\MR\源码\第 5 章\5-7。）
程序开发步骤如下所述。

（1）新建一个 ASP.NET 网站，在 Default.aspx 页面中添加一个 RadioButtonList 控件（将其 AutoPostBack 属性设置为 True）、一个 Label 控件和一个 Button 控件。

（2）触发 RadioButtonList 控件的 SelectedIndexChanged 事件，该事件中，判断单选按钮组中的哪个选项发生了改变，并在 Label 中显示相应的信息。代码如下：

```
protected void RadioButtonList1_SelectedIndexChanged(object sender, EventArgs e)
{
    switch (RadioButtonList1.SelectedIndex)
    {
        case 0:
            this.Label1.Text = "已选择: A";
            break;
        case 1:
            this.Label1.Text = "已选择: B";
            break;
        case 2:
            this.Label1.Text = "已选择: C";
            break;
        case 3:
            this.Label1.Text = "已选择: D";
            break;
    }
}
```

（3）单击"提交答案"按钮，获取正确答案，并弹出相应的信息提示。"提交答案"按钮的 Click 事件代码如下：

```
protected void Button1_Click(object sender, EventArgs e)
{
```

```
    //判断用户是否已选择了答案。如果没有作出选择,将会弹出对话框,提示用户选择答案
    if (!RadioButtonList1.Items[0].Selected && !RadioButtonList1.Items[1].Selected
&& !RadioButtonList1.Items[2].Selected && !RadioButtonList1.Items[3].Selected)
    {
        Response.Write("<script>alert('请选择答案')</script>");
    }
    else if (RadioButtonList1.Items[2].Selected)
    {
        Response.Write("<script>alert('恭喜您,答对了!您获得了一份礼品!')</script>");
    }
    else
    {
        Response.Write("<script>alert('正确答案为C,对不起,答错了!')</script>");
    }
}
```

5.5.3 CheckBox 控件

CheckBox 控件用于在页面上创建复选框,用户可以使用复选框代表一个简单的 yes/no 值。如果将复选框分组,可以使用这些复选框代表一系列不互斥的选项,并可以同时选择多个复选框。CheckBox 控件的声明代码如下:

```
<asp:CheckBox ID="CheckBox1" runat="server" />
```

CheckBox 控件常用的属性及说明如表 5-8 所示。

表 5-8   CheckBox 控件常用的属性及说明

属 性	说 明
AutoPostBack	获取或设置一个值,该值指示在单击 CheckBox 控件时,是否自动回发到服务器
Checked	获取或设置一个值,该值指示是否已选中 CheckBox 控件
Text	获取或设置与 CheckBox 关联的文本标签
TextAlign	获取或设置与 CheckBox 控件关联的文本标签的对齐方式

CheckBox 控件最常用的事件是 CheckedChanged 事件,该事件在 CheckBox 控件的选中状态发生改变时触发。

【例 5-8】 使用 CheckBox 控件模拟在线问卷调查,实现过程主要是在 CheckBox 控件的 CheckedChanged 事件下编写逻辑代码来实现。实例运行效果如图 5-9 所示。(实例位置:光盘\MR\源码\第 5 章\5-8。)

程序开发步骤如下所述。

(1)新建一个 ASP.NET 网站,在 Default.aspx 页面中添加 4 个 CheckBox 控件(需要将这 4 个 CheckBox 控件的 AutoPostBack 属性设置为 True)、一个 Label 控件和一个 Button 控件,页面设计如图 5-9 所示。

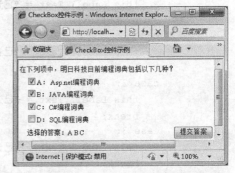

图 5-9 使用 CheckBox 控件模拟在线问卷调查

(2)触发每个 CheckBox 控件的 CheckedChanged 事件,该事件中,使用 Checked 属性来判断每个 CheckBox 控件是否已经被选中,如果已经选中,则将其显示出来。代码如下:

```
protected void CheckBox1_CheckedChanged(object sender, EventArgs e)
{
```

```csharp
        if (CheckBox1.Checked == true)
        {
            this.Label1.Text = "A ";
        }
    }
    protected void CheckBox2_CheckedChanged(object sender, EventArgs e)
    {
        if (CheckBox2.Checked == true)
        {
            this.Label1.Text = Label1.Text + "B ";
        }
    }
    protected void CheckBox3_CheckedChanged(object sender, EventArgs e)
    {
        if (CheckBox3.Checked == true)
        {
            this.Label1.Text = Label1.Text + "C ";
        }
    }
    protected void CheckBox4_CheckedChanged(object sender, EventArgs e)
    {
        if (CheckBox4.Checked == true)
        {
            this.Label1.Text = Label1.Text + "D ";
        }
    }
```

（3）单击"提交答案"按钮，获取正确答案，并弹出相应的信息提示。"提交答案"按钮的 Click 事件代码如下：

```csharp
    protected void Button1_Click(object sender, EventArgs e)
    {
        //判断用户是否已选择了答案，如果没有作出选择，弹出对话框，提示用户选择答案
        if (CheckBox1.Checked == false && CheckBox2.Checked == false && CheckBox3.Checked == false && CheckBox4.Checked == false)
        {
            Response.Write("<script>alert('请选择答案')</script>");
        }
        else if (CheckBox1.Checked == true && CheckBox2.Checked == true && CheckBox3.Checked == true && CheckBox4.Checked == false)
        {
            Response.Write("<script>alert('恭喜您，答对了！您可以获一份礼品！')</script>");
        }
        else
        {
            Response.Write("<script>alert('正确答案为ABC，对不起，答错了！')</script>");
        }
    }
```

5.5.4 CheckBoxList 控件

CheckBoxList 控件表示封装一组复选框控件的列表控件，该控件的声明代码如下：

```
<asp:CheckBoxList ID="CheckBoxList1" runat="server">
    <asp:ListItem>选项 A</asp:ListItem>
    <asp:ListItem>选项 B</asp:ListItem>
```

```
        <asp:ListItem>选项 C</asp:ListItem>
</asp:CheckBoxList>
```
CheckBoxList 控件常用的属性及说明如表 5-9 所示。

表 5-9　　　　　　　　　　CheckBoxList 控件常用的属性及说明

属　　性	说　　明
DataSource	获取或设置对象，数据绑定控件从该对象中检索其数据项列表
DataTextField	获取或设置为列表项提供文本内容的数据源字段
DataTextFormatString	获取或设置格式化字符串，该字符串用来控制如何显示绑定到列表控件的数据
DataValueField	获取或设置为各列表项提供值的数据源字段
Items	获取列表控件项的集合
RepeatColumns	获取或设置要在 RadioButtonList 控件中显示的列数
RepeatDirection	获取或设置组中单选按钮的显示方向
RepeatedItemCount	获取 RadioButtonList 控件中的列表项数

CheckBoxList 控件最常用的一个事件是 SelectedIndexChanged 事件，该事件在复选框组中的选项发生更改时触发。

【例 5-9】 使用 CheckBoxList 控件实现例 5-8 的功能。（实例位置：光盘\MR\源码\第 5 章\5-9。）程序开发步骤如下所述。

（1）新建一个 ASP.NET 网站，在 Default.aspx 页面中添加一个 CheckBoxList 控件（将其 AutoPostBack 属性设置为 True）、一个 Label 控件和一个 Button 控件。

（2）触发 CheckBoxList 控件的 SelectedIndexChanged 事件，该事件中，判断复选框组中的哪个选项发生了改变，并在 Label 中显示相应的信息。代码如下：

```
protected void CheckBoxList1_SelectedIndexChanged(object sender, EventArgs e)
{
    string msg = "";
    foreach (ListItem li in CheckBoxList1.Items)
    {
        if (li.Selected == true)
        {
            msg += li.Text.Substring(0,1)+" ";
        }
    }
    Label1.Text = msg;
}
```

（3）单击"提交答案"按钮，获取正确答案，并弹出相应的信息提示。"提交答案"按钮的 Click 事件代码如下。

```
protected void Button1_Click(object sender, EventArgs e)
{
    //判断用户是否已选择了答案，如果没有作出选择，弹出对话框，提示用户选择答案
    if  (!CheckBoxList1.Items[0].Selected   &&   !CheckBoxList1.Items[1].Selected
&& !CheckBoxList1.Items[2].Selected && !CheckBoxList1.Items[3].Selected)
    {
        Response.Write("<script>alert('请选择答案')</script>");
    }
    else if (CheckBoxList1.Items[0].Selected && CheckBoxList1.Items[1].Selected &&
CheckBoxList1.Items[2].Selected && !CheckBoxList1.Items[3].Selected)
    {
```

```
            Response.Write("<script>alert('恭喜您,答对了!您可以获一份礼品!')</script>");
        }
        else
        {
            Response.Write("<script>alert('正确答案为 ABC,对不起,答错了!')</script>");
        }
    }
```

5.5.5 ListBox 控件

ListBox 控件用于显示一组列表项,用户可以从中选择一项或多项,如果列表项的总数超出可以显示的项数,则 ListBox 控件会自动添加滚动条。ListBox 控件的声明代码如下:

```
<asp:ListBox ID="ListBox1" runat="server">
    <asp:ListItem></asp:ListItem>
    <asp:ListItem></asp:ListItem>
</asp:ListBox>
```

ListBox 控件常用的属性及说明如表 5-10 所示。

表 5-10　　　　　　　　　　　ListBox 控件常用的属性及说明

属　　性	说　　明
Items	获取列表控件项的集合
SelectionMode	获取或设置 ListBox 控件的选择格式
SelectedIndex	获取或设置列表控件中选定项的最低序号索引
SelectedItem	获取列表控件中索引最小的选中的项
SelectedValue	获取列表控件中选定项的值,或选择列表控件中包含指定值的项
Rows	获取或设置 ListBox 控件中显示的行数
DataSource	获取或设置对象,数据绑定控件从该对象中检索其数据项列表
DataTextField	获取或设置为列表项提供文本内容的数据源字段
DataTextFormatString	获取或设置格式化字符串,该字符串用来控制如何显示绑定到列表控件的数据
DataValueField	获取或设置为各列表项提供值的数据源字段

ListBox 控件常用的一个方法是 DataBind,该方法用来在使用 DataSource 属性附加数据源时,将数据源绑定到 ListBox 控件上;常用的一个事件是 SelectedIndexChanged 事件,该事件在列表控件的选定项在信息发往服务器之间变化时触发。

【例 5-10】 在设计用户授权模块时(例如设置网络空间的访问权限),可以在用户列表框中选择用户,然后添加到另一个列表框中,类似这种功能可以使用 ListBox 控件来实现。实例运行效果如图 5-10 所示。(实例位置:光盘\MR\源码\第 5 章\5-10。)

程序开发步骤如下所述。

(1)新建一个 ASP.NET 网站,在 Default.aspx 页面中添加两个 ListBox 控件(需要将这两个 ListBox 控件的 SelectionMode 属性设置为 Multiple)、4 个 Button 控件,页面设计如图 5-10 所示。

(2)页面加载时,首先为 ListBox 控件添加数据,

图 5-10　使用 ListBox 控件设置用户授权

代码如下：
```
protected void Page_Load(object sender, EventArgs e)
{
    if (!IsPostBack)
    {
        lbxSource.Items.Add("Administrator");
        lbxSource.Items.Add("Guest");
        lbxSource.Items.Add("小王");
        lbxSource.Items.Add("小刘");
        lbxSource.Items.Add("小李");
    }
}
```

（3）双击页面中的">"按钮，触发其 Button3_Click 事件，首先应用一个 for 循环判断一下用户列表项中的成员是否为选中状态，如果选项为选中状态，从源列表框中删除并添加到目的列表框中，实现代码如下：

```
protected void Button3_Click(object sender, EventArgs e)
{
    //获取列表框的选项数
    int count = lbxSource.Items.Count;
    int index = 0;
    //循环判断各个项的选中状态
    for (int i = 0; i < count; i++)
    {
        ListItem Item = lbxSource.Items[index];
        //如果选项为选中状态，从源列表框中删除并添加到目的列表框中
        if (lbxSource.Items[index].Selected == true)
        {
            lbxSource.Items.Remove(Item);
            lbxDest.Items.Add(Item);
            //将当前选项索引值减1
            index--;
        }
        //获取下一个选项的索引值
        index++;
    }
}
```

（4）按下">>"按钮，则可将"用户列表"中的成员全部移动到"授权"列表成员中。双击页面中的">>"按钮，触发其 Button1_Click 事件，循环从源列表框中转移到目的列表框中，代码如下：

```
protected void Button1_Click(object sender, EventArgs e)
{
    //获取列表框的选项数
    int count = lbxSource.Items.Count;
    //循环从源列表框中转移到目的列表框中
    for (int i = 0; i < count; i++)
    {
        ListItem Item = lbxSource.Items[0];
        lbxSource.Items.Remove(Item);
        lbxDest.Items.Add(Item);
    }
}
```

单击页面中的"<"按钮,和">"按钮相反:项目会从"授权"列表中添加到"用户列表"中,并在"授权"列表中被删除;单击页面中的"<<"按钮,与">>"相反,所有授权列表中的用户将全部移到用户列表框中。

5.5.6 DropDownList 控件

DropDownList 控件与 ListBox 控件的使用类似,但 DropDownList 控件只允许用户每次从列表中选择一项,而且只在框中显示选定项。DropDownList 控件的声明代码如下:

```
<asp:DropDownList ID="DropDownList1" runat="server">
    <asp:ListItem>选项A</asp:ListItem>
    <asp:ListItem>选项B</asp:ListItem>
</asp:DropDownList>
```

DropDownList 控件常用的属性与 ListBox 类似,可以参考表 5-10。

【例 5-11】本实例在页面的 DropDownList 控件列出了省份名称,当选择其中的某一个选项时,会弹出显示选项名称的对话框,运行结果如图 5-11 所示。(实例位置:光盘\MR\源码\第 5 章\5-11。)

图 5-11 单击 Button 弹出对话框

程序开发步骤如下所述。

(1)新建一个 ASP.NET 网站,在 Default.aspx 页面中添加一个 DropDownList 控件,并将其 AutoPostBack 属性设置为 True。

(2)页面加载时,首先为 DropDownList 控件添加数据,代码如下:

```
protected void Page_Load(object sender, EventArgs e)
{
    if (!IsPostBack)
    {
        ArrayList arrls = new ArrayList();
        arrls.Add("北京");
        arrls.Add("河北");
        arrls.Add("吉林");
        arrls.Add("云南");
        DropDownList1.DataSource = arrls;
        DropDownList1.DataBind();
    }
}
```

(3)触发 DropDownList 控件的 SelectedIndexChanged 事件,该事件中,使用 DropDownList1 控件的 SelectedValue 属性获取选中项的值,代码如下:

```
protected void DropDownList1_SelectedIndexChanged(object sender, EventArgs e)
{
    Response.Write("<script language=javascript>alert('你选择了" + DropDownList1.Selec-
```

```
tedValue.ToString() + "');</script>");
    }
```

5.6 Image 图像控件

Image 控件是一个基于 HTML img 元素的控件,主要用来在网页上显示图像,该控件的声明代码如下:

```
<asp:Image ID="Image1" runat="server" ImageUrl="~/test.jpg" />
```

Image 控件常用的属性及说明如表 5-11 所示。

表 5-11　　　　　　　　　　　　Image 控件常用的属性及说明

属　　性	说　　明
AlternateText	获取或设置当图像不可用时,Image 控件中显示的替换文本
ImageAlign	获取或设置 Image 控件相对于网页上其他元素的对齐方式
ImageUrl	获取或设置为要在 Image 控件中显示的图像提供路径的 URL

使用表 5-11 中列出的 Image 控件属性时,ImageAlign 属性是比较特殊的一个,该属性用于设置图像的对齐方式,它的属性值有 10 个枚举值,分别如下。

- ❏ NotSet:未设定对齐方式。
- ❏ Left:图像沿网页的左边缘对齐,文字在图像右边换行。
- ❏ Right:图像沿网页的右边缘对齐,文字在图像左边换行。
- ❏ Baseline:图像的下边缘与第一行文本的下边缘对齐。
- ❏ Top:图像的上边缘与同一行上最高元素的上边缘对齐。
- ❏ Middle:图像的中间与第一行文本的下边缘对齐。
- ❏ Bottom:图像的下边缘与第一行文本的下边缘对齐。
- ❏ AbsBottom:图像的下边缘与同一行中最大元素的下边缘对齐。
- ❏ AbsMiddle:图像的中间与同一行中最大元素的中间对齐。
- ❏ TextTop:图像的上边缘与同一行上最高文本的上边缘对齐。

【例 5-12】 新建一个 ASP.NET 网站,在 Default.aspx 页面中添加一个 Image 控件,首先设置其 ImageUrl 属性为指定图片的路径,然后设置其 ImageAlign 属性为 Middle,表示图像居中显示。代码如下(实例位置:光盘\MR\源码\第 5 章\5-12):

```
<asp:Image ID="Image1" runat="server" Height="91px" ImageAlign="Middle"
         ImageUrl="~/mr.jpg" Width="131px" />
```

实例运行效果如图 5-12 所示。

图 5-12　使用 Image 控件显示图像

5.7 Panel 容器控件

Panel 控件是一个容器控件,可以将它用作静态文本和其他控件的父级,该控件的声明代码如下:

```
<asp:Panel ID="Panel1" runat="server">
</asp:Panel>
```

Panel 控件有两个最常用的属性，分别是 GroupingText 属性和 ScrollBars 属性。其中，GroupingText 属性用来获取或设置面板控件中包含的控件组的标题；而 ScrollBars 属性用来获取或设置 Panel 控件中滚动条的可见性和位置，该属性的属性值有 5 个枚举值，分别如下。

- ❏ None：不显示任何滚动条。
- ❏ Horizontal：只显示水平滚动条。
- ❏ Vertical：只显示垂直滚动条。
- ❏ Both：同时显示水平滚动条和垂直滚动条。
- ❏ Auto：如有必要，可以显示水平滚动条、垂直滚动条或同时显示这两种滚动条。要不然也可以不显示任何滚动条。

【例 5-13】 新建一个 ASP.NET 网站，在 Default.aspx 页面中添加一个 Panel 控件，设置其 ScrollBars 属性为 Both，表示始终显示滚动条；然后在该 Panel 控件分别添加一个 Label 控件、一个 TextBox 控件和一个 Button 控件。代码如下（实例位置：光盘\MR\源码\第 5 章\5-13）：

图 5-13　Panel 容器控件

```
<asp:Panel ID="Panel1" runat="server" ScrollBars="Both" Width="215px">
    <asp:Label ID="Label1" runat="server" Text="用户名："></asp:Label>
    <asp:TextBox ID="TextBox1" runat="server"></asp:TextBox>
    <br />
    <asp:Button ID="Button1" runat="server" Text="登录" />
</asp:Panel>
```

实例运行效果如图 5-13 所示。

5.8　FileUpload 文件上传控件

FileUpload 控件的主要功能是向指定目录上传文件，该控件包括一个文本和一个浏览按钮。用户可以在文本框中输入完整的文件路径，或者通过按钮浏览并选择需要上传的文件。FileUpload 控件不会自动上传文件，必须设置相关的事件处理程序，并在程序中实现文件上传。FileUpload 控件的声明代码如下：

```
<asp:FileUpload ID="FileUpload1" runat="server" />
```

FileUpload 控件常用的属性及说明如表 5-12 所示。

表 5-12　FileUpload 控件常用的属性及说明

属　　性	说　　明
FileBytes	获取上传文件的字节数组
FileContent	获取指向上传文件的 Stream 对象
FileName	获取上传文件在客户端的文件名称
HasFile	获取一个布尔值，用于表示 FileUpload 控件是否已经包含一个文件
PostedFile	获取一个与上传文件相关的 HttpPostedFile 对象，使用该对象可以获取上传文件的相关属性

FileUpload 控件最常用的一个方法是 SaveAs 方法，该方法用来将文件保存到服务器上的指定

路径下。

【例 5-14】 本实例主要是使用 FileUpload 控件上传图片文件,并将原文件路径、文件大小和文件类型显示出来。执行程序,并选择图片路径,然后单击"上传"按钮,将图片的原文件路径、文件大小和文件类型显示出来,运行结果如图 5-14 所示。(实例位置:光盘\MR\源码\第 5 章\5-14。)

程序开发步骤如下所述。

(1)新建一个网站,默认主页为 Default.aspx,在 Default.aspx 页面上添加一个 FileUpload 上

图 5-14 使用 FileUpload 控件上传图片文件

传控件,用于选择上传路径,再添加一个 Button 控件,用于执行将上传图片保存在图片文件夹中,然后再添加一个 Label 控件,用于显示原文件路径、文件大小和文件类型。

(2)在"文件上传"按钮的 Click 事件下,添加如下代码,首先判断 FileUpload 控件的 HasFile 属性是否为 True,如果为 True,则表示 FileUpload 控件已经确认上传文件存在;再判断文件类型是否符合要求,接着,调用 SaveAs 方法实现上传;最后,利用 FileUpload 控件的属性获取与上传文件相关的信息。

```
protected void Button1_Click(object sender, EventArgs e)
{
    bool fileIsValid = false;
    //如果确认了上传文件,则判断文件类型是否符合要求
    if (this.FileUpload1.HasFile)
    {
        //获取上传文件的后缀
        String fileExtension = System.IO.Path.GetExtension(this.FileUpload1.FileName).ToLower();
        String[] restrictExtension = { ".gif", ".jpg", ".bmp", ".png" };
        //判断文件类型是否符合要求
        for (int i = 0; i < restrictExtension.Length; i++)
        {
            if (fileExtension == restrictExtension[i])
            {
                fileIsValid = true;
            }
        }
        //如果文件类型符合要求,调用 SaveAs 方法实现上传,并显示相关信息
        if (fileIsValid == true)
        {
            try
            {
```

```
            this.Image1.ImageUrl = "~/images/" + FileUpload1.FileName;
            this.FileUpload1.SaveAs(Server.MapPath("~/images/") +
FileUpload1.FileName);
            this.Label1.Text = "文件上传成功";
            this.Label1.Text += "<Br/>";
            this.Label1.Text += "<li>" + "原文件路径: " + this.FileUpload1.PostedFi-
le.FileName;
            this.Label1.Text += "<Br/>";
            this.Label1.Text += "<li>" + "文件大小: " + this.FileUpload1.PostedFile.
ContentLength + "字节";
            this.Label1.Text += "<Br/>";
            this.Label1.Text += "<li>" + "文件类型: " + this.FileUpload1.PostedFile.
ContentType;
        }
        catch(Exception ex)
        {
            this.Label1.Text = "无法上传文件"+ex.Message;
        }
    }
    else
    {
        this.Label1.Text = "只能够上传后缀为.gif,.jpg,.bmp,.png 的文件夹";
    }
}
```

5.9 数据验证控件

ASP.NET 提供了一组验证控件,只要通过属性设定,它们便会自动产生相关的 JavaScript,当用户输入时直接在浏览器中检查,不仅响应速度快,而且用户输入的数据也不会不见;另一方面,网页设计人员也不需要额外编写 JavaScript。本节将对 ASP.NET 中的数据验证控件进行讲解。

5.9.1 RequiredFieldValidator 控件

RequiredFieldValidator 验证控件用来验证输入文本中的信息内容是否为空。例如,注册会员信息时,用户名称、密码、电话、住址等较重要的信息为必填项,这时就需要使用 RequiredFieldValidator 控件来进行验证。

RequiredFieldValidator 控件常用的属性及说明如表 5-13 所示。

表 5-13　　　　　　　　RequiredFieldValidator 控件常用的属性及说明

属　　性	说　　明
ControlToValidate	表示要进行验证的控件 ID,此属性必须设置为输入控件 ID。如果没有指定有效的输入控件,则在显示页面时引发异常。另外该 ID 的控件必须和验证控件在相同的容器中
ErrorMessage	表示当验证不合法时,出现错误的信息
IsValid	获取或设置一个值,该值指示控件验证的数据是否有效。默认值为 true
Display	设置错误信息的显示方式
Text	如果 Display 为 Static,不出错时,显示该文本

5.9.2 CompareValidator 控件

CompareValidator 控件为比较验证控件，使用该控件，可以将输入控件的值同常数值或其他输入控件的值相比较，以确定这两个值是否与比较运算符（小于、等于、大于等等）指定的关系相匹配；另外，该控件还有一个特殊功能，即数据类型检查，如输入的是否为数字、日期等。

CompareValidator 控件常用的属性及说明如表 5-14 所示。

表 5-14　　　　　　　　　　　CompareValidator 控件常用的属性及说明

属　性	说　明
ControlToCompare	获取或设置用于比较的输入控件的 ID。默认值为空字符串
ControlToValidate	表示要进行验证的控件 ID，此属性必须设置为输入控件 ID。如果没有指定有效的输入控件，则在显示页面时引发异常。另外该 ID 的空间必须和验证控件在相同的容器中
ErrorMessage	表示当验证不合法时，出现错误的信息
IsValid	获取或设置一个值，该值指示控件验证的数据是否有效。默认值为 true
Operator	获取或设置验证中使用的比较操作。默认值为 Equal
Display	设置错误信息的显示方式
Text	如果 Display 为 Static，不出错时，显示该文本
Type	获取或设置比较的两个值的数据类型。默认值为 string
ValueToCompare	获取或设置要比较的值

使用 Operator 属性时，该属性有 7 个枚举值，分别如下。
- DataTypeCheck：检查两个控件的数据类型是否有效。
- Equal：检查两个控件彼此是否相等。
- GreaterThan：检查一个控件是否大于另一个控件。
- GreaterThanEqual：检查一个控件是否大于或等于另一个控件。
- LessThan：检查一个控件是否小于另一个控件。
- LessThanEqual：检查一个控件是否小于或等于另一个控件。
- NotEqual：检查两个控件彼此是否不相等。

5.9.3 RangeValidator 控件

使用 RangeValidator 控件可以验证用户的输入是否在指定范围内。可以通过对 RangeValidator 控件的上、下限属性以及指定控件要验证的值的数据类型的设置完成这一功能。如果用户的输入无法转换为指定的数据类型，例如，无法转换为日期，则验证将失败。如果用户将控件保留为空白，则此控件将通过范围验证。

RangeValidator 控件常用的属性及说明如表 5-15 所示。

表 5-15　　　　　　　　　　　RangeValidator 控件常用的属性及说明

属　性	说　明
ControlToValidate	表示要进行验证的控件 ID，此属性必须设置为输入控件 ID。如果没有指定有效输入控件，则在显示页面时引发异常。另外该 ID 的控件必须和验证控件在相同的容器中
ErrorMessage	表示当验证不合法时，出现错误的信息

续表

属性	说明
IsValid	获取或设置一个值,该值指示控件验证的数据是否有效。默认值为 true
Display	设置错误信息的显示方式
MaximumValue	获取或设置要验证的控件的值,该值必须小于或等于此属性的值。默认值为空字符串("")
MinimumValue	获取或设置要验证的控件的值,该值必须大于或等于此属性的值。默认值为空字符串("")
Text	如果 Display 为 Static,不出错时,显示该文本
Type	获取或设置一种数据类型,用于指定如何解释要比较的值

5.9.4 RegularExpressionValidator 控件

RegularExpressionValidator 验证控件用来验证输入控件的值是否与某个正则表达式所定义的模式相匹配,如身份证号码、电子邮件地址、电话号码、邮政编码等。

RegularExpressionValidator 控件常用的属性及说明如表 5-16 所示。

表 5-16 RegularExpressionValidator 控件常用的属性及说明

属性	说明
ControlToValidate	表示要进行验证的控件 ID,此属性必须设置为输入控件 ID。如果没有指定有效的输入控件,则在显示页面时引发异常。另外该 ID 的控件必须和验证控件在相同的容器中
ErrorMessage	表示当验证不合法时,出现错误的信息
IsValid	获取或设置一个值,该值指示控件验证的数据是否有效。默认值为 true
Display	设置错误信息的显示方式
Text	如果 Display 为 Static,不出错时,显示该文本
ValidationExpression	获取或设置被指定为验证条件的正则表达式。默认值为空字符串("")

使用 RegularExpressionValidator 控件时,需要通过其 ValidationExpression 属性指定正则表达式,下面列举几个常用的正则表达式。

❑ 验证电子邮件。
- \w+([-+.]\w+)*@\w+([-.]\w+)*\.\w+([-.]\w+)*。
- \S+@\S+\. \S+。

❑ 验证网址。
- HTTP://\S+\. \S+。
- http(s)?://([\w-]+\.)+[\w-]+(/[\w- ./?%&=]*)?

❑ 验证邮政编码。
- \d{6}。

❑ 其他常用正则表达式。
- [0-9]:表示 0~9 十个数字。
- \d*:表示任意个数字。
- \d{3,4}-\d{8,8}:表示中国大陆的固定电话号码。
- \d{2}-\d{5}:验证由两位数字、一个连字符再加 5 位数字组成的 ID 号。
- <\s*(\S+)(\s[^>]*)?>[\s\S]*<\s*\/\1\s*>:匹配 HTML 标记。

5.9.5 CustomValidator 控件

CustomValidator 控件为输入控件提供用户定义的验证功能。例如，可以创建一个验证控件，该控件检查在文本框中输入的值是否为偶数。

CustomValidator 控件常用的属性及说明如表 5-17 所示。

表 5-17　　　　　　　　　　CustomValidator 控件常用的属性及说明

属　　性	说　　明
ClientValidationFunction	设置用于验证的自定义客户端脚本函数的名称
ControlToValidate	设置要验证的输入控件
Display	设置验证控件中错误信息的显示行为
EnableClientScript	设置是否启用客户端验证
ErrorMessage	设置验证失败时显示的错误信息的文本
IsValid	是否通过验证
Visible	该属性获取或设置一个值，该值指示服务器控件是否作为 UI 呈现在页上

5.9.6 ValidationSummary 控件

ValidationSummary 控件是错误汇总控件，主要用于收集本页中所有验证控件的错误信息，将它们组织好并一起显示出来，错误列表可以通过列表、项目符号列表或单个段落的形式进行显示。

ValidationSummary 控件常用的属性及说明如表 5-18 所示。

表 5-18　　　　　　　　　ValidationSummary 控件常用的属性及说明

属　　性	说　　明
HeaderText	控件汇总信息
DisplayMode	设置错误信息的显示格式
ShowMessageBox	是否以弹出方式显示每个被验证控件的错误信息
ShowSummary	是否使用错误汇总信息
EnableClientScript	是否使用客户端验证，系统默认值为 True
Validate	执行验证并且更新 IsValid 属性

5.10 综合实例——实现省份与城市二级联动下拉菜单

在某些网站的登录或注册页面，用户需要从两个相互关联的下拉列表框中选择用户所在城市，如果改变第 1 个下拉列表框的当前选项，那么第 2 个下拉列表框的选项也将随之改变。本实例在用户登录模块中使用 DropDownList 控件实现了用户所在省份和城市的联动选择功能。实例运行结果如图 5-15 所示。

第5章 ASP.NET常用服务器控件

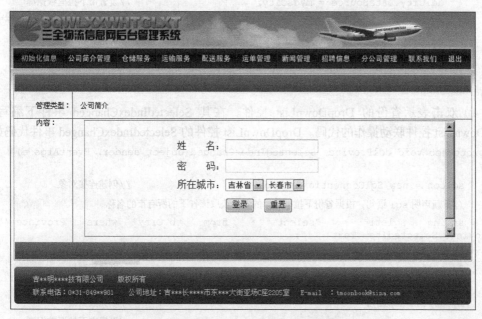

图5-15 省份与城市二级联动下拉菜单

程序开发步骤如下所述。

（1）新建一个网站，将其命名为CityByPro，默认主页名为Default.aspx。

（2）在Default.aspx页面中添加一个Table表格，用于布局页面。在该Table表格中添加两个TextBox控件、两个DropDownList控件和两个Button控件，并将DropDownList控件的AutoPostBack属性设置为True。

（3）在Default.aspx页面的Page_Load事件中，对DropDownList控件进行数据绑定以显示数据库中省市信息，Default.aspx页面的Page_Load事件代码如下：

```csharp
protected void Page_Load(object sender, EventArgs e)
{
    if (!IsPostBack)
    {
        sqlcon = new SqlConnection(strCon);                          //实例化连接对象
        string sqlstr = "select Province from tb_Province";          //声明 sql 语句
        SqlDataAdapter myda = new SqlDataAdapter(sqlstr, sqlcon);    //创建数据适配器
        DataSet myds = new DataSet();                                //创建数据集
        sqlcon.Open();                                               //打开连接
        myda.Fill(myds);                                             //填充数据集
        ddlProvince.DataSource= myds;                                //设置省份下拉框数据源
        ddlProvince.DataValueField = "Province";                     //设置项目 Value 值绑定的字段
        ddlProvince.DataBind();                                      //绑定数据
        //重新声明 sql 语句，根据省份下拉框选择的省份获取该省下的所有市的名称
        string strCity = "select * from tb_City where Province='" + ddlProvince.SelectedItem.Text + "'";
        SqlDataAdapter mydaCity = new SqlDataAdapter(strCity, sqlcon);
        DataSet mydsCity = new DataSet();                            //创建数据集
        mydaCity.Fill(mydsCity);                                     //填充数据集
```

```
            ddlCity.DataSource = mydsCity;                      //设置市下拉框数据源
            ddlCity.DataValueField = "City";                    //设置每一项Value值绑定的字段
            ddlCity.DataBind();                                 //绑定数据
            sqlcon.Close();                                     //关闭连接
        }
    }
```

（4）双击表示省份的 DropDownList 控件，在其 SelectedIndexChanged 事件下编写实现 DropDownList 控件联动操作的代码。DropDownList 控件的 SelectedIndexChanged 事件代码如下：

```
    protected void ddlProvince_SelectedIndexChanged(object sender, EventArgs e)
    {
        sqlcon = new SqlConnection(strCon);                     //创建连接对象
        //重新声明sql语句，根据省份下拉框选择的省份获取该省下的所有市的名称
        string sqlstr = "select * from tb_City where Province='" + ddlProvince.SelectedItem.Text+ "'";
        SqlDataAdapter myda = new SqlDataAdapter(sqlstr, sqlcon);
        DataSet myds = new DataSet();                           //创建数据集
        sqlcon.Open();
        myda.Fill(myds);                                        //填充数据集
        ddlCity.DataSource = myds;                              //设置市下拉框数据源
        ddlCity.DataValueField = "City";                        //设置每一项Value值绑定的字段
        ddlCity.DataBind();                                     //绑定数据
        sqlcon.Close();
    }
```

知识点提炼

（1）HTML 服务器控件是为了更好地将传统 ASP 页面转换为 ASP.NET 页面而提供的，使用这类控件时，实质上是使用 HTML 元素对 ASP.NET 页面进行控制。

（2）Web 服务器控件是指在服务器上执行程序逻辑的组件，它可能生成一定的用户界面，也可能不包括用户界面。

（3）Label 控件又称标签控件，用于显示用户不能编辑的文本，如标题或提示信息等。

（4）TextBox 控件又称文本框控件，主要作用是为用户提供输入文本的区域。

（5）Button 控件是一个命令按钮控件，该控件可以将 Web 页面回送到服务器，也可以处理控件命令事件。

（6）ImageButton 控件为图像按钮控件，它用于显示具体的图像。

（7）HyperLink 控件又称超链接控件，该控件在功能上和 HTML 的 "<a href="""">" 元素相似，它显示模式为超级链接的形式。

（8）LinkButton 控件又称链接按钮控件，该控件在功能上与 Button 控件相似，但在呈现样式上是以超链接的形式显示。

（9）RadioButton 控件是一种单选按钮控件，而 RadioButtonList 控件表示封装一组单选按钮控件的列表控件。

（10）CheckBox 控件是用来显示允许用户选择 true 或 false 条件的复选框，而 CheckBoxList 控件表示封装一组复选框控件的列表控件。

（11）ListBox 控件用于显示一组列表项，用户可以从中选择一项或多项。

（12）DropDownList 控件只允许用户每次从列表中选择一项，而且只在框中显示选定项。

（13）Image 控件可以在设计时或运行时以编程的方式为 Image 对象指定图形文件。

（14）Panel 控件是一个容器控件，可以将它用作静态文本和其他控件的父级。

（15）FileUpload 控件的主要功能是向指定目录上传文件。

（16）RequiredFieldValidator 验证控件用来验证输入文本中的信息内容是否为空。

（17）CompareValidator 控件为比较验证控件，使用该控件，可以将输入控件的值同常数值或其他输入控件的值相比较。

（18）RangeValidator 控件用来验证用户的输入是否在指定范围内。

（19）RegularExpressionValidator 验证控件用来验证输入控件的值是否与某个正则表达式所定义的模式相匹配。

（20）CustomValidator 控件为输入控件提供用户定义的验证功能。

（21）ValidationSummary 控件是错误汇总控件，主要用于收集本页中所有验证控件的错误信息。

习　题

5-1　如何将 TextBox 控件设置为密码文本？
5-2　HyperLink 控件与 LinkButton 控件有何区别？
5-3　简述 RadioButton 与 RadioButtonList 控件的区别。
5-4　简述 RadioButton 与 RadioButtonList 控件的区别。
5-5　RadioButton 和 CheckBox 控件有何区别？
5-6　Panel 控件是否可以显示滚动条？如何可以，需要进行哪些设置？
5-7　是否可以使用自定义的函数对输入数据进行验证？
5-8　如果要验证电话号码、邮箱地址等特殊格式，最好使用哪种验证控件？

实验：设计用户注册页面

实验目的

（1）掌握如何将 ASP.NET 服务器控件置于页面中。
（2）掌握 Label 控件、Button 控件和 TextBox 控件的使用。
（3）掌握 RadioButtonList 控件的使用。
（4）掌握常见数据验证控件的使用。

实验内容

使用本章所学的 ASP.NET 常用服务器控件设计一个通用的用户注册页面。实验的运行效果如图 5-16 所示。

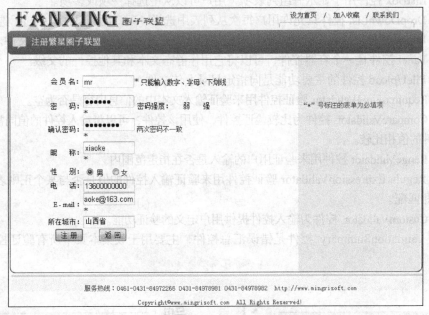

图 5-16　用户注册页面

实验步骤

（1）新建一个网站，命名为 Register，默认主页名为 Default.aspx。

（2）向 Default.aspx 页面中添加 ASP.NET 服务器控件，并进行相应的属性设置，从而设计一个用户注册页面。Default.aspx 页面中用到的控件及属性如表 5-19 所示。

表 5-19　　　　　　　　　Default.aspx 页面中控件属性设置及用途

控件类型	控件名称	主要属性设置	用　途
TextBox	txtName	AutoPostBack 属性设置为 True	用于输入登录名
	txtPass	TextMode 属性设置为 Password	用于输入登录密码
	txtQpass	TextMode 属性设置为 Password	用于输入确认密码
	txtNickname	均为默认值	用于输入昵称
	txtPhone	均为默认值	用于输入电话号码
	txtEmail	均为默认值	用于输入电子邮件地址
	txtCity	均为默认值	用于输入所在城市
RadioButtonList	radlistSex	均为默认值	用于显示验证码
Label	labUser	均为默认值	提示用户输入的会员名是否满足要求
	labIsName	均为默认值	提示用户名是否已注册
	labEbb	均为默认值	显示密码安全性为"弱"提示
	labStrong	均为默认值	显示密码安全性为"强"提示

续表

控件类型	控件名称	主要属性设置	用途
Button	btnRegister	均为默认值	用于实现注册操作
	btnReturn	PostBackUrl 属性设置为 ~/Default.aspx，CausesValidation 属性设置为 False	用于返回到登录页面
RequiredFieldValidator	rfvName	ControlToValidate 属性设置为 txtName	用于验证用户名是否为空
CompareValidator	covPass	ControlToCompare 属性设置为 txtPass，ControlToValidate 属性设置为 txtQpass	用于验证用户输入的两次密码是否一致
RegularExpressionValidator	revEmail	ControlToValidate 属性设置为 txtEmail，ValidationExpression 属性设置为 \w+([-+.']\w+)*@\w+([-.]\w+)*\.\w+([-.]\w+)*	用于验证用户输入的邮件地址格式

第 6 章 ADO.NET 数据库操作技术

本章要点
- ADO.NET 技术简介
- ADO.NET 中的 7 个主要对象及其属性、方法
- 如何打开和关闭数据库连接
- 使用 SQL 语句执行数据的增、删、改、查操作
- 使用存储过程执行数据的增、删、改、查操作
- 如何在 ASP.NET 程序中使用事务
- 数据的批量更新操作
- 使用二进制格式在数据库存取图片

数据库的应用在我们的生活和工作中可以说已经无处不在，无论是一个小型的企业办公自动化系统，还是像中国移动的大型运营系统，都离不开数据库的应用。对于大多数应用程序来说，不管它们是 Windows 桌面应用程序，还是 Web 应用程序，存储和检索数据都是其核心功能。本章将对数据库操作技术——ADO.NET 进行详细讲解。

6.1 ADO.NET 概述

ADO.NET 是微软公司新一代.NET 数据库的访问架构，ADO 是 ActiveX Data Objects 的缩写。ADO.NET 是数据库应用程序和数据源之间沟通的桥梁，主要提供一个面向对象的数据访问架构，用来开发数据库应用程序。为了更好地理解 ADO.NET 架构模型的各个组成部分，我们可以对 ADO.NET 中的相关对象进行图示理解，图 6-1 所示为 ADO.NET 中数据库对象的关系图。

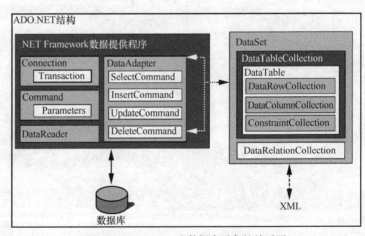

图 6-1 ADO.NET 中数据库对象的关系图

6.2 ADO.NET 对象模型

从图 6-1 中可以看到 ADO.NET 中包括的多个对象模型，包括 Connection、Command、DataReader、DataAdapter、DataSet、DataTable 等，除了图 6-1 中显示的这 6 个对象，还有一个 DataView 对象，本节将对 ADO.NET 中的这些对象进行介绍。

6.2.1 Connection 对象

Connection 对象用于连接到数据库和管理对数据库的事务，该对象提供一些方法，允许开发人员与数据源建立连接或者断开连接。微软公司提供了 4 种数据提供程序的连接对象，分别如下所述。

- SQL Server .NET 数据提供程序的 SqlConnection 连接对象，命名空间 System.Data.SqlClient.SqlConnection。
- OLE DB .NET 数据提供程序的 OleDbConnection 连接对象，命名空间 System.Data.OleDb.OleDbConnection。
- ODBC .NET 数据提供程序的 OdbcConnection 连接对象，命名空间 System.Data.Odbc.OdbcConnection。
- Oracle .NET 数据提供程序的 OracleConnection 连接对象，命名空间 System.Data.OracleClient.OracleConnection。

Connection 对象常用属性如表 6-1 所示。

表 6-1　　　　　　　　　　　　　　Connection 对象常用属性

属　　性	说　　明
ConnectionString	获取或设置用于打开数据库的字符串
ConnectionTimeout	获取在尝试建立连接时终止尝试并生成错误之前所等待的时间
Database	获取当前数据库或连接打开后要使用的数据库的名称
DataSource	获取要连接的数据库服务器名称
State	指示数据库的连接状态

Connection 对象常用方法如表 6-2 所示。

表 6-2　　　　　　　　　　　　　　Connection 对象常用方法

方　　法	说　　明
BeginTransaction	开始数据库事务
ChangeDatabase	更改当前数据库
ChangePassword	将连接字符串中指示的用户的数据库密码更改为提供的新密码
ClearAllPools	清空连接池
Close	关闭与数据库的连接
CreateCommand	创建并返回一个与 Connection 关联的 Command 对象
Dispose	释放由 Connection 使用的所有资源
Open	使用 ConnectionString 属性所指定的属性设置打开数据库连接

6.2.2　Command 对象

Command 对象用来对数据源执行查询、添加、删除和修改等各种操作，操作实现的方式可以是使用 SQL 语句，也可以是使用存储过程。根据所用的.NET Framework 数据提供程序的不同，Command 对象也可以分成 4 种，分别是 SqlCommand、OleDbCommand、OdbcCommand 和 OracleCommand，在实际的编程过程中应根据访问的数据源不同，选择相应的 Command 对象。Command 对象常用属性如表 6-3 所示。

表 6-3　　　　　　　　　　　　　　　Command 对象常用属性

属　　性	说　　明
CommandType	获取或设置 Command 对象要执行命令的类型
CommandText	获取或设置要对数据源执行的 SQL 语句或存储过程名或表名
CommandTimeOut	获取或设置在终止对执行命令的尝试并生成错误之前的等待时间
Connection	获取或设置此 Command 对象使用的 Connection 对象的名称
Parameters	获取 Command 对象需要使用的参数集合
Transaction	获取或设置将在其中执行 Command 的 SqlTransaction

Command 对象常用方法如表 6-4 所示。

表 6-4　　　　　　　　　　　　　　　Command 对象常用方法

方　　法	说　　明
ExecuteNonQuery	用于执行非 SELECT 命令，比如 INSERT、DELETE 或者 UPDATE 命令，返回 3 个命令所影响的数据的行数。也可以用 ExecuteNonQuery()来执行一些数据定义命令，比如新建、更新、删除数据库对象（如表、索引等）
ExecuteScalar	用于执行 SELECT 查询命令，返回数据中第一行第一列的值。这个方法通常用来执行那些用到 COUNT()或 SUM()函数的 SELECT 命令。
ExecuteReader	执行 SELECT 命令，并返回一个 DataReader 对象。这个 DataReader 是向前只读的数据集

6.2.3　DataReader 对象

DataReader 对象是一个简单的数据集，如其名一样，用于从数据源中读取只读的数据集，常用于检索大量数据。根据.NET Framework 数据提供程序不同，DataReader 可以分成 SqlDataReader、OleDbDataReader 等几类。DataReader 每次只能在内存中保留一行，所以开销非常小。

使用 DataReader 对象读取数据时，必须一直保持与数据库的连接，所以也被称为连线模式，其架构如图 6-2 所示。

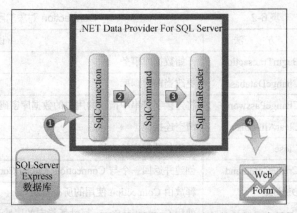

图 6-2　SqlDataReader 读取数据时，必须一直保持与数据库的连接

DataReader 是一个轻量级的数据对象,如果只需要将数据读出并显示,那它是最合适的工具,它的读取速度比稍后要讲解的 DataSet 对象快,占用的资源也比 DataSet 少。但是,一定要铭记,DataReader 在读取数据时,要求数据库保持在连接状态,读取完数据之后才能断开连接。

DataReader 对象常用属性如表 6-5 所示。

表 6-5　　　　　　　　　　　DataReader 对象常用属性

属　性	说　明
Connection	获取与 DataReader 关联的 Connection 对象
HasRows	判断数据库中是否有数据
FieldCount	获取当前行的列数
IsClosed	检索一个布尔值,该值指示是否已关闭指定的 DataReader 实例
Item	在给定列序号或列名称的情况下,获取指定列的以本机格式表示的值
RecordsAffected	获取执行 SQL 语句所更改、添加或删除的行数

DataReader 对象常用方法如表 6-6 所示。

表 6-6　　　　　　　　　　　DataReader 对象常用方法

方　法	说　明
IsDBNull	获取一个值,用于指示列中是否包含不存在的或缺少的值
Read	使 DataReader 对象前进到下一条记录
NextResult	当读取批处理 Transact-SQL 语句的结果时,使数据读取器前进到下一个结果
Close	关闭 DataReader 对象
Get	用来读取数据集的当前行的某一列的数据

6.2.4　DataAdapter 对象

DataAdapter(即数据适配器)对象是一种用来充当 DataSet 对象与实际数据源之间桥梁的对象,可以说只要有 DataSet 的地方就有它,它也是专门为 DataSet 服务的。DataAdapter 对象的工作步骤一般有两种:一种是通过 Command 对象执行 SQL 语句从数据源中检索数据,将获取的结果集填充到 DataSet 对象的表中;另一种是把用户对 DataSet 对象做出的更改写入到数据源中。

在 .NET Framework 中主要使用两种 DataAdapter 对象,即 OleDbDataAdapter 和 SqlDataAdapter。OleDbDataAdapter 对象适用于 OLEDB 数据源,SqlDataAdapter 对象适用于 SQL Server 7.0 或更高版本。

DataAdapter 对象常用属性如表 6-7 所示。

表 6-7　　　　　　　　　　　DataAdapter 对象常用属性

属　性	说　明
SelectCommand	获取或设置用于在数据源中选择记录的命令
InsertCommand	获取或设置用于将新记录插入到数据源中的命令

续表

属 性	说 明
UpdateCommand	获取或设置用于更新数据源中记录的命令
DeleteCommand	获取或设置用于从数据集中删除记录的命令

DataAdapter 对象常用方法如表 6-8 所示。

表 6-8　　　　　　　　　　　　DataAdapter 对象常用方法

方 法	说 明
AddToBatch	向当前批处理添加 Command 对象
ExecuteBatch	执行当前批处理
Fill	从数据源中提取数据以填充数据集
FillSchema	从数据源中提取数据架构以填充数据集
Update	更新数据源

6.2.5　DataSet 对象

DataSet 是 ADO.NET 的核心成员之一，它是支持 ADO.NET 断开式、分布式数据方案的核心对象，也是实现基于非连接的数据查询的核心组件。DataSet 对象是创建在内存中的集合对象，它可以包含任意数量的数据表，以及所有表的约束、索引和关系，相当于在内存中的一个小型关系数据库。一个 DataSet 对象包括一组 DataTable 对象和 DataRelation 对象，其中，每个 DataTable 对象由 DataColumn、DataRow 和 DataRelation 对象组成。DataSer 数据模型如图 6-3 所示。

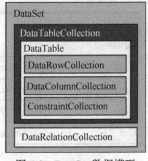

图 6-3　DataSet 数据模型

DataSet 对象常用属性如表 6-9 所示。

表 6-9　　　　　　　　　　　　DataSet 对象常用属性

属 性	说 明
Relations	获取用于将表链接起来、并允许从父表浏览到子表的关系的集合
Tables	获取包含在 DataSet 中的表的集合

DataSet 对象常用方法如表 6-10 所示。

表 6-10　　　　　　　　　　　　DataSet 对象常用方法

方 法	说 明
AcceptChanges	提交自加载此 DataSet 或上次调用 AcceptChanges 以来对其进行的所有更改
Clear	通过移除所有表中的所有行来清除任何数据的 DataSet
Clone	复制 DataSet 的结构，包括所有 DataTable 架构、关系和约束。不要复制任何数据
Copy	复制该 DataSet 的结构和数据
GetXml	返回存储在 DataSet 中的数据的 XML 表示形式

续表

方法	说明
Merge	将指定的 DataSet 及其架构合并到当前 DataSet 中
ReadXml	使用指定的文件或流将 XML 架构和数据读入 DataSet
WriteXml	将 DataSet 的当前数据写入指定的文件或者流中

6.2.6 DataTable 对象

在 ADO.NET 中，DataTable 对象用于表示 DataSet 中的表。DataTable 表示一个内存内关系数据的表；数据对于所处的基于.NET 的应用程序来说是本地数据，但可从数据源（例如，使用 DataAdapter 的 Microsoft SQL Server）中导入。

DataTable 类是.NET Framework 类库中 System.Data 命名空间的成员。用户可以独立创建和使用 DataTable，也可以作为 DataSet 的成员创建和使用，而且 DataTable 对象也可以与其他.NET Framework 对象（包括 DataView）一起使用，另外，用户可以通过 DataSet 对象的 Tables 属性来访问 DataSet 中表的集合。

DataTable 对象常用属性如表 6-11 所示。

表 6-11　　　　　　　　　　　DataTable 对象常用属性

属性	说明
ChildRelations	获取 DataTable 的子关系的集合
Columns	获取属于该表的列的集合
Constraints	获取由该表维护的约束的集合
DefaultView	获取可能包括筛选视图或游标位置的表的自定义视图
Rows	获取属于该表的行的集合

DataTable 对象常用方法如表 6-12 所示。

表 6-12　　　　　　　　　　　DataTable 对象常用方法

方法	说明
AcceptChanges	提交自上次调用 AcceptChanges 以来对该表进行的所有更改
BeginLoadData	在加载数据时关闭通知、索引维护和约束
Clear	清除所有数据的 DataTable
ImportRow	将 DataRow 复制到 DataTable 中，保留任何属性设置以及初始值和当前值
Load	使用指定数据源的值填充 DataTable。如果 DataTable 已经包含行，则从数据源传入的数据将与现有的行合并
Merge	将指定的 DataTable 与当前的 DataTable 合并
NewRow	创建与该表具有相同架构的新 DataRow
NewRowFromBuilder	从现有的行创建新行
ReadXml	使用指定的文件或流将 XML 架构和数据读入 DataTable
Select	获取所有 DataRow 对象的数组
WriteXml	将 DataTable 的当前数据写入指定的文件或者流中

6.2.7 DataView 对象

在 ADO.NET 中，DataView 对象表示用于排序、筛选、搜索、编辑和导航的 DataTable 的可绑定数据的自定义视图；另外，可以自定义 DataView 来表示 DataTable 中数据的子集，该功能让用户拥有绑定到同一 DataTable、但显示不同数据版本的两个控件。例如，一个控件可能绑定到显示表中所有行的 DataView，而另一个控件可能配置为只显示已从 DataTable 删除的行。DataTable 也具有 DefaultView 属性，它返回表的默认 DataView。

DataView 对象常用属性如表 6-13 所示。

表 6-13　　　　　　　　　　　　　DataView 对象常用属性

属　性	说　明
AllowDelete	设置或获取一个值，该值指示是否允许删除
AllowEdit	获取或设置一个值，该值指示是否允许编辑
AllowNew	获取或设置一个值，该值指示是否可以使用 AddNew 方法添加新行
ApplyDefaultSort	获取或设置一个值，该值指示是否使用默认排序
Count	在应用 RowFilter 和 RowStateFilter 之后，获取 DataView 中记录的数量
IsOpen	获取一个值，该值指示数据源当前是否已打开并在 DataTable 上映射数据视图
Item	从指定的表获取一行数据
RowFilter	获取或设置用于筛选在 DataView 中查看哪些行的表达式
RowStateFilter	获取或设置用于 DataView 中的行状态筛选器
Sort	获取或设置 DataView 的一个或多个排序列以及排序顺序
Table	获取或设置源 DataTable

DataView 对象常用方法如表 6-14 所示。

表 6-14　　　　　　　　　　　　　DataView 对象常用方法

方　法	说　明
AddNew	将新行添加到 DataView 中
Close	关闭 DataView
Delete	删除指定索引位置的行
Find	按指定的排序关键字值在 DataView 中查找行
FindRows	返回 DataRowView 对象的数组，这些对象的列与指定的排序关键字值匹配
Open	打开一个 DataView
ToTable	根据现有 DataView 中的行，创建并返回一个新的 DataTable

6.3　数据库开发基本操作

数据库操作在 ASP.NET 程序开发中占有非常重要的地位，本节将对 ASP.NET 程序中常用的数据库操作进行详细讲解，在讲解过程中，分别使用 SQL 语句和存储过程两种方式实现各种操作。

本节所讲解的数据库开发操作，都是以 SQL Server 数据库为例进行讲解的。

6.3.1 打开和关闭数据库连接

打开和关闭数据库连接分别使用 SqlConnection 对象的 Open 方法和 Close 方法，下面通过具体的实例进行讲解。

【例 6-1】 本实例分别使用 SqlConnection 对象的 Open 方法和 Close 方法打开和关闭 SQL Server 数据库连接。实例运行效果如图 6-4 所示。（实例位置：光盘\MR\源码\第 6 章\6-1。）

图 6-4 打开和关闭数据库连接

程序开发步骤如下所述。

（1）新建一个 ASP.NET 网站，默认主页为 Default.aspx。

（2）Default.aspx 页面加载时，首先创建 SqlConnection 对象，并使用 Open 方法打开数据库连接；然后使用 SqlConnection 对象的 State 判断数据库连接的状态，如果是打开状态，则使用 Close 方法关闭数据库连接。代码如下：

```
protected void Page_Load(object sender, EventArgs e)
{
    //创建连接数据库的字符串
    string SqlStr = "Server=MRWXK\\MRWXK;User Id=sa;Pwd=;DataBase=db_ASPNET";
    SqlConnection con = new SqlConnection(SqlStr);      //创建 SqlConnection 对象
    con.Open();                                          //打开数据库的连接
    if (con.State == System.Data.ConnectionState.Open)
    {
        Response.Write("SQL Server 数据库连接开启! <p/>");
        con.Close();                                     //关闭数据库的连接
    }
    if(con.State==System.Data.ConnectionState.Closed)
    {
        Response.Write("SQL Server 数据库连接关闭! <p/>");
    }
}
```

6.3.2 查询数据库中的数据

1. 使用 SQL 语句查询

【例 6-2】 本实例主要演示如何使用 SQL 语句从数据库中查询数据的功能，实例运行效果如图 6-5 所示。（实例位置：光盘\MR\源码\第 6 章\6-2。）

程序开发步骤如下所述。

（1）新建一个 ASP.NET 网站，在 Default.aspx 页面中添加一个 GridView 控件，用来显示从数据库中查询到的数据。

图 6-5 使用 SQL 语句查询数据

（2）页面加载时，通过 SQL 语句从数据库中查询数据，并绑定到 GridView 控件上，代码如下：

```
protected void Page_Load(object sender, EventArgs e)
```

```
    {
        string strCon = "Data Source=MRWXK\\MRWXK;Database=db_ASPNET;uid=sa;pwd=;";
        SqlConnection sqlcon = new SqlConnection(strCon);          //创建数据库连接对象
        SqlDataAdapter sqlda = new SqlDataAdapter();                //创建SqlDataAdapter对象
        //给SqlDataAdapter的SelectCommand赋值
        sqlda.SelectCommand = new SqlCommand("select * from tb_mrbccd", sqlcon);
        DataSet ds = new DataSet();                                 //创建DataSet对象
        sqlda.Fill(ds);                                             //填充数据集
        GridView1.DataSource = ds;                                  //设置GridView数据源
        GridView1.DataBind();                                       //数据绑定
    }
```

2. 使用存储过程查询

【例6-3】 使用存储过程实现例6-2的功能，代码如下（实例位置：光盘\MR\源码\第6章\6-3）：

```
protected void Page_Load(object sender, EventArgs e)
    {
        string strCon = "Data Source=MRWXK\\MRWXK;Database=db_ASPNET;uid=sa;pwd=;";
        SqlConnection sqlcon = new SqlConnection(strCon);          //创建数据库连接对象
        SqlDataAdapter sqlda = new SqlDataAdapter();                //创建SqlDataAdapter对象
        //给SqlDataAdapter的SelectCommand赋值
        sqlda.SelectCommand = new SqlCommand("proc_Select", sqlcon);
        sqlda.SelectCommand.CommandType = CommandType.StoredProcedure;//指定执行存储过程
        DataSet ds = new DataSet();                                 //创建DataSet对象
        sqlda.Fill(ds);                                             //填充数据集
        GridView1.DataSource = ds;                                  //设置GridView数据源
        GridView1.DataBind();                                       //数据绑定
    }
```

调用的存储过程代码如下：

```
CREATE PROCEDURE proc_Select
AS
BEGIN
    SELECT * from tb_mrbccd
END
```

存储过程（Stored Procedure）是预编译SQL语句的集合，这些语句存储在一个名称下并作为一个单元来处理。存储过程代替了传统的逐条执行SQL语句的方式，一个存储过程中可以包含查询、插入、删除、更新等操作的一系列SQL语句，当这个存储过程被调用执行时，这些操作也会同时执行。

存储过程与其他编程语言中的过程类似，它可以接受输入参数，并以输出参数的格式向调用过程或批处理返回多个值；包含用于在数据库中执行操作（包括调用其他过程）的编程语句；向调用过程或批处理返回状态值，以指明成功或失败（以及失败的原因）。

6.3.3 向数据库中添加数据

1. 使用SQL语句添加

【例6-4】 本实例主要讲解如何使用SQL语句向数据库添加记录。执行程序，实例运行结果如图6-6所示；在编程词典版本的输入文本框中，输入商品名称"ASP.NET编程词典"，在价格栏中填写价格后,然后单击"执行添加操作"按钮,将编程词典商品名称及价格添加到数据库中。
(实例位置:光盘\MR\源码\第 6 章\6-4。)

图 6-6 使用 SQL 语句添加数据

程序开发步骤如下所述。

(1)新建一个网站,默认主页为 Default.aspx,在 Default.aspx 页面上添加两个 TextBox 控件和一个 Button 控件,分别用来输入版本、价格和执行添加操作。

(2)在"执行添加操作"按钮的 Click 事件下,使用 Command 对象将文本框中的数据添加到数据库中,代码如下:

```
protected void btInsert_Click(object sender, EventArgs e)
{
    SqlConnection conn = new SqlConnection("Server=MRWXK\\MRWXK;User Id=sa;Pwd=;DataBase=db_ASPNET");                    //创建数据库连接对象
    string strsql = "insert into tb_mrbccd(brccdName,brccdPrice) values('" + txtBrccdName.Text + "','" + txtBrccdPrice.Text + "')";
    SqlCommand comm = new SqlCommand(strsql, conn);        //创建 SqlCommand 对象
    if (conn.State.Equals(ConnectionState.Closed))         //打开数据库连接
    { conn.Open(); }
    //判断 ExecuteNonQuery 方法返回的参数是否大于 0,大于 0 表示添加成功
    if (Convert.ToInt32(comm.ExecuteNonQuery() )> 0)
    {
      Response.Write("信息提示:添加成功! ");
    }
    else
    {
      Response.Write("信息提示:添加失败! ");
    }
    if(conn.State.Equals(ConnectionState.Open))            //关闭数据库连接
        conn.Close();
}
```

2. 使用存储过程添加

【例 6-5】 使用存储过程实现例 6-4 的功能,代码如下(实例位置:光盘\MR\源码\第 6 章\6-5):

```
protected void btnInsert_Click(object sender, EventArgs e)
{
    //创建数据库连接对象
    SqlConnection con = new SqlConnection("server=MRWXK\\MRWXK;database=db_ASPNET;uid=sa;pwd=;");
    //创建命令对象,并指定存储过程名称
    SqlCommand cmd = new SqlCommand("proc_Insert", con);
```

```
cmd.CommandType = CommandType.StoredProcedure;        //指定命令类型为存储过程
cmd.Parameters.Add(new SqlParameter("@BccdName",SqlDbType.VarChar,50));
cmd.Parameters["@BccdName"].Value = this.txtBccdName.Text;
cmd.Parameters.Add(new SqlParameter("@BccdPrice", SqlDbType.Decimal, 9));
cmd.Parameters["@BccdPrice"].Value = this.txtBccdPrice.Text;
if (con.State == ConnectionState.Closed)
{ con.Open(); }
int records = Convert.ToInt32(cmd.ExecuteNonQuery());
if (records > 0)
    Response.Write("信息提示：添加成功！ ");
else
    Response.Write("信息提示：添加失败！ ");
cmd.Dispose();
con.Close();                                          //关闭数据连接
}
```

调用的存储过程代码如下：

```
CREATE PROCEDURE proc_Insert
(@BccdName[Varchar](50),@BccdPrice decimal)
/*指明该存储过程中将要执行的动作*/
AS
INSERT INTO tb_mrbccd(brccdName,brccdPrice) VALUES(@BccdName,@BccdPrice)
GO
```

6.3.4 修改数据库中的数据

1. 使用 SQL 语句修改

【例 6-6】本实例主要演示如何使用 SQL 语句修改数据库中数据的功能。运行程序，在两个 TextBox 控件中分别输入要修改的数据，单击"执行修改操作"按钮，即可修改指定的数据，运行效果如图 6-7 所示。（实例位置：光盘\MR\源码\第 6 章\6-6。）

程序开发步骤如下所述。

（1）新建一个网站，默认主页为 Default.aspx，在 Default.aspx 页面上添加两个 TextBox 控件和一个 Button 控件，分别用来输入要修改的版本和价格信息，并执行数据修改操作。

图 6-7 使用 SQL 语句修改数据

（2）当输入要修的商品名称后，单击"执行修改操作"按钮，在该按钮的 Click 事件下，使用 SQL 语句对数据库中的指定数据进行修改，代码如下：

```
protected void Button1_Click(object sender, EventArgs e)
{
    //建立数据库链接
    SqlConnection myConn = new SqlConnection("server=MRWXK\\MRWXK;database=db_ASPNET;uid=sa;pwd=;");
    //定义查询 SQL 语句
    string sqlStr = "update tb_mrbccd set brccdName='"+txtBccdName.Text+"',brccdPrice ='"+txtBccdPrice.Text+"' where id=1";
    SqlCommand myCmd = new SqlCommand(sqlStr, myConn);    //初始化查询命令
    if (myConn.State == ConnectionState.Closed)           //打开数据库链接
    { myConn.Open(); }
    int records = Convert.ToInt32(myCmd.ExecuteNonQuery());
```

```
    if (records > 0)
        Response.Write("修改成功！更新了" + records.ToString() + "条数据！");
    else
        Response.Write("信息提示：修改失败！");
    myCmd.Dispose();
    myConn.Close();                                              //关闭数据库连接
}
```

2. 使用存储过程修改

【例 6-7】 使用存储过程实现例 6-6 的功能，代码如下（实例位置：光盘\MR\源码\第 6 章\6-7）：

```
protected void Button1_Click(object sender, EventArgs e)
{
    //建立数据库链接
    SqlConnection myConn = new SqlConnection("server=MRWXK\\MRWXK;database=db_ASPNET;uid=sa;pwd=;");
    //指定存储过程名称
    SqlCommand myCmd = new SqlCommand("proc_Update", myConn);
    myCmd.CommandType = CommandType.StoredProcedure;
    myCmd.Parameters.Add(new SqlParameter("@BccdName", SqlDbType.VarChar, 50));
    myCmd.Parameters["@BccdName"].Value = this.txtBccdName.Text;
    myCmd.Parameters.Add(new SqlParameter("@BccdPrice", SqlDbType.Decimal, 9));
    myCmd.Parameters["@BccdPrice"].Value = this.txtBccdPrice.Text;
    //打开数据库链接
    if (myConn.State == ConnectionState.Closed)
    { myConn.Open(); }
    int records = Convert.ToInt32(myCmd.ExecuteNonQuery());
    if (records > 0)
        Response.Write("修改成功！更新了" + records.ToString() + "条数据！");
    else
        Response.Write("信息提示：修改失败！");
    myCmd.Dispose();
    myConn.Close();
}
```

调用的存储过程代码如下：

```
CREATE PROCEDURE proc_Update
(@BccdName[Varchar](50),@BccdPrice decimal)
AS
update tb_mrbccd set brccdName=@BccdName,brccdPrice=@BccdPrice where id=1
GO
```

6.3.5 删除数据库中的数据

1. 使用 SQL 语句删除

【例 6-8】 本实例主要演示如何使用 SQL 语句删除数据库中数据的功能。运行程序，在 TextBox 控件中输入要删除的信息的编号，单击"执行删除操作"按钮，即可删除指定的数据，运行效果如图 6-8 所示。（实例位置：光盘\MR\源码\第 6 章\6-8。）

图 6-8 使用 SQL 语句删除数据

程序开发步骤如下所述。

（1）新建一个网站，默认主页为 Default.aspx，在 Default.aspx 页面上添加一个 TextBox 控件、一个 Button 按钮和一个 Lable 控件，分别用来输入要删除的编程词典版本编号、执行删除操作和显示提示信息。

（2）当在文本框输入 ID 号码后，单击"执行删除操作"按钮，使用 SQL 语句实现删除指定信息的功能，代码如下：

```
protected void btnDelete_Click(object sender, EventArgs e)
{
    int mrbccdId = Convert.ToInt32(this.txtbccdID.Text.Trim());
    if (mrbccdId > 0)                                      //简单的数据验证
    {
        //创建数据库连接对象
        SqlConnection con = new SqlConnection("server=MRWXK\\MRWXK;database=db_ASPNET;uid=sa;pwd=;");
        SqlCommand cmd = new SqlCommand("delete from tb_mrbccd where id='" + Convert.ToInt32(txtbccdID.Text) + "'", con);    //创建 SqlCommad 命令对象
        con.Open();                                        //打开数据库连接
        cmd.ExecuteNonQuery();                             //执行删除操作
        lblError.Text = "删除成功！ ";
        con.Close();
    }
    else
    {
        //当用户输入的版本号不为正整数时给予提示
        lblError.Text = "版本编号必须是正整数！ ";
    }
}
```

2. 使用存储过程修改

【例 6-9】 使用存储过程实现例 6-8 的功能，代码如下（实例位置：光盘\MR\源码\第 6 章\6-9）：

```
protected void btnDelete_Click(object sender, EventArgs e)
{
    int mrbccdId = Convert.ToInt32(this.txtbccdID.Text.Trim());
    if (mrbccdId > 0)                                      //简单的数据验证
    {
        //创建数据库连接对象
        SqlConnection con = new SqlConnection("server=MRWXK\\MRWXK;database=db_ASPNET;uid=sa;pwd=;");
        //指定存储过程名称
        SqlCommand cmd = new SqlCommand("proc_Delete", con);
        cmd.CommandType = CommandType.StoredProcedure;
        cmd.Parameters.Add("@id", SqlDbType.Int).Value = txtbccdID.Text;
        con.Open();                                        //打开数据库连接
        cmd.ExecuteNonQuery();                             //执行删除操作
        lblError.Text = "删除成功！ ";
        con.Close();
    }
    else
    {
        //当用户输入的版本号不为正整数时给予提示
        lblError.Text = "版本编号必须是正整数！ ";
    }
}
```

调用的存储过程代码如下:
```
CREATE PROCEDURE proc_Delete
(@id int)
AS
delete from tb_mrbccd where id=@id
GO
```

6.3.6 使用事务

事务是由一系列语句构成的逻辑工作单元,事务和存储过程等批处理有一定程度上的相似之处,通常都是为了完成一定业务逻辑而将一条或者多条语句"封装"起来,使它们与其他语句之间出现一个逻辑上的边界,并形成相对独立的一个工作单元。

当使用事务对多个数据表操作时,如果在处理的过程中出现了某种错误,例如系统死机或突然断电等情况,则返回结果是数据全部没有被保存,因为事务处理的结果只有两种:一种是在事务处理的过程中,如果发生了某种错误则整个事务全部回滚,使所有对数据的修改全部撤销,事务对数据库的操作是单步执行的,当遇到错误时可以随时地回滚;另一种是如果没有发生任何错误且每一步的执行都成功,则整个事务全部被提交。从这里可以看出,有效的使用事务不但可以提高数据的安全性,还可以增强数据的处理效率。

在 ASP.NET 中进行事务处理时,需要使用 SqlTransaction 类,该类表示要在 SQL Server 数据库中处理的 Transact-SQL 事务,它有一个 Connection 属性,用来获取与该事务关联的 SqlConnection 对象;另外,SqlTransaction 类还有几个重要的方法,如表 6-15 所示。

表 6-15　　　　　　　　　　SqlTransaction 类常用方法

方　　法	说　　明
Commit	提交数据库事务
Rollback	从挂起状态回滚事务,并且可以指定事务或保存点名称
Save	在事务中创建保存点(它可用于回滚事务的一部分),并指定保存点名称

【例 6-10】 本实例在 ASP.NET 程序中创建 SqlTransaction 事务,并使用事务同时向 3 个数据表中插入数据,如果全部插入成功,则弹出提示信息;否则,如果插入过程中出现了异常,则使用 Rollback 方法执行事务回滚。实例运行效果如图 6-9 所示。(实例位置:光盘\MR\源码\第 6 章\6-10。)

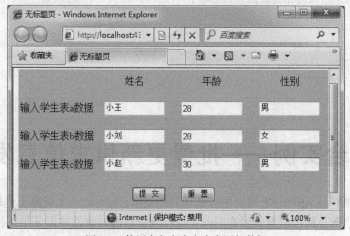

图 6-9　使用事务向多个表中添加数据

程序开发步骤如下所述。

（1）新建一个 ASP.NET 网站，默认主页为 Default.aspx。

（2）在 Default.aspx 页面中添加 9 个 TextBox 控件和两个 Button 控件，分别用于输入要添加的数据信息、执行添加操作和清空文本框。

（3）在"提交"按钮的 Click 事件中，将用户输入的信息通过使用事务添加到相应的数据表中，代码如下：

```
protected void btnSub_Click(object sender, EventArgs e)
{
    SqlConnection con = new SqlConnection("server=MRWXK\\MRWXK;database=db_ASPNET;uid=sa;pwd=;");
    con.Open();
    SqlTransaction st = con.BeginTransaction();           //开始事务
    SqlCommand com = con.CreateCommand();
    com.Transaction = st;
    try
    {
        //插入表 a 中的数据
        com.CommandText = "insert into tb_a values('" + txtAname.Text + "','" + txtAage.Text + "','" + txtAsex.Text + "')";
        com.ExecuteNonQuery();
        //插入表 b 中的数据
        com.CommandText = "insert into tb_b values('" + txtBname.Text + "','" + txtBage.Text + "','" + txtBsex.Text + "')";
        com.ExecuteNonQuery();
        //插入表 c 中的数据
        com.CommandText = "insert into tb_c values('" + txtCname.Text + "','" + txtCage.Text + "','" + txtCsex.Text + "')";
        com.ExecuteNonQuery();
        st.Commit();                                       //提交事务
        RegisterStartupScript("true", "<script>alert('添加成功！')</script>");
    }
    catch (Exception ex)
    {
        st.Rollback();                                     //事务回滚
        RegisterStartupScript("false", "<script>alert('添加失败！')</script>");
    }
    finally
    {
        con.Close();
        con.Dispose();
    }
}
```

6.4 综合实例——批量更新供求信息发布时间

数据的批量更新是 ASP.NET 网站中经常用到的技术，它可以大大提高工作效率。本实例实现的批量更新在供求信息网中信息的发布时间，以体现信息的时效性并保证最新供求信息。实例运行结果如图 6-10 所示。

第 6 章 ADO.NET 数据库操作技术

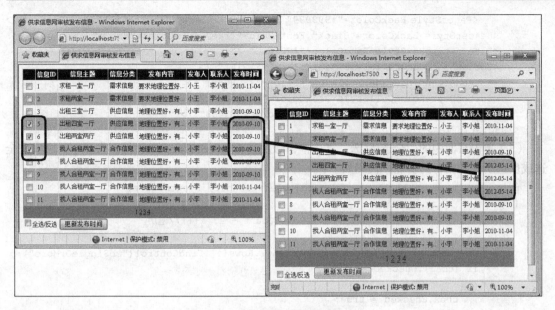

图 6-10 批量更新供求信息发布时间

程序开发步骤如下所述。

（1）新建一个网站，将其命名为 UpdateDates，默认主页名为 Default.aspx。

（2）在 Default.aspx 页面中添加两个 CheckBox 控件，分别用来实现单条数据的选择、全选/反选操作；添加一个 GridView 控件，用来显示供求信息；添加一个 Button 控件，用来执行批量更新操作。GridView 控件的设计代码如下：

```
<asp:GridView ID="GridView1" runat="server" AutoGenerateColumns="False"
   OnRowDataBound="GridView1_RowDataBound"
   OnSelectedIndexChanging="GridView1_SelectedIndexChanging" Font-Size="9pt"
   AllowPaging="True" EmptyDataText="没有相关数据可以显示！"
   OnPageIndexChanging="GridView1_PageIndexChanging" CellPadding="3"
   ForeColor="Black" GridLines="Vertical" BackColor="White" BorderColor="#999999"
   BorderStyle="Solid" BorderWidth="1px">
    <Columns>
        <asp:TemplateField>
            <ItemTemplate>
                <asp:CheckBox ID="cbSingleOrMore" runat="server" />
            </ItemTemplate>
        </asp:TemplateField>
        <asp:BoundField DataField="id" HeaderText="信息 ID" />
        <asp:BoundField DataField="name" HeaderText="信息主题" />
        <asp:BoundField DataField="type" HeaderText="信息分类" />
        <asp:BoundField DataField="content" HeaderText="发布内容" />
        <asp:BoundField DataField="userName" HeaderText="发布人" />
        <asp:BoundField DataField="lineMan" HeaderText="联系人" />
        <asp:BoundField DataField="issueDate" HeaderText="发布时间"
            DataFormatString="{0:d}" />
    </Columns>
    <FooterStyle BackColor="#CCCCCC" />
    <SelectedRowStyle BackColor="#000099" Font-Bold="True" ForeColor="White" />
```

```
            <PagerStyle BackColor="#999999" ForeColor="Black" HorizontalAlign="Center" />
            <HeaderStyle BackColor="Black" Font-Bold="True" ForeColor="White" />
            <AlternatingRowStyle BackColor="#CCCCCC" />
            <SortedAscendingCellStyle BackColor="#F1F1F1" />
            <SortedAscendingHeaderStyle BackColor="#808080" />
            <SortedDescendingCellStyle BackColor="#CAC9C9" />
            <SortedDescendingHeaderStyle BackColor="#383838" />
        </asp:GridView>
```

（3）单击页面中的"全选/反选"复选框，触发其 CheckedChanged 事件，在该事件中实现全选或反选所有数据行的功能。代码如下：

```
protected void cbAll_CheckedChanged(object sender, EventArgs e)
{
    for (int i = 0; i <= GridView1.Rows.Count - 1; i++)//遍历
    {
        CheckBox cbox = (CheckBox)GridView1.Rows[i].FindControl("cbSingleOrMore");
        if (cbAll.Checked == true)
        {
            cbox.Checked = true;
        }
        else
        {
            cbox.Checked = false;
        }
    }
}
```

（4）单击页面中的"更新发布时间"按钮，在其 Click 事件中实现批量更新选中的供求信息发布时间的功能，代码如下：

```
protected void btnUpdateTime_Click(object sender, EventArgs e)
{
    sqlcon = new SqlConnection(strCon);                      //创建数据库连接
    SqlCommand sqlcom;                                        //创建命令对象变量
    int result = 0;
    for (int i = 0; i <= GridView1.Rows.Count - 1; i++)    //循环遍历 GridView 控件每一项
    {
        CheckBox cbox = (CheckBox)GridView1.Rows[i].FindControl("cbSingleOrMore");
        if (cbox.Checked == true)
        {
            string strSql = "Update tb_info set issueDate=@UpdateTime where id=@id";
            if (sqlcon.State.Equals(ConnectionState.Closed))
                sqlcon.Open();                                //打开数据库连接
            sqlcom = new SqlCommand(strSql, sqlcon);
            //实例化事务，注意实例化事务必须在数据库连接开启状态下
            SqlTransaction tran = sqlcon.BeginTransaction();
            sqlcom.Transaction = tran;                        //将命令对象与连接对象关联
            try
            {
                SqlParameter[] prams = {
                                new SqlParameter("@UpdateTime",SqlDbType.DateTime),
                                new SqlParameter("@id",SqlDbType.Int,4)
                            };
                prams[0].Value = DateTime.Now;
```

```
                prams[1].Value = GridView1.DataKeys[i].Value;
                foreach (SqlParameter parameter in prams)
                {
                    sqlcom.Parameters.Add(parameter);
                }
                result = sqlcom.ExecuteNonQuery();   //接收影响的行数
                tran.Commit();                       //提交事务
            }
            catch (SqlException ex)
            {
                StrHelper.Alert(string.Format("SQL 语句发生了异常，异常如下所示:\n{0}",
ex.Message));
                tran.Rollback();                     //出现异常，即回滚事务，防止出现脏数据
                return;
            }
            finally
            {
                sqlcon.Close();
            }
        }
        StrHelper.Alert("数据更新成功！");
        GV_DataBind();                               //重新绑定控件数据
    }
```

（5）上面的代码中用到了 GV_DataBind 自定义方法，该方法用来对 GridView 控件进行数据绑定，代码如下：

```
    public void GV_DataBind()
    {
        string sqlstr = "select * from tb_info";
        sqlcon = new SqlConnection(strCon);
        SqlDataAdapter da = new SqlDataAdapter(sqlstr, sqlcon);
        DataSet ds = new DataSet();
        sqlcon.Open();
        da.Fill(ds, "tb_info");
        sqlcon.Close();
        this.GridView1.DataSource = ds;
        this.GridView1.DataKeyNames = new string[] { "id" };
        this.GridView1.DataBind();
        if (GridView1.Rows.Count > 0)
        {
            return;                                  //有数据，不要处理
        }
        else                                         //显示表头并显示没有数据的提示信息
        {
            StrHelper.GridViewHeader(GridView1);
        }
    }
```

上面列出的是本实例的主要代码，关于其完整代码，可以参考本书附带光盘中的源代码。

知识点提炼

（1）ADO.NET 是数据库应用程序和数据源之间沟通的桥梁，主要提供一个面向对象的数据访问架构，用来开发数据库应用程序。

（2）Sql-Server、Oracle 等都是主流的关系型数据库。

（3）ODBC 是微软公司开放服务结构中有关系数据库的一个组成部分，它建立了一组规范，并提供了一组对数据库访问的标准 API。

（4）Connection 对象也称为连接对象，用来创建一个与指定数据源的连接，包括 SQL Server、Oracle 以及能够为其指明一个 OLEDB 提供程序或一个 ODBC 驱动器的任何数据源。

（5）Command 对象能够对数据源执行查询、添加、删除和修改等各种操作。

（6）DataReader 对象是一个简单的数据集，用于从数据源中读取只读的数据集。

（7）DataAdapter（即数据适配器）是一种用来充当 DataSet 对象与实际数据源之间桥梁的对象。

（8）DataSet 是 ADO.NET 的核心成员之一，它是支持 ADO.NET 断开式、分布式数据方案的核心对象，它可以包含任意数量的数据表，以及所有表的约束、索引和关系，相当于在内存中的一个小型关系数据库。

（9）DataTable 对象用于表示 DataSet 中的表。

（10）DataView 对象表示用于排序、筛选、搜索、编辑和导航的 DataTable 的可绑定数据的自定义视图。

（11）存储过程（Stored Procedure）是预编译 SQL 语句的集合，这些语句存储在一个名称下并作为一个单元来处理。

（12）事务是由一系列语句构成的逻辑工作单元，它通常是为了完成一定业务逻辑而将一条或者多条语句"封装"起来。

习 题

6-1 简述 ADO.NET 技术的组成。

6-2 如果要连接 SQL Server 数据库，需要使用哪种 Connection 对象？

6-3 DataReader 与 DataSet 有何区别？

6-4 简述 DataSet、DataTable 和 DataView 这三者的关系。

6-5 DataAdapter 有什么作用？

6-6 存储过程和 SQL 语句有何区别？

6-7 为什么要使用事务？

实验：以二进制形式存取图片

实验目的

（1）熟悉流的使用。

第6章 ADO.NET 数据库操作技术

（2）掌握数据库的添加操作。
（3）掌握数据库的查询操作。
（4）掌握如何为 SQL 语句添加参数。

实验内容

使用 ADO.NET 技术，结合简单的数据流操作，以二进制的形式对用户的头像信息进行添加和读取。实验的运行效果如图 6-11 和图 6-12 所示。

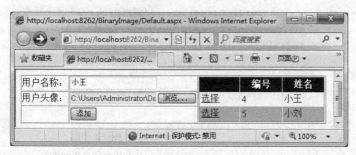

图 6-11　添加信息页面

图 6-12　显示二进制图片页面

实验步骤

（1）新建一个 ASP.NET 空网站，分别添加 Default.aspx 和 Default2.aspx 两个页面，其中，Default.aspx 页面用来添加信息页面，Default2.aspx 用来作为显示数据库中存储的二进制图片页面。

（2）在 Default.aspx 页面中添加一个 TextBox 控件，用来输入用户名称；添加一个 FileUpload 控件，用来选择用户头像；添加一个 Button 控件，用来执行数据添加操作，其中，用户头像以二进制格式存储到数据库中；添加一个 GridView 控件，用来显示数据库中的用户信息。

（3）在 Default.aspx 页面中，首先定义程序所需要的 ADO.NET 类对象及公共变量，代码如下：

```
string strCon = "Data Source=MRWXK\\MRWXK;Database=db_ASPNET;Uid=sa;Pwd=";
SqlConnection sqlcon;                           //声明数据库连接对象
SqlDataAdapter sqlda;                           //声明数据桥接器对象
DataSet myds;                                   //声明数据集对象
```

（4）Default.aspx 页面加载时，使用自定义的 ShowInfo 方法获取数据库中的信息，并且显示在 GridView 控件中，代码如下：

```
protected void Page_Load(object sender, EventArgs e)
{
    if (!IsPostBack)
        ShowInfo();
}
private void ShowInfo()
{
    sqlcon = new SqlConnection(strCon);                         //创建数据库连接类对象
    sqlda = new SqlDataAdapter("select * from tb_Image", sqlcon);//创建数据库桥接器对象
    myds = new DataSet();                                       //创建数据集对象
    sqlda.Fill(myds);                                           //填充数据集
    GridView1.DataSource = myds.Tables[0];                      //为 GridView 设置数据源
    GridView1.DataBind();
}
```

121

（5）在 Default.aspx 页面中输入用户名称，并且选择了用户头像后，单击"添加"按钮，将用户输入的信息添加到数据库中，其中，用户头像以二进制的格式添加到数据库中。代码如下：

```
protected void Button1_Click(object sender, EventArgs e)
{
    sqlcon = new SqlConnection(strCon);                      //创建数据库连接类对象
    string strPath = Server.MapPath("Image") + "\\" + FileUpload1.FileName;
    FileUpload1.SaveAs(strPath);
    //创建 FileStream 对象
    FileStream FStream = new FileStream(strPath, FileMode.Open, FileAccess.Read);
    BinaryReader BReader = new BinaryReader(FStream);        //创建 BinaryReader 读取对象
    byte[] byteImage = BReader.ReadBytes((int)FStream.Length);//读取二进制图片
    SqlCommand sqlcmd = new SqlCommand("insert into tb_Image(name,photo) values(@name,@photo)", sqlcon);
    //为 SQL 语句添加@name 参数
    sqlcmd.Parameters.Add("@name", SqlDbType.VarChar, 50).Value = TextBox1.Text;
    //为 SQL 语句添加@image 参数
    sqlcmd.Parameters.Add("@photo", SqlDbType.Image).Value = byteImage;
    sqlcon.Open();                                           //打开数据库连接
    sqlcmd.ExecuteNonQuery();                                //执行用户信息添加操作
    sqlcon.Close();                                          //关闭数据库连接
    Response.Write("添加成功");
    ShowInfo();
}
```

（6）在 GridView 控件中选择某条记录，记录其对应编号，并将页面跳转到 Default2.aspx 页面，代码如下：

```
protected void GridView1_SelectedIndexChanged(object sender, EventArgs e)
{
    string strid = GridView1.SelectedRow.Cells[1].Text;    //记录选择的用户编号
    if (strid != "")
    {
        Response.Redirect("Default2.aspx?id=" + strid);
    }
}
```

（7）Default2.aspx 页面加载时，首先获取传递过来的编号，根据该编号从数据库中查询其对应的二进制头像信息，然后将该二进制头像以流的形式输出到网页中，代码如下：

```
protected void Page_Load(object sender, EventArgs e)
{
    SqlConnection con = new SqlConnection("Data Source=MRWXK\\MRWXK;Database=db_ASPNET;Uid=sa;Pwd=");           //创建数据库连
    con.Open();                                            //打开数据库连接
    string id = Request.QueryString["id"];                 //获取传入的 id
    SqlDataAdapter sqlda = new SqlDataAdapter("select * from tb_Image where id=" + id + "", con);               //创建数据桥接器对象
    DataSet myds = new DataSet();                          //创建数据集对象
    sqlda.Fill(myds);//填充数据集
    //使用数据库中存储的二进制头像创建内存数据流
    MemoryStream MStream = new MemoryStream((byte[])myds.Tables[0].Rows[0][2]);
    Response.ClearContent();                               //清除缓存区中所有内容
    Response.ContentType = "image/Gif";                    //设置输出图片类型
    Response.BinaryWrite(MStream.ToArray());               //写入 HTTP 流输出到页面上
}
```

第 7 章
数据绑定控件的使用

本章要点
- GridView 控件的常用属性、方法和事件
- 两种 GridView 控件的绑定方式
- 如何自定义 GridView 控件中的列
- 使用 GridView 控件分页显示、编辑、删除数据
- DataList 控件的常用属性、方法和事件
- 使用 DataList 控件分页显示数据
- ListView 控件的常用属性、方法和事件
- ListView 控件的模板及定义
- 使用 ListView 控件分页显示和排序数据

ASP.NET 中提供了多种数据绑定控件,用于在 Web 页中显示数据,这些控件具有丰富的功能,例如分页、排序、编辑等。开发人员只需要简单配置一些属性,就能够在几乎不编写代码的情况下,快速、正确地完成任务。本章将主要对 ASP.NET 中常用的 3 种数据绑定控件(GridView、DataList 和 ListView)的使用进行详细讲解。

7.1 GridView 控件

7.1.1 GridView 控件概述

GridView 控件可称之为数据表格控件,它以表格的形式显示数据源中的数据,每列表示一个字段,而每行表示一条记录。GridView 控件是 ASP.NET 1.x 中 DataGrid 控件的改进版本,其最大的特点是自动化程度比 DataGrid 控件高。使用 GridView 控件时,可以在不编写代码的情况下实现分页、排序等功能。GridView 控件支持下面的功能。
- 绑定至数据源控件,如 SqlDataSource。
- 内置排序功能。
- 内置更新和删除功能。
- 内置分页功能。
- 内置行选择功能。
- 以编程方式访问 GridView 对象模型以动态设置属性、处理事件等。

- 多个键字段。
- 用于超链接列的多个数据字段。
- 可通过主题和样式自定义外观。

7.1.2 GridView 控件常用的属性、方法和事件

如果要使用 GridView 控件完成更强大的功能,那么在程序中就需要用到 GridView 控件的属性、方法、事件等,只有通过它们的辅助,才能够更加灵活地使用 GridView 控件。

GridView 控件常用属性及说明如表 7-1 所示。

表 7-1　　　　　　　　　　GridView 控件常用属性及说明

属　性	说　明
AllowPaging	获取或设置一个值,该值指示是否启用分页功能
AllowSorting	获取或设置一个值,该值指示是否启用排序功能
DataKeyNames	获取或设置一个数组,该数组包含了显示在 GridView 控件中的项的主键字段的名称
DataKeys	获取一个 DataKey 对象集合,这些对象表示 GridView 控件中的每一行的数据键值
DataSource	获取或设置对象,数据绑定控件从该对象中检索其数据项列表
DataSourceID	获取或设置控件的 ID,数据绑定控件从该控件中检索其数据项列表
Enabled	获取或设置一个值,该值指示是否启用 Web 服务器控件
HorizontalAlign	获取或设置 GridView 控件在页面上的水平对齐方式
PageCount	获取在 GridView 控件中显示数据源记录所需的页数
PageIndex	获取或设置当前显示页的索引
PageSize	获取或设置 GridView 控件在每页上所显示的记录的数目
SortDirection	获取正在排序的列的排序方向

GridView 控件常用方法及说明如表 7-2 所示。

表 7-2　　　　　　　　　　GridView 控件常用方法及说明

方　法	说　明
DataBind	将数据源绑定到 GridView 控件
DeleteRow	从数据源中删除位于指定索引位置的记录
FindControl	在当前的命名容器中搜索指定的服务器控件
Sort	根据指定的排序表达式和方向对 GridView 控件进行排序
UpdateRow	使用行的字段值更新位于指定行索引位置的记录

GridView 控件常用事件及说明如表 7-3 所示。

表 7-3　　　　　　　　　　GridView 控件常用事件及说明

事　件	说　明
PageIndexChanged	在 GridView 控件处理分页操作之后发生
PageIndexChanging	在 GridView 控件处理分页操作之前发生
RowCancelingEdit	单击编辑模式中某一行的"取消"按钮以后,在该行退出编辑模式之前发生

续表

事件	说明
RowCommand	当单击 GridView 控件中的按钮时发生
RowDeleted	单击某一行的"删除"按钮时，在 GridView 控件删除该行之后发生
RowDeleting	单击某一行的"删除"按钮时，在 GridView 控件删除该行之前发生
RowEditing	单击某一行的"编辑"按钮以后，GridView 控件进入编辑模式之前发生
RowUpdated	单击某一行的"更新"按钮，在 GridView 控件对该行进行更新之后发生
RowUpdating	单击某一行的"更新"按钮以后，GridView 控件对该行进行更新之前发生
SelectedIndexChanged	单击某一行的"选择"按钮，GridView 控件对相应的选择操作进行处理之后发生
SelectedIndexChanging	单击某一行的"选择"按钮后，GridView 控件对相应的选择操作进行处理之前发生
Sorted	单击用于列排序的超链接时，在 GridView 控件对相应的排序操作进行处理之后发生
Sorting	单击用于列排序的超链接时，在 GridView 控件对相应的排序操作进行处理之前发生

在使用 GridView 控件中的 RowCommand 事件时，需要设置 GridView 控件中的按钮（如 Button 按钮）的 CommandName 属性值，CommandName 属性值及其说明如下所述。

- Cancel：取消编辑操作，并将 GridView 控件返回为只读模式。
- Delete：删除当前记录。
- Edit：将当前记录置于编辑模式。
- Page：执行分页操作，将按钮的 CommandArgument 属性设置为"First"、"Last"、"Next"、"Prev"或页码，以指定要执行的分页操作类型。
- Select：选择当前记录。
- Sort：对 GridView 控件进行排序。
- Update：更新数据源中的当前记录。

7.1.3 使用 GridView 控件绑定数据源

对 GridView 控件进行数据源绑定时，有两种方法，分别是：通过配置数据源绑定和通过代码绑定，本节将通过两个例子对这两种绑定方法进行讲解。

1. 通过配置数据源绑定 GridView 控件

【例 7-1】 本实例利用 SqlDataSource 控件配置数据源，并连接数据库，然后，使用 GridView 控件绑定 SqlDataSource 数据源。程序运行结果分别如图 7-1 所示。（实例位置：光盘\MR\源码\第 7 章\7-1。）

程序开发步骤如下所述。

（1）新建一个网站，默认主页为 Default.aspx。在"工具箱"的"数据"类控件下拖曳一个 GridView 控件和一个 SqlDataSource 控件。

图 7-1 通过配置数据源绑定 GridView 控件

（2）配置 SqlDataSource 控件，首先，单击 SqlDataSource 控件的任务框，选择"配置数据源…"，如图 7-2 所示，打开用于配置数据源的向导。

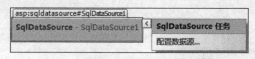

图 7-2 SqlDataSource 控件的任务框

（3）在弹出的对话框中单击"新建连接"按钮，打开"添加连接"对话框，该对话框中填写服务器名，这里为"MRWXK\MRWXK"，选择 SQL Server 身份验证，用户名为"sa"，密码为空；输入要连接的数据库名称，这里使用的数据库为 db_ASPNET，如图 7-3 所示。如果配置信息填写正确，单击对话框左下角的"测试连接"按钮，将弹出"测试连接成功" 对话框。单击"添加连接"对话框中的"确定"按钮，返回到配置数据源向导中。

图 7-3　配置数据库信息并测试连接是否成功

（4）单击"下一步"按钮，跳转到保存连接字符串页面，单击"下一步"按钮，配置 Select 语句，选择要查询的表以及所要查询的列，这里选择"*"表示查询表 tb_mrbccd 中的所有数据信息，如图 7-4 所示。

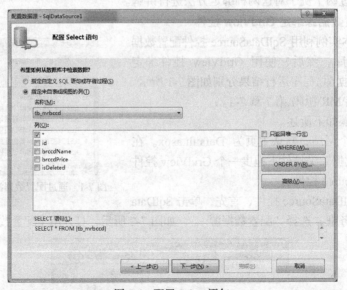

图 7-4　配置 Select 语句

图 7-4 中，还可以通过 WHERE 和 ORDER BY 为 Select 语句添加查询条件，这些可以根据需要进行设置。

（5）为 GridView 控件配置内置的添加、修改、删除功能，这几项内置功能在默认情况下是没有的，需要用户明确地指定要使用这几项功能的时候才会有，方法是单击图 7-4 中的"高级"按钮，弹出图 7-5 所示的对话框，该对话框用于设置 GridView 控件的 INSERT、UPDATE、DELETE 等内置功能，选中其中的两个复选框（第二个复选框的作用是判断 UPDATE 和 DELETE 操作会不会和其他用户的操作造成数据上的冲突），可以使用数据操作更加安全。

图 7-5 单击"高级"按钮弹出的对话框

在配置 INSERT、UPDATE、DELETE 等内置功能时，所操作的数据表必须已经设置了主键。

（6）依次单击"确定"按钮、"下一步"按钮，测试查询结果。向导将执行窗口下方的 SQL 语句，将查询结果显示在窗口中，如图 7-6 所示。单击"完成"按钮，完成数据源配置及连接数据库。

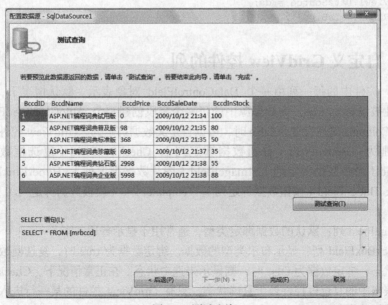

图 7-6 测试查询

（7）将获取的数据源绑定到 GridView 控件上，GridView 的属性设置如表 7-4 所示。

表 7-4　　　　　　　　　　GridView 控件属性设置及其说明

属性名称	属性设置	说　　明
AutoGenerateColumns	False	不为数据源中的每个字段自动创建绑定字段
DataSourceID	SqlDataSource1	GridView 控件从 SqlDataSource1 控件中检索其数据项列表
DataKeyNames	BccdID	显示在 GridView 控件中的项的主键字段的名称

（8）单击 GridView 控件右上方的 ▶ 按钮，在弹出的快捷菜单中选择"SqlDataSource1"作为数据源，如图 7-7 所示。

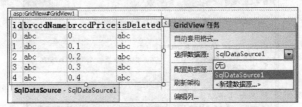

图 7-7　为 GridView 控件选择 SqlDataSource 数据源

通过以上步骤即可完成通过配置数据源对 GridView 控件进行数据绑定的功能。

2. 通过代码绑定 GridView 控件

【例 7-2】使用自己编写代码的方式完成例 7-1 的功能，实现代码如下（实例位置：光盘\MR\源码\第 7 章\7-2）：

```
protected void Page_Load(object sender, EventArgs e)
{
    SqlConnection         sqlcon         =         new         SqlConnection("Data Source=MRWXK\\MRWXK;Database=db_ASPNET;Uid=sa;Pwd=;");
    SqlDataAdapter sqlda = new SqlDataAdapter("select * from tb_mrbccd", sqlcon);
    DataSet ds = new DataSet();
    sqlda.Fill(ds);
    GridView1.DataSource = ds;
    GridView1.DataBind();
}
```

7.1.4　自定义 GridView 控件的列

GridView 控件中的每一列由一个 DataControlField 对象表示。默认情况下，AutoGenerate Columns 属性被设置为 true，为数据源中的每一个字段创建一个 AutoGeneratedField 对象。将 AutoGenerateColumns 属性设置为 false 时，可以自定义数据绑定列。GridView 控件共包括 7 种类型的列，分别为：BoundField（普通数据绑定列）、CheckBoxField（复选框数据绑定列）、CommandField（命令数据绑定列）、ImageField（图片数据绑定列）、HyperLinkField（超链接数据绑定列）、ButtonField（按钮数据绑定列）、TemplateField（模板数据绑定列），它们的作用分别如下。

- ❑ BoundField 列：默认的数据绑定类型，通常用于显示普通文本。
- ❑ CheckBoxField 列：显示布尔类型的数据。绑定数据为 true 时，复选框数据绑定列为选中状态；绑定数据为 false 时，则显示未选中状态。在正常情况下，CheckBoxField 显示在表格中的复选框控件处于只读状态。只有 GridView 控件的某一行进入编辑状态后，复选框才恢复为可修改状态。

第 7 章 数据绑定控件的使用

- ❑ CommandField 列：显示用来执行选择、编辑或删除操作的预定义命令按钮。这些按钮可以显示为普通按钮、超链接、图片等外观。
- ❑ ImageField 列：在 GridView 控件所在的表格中显示图片列。通常 ImageField 绑定的内容是图片的路径。
- ❑ HyperLinkField 列：允许将所绑定的数据以超链接的形式显示出来。开发人员可自定义绑定超链接的显示文字、超链接的 URL 以及打开窗口的方式等。
- ❑ ButtonField 列：为 GridView 控件创建命令按钮，开发人员可以通过按钮来操作其所在行的数据。
- ❑ TemplateField 列：允许以模板形式自定义数据绑定列的内容。

说明 要对 GridView 控件进行自定义列，必须先取消 GridView 自动产生字段的功能，这里只要将 GridView 的 AutoGenerateColumns 属性设置为 false 即可。

【例 7-3】 本实例主要演示如何在 GridView 控件中添加 BoundField 列，从而进行数据绑定，实例运行效果如图 7-8 所示。（实例位置：光盘\MR\源码\第 7 章\7-3。）

程序开发步骤如下所述。

（1）新建一个 ASP.NET 网站，在 Default.aspx 页面中添加一个 GridView 控件和一个 SqlDataSource 控件。

（2）按照例 7-1 的步骤为 SqlDataSource 控件配置数据源，并将 SqlDataSource 控件指定给 GridView 控件的 DataSourceID 属性。

图 7-8 为 GridView 控件添加 BoundField 列

（3）单击 GridView 控件上方的 ▶ 按钮，在弹出的快捷菜单中选择"编辑列"，弹出"字段"对话框，该对话框中可以自定义 GridView 控件的列，这里添加 4 个 BoundField 列，并通过 DataField 属性为各个列设置要绑定的字段，如图 7-9 所示。

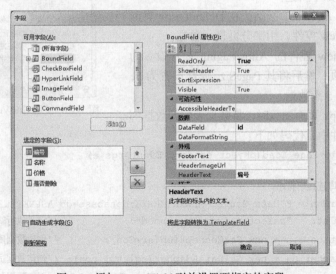

图 7-9 添加 BoundField 列并设置要绑定的字段

GridView 控件的设计代码如下：
```
<asp:GridView ID="GridView1" runat="server" AutoGenerateColumns="False"
```

```
                DataSourceID="SqlDataSource1" BackColor="White" BorderColor="#999999"
                BorderStyle="Solid" BorderWidth="1px" CellPadding="3" DataKeyNames="id"
                ForeColor="Black" GridLines="Vertical">
                <AlternatingRowStyle BackColor="#CCCCCC" />
                <Columns>
                    <asp:BoundField DataField="id" HeaderText="编号" InsertVisible="False"
                        ReadOnly="True" />
                    <asp:BoundField DataField="brccdName" HeaderText="名称" />
                    <asp:BoundField DataField="brccdPrice" HeaderText="价格" />
                    <asp:BoundField DataField="isDeleted" HeaderText="是否删除" />
                </Columns>
                <FooterStyle BackColor="#CCCCCC" />
                <HeaderStyle BackColor="Black" Font-Bold="True" ForeColor="White" />
                <PagerStyle BackColor="#999999" ForeColor="Black" HorizontalAlign="Center" />
                <SelectedRowStyle BackColor="#000099" Font-Bold="True" ForeColor="White" />
                <SortedAscendingCellStyle BackColor="#F1F1F1" />
                <SortedAscendingHeaderStyle BackColor="#808080" />
                <SortedDescendingCellStyle BackColor="#CAC9C9" />
                <SortedDescendingHeaderStyle BackColor="#383838" />
            </asp:GridView>
```

7.1.5 使用 GridView 控件分页显示数据

GridView 控件有一个内置分页功能，可支持基本的分页功能。在启用其分页机制前需要设置 AllowPaging 和 PageSize 属性，AllowPaging 决定是否启用分页功能，PageSize 决定分页时每页显示几条记录（默认值为 12）。

【例 7-4】 本实例利用 GridView 控件的内置分页功能实现分页查看数据的功能，实例运行效果如图 7-10 所示。（实例位置：光盘\MR\源码\第 7 章\7-4。）

程序开发步骤如下所述。

（1）新建一个 ASP.NET 网站，在 Default.aspx 页面中添加一个 GridView 控件，用来分页显示数据。

（2）将 GridView 控件的 AllowPaging 属性设置为 true，表示允许分页；然后将其 PageSize 属性设置为 5，表示每页最多显示 5 条数据。

图 7-10 使用 GridView 控件分页显示数据

（3）Default.aspx 页面加载时，将数据表中的数据绑定到 GridView 控件中，代码如下：

```
protected void Page_Load(object sender, EventArgs e)
{
    //定义数据库连接字符串
    string strCon = @"Data Source=MRWXK\MRWXK;database=db_ASPNET;uid=sa;pwd=;";
    string sqlstr = "select * from tb_mrbccd";          //定义执行查询操作的 SQL 语句
    SqlConnection con = new SqlConnection(strCon);      //创建数据库连接对象
    SqlDataAdapter da = new SqlDataAdapter(sqlstr, con); //创建数据适配器
    DataSet ds = new DataSet();                         //创建数据集
    da.Fill(ds);                                         //填充数据集
    //设置 GridView 控件的数据源为创建的数据集 ds
    GridView1.DataSource = ds;
```

```
        //将数据库表中的主键字段放入GridView控件的DataKeyNames属性中
        GridView1.DataKeyNames = new string[] { "id" };
        GridView1.DataBind();                                    //绑定数据库表中数据
    }
```

（4）触发 GridView 控件的 PageIndexChanging 事件，该事件中，设置当前页的索引值，并重新绑定 GridView 控件，从而实现 GridView 控件的分页功能。代码如下：

```
    protected void GridView1_PageIndexChanging(object sender, GridViewPageEventArgs e)
    {
        GridView1.PageIndex = e.NewPageIndex;                    //获取当前分页的索引值
        GridView1.DataBind();                                    //重新绑定数据
    }
```

7.1.6 以编程方式实现选中、编辑和删除 GridView 数据项

在 GridView 控件的按钮列中包括一组"编辑、更新、取消"的按钮，这 3 个按钮分别触发 GridView 控件的 RowEditing、RowUpdating、RowCancelingEdit 事件，从而可以实现对指定项的编辑、更新和取消操作的功能；通过 GridView 控件中的"选择"列，可自动实现选中某一行数据的功能；通过 GridView 控件中的"删除"列，并结合 RowDeleting 事件，可实现删除某条记录的功能。

【例 7-5】 本实例利用 GridView 控件的 CommandField 列中的"选择"、"编辑、更新、取消"和"删除"命令按钮，实现选中、编辑和删除 GridView 数据项的功能。实例运行效果如图 7-11 所示。（实例位置：光盘\MR\源码\第 7 章\7-5。）

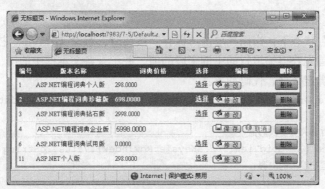

图 7-11 选中、编辑和删除 GridView 数据项

程序开发步骤如下所述。

（1）新建一个 ASP.NET 网站，在 Default.aspx 页面中添加一个 GridView 控件，用来显示数据库中的数据。

（2）打开 GridView 控件的编辑列窗口，首先为其添加 3 个 BoundField 列，分别用来绑定数据表中的指定字段；然后分别添加"选择"、"编辑、更新、取消"和"删除"这 3 个 CommandField 列。

（3）Default.aspx 页面加载时，调用自定义方法 BindData 实现对 GridView 控件的数据绑定功能，代码如下：

```
    protected void Page_Load(object sender, EventArgs e)
    {
        if (!IsPostBack)
        {
            BindData();                                          //调用自定义方法绑定数据到控件
```

```
    }
}
public void BindData()
{
    //定义数据库连接字符串
    string strCon = @"server=MRWXK\MRWXK;database=db_ASPNET;uid=sa;pwd=;";
    string sqlstr = "select * from tb_mrbccd";             //定义执行查询操作的SQL语句
    SqlConnection con = new SqlConnection(strCon);         //创建数据库连接对象
    SqlDataAdapter da = new SqlDataAdapter(sqlstr, con);   //创建数据适配器
    DataSet ds = new DataSet();                            //创建数据集
    da.Fill(ds);                                           //填充数据集
    //设置GridView控件的数据源为创建的数据集ds
    GridView1.DataSource = ds;
    //将数据库表中的主键字段放入GridView控件的DataKeyNames属性中
    GridView1.DataKeyNames = new string[] { "id" };
    GridView1.DataBind();                                  //绑定数据库表中数据
}
```

（4）当用户单击"修改"按钮时，触发GridView控件的RowEditing事件，该事件中，将GridView控件的编辑项索引设置为当前选择项的索引，并重新绑定数据。代码如下：

```
protected void GridView1_RowEditing(object sender, GridViewEditEventArgs e)
{
    GridView1.EditIndex = e.NewEditIndex;                  //设置编辑页
    BindData();
}
```

（5）在"编辑"状态下，当用户单击"保存"按钮时，触发GridView控件的RowUpdating事件，该事件中，首先获得编辑行的主键字段的值，并记录各文本框中的值，然后将数据更新至数据库，最后重新绑定数据。代码如下：

```
protected void GridView1_RowUpdating(object sender, GridViewUpdateEventArgs e)
{
    //取得编辑行的关键字段的值
    string bccdID = GridView1.DataKeys[e.RowIndex].Value.ToString();
    //取得文本框中输入的内容
    string bccdName=((TextBox)(GridView1.Rows[e.RowIndex].Cells[1].Controls[0])).Text.ToString().Trim();
    string bccdPrice=((TextBox)(GridView1.Rows[e.RowIndex].Cells[2].Controls[0])).Text.ToString().Trim();
    //定义更新操作的SQL语句
    string update_sql = "update tb_mrbccd set brccdName='" + bccdName + "',brccdPrice='" + bccdPrice + "' where id='" + bccdID + "'";
    bool update = ExceSQL(update_sql);//调用ExceSQL执行更新操作
    if (update)
    {
        Response.Write("<script language=javascript>alert('修改成功！')</script>");
        //设置GridView控件的编辑项的索引为-1，即取消编辑
        GridView1.EditIndex = -1;
        BindData();
    }
}
```

```
        else
        {
            Response.Write("<script language=javascript>alert('修改失败!');</script>");
        }
}
```

（6）上述的代码中调用了一个自定义方法 ExceSQL，该方法主要用来执行更新和删除的 SQL 语句，代码如下：

```
public bool ExceSQL(string strSqlCom)
{
    //定义数据库连接字符串
    string strCon = @"server=MRWXK\MRWXK;database=db_ASPNET;uid=sa;pwd=;";
    //创建数据库连接对象
    SqlConnection sqlcon = new SqlConnection(strCon);
    SqlCommand sqlcom = new SqlCommand(strSqlCom, sqlcon);
    try
    {
        //判断数据库是否为连连状态
        if (sqlcon.State == System.Data.ConnectionState.Closed)
        { sqlcon.Open(); }
        sqlcom.ExecuteNonQuery();//执行 SQL 语句
        return true;
    }
    catch
    {
        return false;
    }
    finally
    {
        sqlcon.Close();//关闭数据库连接
    }
}
```

（7）在"编辑"状态下，当用户单击"取消"按钮时，触发 GridView 控件的 RowCancelingEdit 事件，该事件中，将当前编辑项的索引设置为-1，表示返回到原始状态下，并重新对 GridView 控件进行数据绑定。代码如下：

```
protected void GridView1_RowCancelingEdit(object sender, GridViewCancelEditEventArgs e)
{
    //设置 GridView 控件的编辑项的索引为-1，即取消编辑
    GridView1.EditIndex = -1;
    BindData();
}
```

（8）当用户单击"删除"按钮时，触发 GridView 控件的 RowDeleting 事件，该事件中，使用自定义的 ExceSQL 方法执行 delete 删除语句，从而删除指定的记录。代码如下：

```
protected void GridView1_RowDeleting(object sender, GridViewDeleteEventArgs e)
{
    string    delete_sql   =   "delete    from    tb_mrbccd    where    id='" +
GridView1.DataKeys[e.RowIndex].Value.ToString() + "'";
    bool delete = ExceSQL(delete_sql);//调用 ExceSQL 执行删除操作
    if (delete)
    {
        Response.Write("<script language=javascript>alert('删除成功!')</script>");
        BindData();//调用自定义方法重新绑定控件中数据
```

```
        }
        else
        {
            Response.Write("<script language=javascript>alert('删除失败! ')</script>");
        }
    }
```

7.2 DataList 控件

7.2.1 DataList 控件概述

DataList 控件是一个常用的数据绑定控件，可以称之为迭代控件，该控件能够以某种设定好的模板格式循环显示多条数据，这种模板格式是可以根据需要进行自定义的，比较于 GridView 控件，虽然 GridView 控件功能非常强大，但它始终只能以表格的形式显示数据，而使用 DataList 控件则灵活性非常强，其本身就是一个富有弹性的控件。

DataList 控件可以使用模板与定义样式来显示数据，并可以进行数据的选择、删除以及编辑。DataList 控件的最大特点就是一定要通过模板来定义数据的显示格式。正因为如此，DataList 控件显示数据时更具灵活性，开发人员个人发挥的空间也比较大。DataList 控件支持的模板如下。

- AlternatingItemTemplate：如果已定义，则为 DataList 中的交替项提供内容和布局；如果未定义，则使用 ItemTemplate。
- EditItemTemplate：如果已定义，则为 DataList 中的当前编辑项提供内容和布局；如果未定义，则使用 ItemTemplate。
- FooterTemplate：如果已定义，则为 DataList 的脚注部分提供内容和布局；如果未定义，将不显示脚注部分。
- HeaderTemplate：如果已定义，则为 DataList 的页眉节提供内容和布局；如果未定义，将不显示页眉节。
- ItemTemplate：为 DataList 中的项提供内容和布局所要求的模板。
- SelectedItemTemplate：如果已定义，则为 DataList 中的当前选定项提供内容和布局；如果未定义，则使用 ItemTemplate。
- SeparatorTemplate：如果已定义，则为 DataList 中各项之间的分隔符提供内容和布局；如果未定义，将不显示分隔符。

7.2.2 DataList 控件常用的属性、方法和事件

DataList 控件常用属性及说明如表 7-5 所示。

表 7-5　　　　　　　　　　　DataList 控件常用属性及说明

属　　性	说　　明
AlternatingItemTemplate	获取或设置 DataList 中交替项的模板
Attributes	获取与控件的特性不对应的任意特性（只用于呈现）的集合
DataKeyField	获取或设置由 DataSource 属性指定的数据源中的键字段
DataKeys	获取 DataKeyCollection 对象，它存储数据列表控件中每个记录的键值
DataKeysArray	获取 ArrayList 对象，它包含数据列表控件中每个记录的键值

续表

属性	说明
DataMember	获取或设置多成员数据源中要绑定到数据列表控件的特定数据成员
DataSource	获取或设置数据源,该数据源包含用于填充控件中的项的值列表
DataSourceID	获取或设置数据源控件的 ID 属性,数据列表控件应使用它来检索其数据源
EditItemIndex	获取或设置 DataList 控件中要编辑的选定项的索引号
EditItemTemplate	获取或设置 DataList 控件中为进行编辑而选定的项的模板
FooterTemplate	获取或设置 DataList 控件的脚注部分的模板
GridLines	当 RepeatLayout 属性设置为 RepeatLayout.Table 时,获取或设置 DataList 控件的网格线样式
HeaderTemplate	获取或设置 DataList 控件的标题部分的模板
Items	获取表示控件内单独项的 DataListItem 对象的集合
ItemTemplate	获取或设置 DataList 控件中项的模板
RepeatColumns	获取或设置要在 DataList 控件中显示的列数
RepeatDirection	获取或设置 DataList 控件是垂直显示还是水平显示
RepeatLayout	获取或设置控件是在表中显示还是在流布局中显示
SelectedIndex	获取或设置 DataList 控件中的选定项的索引
SelectedItem	获取 DataList 控件中的选定项
SelectedItemTemplate	获取或设置 DataList 控件中选定项的模板
SelectedValue	获取所选择的数据列表项的键字段的值
SeparatorTemplate	获取或设置 DataList 控件中各项间分隔符的模板
ShowFooter	获取或设置一个值,该值指示是否在 DataList 控件中显示脚注部分
ShowHeader	获取或设置一个值,该值指示是否在 DataList 控件中显示页眉节

DataList 控件常用方法及说明如表 7-6 所示。

表 7-6　　　　　　　　　　DataList 控件常用方法及说明

方法	说明
CreateItem	创建一个 DataListItem 对象
DataBind	将数据源绑定到 DataList 控件

DataList 控件常用事件及说明如表 7-7 所示。

表 7-7　　　　　　　　　　DataList 控件常用事件及说明

事件	说明
CancelCommand	对 DataList 控件中的某项单击 Cancel 按钮时发生
DeleteCommand	对 DataList 控件中的某项单击 Delete 按钮时发生
EditCommand	对 DataList 控件中的某项单击 Edit 按钮时发生
ItemCommand	当单击 DataList 控件中的任一按钮时发生
ItemDataBound	当项被数据绑定到 DataList 控件时发生
SelectedIndexChanged	在两次服务器发送之间,在数据列表控件中选择了不同的项时发生
UpdateCommand	对 DataList 控件中的某项单击 Update 按钮时发生

7.2.3 分页显示 DataList 控件中的数据

在 DataList 控件实现分页显示数据时，需要借助 PagedDataSource 类来实现，该类封装了数据绑定控件（如 GridView、DataList、DetailsView 和 FormView 等）的与分页相关的属性，以允许这些数据绑定控件执行分页操作。PagedDataSource 类的常用属性及说明如表 7-8 所示。

表 7-8　　　　　　　　　　　　PagedDataSource 类常用属性及说明

属　　性	说　　明
AllowCustomPaging	获取或设置一个值，指示是否在数据绑定控件中启用自定义分页
AllowPaging	获取或设置一个值，指示是否在数据绑定控件中启用分页
AllowServerPaging	获取或设置一个值，指示是否启用服务器端分页
Count	获取要从数据源使用的项数
CurrentPageIndex	获取或设置当前页的索引
DataSource	获取或设置数据源
DataSourceCount	获取数据源中的项数
FirstIndexInPage	获取页面中显示的首条记录的索引
IsCustomPagingEnabled	获取一个值，该值指示是否启用自定义分页
IsFirstPage	获取一个值，该值指示当前页是否是首页
IsLastPage	获取一个值，该值指示当前页是否是最后一页
IsPagingEnabled	获取一个值，该值指示是否启用分页
IsServerPagingEnabled	获取一个值，指示是否启用服务器端分页支持
PageCount	获取显示数据源中的所有项所需要的总页数
PageSize	获取或设置要在单页上显示的项数
VirtualCount	获取或设置在使用自定义分页时数据源中的实际项数

【例 7-6】 本实例主要演示如何使用 SQL 语句从数据库中查询数据的功能，实例运行效果如图 7-12 所示。（实例位置：光盘\MR\源码\第 7 章\7-6。）

程序开发步骤如下所述。

（1）新建一个 ASP.NET 网站，在 Default.aspx 页面中添加一个 DataList 控件，用来分页显示数据库中的数据。

（2）单击 DataList 控件右上方的 ▸ 按钮，在弹出的快捷菜单中的选择"编辑模板"选项。打开"DataList 任务-模板编辑模式"，在"显示"下拉列表框中选择"ItemTemplate"选项，以便对该模板进行编辑，如图 7-13 所示。

图 7-12　分页显示 DataList 控件中的数据

图 7-13　DataList 控件的 ItemTemplate 模板

ItemTemplate 模板中编写的 HTML 代码如下:

```html
<ItemTemplate>
    <table>
        <tr style="border-bottom-style: groove; border-bottom-width: medium; border-bottom-color: #FFFFFF">
            <td rowspan="3" align="center" class="style3">
                <a href='#'>
                    <img border="0" height="80" src='images/showimg.gif' width="80"></img></a>
            </td>
            <td align="left">
                <asp:Image ID="Image4" runat="server" ImageUrl="~/images/ico2.gif" />
                <a><%#Eval("PerHomeName")%></a>
            </td>
            <td align="left">
                 </td>
            <td>
                 </td>
        </tr>
        <tr>
            <td align="left">
                空间主人:<a><%#Eval("PerHomeUser") %></a></td>
            <td align="left">
                --创建时间: <a><%#Eval("PerHomeTime","{0:D}") %></a></td>
            <td>
                 </td>
        </tr>
        <tr>
            <td align="left" colspan="3">
                个性签名: <a ><%#Eval("PerHomeSign").ToString().Length > 10 ? Eval("PerHomeSign").ToString().Substring(0, 10) + "..." : Eval("PerHomeSign")%></a></td>
        </tr>
    </table>
</ItemTemplate>
```

(3) 按照与步骤 (2) 同样的方式在"编辑模板"中选择 FootTemplate 模板,在该模板中添加两个 Label 控件和 4 个 LinkButton 控件。Label 控件的 ID 属性分别为:labPageCount 和 labCurrentPage,主要用来显示总页数和当前页码;LinkButton 控件的 ID 属性分别为:lnkbtnFirst、lnkbtnFront、lnkbtnNext、lnkbtnLast,分别用来显示首页、上一页、下一页、尾页。如图 7-14 所示。

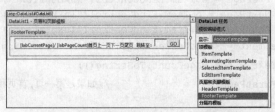

图 7-14 DataList 控件的 FootTemplate 模板

(4) Default.aspx 页面的后台代码中,首先定义两个全局变量对象,代码如下:

```
//创建一个分页数据源的对象,且一定要声明为静态
static PagedDataSource pds = new PagedDataSource();
SqlConnection conn = new SqlConnection(@"server=MRWXK\MRWXK;database=db_ASPNET;uid=sa;pwd=;");
```

（5）Default.aspx 页面加载时，调用自定义方法 BindDataList 对 DataList 控件进行数据绑定，代码如下：

```
protected void Page_Load(object sender, EventArgs e)
{
    if (!IsPostBack)
    {
        BindDataList(0);
    }
}
```

（6）上面的代码中用到了 BindDataList 方法，该方法用来借助 PagedDataSource 类的相关属性实现数据的分页功能，并将分页后的数据绑定到 DataList 控件上。代码如下：

```
private void BindDataList(int currentpage)
{
    pds.AllowPaging = true;                             //允许分页
    pds.PageSize = 3;                                   //每页显示 3 条数据
    pds.CurrentPageIndex = currentpage;                 //当前页为传入的一个 int 型值
    string strSql = "SELECT * FROM PerHomeDetail";      //定义一条 SQL 语句
    conn.Open();                                        //打开数据库连接
    SqlDataAdapter sda = new SqlDataAdapter(strSql,conn);
    DataSet ds = new DataSet();
    sda.Fill(ds);                                       //把执行得到的数据放在数据集中
    pds.DataSource = ds.Tables[0].DefaultView;          //把数据集中的数据放入分页数据源中
    DataList1.DataSource = pds;                         //绑定 Datalist
    DataList1.DataBind();
    conn.Close();
}
```

（7）当数据绑定到 DataList 控件上时，触发其 ItemDataBound 事件，该事件中，首先在 Label 控件中显示当前页码和总页码，然后设置分页按钮的可用状态。代码如下：

```
protected void DataList1_ItemDataBound(object sender, DataListItemEventArgs e)
{
    if (e.Item.ItemType == ListItemType.Footer)
    {
        //以下 6 个为得到脚模板中的控件,并创建变量
        Label CurrentPage = e.Item.FindControl("labCurrentPage") as Label;
        Label PageCount = e.Item.FindControl("labPageCount") as Label;
        LinkButton FirstPage = e.Item.FindControl("lnkbtnFirst") as LinkButton;
        LinkButton PrePage = e.Item.FindControl("lnkbtnFront") as LinkButton;
        LinkButton NextPage = e.Item.FindControl("lnkbtnNext") as LinkButton;
        LinkButton LastPage = e.Item.FindControl("lnkbtnLast") as LinkButton;
        CurrentPage.Text = (pds.CurrentPageIndex + 1).ToString();   //绑定显示当前页
        PageCount.Text = pds.PageCount.ToString();                  //绑定显示总页数
        if (pds.IsFirstPage)                //如果是第一页,首页和上一页不能用
        {
            FirstPage.Enabled = false;
            PrePage.Enabled = false;
        }
        if (pds.IsLastPage)                 //如果是最后一页,"下一页"和"尾页"按钮不能用
        {
            NextPage.Enabled = false;
            LastPage.Enabled = false;
```

        }
    }
}

（8）触发 DataList 控件的 ItemCommand 事件，该事件中，主要对用户单击"首页"、"上一页"、"下一页"和"尾页"分页按钮，及在文本框内输入页数，并跳转到指定页面时的操作进行处理。代码如下：

```
protected void DataList1_ItemCommand(object source, DataListCommandEventArgs e)
{
    switch (e.CommandName)
    {
        case "first":                                   //首页
            pds.CurrentPageIndex = 0;
            BindDataList(pds.CurrentPageIndex);
            break;
        case "pre":                                     //上一页
            pds.CurrentPageIndex = pds.CurrentPageIndex - 1;
            BindDataList(pds.CurrentPageIndex);
            break;
        case "next":                                    //下一页
            pds.CurrentPageIndex = pds.CurrentPageIndex + 1;
            BindDataList(pds.CurrentPageIndex);
            break;
        case "last":                                    //最后一页
            pds.CurrentPageIndex = pds.PageCount - 1;
            BindDataList(pds.CurrentPageIndex);
            break;
        case "search":                                  //页面跳转页
            if (e.Item.ItemType == ListItemType.Footer)
            {
                int PageCount = int.Parse(pds.PageCount.ToString());
                TextBox txtPage = e.Item.FindControl("txtPage") as TextBox;
                int MyPageNum = 0;
                if (!txtPage.Text.Equals(""))
                    MyPageNum = Convert.ToInt32(txtPage.Text.ToString());
                if (MyPageNum <= 0 || MyPageNum > PageCount)
                    Response.Write("<script>alert('请输入页数并确定没有超出总页数！')</script>");
                else
                    BindDataList(MyPageNum - 1);
            }
            break;
    }
}
```

7.3　ListView 控件

7.3.1　ListView 控件概述

ListView 控件用于显示数据，它提供了编辑、删除、插入、分页与排序等功能，ListView 控件可以理解为 GridView 控件与 DataList 控件的融合，它具有 GridView 控件编辑数据的功能，同时又具有 DataList 控件灵活布局的功能。ListView 控件的分页功能需要通过 DataPager 控件来实现。

7.3.2 ListView 控件常用的属性、方法和事件

ListView 控件常用属性及说明如表 7-9 所示。

表 7-9　　　　　　　　　　　　ListView 控件常用属性及说明

属　　性	说　　明
AlternatingItemTemplate	获取或设置 ListView 控件中交替数据项的自定义内容
DataKeyNames	获取或设置一个数组,该数组包含了显示在 ListView 控件中的项的主键字段的名称
DataKeys	获取一个 DataKey 对象集合,这些对象表示 ListView 控件中的每一项的数据键值
DataMember	获取或设置对象,数据绑定控件从该对象中检索其数据项列表
DataSourceID	获取或设置控件的 ID,数据绑定控件从该控件中检索其数据项列表
EditIndex	获取或设置所编辑的项的索引
EditItem	获取 ListView 控件中处于编辑模式的项
EditItemTemplate	获取或设置处于编辑模式的项的自定义内容
EmptyDataTemplate	获取或设置在 ListView 控件绑定到不包含任何记录的数据源时所呈现的空模板的用户定义内容
EmptyItemTemplate	获取或设置在当前数据页的最后一行中没有可显示的数据项时,ListView 控件中呈现的空项的用户定义内容
GroupSeparatorTemplate	获取或设置 ListView 控件中的组之间的分隔符的用户定义内容
GroupTemplate	获取或设置 ListView 控件中的组容器的用户定义内容
InsertItem	获取 ListView 控件的插入项
InsertItemPosition	获取或设置 InsertItemTemplate 模板在作为 ListView 控件的一部分呈现时的位置
InsertItemTemplate	获取或设置 ListView 控件中的插入项的自定义内容
Items	获取一个 ListViewDataItem 对象集合,这些对象表示 ListView 控件中的当前数据页的数据项
ItemSeparatorTemplate	获取或设置 ListView 控件中的项之间的分隔符的自定义内容
ItemTemplate	获取或设置 ListView 控件中的数据项的自定义内容
LayoutTemplate	获取或设置 ListView 控件中的根容器的自定义内容
MaximumRows	获取要在 ListView 控件的单个页上显示的最大项数
SelectedDataKey	获取 ListView 控件中的选定项的数据键值
SelectedIndex	获取或设置 ListView 控件中的选定项的索引
SelectedItemTemplate	获取或设置 ListView 控件中的选定项的自定义内容
SelectedValue	获取 ListView 控件中的选定项的数据键值
SortDirection	获取要排序的字段的排序方向
SortExpression	获取与要排序的字段关联的排序表达式
StartRowIndex	获取 ListView 控件中的数据页上显示的第一条记录的索引

ListView 控件常用方法及说明如表 7-10 所示。

表 7-10　　　　　　　　　　　ListView 控件常用方法及说明

方法	说明
CreateDataItem	在 ListView 控件中创建一个数据项
CreateEmptyDataItem	在 ListView 控件中创建 EmptyDataTemplate 模板
CreateEmptyItem	在 ListView 控件中创建一个空项
CreateInsertItem	在 ListView 控件中创建一个插入项
CreateItem	创建一个具有指定类型的 ListViewItem 对象
DataBind	将数据源绑定到 ListView 控件
DeleteItem	从数据源中删除位于指定索引位置的记录
FindControl	在当前 ListView 中搜索带指定 id 参数的服务器控件
InsertNewItem	将当前记录插入到数据源中
RemoveItems	删除 ListView 控件的项或组容器中的所有子控件
SelectItem	选择 ListView 控件中处于编辑模式的项
SetEditItem	在 ListView 控件中将指定项设置为编辑模式
SetPageProperties	设置 ListView 控件中的数据页的属性
Sort	根据指定的排序表达式和方向对 ListView 控件进行排序
UpdateItem	更新数据源中指定索引处的记录

ListView 控件常用事件及说明如表 7-11 所示。

表 7-11　　　　　　　　　　　ListView 控件常用事件及说明

事件	说明
ItemCanceling	在请求取消操作之后、ListView 控件取消插入或编辑操作之前发生
ItemCommand	当单击 ListView 控件中的按钮时发生
ItemCreated	在 ListView 控件中创建项时发生
ItemDataBound	在数据项绑定到 ListView 控件中的数据时发生
ItemDeleted	在请求删除操作且 ListView 控件删除项之后发生
ItemDeleting	在请求删除操作之后、ListView 控件删除项之前发生
ItemEditing	在请求编辑操作之后、ListView 项进入编辑模式之前发生
ItemInserted	在请求插入操作且 ListView 控件在数据源中插入项之后发生
ItemInserting	在请求插入操作之后、ListView 控件执行插入之前发生
ItemUpdated	在请求更新操作且 ListView 控件更新项之后发生
ItemUpdating	在请求更新操作之后、ListView 控件更新项之前发生
PagePropertiesChanged	在页属性更改且 ListView 控件设置新值之后发生
PagePropertiesChanging	在页属性更改之后、ListView 控件设置新值之前发生
SelectedIndexChanged	在单击项的"选择"按钮且 ListView 控件处理选择操作之后发生
SelectedIndexChanging	在单击项的"选择"按钮之后、ListView 控件处理选择操作之前发生
Sorted	在请求排序操作且 ListView 控件处理排序操作之后发生
Sorting	在请求排序操作之后、ListView 控件处理排序操作之前发生

7.3.3 ListView 控件的模板

ListView 控件显示的项可以由模板定义,利用 ListView 控件,可以逐项显示数据,也可以按组显示数据。ListView 控件支持的模板如下。

- LayoutTemplate:标识定义控件的主要布局的根模板。它包含一个占位符对象,例如表行(tr)、div 或 span 元素。此元素将由 ItemTemplate 模板或 GroupTemplate 模板中定义的内容替换。它还可能包含一个 DataPager 对象。
- ItemTemplate:标识要为各个项显示的数据绑定内容。
- ItemSeparatorTemplate:标识要在各个项之间呈现的内容。
- GroupTemplate:标识组布局的内容。它包含一个占位符对象,例如表单元格(td)、div 或 span。该对象将由其他模板(例如 ItemTemplate 和 EmptyItemTemplate 模板)中定义的内容替换。
- GroupSeparatorTemplate:标识要在项组之间呈现的内容。
- EmptyItemTemplate:标识在使用 GroupTemplate 模板时为空项呈现的内容。例如,如果将 GroupItemCount 属性设置为 5,而从数据源返回的总项数为 8,则 ListView 控件显示的最后一行数据将包含 ItemTemplate 模板指定的 3 个项,以及 EmptyItemTemplate 模板指定的 2 个项。
- EmptyDataTemplate:标识在数据源未返回数据时要呈现的内容。
- SelectedItemTemplate:标识为区分所选数据项与显示的其他项,而为该所选项呈现的内容。
- AlternatingItemTemplate:标识为便于区分连续项,而为交替项呈现的内容。
- EditItemTemplate:标识要在编辑项时呈现的内容。对于正在编辑的数据项,将呈现 EditItemTemplate 模板以替代 ItemTemplate 模板。
- InsertItemTemplate:标识要在插入项时呈现的内容。将在 ListView 控件显示的项的开始或末尾处呈现 InsertItemTemplate 模板,以替代 ItemTemplate 模板。通过使用 ListView 控件的 InsertItemPosition 属性,可以指定 InsertItemTemplate 模板的呈现位置。

7.3.4 使用 ListView 服务器控件对数据进行显示、分页和排序

【例 7-7】本实例主要演示使用 SQL 语句从数据库中查询数据的功能,实例运行效果如图 7-15 所示。(实例位置:光盘\MR\源码\第 7 章\7-7。)

程序开发步骤如下所述。

(1)新建一个 ASP.NET 网站,在 Default.aspx 页面中添加一个 ListView 控件。

(2)按照例 7-1 的步骤配置一个 SqlDataSource 数据源控件,并将 SqlDataSource 控件指定给 ListView 控件的 DataSourceID 属性。

图 7-15 使用 ListView 服务器控件对数据进行显示、分页和排序

(3)单击 ListView 控件右上方的 ▷ 按钮,在弹出的快捷菜单中选择"配置 ListView"选项,弹出"配置 ListView"对话框,该对话框中设置 ListView 的样式,并选中"启用分页"复选框,如图 7-16 所示。

(4)再次单击 ListView 控件右上方的 ▷ 按钮,在弹出的快捷菜单中选择一个视图来编辑

LayoutTemplate 模板（如 ItemTemplate）。这里选择分页控件 DataPager 所在的位置，从"工具箱"的"标准"选项卡中，将两个 Button 控件拖到控件的底部。

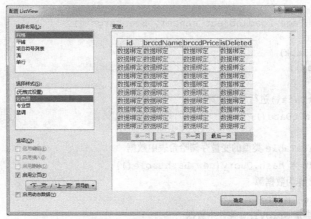

图 7-16 "配置 ListView"对话框

 在拖放 Button 控件时，可以切换到 HTML 源代码，在 HTML 源代码中找到 DataPager 所在位置，然后在该控件之后放置 Button 控件。

（5）分别打开两个 Button 控件的"属性"窗口，按照以下方式更改这两个 Button 控件的属性。
- 将第一个 Button 控件的 Text 属性设置为"按编号排序"，将 CommandName 属性设置为 Sort，将 CommandArgument 设置为 id。
- 将第二个按钮的 Text 属性设置为"按价格排序"，将 CommandName 属性设置为 Sort，将 CommandArgument 设置为 brccdPrice。

通过以上步骤即完成了在 ListView 控件中分页显示数据、并分别按编号和按价格对所显示的数据进行排序的功能。

7.4 综合实例——设置在线考试系统管理权限

用户权限的设置在 ASP.NET 网站中是经常用到的，例如在线考试系统中，主要包括 3 种角色，即考生、教师和管理员，而教师和管理员可以有相应的管理权限。本实例演示如何借助 GridView 控件对在线考试系统中的用户权限进行设置。实例运行结果如图 7-17 所示。

图 7-17 设置在线考试系统管理权限

程序开发步骤如下所述。
（1）新建一个网站，将其命名为 SetPOP，默认主页名为 Default.aspx。
（2）在 Default.aspx 页面中添加一个 GrridView 控件，用来显示信息，在该 GridView 控件中添加两个 BoundField 列，分别用来显示编号和角色；然后添加 6 个 TemplateField 模板列，在每个模板列中添加一个 CheckBox 控件。再向 Default.aspx 页面中添加一个 ImageButton 控件，用来设置指定用户的管理权限。

（3）Default.aspx 页面加载时，首先调用自定义的 InitData 方法对 GridView 控件进行数据绑定。代码如下：

```
protected void Page_Load(object sender, EventArgs e)
{
    if (!IsPostBack)
        InitData();
}
//自定义方法 InitData()进行权限设置
private void InitData()
{
    //创建一个 DataTable 类型的变量存储哈希表中数据
    DataTable dt = hash.Query(new Hashtable());
    //将创建的 dt 作为数据源
    GV.DataSource = dt;
    //从数据库中绑定 GridView 控件中数据
    GV.DataBind();
    //循环 GridView 控件中的 CheckBox 控件
    for (int i = 0; i < dt.Rows.Count; i++)
    {
        //部门管理
        if (sqldb.ValidateDataRow_N(dt.Rows[i], "HasDuty_DepartmentManage") == 1)
            ((CheckBox)GV.Rows[i].FindControl("chkDepartmentManage")).Checked = true;
        //用户管理
        if (sqldb.ValidateDataRow_N(dt.Rows[i], "HasDuty_UserManage") == 1)
            ((CheckBox)GV.Rows[i].FindControl("chkUserManage")).Checked = true;
        //考试科目管理
        if (sqldb.ValidateDataRow_N(dt.Rows[i], "HasDuty_CourseManage") == 1)
            ((CheckBox)GV.Rows[i].FindControl("chkCourseManage")).Checked = true;
        //试卷制定维护
        if (sqldb.ValidateDataRow_N(dt.Rows[i], "HasDuty_PaperSetup") == 1)
            ((CheckBox)GV.Rows[i].FindControl("chkPaperSetup")).Checked = true;
        //用户试卷管理
        if (sqldb.ValidateDataRow_N(dt.Rows[i], "HasDuty_UserPaperList") == 1)
            ((CheckBox)GV.Rows[i].FindControl("chkUserPaperList")).Checked = true;
        //试题类别管理
        if (sqldb.ValidateDataRow_N(dt.Rows[i], "HasDuty_SingleSelectManage") == 1)
            ((CheckBox)GV.Rows[i].FindControl("chkTypeManage")).Checked = true;
    }
}
```

（4）当在 GridView 控件中修改了指定用户的权限后，单击"授权"按钮，即可将选中的权限指定给用户，并将最新的权限信息更新到数据库中。代码如下：

```
protected void ImageButtonGiant_Click(object sender, ImageClickEventArgs e)
{
    //定义一个哈希表 ht
    Hashtable ht = new Hashtable();
    string where = "";
    //应用 foreach 循环 GridView 控件中的 CheckBox 控件
    foreach (GridViewRow row in GV.Rows)
    {
```

```
            //先清空下哈希表中的数据
            ht.Clear();
            //应用FindControl方法查找GridView控件中CheckBox控件,并判断是否选中了用户权限
            ht.Add("HasDuty_DepartmentManage",
((CheckBox)row.FindControl("chkDepartmentManage")).Checked == true ? 1 : 0);
            ht.Add("HasDuty_UserManage",
((CheckBox)row.FindControl("chkUserManage")).Checked == true ? 1 : 0);
            ht.Add("HasDuty_RoleManage",
((CheckBox)row.FindControl("chkUserManage")).Checked == true ? 1 : 0);
            ht.Add("HasDuty_Role",  ((CheckBox)row.FindControl("chkUserManage")).Checked
== true ? 1 : 0);
            ht.Add("HasDuty_CourseManage",
((CheckBox)row.FindControl("chkCourseManage")).Checked == true ? 1 : 0);
            ht.Add("HasDuty_PaperSetup",
((CheckBox)row.FindControl("chkPaperSetup")).Checked == true ? 1 : 0);
            ht.Add("HasDuty_PaperLists",
((CheckBox)row.FindControl("chkPaperSetup")).Checked == true ? 1 : 0);
            ht.Add("HasDuty_UserPaperList",
((CheckBox)row.FindControl("chkUserPaperList")).Checked == true ? 1 : 0);
            ht.Add("HasDuty_UserScore",
((CheckBox)row.FindControl("chkUserPaperList")).Checked == true ? 1 : 0);
            ht.Add("HasDuty_SingleSelectManage",
((CheckBox)row.FindControl("chkTypeManage")).Checked == true ? 1 : 0);
            ht.Add("HasDuty_MultiSelectManage",
((CheckBox)row.FindControl("chkTypeManage")).Checked == true ? 1 : 0);
            ht.Add("HasDuty_FillBlankManage",
((CheckBox)row.FindControl("chkTypeManage")).Checked == true ? 1 : 0);
            ht.Add("HasDuty_JudgeManage",
((CheckBox)row.FindControl("chkTypeManage")).Checked == true ? 1 : 0);
            ht.Add("HasDuty_QuestionManage",
((CheckBox)row.FindControl("chkTypeManage")).Checked == true ? 1 : 0);
            //定义一个查询的条件语句
            where = " Where RoleId=" + row.Cells[0].Text;
            //调用公共类中的Update方法修改角色权限信息
            sqldb.Update(ht, where);
            Response.Write("<script>alert('授权成功!')</script>");
        }
    }
```

上面列出的是本实例的主要代码,关于其完整代码,可以参考本书附带光盘中的源代码。

知识点提炼

(1)数据绑定控件是将数据显示到网页上,并可以对数据进行一系列操作的控件集合。

(2)GridView控件可称之为数据表格控件,它以表格的形式显示数据源中的数据,每列表示一个字段,而每行表示一条记录。

(3)GridView控件共包括7种类型的列,分别为:BoundField(普通数据绑定列)、CheckBoxField(复选框数据绑定列)、CommandField(命令数据绑定列)、ImageField(图片数据绑定列)、HyperLinkField(超链接数据绑定列)、ButtonField(按钮数据绑定列)和 TemplateField(模板数

据绑定列)。

(4)通过设置 AllowPaging 属性和 PageSize 属性,可以在 GridView 控件中分页查看数据。

(5)DataList 控件称为迭代控件,该控件能够以某种设定好的模板格式循环显示多条数据。

(6)在对数据绑定控件进行分页时,可以借助 PagedDataSource 类来实现,该类封装了数据绑定控件(如 GridView、DataList、DetailsView 和 FormView 等)的与分页相关的属性,以允许这些数据绑定控件执行分页操作。

(7)ListView 控件用于显示数据,它提供了编辑、删除、插入、分页与排序等功能,其分页功能需要通过 DataPager 控件来实现。

(8)ListView 控件显示的项可以由模板定义,利用 ListView 控件,可以逐项显示数据,也可以按组显示数据。

习 题

7-1 简述 GridView 控件的作用。
7-2 如何对 GridView 控件进行数据绑定?
7-3 如何在 GridView 控件实现编辑和删除功能?
7-4 简述 DataList 控件的作用。
7-5 如何在 DataList 控件中分页显示数据?
7-6 ListView 和 GridView 有何区别?
7-7 如何在 ListView 控件中分页显示数据?
7-8 如何对 ListView 控件中的数据进行排序?

实验:在 DataList 控件中批量删除数据

实验目的

(1)巩固 ADO.NET 技术的使用。
(2)掌握如何编辑 DataList 控件的模板。
(3)掌握批量删除数据的实现过程。

实验内容

借助 ADO.NET 技术,对 DataList 控件中显示的数据进行批量删除。实验的运行效果如图 7-18 所示。

实验步骤

(1)新建一个网站,默认主页为 Default.aspx,该页面中添加一个 DataList 控件。

(2)单击 DataList 控件右上方的▷按钮,在弹出的快捷菜单中的选择"编辑模板"选项。打开"DataList 任务-模板编辑模式",在"显示"下拉列表框中选择"ItemTemplate"选项,该模板中添加一个 CheckBox 控件、3 个 Label 控件和一个 Button 控件,如图 7-19 所示。

第 7 章 数据绑定控件的使用

图 7-18 在 DataList 控件中批量删除数据

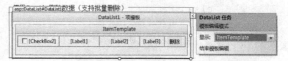

图 7-19 布局 DataList 控件的 ItemTemplate 模板

 在 ItemTemplate 模板中添加执行单条数据删除操作的 Button 按钮时，需要将其 CommandName 属性设置为 delete。

（3）按照步骤（2）在 DataList 控件的 FootTemplate 模板中添加一个 Button 控件，用于执行批量删除操作，同时需要设置其 CommandName 属性为 pldelete。

（4）在 Default.aspx 页面后台代码的 Page_Load 事件中，调用了一个自定义方法 BindDataList，主要用来在页面初始时绑定 DataList 控件中的数据，代码如下：

```
//得到 Web.config 中的连接放在变量中
 SqlConnection                 Conn                              =                    new 
SqlConnection(ConfigurationManager.AppSettings["conStr"].ToString());
 protected void Page_Load(object sender, EventArgs e)
 {
    if (!IsPostBack)
    {
        BindDataList();
    }
 }
 public void BindDataList()
 {
    string strSql = "SELECT * FROM tb_mrbccd";      //定义一条 SQL 语句
    SqlDataAdapter sda = new SqlDataAdapter(strSql, Conn);
    DataSet ds = new DataSet();
    sda.Fill(ds);                                    //把执行得到的数据放在数据集中
    DataList1.DataSource = ds;                       //绑定 Datalist
    DataList1.DataBind();
 }
```

（5）触发 DataList 控件的 DataList1_ItemCommand 事件，该事件中，根据单击按钮的 CommandName 属性值，分别执行单条数据的删除和批量数据的删除操作，代码如下：

```
 protected void DataList1_ItemCommand(object source, DataListCommandEventArgs e)
 {
    switch(e.CommandName)
    {
        //单条数据删除操作
        case "delete":                               //取得当前 DataList 控件列
        int id=int.Parse(DataList1.DataKeys[e.Item.ItemIndex].ToString());
        string strsql = "delete from tb_mrbccd where id='" + id + "'";
        if(Conn.State.Equals(ConnectionState.Closed))
        { Conn.Open();}                              //打开数据库连接
        SqlCommand cmd=new SqlCommand(strsql,Conn);
```

```csharp
if(Convert.ToInt32(cmd.ExecuteNonQuery())>0)
{
    Response.Write("<script>alert('删除成功! ')</script>");
    BindDataList();                              //重新绑定控件数据
}
else
{
    Response.Write("<script>alert('删除失败,请查找原因! ')</script>");
}
Conn.Close();                                    //关闭连接
break;
//批量删除操作
case "pldelete":
Conn.Open();                                     //打开数据库连接
DataListItemCollection dlic = DataList1.Items;//创建一个DataList列表项集合对象
//执行一个循环,删除所有用户选中的信息
for (int i = 0; i < dlic.Count; i++)
{
    if (dlic[i].ItemType == ListItemType.AlternatingItem || dlic[i].ItemType == ListItemType.Item)
    {
        CheckBox cbox = (CheckBox)dlic[i].FindControl("CheckBox2");
        if (cbox.Checked)
        {
            int id_pldelete = int.Parse(DataList1.DataKeys[dlic[i].ItemIndex].ToString());
            SqlCommand cmd_pldel = new SqlCommand("delete from tb_mrbccd where id=" + id_pldelete, Conn);
            cmd_pldel.ExecuteNonQuery();
        }
    }
}
Conn.Close();
BindDataList();
break;
```

第 8 章
Web 用户控件

本章要点

- Web 用户控件的概念及优点
- Web 用户控件与 Web 窗体的区别
- Web 用户控件的创建
- 将 Web 用户控件添加到网页中
- 访问 Web 用户控件的属性和服务器控件
- 如何实现 Web 用户控件的动态加载
- 将 Web 网页转化为 Web 用户控件

Web 用户控件基本的应用就是把网页中经常用到的、且使用频率较高的功能封装到一个模块中，以便在其他页面中使用，从而提高代码的重用性和程序开发的效率。Web 用户控件的应用始终融会着一个高层的设计思想，即"模块化设计，模块化应用"的原则。本节将对 ASP.NET 中的 Web 用户控件设计进行详细讲解。

8.1 Web 用户控件的概述

尽管 ASP.NET 提供的服务器控件具有十分强大的功能，但在实际应用中，遇到的问题总是复杂多样的。为了满足不同场合的需求，ASP.NET 允许开发人员根据实际需要制作适用的 Web 用户控件。Web 用户控件实质上就是利用现有的服务器控件组合出新的控件。

8.1.1 Web 用户控件与 Web 窗体比较

Web 用户控件是一种复合控件，其工作原理非常类似于 ASP.NET 网页，同时可以向 Web 用户控件中添加现有的 Web 服务器控件和标记，并定义控件的属性和方法，然后可以将控件嵌入 ASP.NET 网页中充当一个单元。

Web 用户控件几乎与 Web 窗体（.aspx 网页）相同，但是仍存在以下不同之处，分别如下所述。

- Web 用户控件的文件扩展名必须为.ascx。
- Web 用户控件中没有@Page 指令，而是包含@Control 指令，该指令对配置及其他属性进行定义。
- Web 用户控件不能作为独立文件运行，而必须像其他服务器控件一样，将它们添加到 ASP.NET 页中进行使用。

❑ Web 用户控件在内容周围不包括<html>、<body>和<form>元素。

8.1.2 Web 用户控件的优点

Web 用户控件使开发人员能够很容易地跨 ASP.NET Web 应用程序划分和重复使用公共 UI 功能，它提供了一个面向对象的编程模型，在一定程度上取代了服务器端文件包含（<!--#include-- >）指令，并且提供的功能比服务器端包含文件提供的功能更多。使用 Web 用户控件的主要优点如下。

❑ 可以将常用的内容或者控件以及控件的运行逻辑设计为 Web 用户控件，然后便可以在多个网页中重复使用该 Web 用户控件，从而省略许多重复性的工作。例如网页上的导航栏，几乎每个页都需要相同的导航栏，这时可以将其设计为一个 Web 用户控件，以便在多个网页中使用。

❑ 如果网页内容需要改变时，只需修改 Web 用户控件中的内容，其他添加使用该 Web 用户控件的网页会自动随之改变，因此网页的设计以及维护变得简单易行。

对于页面上复用的元素，如导航条、站内搜索、用户注册和登录控件等，都可以将其代码封装到 Web 用户控件中，以此来减少每个页面上的代码量。此外，使用 Web 用户控件的高速缓存功能，高速缓存经常浏览的页面，可以提高页面的性能。

8.2 创建并使用 Web 用户控件

本节将主要对 Web 用户控件的创建及使用进行讲解。

8.2.1 创建 Web 用户控件

创建 Web 用户控件的方法与创建 Web 网页大致相同，具体步骤如下。

（1）打开解决方案资源管理器，在项目名称中单击鼠标右键，然后在弹出的快捷菜单中选择"添加新项"选项，将会弹出图 8-1 所示的"添加新项"对话框。在该对话中，选择"Web 用户控件"选项，并为其命名，单击"添加"按钮，即可创建一个 Web 用户控件。

图 8-1 添加 Web 用户控件

（2）打开已创建好的 Web 用户控件（Web 用户控件的文件扩展名为.ascx），在.ascx 文件中可以直接往页面上添加各种服务器控件以及静态文本、图片等。

（3）双击页面上的任何位置，或者直接按下快捷键<F7>，可以将视图切换到后台代码文件，程序开发人员可以直接在文件中编写程序控制逻辑，包括定义各种成员变量、方法以及事件处理程序等。

创建好 Web 用户控件后，必须添加到其他 Web 页中才能显示出来，不能直接作为一个网页来显示，因此也就不能设置 Web 用户控件为"起始页"。

8.2.2 在 ASP.NET 网页中使用 Web 用户控件

创建完 Web 用户控件后，接下来需要在 ASP.NET 网页中使用，本节将对如何将 Web 用户控件添加至网页、访问 Web 用户控件的属性、访问 Web 用户控件中的服务器控件、动态加载 Web 用户控件和如何将 Web 网页转化为 Web 用户控件等内容进行讲解。

1. 将 Web 用户控件添加至网页

创建好 Web 用户控件后，在 ASP.NET 程序中，使用 Web 用户控件之前要先使用@Register 指令来注册。此指令主要是创建标记前缀和自定义控件之间的关联，这为开发人员提供了一种在 ASP.NET 应用程序文件中引用自定义控件的简明方法。一般形式如下：

<%@ Register TagPrefix="tagprefix" TagName="tagname" Src="pathname" %>

- TagPrefix 属性：为 Web 用户控件提供了标签前缀，该前缀可由用户定义。
- TagName 属性：提供了标签的名字。
- Src 属性：用于指定 Web 用户控件的路径。这里特别注意的是 Src 属性指定的路径为虚拟路径，而不能为其指定绝对路径。

对于已经设计好的 Web 用户控件，可以将其添加到一个或者多个网页中。在同一个网页中也可以重复使用多次，各个 Web 用户控件会以不同 ID 来标识。将 Web 用户控件添加到网页中，可以使用"Web 窗体设计器"直接添加 Web 用户控件。使用"Web 窗体设计器"可以在"设计"视图下，将 Web 用户控件以拖放的方式直接添加到网页上，其操作与将内置控件从工具箱中拖放到网页上一样。在网页中添加 Web 用户控件的步骤如下所述。

（1）在解决方案资源管理器中，用鼠标单击要添加至网页的 Web 用户控件。

（2）按住鼠标左键，移动光标到网页上，然后释放鼠标左键即可，如图 8-2 所示。

（3）在已添加的 Web 用户控件上，单击鼠标右键，选择"属性"项，打开属性窗口，如图 8-3 所示，用户可以在属性窗口中修改 Web 用户控件的属性。

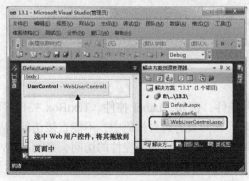

图 8-2 将 Web 用户控件添加至网页

图 8-3 Web 用户控件的属性窗口

2. 访问 Web 用户控件的属性

在 Web 用户控件中，属性是一种有效的并向类型使用者公开数据的字段，从类型使用者的角度来看，属性是一个 public 字段，通过实现一个属性，可以将使用者和实现细节相互隔离，同时还可以在属性被访问时提供数据有效检查、跟踪等处理手段。

在使用 Web 用户控件的属性时有两个选择,首先,可以定义 Web 用户控件的新属性并操作它们;其次,可以操作构成 Web 用户控件的服务器控件的属性。例如,在 Web 用户控件中声明 TextBox 服务器控件,并设置其 ID 为 tbUserName,则可以通过使用 tbUserName.Text 语法来设置其 Text 属性。

　　　　　　创建 Web 用户控件的属性并没有什么特殊之处,其方法如同创建任何类的属性一样。

【例 8-1】 本实例主要介绍如何访问 Web 用户控件中定义的属性,并将定义的 Web 用户控件的属性值("ASP.NET 编程词典!")显示在网页中,实例运行效果如图 8-4 所示。(实例位置:光盘\MR\源码\第 8 章\8-1。)

程序开发步骤如下所述。

(1)新建一个网站,默认主页为 Default.aspx,并在该页中添加一个 Label 控件,用于显示从 Web 用户控件中获取的属性值。

图 8-4 访问 Web 用户控件中定义的属性

(2)在该网站中添加一个 Web 用户控件,默认名为 WebUserControl.ascx。

(3)在该 Web 用户控件中首先定义一个私有变量 txtName,并为其赋值,再定义一个公有变量,用来读取并返回私有变量的值,其代码如下。

```
private string txtName = "ASP.NET 编程词典! ";      //私有变量,外部无法访问
public string str_txtName                          //定义公有变量来读取私有变量
{
    get { return txtName; }
    set { txtName = value; }
}
```

(4)将 Web 用户控件添加至 Default.aspx 页中,并在 Default.aspx 页的 Page_Load 事件下添加如下代码,获取 Web 用户控件的属性值,并将其显示出来。其代码如下:

```
protected void Page_Load(object sender, EventArgs e)
{
    //在当前页面中查找 WebUserControl1 用户控件
    WebUserControl wuc=(WebUserControl)Page.FindControl("WebUserControl1");
    //调用 Web 用户控件中设置的属性并输出其值
    Response.Write(wuc.str_txtName.ToString());
}
```

3. 访问 Web 用户控件中的服务器控件

程序开发人员可以在 Web 用户控件中添加各种控件,例如,Label 控件、TextBox 控件等。但当 Web 用户控件创建完成后,将其添加到网页时,在网页的后台代码中,不能直接访问 Web 用户控件中的服务控件的属性。为了实现对 Web 用户控件中的服务器控件的访问,必须在 Web 用户控件中定义公有属性,并且利用 get 访问器与 set 访问器来读取、设置控件的属性。

　　　　　　当 Web 用户控件包括在 Web 窗体中时,该 Web 用户控件中包含的任何 ASP.NET 服务器控件的所有属性和方法都将提升为该 Web 用户控件的公共属性和方法。

【例 8-2】本实例主要演示如何访问 Web 用户控件中的服务器控件。运行程序,效果如图 8-5

所示。在图 8-5 中，当用户单击网页中的"登录"按钮时，首先获取 Web 用户控件中用户名和密码文本框的值，然后判断输入的值是否合法，如果是合法用户，则弹出欢迎用户光临的对话框。（实例位置：光盘\MR\源码\第 8 章\8-2。）

程序开发步骤如下所述。

（1）新建一个网站，默认主页为 Default.aspx，并在该页中添加一个 Button 控件，用于判断用户输入的信息是否合法。

图 8-5　访问 Web 用户控件中的服务器控件

（2）在该网站中添加一个 Web 用户控件，默认名为 WebUserControl.ascx，并在该 Web 用户控件中添加两个文本框，分别用于输入用户名和密码。WebUserControl.ascx 用户控件的设计代码如下：

```
<%@ Control Language="C#" AutoEventWireup="true" CodeFile="WebUserControl.ascx.cs"
Inherits="WebUserControl" %>
<table style="width: 244px; height: 48px ; font-size :9pt">
    <tr>
        <td align="center" colspan="2">
            用户登录</td>
    </tr>
    <tr>
        <td>
            用户名：</td>
        <td>
            <asp:TextBox ID="TextBox1" runat="server" Width="130px"></asp:TextBox>
        </td>
    </tr>
    <tr>
        <td>
            密码：</td>
        <td>
            <asp:TextBox        ID="TextBox2"        runat="server"        TextMode="Password"
Width="130px"></asp:TextBox>
        </td>
    </tr>
</table>
```

（3）在该 Web 用户控件中定义两个公有属性，分别用于设置或读取各个文本框中的 Text 属性，代码如下：

```
public string str_Name                        //公有属性，访问"用户姓名"文本框
{
    get { return this.TextBox1.Text; }        //返回"用户姓名"文本框的值
    set { this.TextBox1.Text = value; }       //设置"用户姓名"文本框的值
}
public string str_Pwd                         //公有属性，访问"密码"文本框
{
    get { return this.TextBox2.Text; }        //返回"密码"文本框的值
    set { this.TextBox2.Text = value; }       //设置"密码"文本框的值
}
```

（4）将 Web 用户控件添加到 Default.aspx 页面中，并在 Default.aspx 页面的"登录"按钮的 Click 事件下编写代码，获取 Web 用户控件中的文本框值，并判断用户输入是否合法。代码如下：

```
protected void Button1_Click(object sender, EventArgs e)
```

```
            {
                if (this.WebUserControl1.str_Name == "" || this.WebUserControl1.str_Pwd == "")
                {
                    Response.Write("<script>alert('请输入必要的信息！')</script>");
                }
                else
                {
                    if (this.WebUserControl1.str_Name == "mr" && this.WebUserControl1.str_Pwd == "mrsoft")
                    {
                        Response.Write("<script>alert('您是合法用户，欢迎您的光临！')</script>");
                    }
                    else
                    {
                        Response.Write("<script>alert('您的输入有误，请核对后重新输入！')</script>");
                    }
                }
            }
```

4. 动态加载 Web 用户控件

动态加载 Web 用户控件是指在 Web 窗体中以编程方式动态地创建并使用 Web 用户控件，而不是把创建好的 Web 用户控件直接以拖曳方式在 Web 窗体中使用。

【例 8-3】本实例实现使用@Reference 指令链接 Web 用户控件，并使用 LoadControl 方法将其动态加载到 Web 窗体中的功能。实例运行结果如图 8-6 所示。（实例位置：光盘\MR\源码\第 8 章\8-3。）

程序开发步骤如下所述。

（1）新建一个网站，默认主页为 Default.aspx，并在该页中添加一个 PlaceHolder 控件。

图 8-6　动态加载 Web 用户控件

（2）在该网站中创建一个名为 UserControl 的文件夹，在该文件夹下添加一个 Web 用户控件，命名为 MyUserControl.ascx，并在该 Web 用户控件中添加一个 Label 控件。MyUserControl.ascx 用户控件的设计代码如下：

```
<%@ Control Language="C#" AutoEventWireup="true" CodeFile="MyUserControl.ascx.cs" Inherits="MyUserControl" %>
<asp:Label ID="Label1" runat="server" oninit="Label1_Init" Text="Label"></asp:Label>
```

（3）在 MyUserControl.ascx 用户控件中定义 LabelText 属性，并在 Label 初始化时，显示定义的 LabelText 属性值。代码如下：

```
private string _labelText;
public string LabelText
{
    get { return _labelText; }
    set
    {
        if (!String.IsNullOrEmpty(value))
            _labelText = Server.HtmlEncode(value);
    }
}
protected void Label1_Init(object sender, EventArgs e)
{
    Label1.Text = LabelText;
}
```

（4）通过@ Reference 指令将该 Web 用户控件引用到包含它的页面中（这里为 Defaul.aspx 页面）。当 Web 用户控件加载到指定页之后，设置 Web 用户控件的 LabelText 值，并通过 System.Web.UI.Contros 属性将 Web 用户控件添加到 PlaceHolder 服务器控件的 System.Web.UI.ControlCollection 对象中。代码如下：

```
<%@ Page Language="C#" AutoEventWireup="true" CodeFile="Default.aspx.cs" Inherits="_Default" %>
<!--该指令语句必不可少，否则找不到Web用户控件-->
<%@ Reference Control="~/UserControl/MyUserControl.ascx" %>

<!DOCTYPE html PUBLIC "-//W3C//DTD XHTML 1.0 Transitional//EN" "http://www.w3.org/TR/xhtml1/DTD/xhtml1-transitional.dtd">
<html xmlns="http://www.w3.org/1999/xhtml">
<head runat="server">
    <title>无标题页</title>
    <script runat="server">
        protected void Page_Load(object sender, EventArgs e)
        {
            if (!IsPostBack)
            {
                //调用 LoadControl 方法创建 Web 用户控件的实例
                MyUserControl uc = (MyUserControl)Page.LoadControl("~/UserControl/MyUserControl.ascx");
                //设置 Web 用户控件中的服务器控件 Label 的值
                uc.LabelText = "ASP.NET 编程词典！ ";
                //将该用户添加到 PlaceHolder 中
                this.PlaceHolder1.Controls.Add(uc);
            }
        }
    </script>
</head>
<body>
    <form id="form1" runat="server">
    <div>
    </div>
    <p>
    <asp:PlaceHolder ID="PlaceHolder1" runat="server"></asp:PlaceHolder>
    </p>
    </form>
</body>
</html>
```

5. 将 Web 网页转化为 Web 用户控件

将现有的 Web 网页转换为 Web 用户控件，对于提高代码的重用性来说，这是最佳的选择方案。在程序开发过程中，当发现一个 Web 网页会经常用到，并计划在整个应用程序中使用时，可以对该页面略加改动，将其转化为一个 Web 用户控件。将 Web 网页转换为 Web 用户控件有两大步骤，分别如下。

（1）将 ASP.NET 网页文件转换为 Web 用户控件，具体操作如下所述。

- 重命名控件，使其文件扩展名为 .ascx。
- 从该页面中移除 html、body 和 form 元素。
- 将@Page 指令更改为@Control 指令。
- 移除@Control 指令中除 Language、AutoEventWireup（如果存在）、CodeFile 和 Inherits

之外的所有属性。
- 在@Control 指令中添加 ClassName 属性，这允许将 Web 用户控件添加到页面时对其进行强类型化。

（2）将 ASP.NET 网页的代码隐藏文件转换为 Web 用户控件形式：打开代码隐藏文件，并将该文件继承的类从 Page 更改为 UserControl，即将 System.Web.UI.Page 更改成 System.Web.UI.UserControl。

8.3 综合实例——制作一个站内搜索 Web 用户控件

对于很多大型网站来说，站内搜索功能都是必不可少的。如果将搜索功能设计成为 Web 用户控件，便可以在多个网页中重复使用，从而省去许多重复性的工作。本实例将介绍如何制作一个带有站内搜索功能的 Web 用户控件。实例运行结果如图 8-7 所示。

程序开发步骤如下所述。

（1）新建一个网站，将主页命名为 Index.aspx。

（2）创建一个 Web 用户控件 menu.ascx，用来实现站内搜索功能，该 Web 用户控件涉及的控件如表 8-1 所示。

图 8-7 站内搜索 Web 用户控件

表 8-1　　　　　　　　　　menu.ascx 中的控件属性设置及用途

控件类型	控件名称	主要属性设置	用途
A Label	Lable1	Text 属性设置为"输入查询关键字："	输入关键字
abl TextBox	TextBox1	无	用户可在该控件上输入要查找的内容
DropDownList	DropDownList1	在 Items 属性中添加"时政要闻"、"经济动向"、"世界军事"、"科学教育"、"法治道德"、"社会现象"、"体育世界"、"时尚娱乐"等项	用于绑定新闻类型
ab Button	cmdSearch	Text 属性设置为"站内搜索"	站内搜索

（3）创建一个新页 search.aspx，用来显示查询的结果。在该页中添加一个 Table 表格，用于布局页面。在该 Table 表格中添加一个已创建好的 Web 用户控件 menu.ascx，实现查询功能；然后添

加一个 Lable 控件，用于显示查询的关键字；最后添加一个 DataList 控件，用于显示查询结果。

（4）创建一个新页 showNews.aspx，用来显示指定新闻的详细信息。在该页中添加一个 Table 表格，用于布局页面。在该 Table 表格中添加一个 TextBox 控件，用来显示新闻的内容；然后添加一个 Button 控件，执行关闭窗口功能。

（5）在 Web 用户控件 menu.ascx 上，当用户单击"站内搜索"按钮时，将会触发该控件的 Click 事件，该该事件中，将查询关键字保存在 Session 对象中，代码如下：

```
protected void cmdSearch_Click(object sender, EventArgs e)
{
    Session["tool"] = "都市新闻网络中心->站内查询("+DropDownList1.Text+")----输入关键字为"" + TextBox1.Text + """;
    Session["search"] = "select * from tbNews where style='" + DropDownList1.Text + "'and content like '%" + TextBox1.Text + "%' ";
    Response.Redirect("search.aspx");
}
```

（6）search.aspx 页面加载时，根据传递的关键字在数据库中查找信息，并将查询到的信息绑定到 DataList 控件上，然后将查询关键字显示在 Lable 控件上，代码如下：

```
protected void Page_Load(object sender, EventArgs e)
{
    DataList1.DataSource = bc.GetDataSet(Convert.ToString(Session["search"]), "tbNews");
    DataList1.DataKeyField = "id";
    DataList1.DataBind();
    Label1.Text = Convert.ToString(Session["tool"]);
}
```

（7）上面的代码中用到了 GetDataSet 方法，该方法位于 BaseClass.cs 类中，主要用来执行指定的 SQL 查询语句，并将查询结果填充到 DataSet 数据集中。代码如下：

```
public System.Data.DataSet GetDataSet(string sQueryString, string TableName)
{
    SqlConnection con = new SqlConnection(ConfigurationManager.AppSettings["conStr"]);
    con.Open();
    SqlDataAdapter dbAdapter = new SqlDataAdapter(sQueryString, con);
    DataSet dataset = new DataSet();
    dbAdapter.Fill(dataset, TableName);
    con.Close();
    return dataset;
}
```

说明

上面列出的是本实例的主要代码，关于其完整代码，可以参考本书附带光盘中的源代码。

知识点提炼

（1）Web 用户控件是一种复合控件，可以向 Web 用户控件中添加现有的 Web 服务器控件和标记，并可以定义控件的属性和方法。

（2）在 ASP.NET 网页中使用 Web 用户控件时，需要首先使用@Register 指令进行注册。

（3）在 ASP.NET 网页中访问 Web 用户控件的属性时，需要将属性定义为 public 类型。

（4）在 ASP.NET 网页中访问 Web 用户控件中的服务器控件时，首先需要在 Web 用户控件中定义 public 属性，然后通过这些属性中的 get 访问器与 set 访问器操作服务器控件的相关属性，最后在 ASP.NET 网页中调用这些 public 属性，从而实现操作 Web 用户控件中服务器控件的功能。

（5）在 ASP.NET 网页中动态加载 Web 用户控件时，首先需要通过@ Reference 指令将该 Web 用户控件引用到 ASP.NET 网页中，然后通过 System.Web.UI.Contros 属性将 Web 用户控件添加到 ASP.NET 网页的 System.Web.UI.ControlCollection 对象中。

（6）将 Web 网页转化为 Web 用户控件时，首先将 ASP.NET 网页文件转换为 Web 用户控件，然后将代码隐藏文件中的继承类由 Page 更改为 UserControl。

习　题

8-1　简述 Web 用户控件的概念。
8-2　简述 Web 用户控件与 Web 窗体的区别。
8-3　如何在 ASP.NET 网页中访问 Web 用户控件中定义的属性？
8-4　如何在 ASP.NET 网页中访问 Web 用户控件中的服务器控件？
8-5　请描述将 Web 网页转化为 Web 用户控件的步骤。

实验：使用 Web 用户控件制作博客导航条

实验目的

（1）掌握 Web 用户控件的创建过程。
（2）掌握如何将 Web 用户控件添加到 ASP.NET 网页中。

实验内容

使用本章所学的知识设计一个博客导航条的 Web 用户控件，该导航条中主要包括"博客首页"、"文章管理"、"图片管理"、"朋友圈管理"、"用户管理"和"退出登录"6 个导航链接。实验的运行效果如图 8-8 所示。

图 8-8　博客导航条

实验步骤

（1）新建一个网站，命名为 BlogNavigator，默认主页为 Default.aspx。
（2）在该网站中添加一个 Web 用户控件，默认名为 WebUserControl.ascx。在该 Web 用户控件中，添加 6 个 HyperLink 控件，分别设置其 ImageUrl（要显示图像的 URL）和 NavigateUrl（超链接页的 URL）属性。WebUserControl.ascx 用户控件的设计代码如下：

```
<%@ Control Language="C#" AutoEventWireup="true" CodeFile="WebUserControl.ascx.cs"
Inherits="WebUserControl" %>
    <table height="157" width="759" align =center background="images/1.jpg" >
      <tr>
          <td colspan =7 style="height: 116px">
          </td>
      </tr>
      <tr>
          <td style="width: 185px; height: 23px"></td>
          <td style="width: 80px; height: 23px">
              <asp:HyperLink    ID="HyperLink1"   runat="server"   Font-Underline="False"
ImageUrl="~/images/3.jpg" NavigateUrl="~/Default.aspx"></asp:HyperLink></td>
          <td style="height: 23px; width: 83px;">
              <asp:HyperLink    ID="HyperLink2"   runat="server"   Font-Underline="False"
ImageUrl="~/images/4.jpg" NavigateUrl="~/Default.aspx">></asp:HyperLink></td>
          <td style="height: 23px; width: 66px;">
              <asp:HyperLink    ID="HyperLink3"   runat="server"   Font-Underline="False"
ImageUrl="~/images/5.jpg" NavigateUrl="~/Default.aspx">></asp:HyperLink></td>
          <td style="height: 23px; width: 83px;">
              <asp:HyperLink    ID="HyperLink4"   runat="server"   Font-Underline="False"
ImageUrl="~/images/6.jpg" NavigateUrl="~/Default.aspx">></asp:HyperLink></td>
          <td style="height: 23px; width: 70px;">
              <asp:HyperLink    ID="HyperLink5"   runat="server"   Font-Underline="False"
ImageUrl="~/images/7.jpg" NavigateUrl="~/Default.aspx">></asp:HyperLink></td>
          <td style=" height: 23px">
              <asp:HyperLink    ID="HyperLink6"   runat="server"   Font-Underline="False"
ImageUrl="~/images/8.jpg" NavigateUrl="~/Default.aspx">></asp:HyperLink></td>
      </tr>
    </table>
```

（3）将设计好的博客导航条 Web 用户控件拖放到 Default.aspx 页面中，Default.aspx 页面将自动生成如下代码：

```
<%@    Page   Language="C#"    AutoEventWireup="true"    CodeFile="Default.aspx.cs"
Inherits="_Default" %>
<%@ Register src="WebUserControl.ascx" tagname="WebUserControl" tagprefix="uc1" %>
<!DOCTYPE    html    PUBLIC    "-//W3C//DTD    XHTML    1.0    Transitional//EN"
"http://www.w3.org/TR/xhtml1/DTD/xhtml1-transitional.dtd">
<html xmlns="http://www.w3.org/1999/xhtml">
<head runat="server">
    <title>无标题页</title>
</head>
<body>
    <form id="form1" runat="server">
    <div>
        <uc1:WebUserControl ID="WebUserControl1" runat="server" />
    </div>
    </form>
</body>
</html>
```

上面代码中的"<%@ Register src="WebUserControl.ascx" tagname="WebUserControl" tagprefix="uc1" %>"这条语句用来在该网页中注册 Web 用户控件。

通过以上步骤即设计了一个用于博客导航条的 Web 用户控件，并将该 Web 用户控件拖放到了 Web 网页中进行使用。

第 9 章 ASP.NET 中的站点导航控件

本章要点

- Web.sitemap 站点地图的使用
- TreeView 控件的常用属性及事件
- TreeView 控件的基本设置及实际应用
- Menu 控件的常用属性及事件
- Menu 控件的基本设置及实际应用
- SiteMapPath 控件的常用属性及事件
- SiteMapPath 控件的基本设置及实际应用

网站导航就是当用户浏览网站时,网站所提供的指引标志,可以使用户清楚地知道目前所在网站中的位置。ASP.NET 中主要提供 3 个控件作为网站导航结构,即 TreeView 控件、Menu 控件和 SiteMapPath 控件,本章将分别对它们的使用进行详细讲解。

9.1 站点地图 Web.sitemap 概述

站点地图是一种以 .sitemap 为扩展名的标准的 XML 文件,主要为站点导航控件提供站点层次结构信息,默认名为 Web.sitemap。.sitemap 文件存储在应用程序的根目录下。如果站点地图文件不是以 .sitemap 为扩展名,则需要将该文件放置在不能被用户下载(扩展名 .sitemap 默认情况下不能被下载)的目录下,如放置在 App_Data 文件夹下。.sitemap 文件的内容是以 XML 所描述的树状结构的文件,其中包括了站点结构信息。TreeView、Menu 和 SiteMapPath 控件的网站导航信息和超链接数据都可以由 .sitemap 文件提供。

与添加普通文件的方法一致,开发人员可以通过鼠标右键单击"解决方案资源管理器"中的 Web 站点,选择"添加新项"命令,然后,在弹出的对话框中选择"站点地图",如图 9-1 所示,这时,Visual Studio 2010 将在应用程序根目录下创建一个 Web.sitemap 文件。

创建成功后,会得到一个空白的结构描述内容,代码如下:

```
<?xml version="1.0" encoding="utf-8" ?>
<siteMap xmlns="http://schemas.microsoft.com/AspNet/SiteMap-File-1.0" >
    <siteMapNode url="" title="" description="">
        <siteMapNode url="" title="" description="" />
        <siteMapNode url="" title="" description="" />
    </siteMapNode>
</siteMap>
```

第 9 章 ASP.NET 中的站点导航控件

图 9-1 选择"站点地图"图标并对其命名

由以上代码可知,Web.sitemap 文件内容严格遵循 XML 文件格式,该文件中包括一个根节点 siteMap,在根节点下包括多个 siteMapNode 子节点,其中设置了 title、url 等属性。

 创建 Web.sitemap 文件后,需要根据文件架构来填写站点结构信息。如果 siteMapNode 节点的 url 所指定的网页名称重复,则会造成导航控件无法正常显示,最后运行时会产生错误。所以,一定要保证 Web.sitemap 文件中的 url 属性值唯一。

表 9-1 列出了 siteMapNode 节点的常用属性。

表 9-1 siteMapNode 节点的常用属性及说明

属 性	说 明
url	设置用于节点导航的 URL 地址。在整个站点地图文件中,该属性必须唯一
title	设置节点名称
description	设置节点说明文字
key	定义表示当前节点的关键字
roles	定义允许查看该站点地图文件的角色集合。多个角色可使用(;)和(,)来分隔
Provider	定义处理其他站点地图文件的站点导航提供程序名称。默认值为 XmlSiteMapProvider
siteMapFile	设置包含其他相关 SiteMapNode 元素的站点地图文件

9.2 TreeView 树型导航控件

9.2.1 TreeView 控件概述

TreeView 控件由一个或多个节点构成,树中的每个项都被称为一个节点,由 TreeNode 对象表示。TreeView 控件的组成如图 9-2 所示。位于图中最上层的为根节点(RootNode),再下一层的称为父节点(ParentNode),父节点下面的几个节点则称为子节点(ChildNode),而子节点下面没有任何节点,则称为叶节点(LeafNode)。

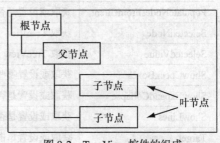

图 9-2 TreeView 控件的组成

TreeView 控件主要支持以下功能。
- 支持数据绑定,允许将控件的节点绑定到分层数据(如:XML、表格等)。
- 与 SiteMapDataSource 控件集成,实现站点导航功能。
- 节点文字可显示为普通文本或超链接文本。
- 可自定义树型和节点的样式、主题等外观特征。
- 通过编程方式访问 TreeView 对象,完成动态创建树形结构、构造节点和设置属性等任务。
- 在客户端浏览器支持的情况下,通过客户端到服务器的回调填充节点。
- 具有在节点前显示复选框的功能。

9.2.2 TreeView 控件的常用属性和事件

TreeView 控件常用属性及说明如表 9-2 所示。

表 9-2　　　　　　　　　　　　TreeView 控件常用属性及说明

属　性	说　明
AutoGenerateDataBindings	获取或设置 TreeView 服务器控件是否自动生成树节点绑定
CheckedNodes	用于获取 TreeView 控件中被用户选中 CheckBox 的节点集合
CollapseImageToolTip	获取或设置可折叠节点的指示符所显示图像的提示文字
CollapseImageUrl	获取或设置节点在折叠状态下,所显示图像的 URL 地址
DataSource	获取或设置绑定到 TreeView 服务器控件的数据源对象
DataSourceID	获取或设置绑定到 TreeView 服务器控件的数据源控件的 ID
EnableClientScript	获取或设置 TreeView 服务器控件是否呈现客户端脚本以处理展开和折叠事件
ExpandDepth	获取或设置默认情况下 TreeView 服务器控件展开的层次数
ExpandImageToolTip	获取或设置可展开节点的指示符所显示图像的提示文字
ExpandImageUrl	获取或设置用作可展开节点的指示符的自定义图像的 URL
ImageSet	获取或设置 TreeView 服务器控件的图像组,是 TreeViewImageSet 枚举值之一
LineImagesFolder	获取或设置用于连接子节点和父节点的线条图像的文件夹的路径
MaxDataBindDepth	获取或设置要绑定到 TreeView 服务器控件的最大树级别数
NodeIndent	获取或设置 TreeView 服务器控件的子节点的缩进量,单位是像素
Nodes	用于获取 TreeView 控件中的 TreeNode 对象集合。可通过特定方法,对树形结构中的节点进行添加、删除、修改等操作
NodeWrap	获取或设置空间不足时节点中的文本是否换行
NoExpandImageUrl	获取或设置不可展开节点的指示符的自定义图像的 URL
PathSeparator	获取或设置用于分隔由 ValuePath 属性指定的节点值的字符,为防止冲突和得到错误的数据,节点的 Value 属性中不应当包含分隔符字符
PopulateNodesFromClient	获取或设置是否启用由客户端构建节点的功能
SelectedNode	获取 TreeView 服务器控件中选定节点的 TreeNode 对象
SelectedValue	获取 TreeView 服务器控件中选定节点的值
ShowCheckBoxes	获取或设置哪些节点类型将在 TreeView 控件中显示复选框
ShowExpandCollapse	获取或设置是否显示展开节点指示符
ShowLines	获取或设置是否显示连接子节点和父节点的线条
Target	获取或设置单击节点时网页内容的目标窗口或框架名字

下面对比较重要的属性进行详细介绍。

- ExpandDepth 属性

获取或设置默认情况下 TreeView 服务器控件展开的层次数。例如，若将该属性设置为 2，则将展开根节点及根节点下方紧邻的所有父节点。默认值为-1，表示将所有节点完全展开。

- Nodes 属性

使用 Nodes 属性可以获取一个包含树中所有根节点的 TreeNodeCollection 对象。Nodes 属性通常用于快速循环访问所有根节点，或者访问树中的某个特定根节点，同时还可以使用 Nodes 属性以编程方式管理树中的根节点，即可以在集合中添加、插入、移除和检索 TreeNode 对象。

例如，在使用 Nodes 属性遍历树时，添加如下代码判断根节点数：

```
if (TreeView1.Nodes.Count > 0)
{
    for (int i = 0; i < TreeView1.Nodes.Count; i++)
    {
        …其他操作
    }
}
```

- SelectedNode 属性

SelectedNode 属性用于获取用户选中节点的 TreeNode 对象。当节点显示为超链接文本时，该属性返回值为 null。

例如，从 TreeView 控件中将选择的节点值赋给 Label 控件，代码如下：

```
Label1.Text += "<li>被选择的节点为："+TreeView1.SelectedNode.Text;
```

TreeView 控件常用事件及说明如表 9-3 所示。

表 9-3　　　　　　　　　　　TreeView 控件常用事件及说明

事　　件	说　　明
SelectedNodeChanged	在 TreeView 控件中选定某个节点时发生
TreeNodeCheckChanged	当 TreeView 服务器控件的复选框向服务器的两次发送过程之间状态有所更改时发生
TreeNodeExpanded	当展开 TreeView 服务器控件中的节点时发生
TreeNodeCollapsed	当折叠 TreeView 服务器控件中的节点时发生
TreeNodePopulate	当 PopulateOnDemand 属性设置为 true 的节点在 TreeView 服务器控件中展开时发生
TreeNodeDataBound	当数据项绑定到 TreeView 服务器控件中的节点时发生

9.2.3　TreeView 控件的使用

TreeView 控件的基本功能可以总结为：将有序的层次化结构数据显示为树形结构。创建 Web 窗体后，可以通过拖放的方法将 TreeView 控件添加到 Web 页的适当位置，在 Web 页上将会出现图 9-3 所示的 TreeView 控件和 TreeView 快捷菜单。

TreeView 任务快捷菜单中显示了设置 TreeView 控件常用的任务：自动套用格式（用于设置控件外观）、选择数据源（用于连接一个现有数据源或创建一个数据源）、编辑节点（用于编辑在 TreeView 中显示的节点）和显示行（用于显示 TreeView 上的行）。

添加 TreeView 控件后，通常先添加节点，然后为 TreeView 控件设置外观。

添加节点可以通过选择"编辑节点"命令，弹出图 9-4 所示的对话框，在其中可以定义 TreeView 控件的节点和相关属性。对话框的左侧是操作节点的命令按钮和控件预览窗口。命令按钮包括添加根节点、添加子节点、删除节点和调整节点相对位置；对话框右侧是当前选中节点的属性列表，可根据需要设置节点属性。

图 9-3 TreeView 控件及其快捷菜单

图 9-4 TreeView 节点编辑器

TreeView 控件的外观属性可以通过属性面板进行设置，也可以通过 Visual Studio 2010 内置的 TreeView 控件外观样式进行设置。

选择"自动套用格式"命令，将弹出图 9-5 所示的"自动套用格式"对话框，该对话框左侧列出的是 TreeView 控件外观样式的名称，右侧是对应外观样式的预览窗口。

编辑节点并设置外观样式后的 TreeView 控件效果如图 9-6 所示。

图 9-5 "自动套用格式"对话框

图 9-6 TreeView 控件效果

【例 9-1】 本实例实现将数据库中对应的字段绑定到 TreeView 控件上，并在页面中显示所操作节点的相关信息，如当前节点的层数、下一层节点内容等。实例运行效果如图 9-7 所示。（实例位置：光盘\MR\源码\第 9 章\9-1。）

程序开发步骤如下所述。

（1）新建一个网站，默认主页为 Default.aspx。在 Default.aspx 页中添加一个 TreeView 控件。

（2）在 Default.aspx 页面的后台代码中自定义一个 BindDataBase 方法，用于将数据库中的数据绑定到 TreeView 控件上。代码如下：

```
public void BindDataBase()
{
    SqlConnection     sqlCon     =     new
SqlConnection();    //创建 SqlConnection 对象
```

图 9-7 使用 TreeView 控件显示数据库中数据

```
//创建 SqlConnection 对象连接数据库的字符串
sqlCon.ConnectionString = @"server=MRWXK\MRWXK;uid=sa;pwd=;database=db_ASPNET";
//创建 SqlDataAdapter 对象
SqlDataAdapter da = new SqlDataAdapter("select * from tb_Place", sqlCon);
DataSet ds = new DataSet();                    //创建数据集 DataSet
da.Fill(ds, "tb_Place");
//下面的方法动态添加了 TreeView 的根节点和子节点
TreeNode tree1 = new TreeNode("长春地区");      //设置 TreeView 的根节点
this.TreeView1.Nodes.Add(tree1);
for (int i = 0; i < ds.Tables["tb_Place"].Rows.Count; i++)
{
    TreeNode tree2 = new TreeNode(ds.Tables["tb_Place"].Rows[i][1].ToString(),
ds.Tables["tb_Place"].Rows[i][1].ToString());  //绑定根节点下的叶节点
    tree1.ChildNodes.Add(tree2);
    //显示 TreeView 根节点下的叶节点的子节点内容
    for (int j = 0; j < ds.Tables["tb_Place"].Columns.Count; j++)
    {
        if (j != 1)
        {
            TreeNode tree3 = new
TreeNode(ds.Tables["tb_Place"].Rows[i][j].ToString(),
ds.Tables["tb_Place"].Rows[i][j].ToString());
            tree2.ChildNodes.Add(tree3);
        }
    }
}
```

（3）在 Default.aspx 页面的 Page_Load 事件中，调用 BindDataBase 方法对 TreeView 控件进行数据绑定，然后设置父节点与子节点间的连线，并展开树控件的第一层。代码如下：

```
protected void Page_Load(object sender, EventArgs e)
{
    if (!IsPostBack)
    {
        BindDataBase();                        //调用 BindDataBase 方法
        TreeView1.ShowLines = true;            //显示连接父节点与子节点间的线条
        TreeView1.ExpandDepth = 1;             //控件显示时所展开的层数
    }
}
```

（4）在 Default.aspx 页面的后台代码中自定义一个 DisplayChildNodeText 方法，用来显示选中节点的下一层内容，代码如下：

```
public void DisplayChildNodeText(TreeNode node)
{
    foreach (TreeNode childNode in node.ChildNodes)
    {
        tbNextNode.Text += childNode.Text + "<br/>";
        DisplayChildNodeText(childNode);
    }
}
```

（5）触发 TreeView 控件的 SelectedNodeChanged 事件，用来显示当前节点内容、上一层节点的内容、当前节点的层数、当前节点的下一层内容（如果有）等，代码如下：

```
protected void TreeView1_SelectedNodeChanged(object sender, EventArgs e)
```

```
    {
        tbCurrentNode.Text = TreeView1.SelectedNode.ValuePath;        //选择的当前节点内容
        //选择的节点的上一层节点内容
        if (TreeView1.SelectedNode.Parent is TreeNode)
        {
            tbPreNode.Text = TreeView1.SelectedNode.Parent.ValuePath;
        }
        else
        {
            Response.Write("<script>alert('请选择的子节点! ')</script>");
        }
        //当前节点是第几层
        tbNodeDepth.Text = TreeView1.SelectedNode.Depth + "层";
        if (TreeView1.SelectedNode.ChildNodes.Count > 0)
        {
            //当前节点的下一层节点内容
            tbNextNode.Text = TreeView1.SelectedNode.Text + "---该节点的下一层节点:";
            //调用自定义方法 DisplayChildNodeText 绑定当前节点下层中的内容
            DisplayChildNodeText(TreeView1.SelectedNode);
        }
        else
        {
            tbNextNode.Text = "访层没有下一层节点! ";
        }
    }
```

9.3 Menu 下拉菜单导航控件

9.3.1 Menu 控件概述

Menu 控件能够构建与 Windows 应用程序类似的菜单栏。Menu 控件具有两种显示模式：静态模式和动态模式。静态模式显示意味着 Menu 控件始终是完全展开的，整个结构都是可视的，用户可以单击任何部位；而动态模式显示的菜单中，只有指定的部分是静态的，只有用户将鼠标指针放置在父节点上时才会显示其子菜单项。

Menu 控件的基本功能是实现站点导航功能，具体功能如下所述。

- 与 SiteMapDataSource 控件搭配使用，将 Web.sitemap 文件中网站导航数据绑定到 Menu 控件。
- 允许以编程方式访问 Menu 对象模型。
- 可使用主题、样式属性、模板等自定义控件外观。

9.3.2 Menu 控件的常用属性和事件

Menu 控件常用属性及说明如表 9-4 所示。

下面对比较重要的属性进行详细介绍。

- DisappearAfter 属性

DisappearAfter 属性是用来获取或设置当鼠标离开 Meun 控件后菜单的延迟显示时间，默认值为 500，单位为毫秒。在默认情况下，当鼠标离开 Menu 控件后，菜单将在一定时间内自动消失。如果希望菜单立刻消失，可单击 Meun 控件以外的空白区域。当设置该属性值为-1 时，菜单将不会自动消失，在这种情况下，只有用户在菜单外部单击时，动态菜单项才会消失。

表 9-4　　　　　　　　　　　　　　Menu 控件常用属性及说明

属　　性	说　　明
DataSource	获取或设置对象，数据绑定控件从该对象中检索其数据项列表
DataSourceID	获取或设置绑定到 Menu 服务器控件的数据源控件的 ID
DisappearAfter	获取或设置鼠标指针不再置于菜单上后显示动态菜单的持续时间
DynamicHorizontalOffset	获取或设置动态菜单相对于其父菜单项的水平移动像素数
DynamicPopOutImageUrl	获取或设置自定义图像的 URL，如果动态菜单项包含子菜单，该图像则显示在动态菜单项中
Items	获取 MenuItemCollection 对象，该对象包含 Menu 控件中的所有菜单项
ItemWrap	获取或设置一个值，该值指示菜单项的文本是否换行
MaximumDynamicDisplayLevels	获取或设置动态菜单的菜单呈现级别数
Orientation	获取或设置 Menu 控件的呈现方向
SelectedItem	获取选定的菜单项
SelectedValue	获取选定菜单项的值

❑ Orientation 属性

使用 Orientation 属性指定 Menu 控件的显示方向，如果 Orientation 的属性值为 Horizontal，则水平显示 Menu 控件，如图 9-8 所示；如果 Orientation 的属性值为 Vertical，则垂直显示 Menu 控件，如图 9-9 所示。

图 9-8　水平显示动态菜单

图 9-9　垂直显示动态菜单

Menu 控件常用事件及说明如表 9-5 所示。

表 9-5　　　　　　　　　　　　　　Menu 控件常用事件及说明

事　　件	说　　明
MenuItemClick	单击 Menu 控件中某个菜单选项时激发
MenuItemDataBound	Menu 控件中某个菜单选项绑定数据时激发

9.3.3　Menu 控件的使用

Menu 控件可以通过拖放的方式添加到 Web 页的适当位置，在 Web 页上将会出现图 9-10 所示的 Menu 控件和 Menu 快捷菜单。

Menu 控件有自己的任务快捷菜单，该菜单显示了设置 Menu 控件常用的任务，即自动套用格式、选择数据源、视图、编辑菜单项、转换为 DynamicItemTemplate、转换为 StaticItem Template 和编辑模板。

可以通过菜单项编辑器添加菜单项。选择"编辑菜单项"命令，打开"菜单项编辑器"对话框，如图 9-11 所示。在该对话框中，可以自定义 Menu 控件菜单项的内容及相关属性，对话框左侧是操作菜单项的命令按钮和控件预览窗口，其中，命令按钮主要用来对 Menu 控件菜单项执行添加、删除和调整位置等操作；对话框右侧是当前选中菜单项的属性列表，可根据需要设置菜单项属性。

图 9-10 Menu 控件及其快捷菜单

图 9-11 "菜单项编辑器"对话框

Menu 控件可以通过"自动套用格式"选项设置外观。选择"自动套用格式"命令，打开"自动套用格式"对话框，如图 9-12 所示。该对话框左侧列出的是内置的多种 Menu 控件外观样式的名称，右侧是对应外观样式的预览窗口。

编辑菜单项并设置外观样式后的 Menu 控件效果如图 9-13 所示。

图 9-12 "自动套用格式"对话框

图 9-13 Menu 控件效果

【例 9-2】 本实例主要实现使用 Menu 控件绑定 XML 文件实现网站导航的功能。实例运行效果如图 9-14 所示。（实例位置：光盘\MR\源码\第 9 章\9-2。）

程序开发步骤如下所述。

（1）新建一个网站，默认主页为 Default.aspx。在 Default.aspx 页上添加一个 Menu 控件和一个 XmlDataSource 控件。

（2）设置 XmlDataSource 控件的数据源，指定 XML 文件的名称为"XMLFile.xml"，如图 9-15 所示。

图 9-14 使用 Menu 绑定 XML 数据实现网站导航

图 9-15 设置 XmlDataSource 控件的数据源

> XmlDataSource 控件使得 XML 数据可用于数据绑定控件,可以使用该控件同时显示分层数据和表格数据。XmlDataSource 控件通常用于显示只读方案中的分层 XML 数据。

XMLFile.xml 文件的源代码如下:

```
<?xml version="1.0" encoding="utf-8" ?>
<Root>
  <Item url="Default.aspx" name="首页">
  </Item>
  <Item url="News.aspx" name="新闻">
    <Option url="News1.aspx" name="时事新闻"></Option>
    <Option url="News2.aspx" name="娱乐新闻"></Option>
  </Item>
</Root>
```

(3)为 Menu 控件指定数据源:将 Menu 控件的 DataSourceID 属性设为 "XmlDataSource1"。

(4)设置 XML 节点对应的字段:在"Menu 任务"快捷菜单上选择"编辑 MenuItem DataBindings"选项,打开"菜单 DataBindings 编辑器",添加 Item、Option 菜单项,然后,分别选取 Item 和 Option,并在属性窗口中设置对应字段:将 NavigateUrlField 属性设置为 url、将 TextField 属性设置为 name。单击"确定"按钮,这时 Menu 控件就已经绑定了 XML 文件。

(5)设置 Menu 控件的外观,在"自动套用格式"对话框中选择"传统型"样式,并将 Menu 控件的 Orientation 属性设置为 Horizontal。

9.4 SiteMapPath 站点地图导航控件

9.4.1 SiteMapPath 控件概述

SiteMapPath 控件用于显示一组文本或图像超链接,以便在使用最少页面空间的同时更加轻松地定位当前所在网站中的位置。该控件会显示一条导航路径,此路径为用户显示当前页的位置,并显示返回到主页的路径链接。它包含来自站点地图的导航数据,只有在站点地图中列出的页才能在 SiteMapPath 控件中显示导航数据。如果将 SiteMapPath 控件放置在站点地图中未列出的页上,该控件将不会向客户端显示任何信息。

> 当 SitMapPath 控件放置到 Web 窗体后,该控件将根据默认站点地图文件(web.sitemap 文件)中的数据自动显示导航信息,所以在应用程序中必须定义好 web.sitemap 文件的内容。

9.4.2 SiteMapPath 控件的常用属性和事件

SiteMapPath 控件常用属性及说明如表 9-6 所示。

表 9-6　　　　　　　　　　SiteMapPath 控件常用属性及说明

属　　性	说　　明
CurrentNodeTemplate	获取或设置一个控件模板,用于代表当前显示页的站点导航路径的节点
NodeStyle	获取用于站点导航路径中所有节点的显示文本的样式

续表

属　性	说　明
NodeTemplate	获取或设置一个控件模板，用于站点导航路径的所有功能节点
PathDirection	获取或设置导航路径节点的呈现顺序
PathSeparator	获取或设置一个字符串，该字符串在呈现的导航路径中分隔 SiteMapPath 节点
PathSeparatorTemplate	获取或设置一个控件模板，用于站点导航路径的路径分隔符
RootNodeTemplate	获取或设置一个控件模板，用于站点导航路径的根节点
SiteMapProvider	获取或设置用于呈现站点导航控件的 SiteMapProvider 的名称

下面对比较重要的属性进行详细介绍。

❏ ParentLevelsDisplayed 属性

ParentLevelsDisplayed 属性用于获取或设置 SiteMapPath 控件显示相对于当前显示节点的父节点级别数。默认值为-1，表示将所有节点完全展开。例如，设置 SiteMapPath 控件在当前节点之前还要显示 3 级父节点，代码如下：

`SiteMapPath1.ParentLevelsDisplayed=3;`

❏ PathDirection 属性

PathDirection 属性用来获取或设置节点显示的方向，有两种显示方向可供选择，即 CurrentToRoot 和 RootToCurrent，默认值为 RootToCurrent。例如，当设置 PathDirection 属性值为 RootToCurrent 时，显示方式为从最顶部的节点到当前节点（如新闻>时事新闻）；当设置 PathDirection 值为 CurrentToRoot 时，显示方式为从当前节点到最顶部节点（如时事新闻>新闻）。

❏ SiteMapProvider 属性

SiteMapProvider 属性是 SiteMapPath 控件用来获取站点地图数据的数据源。如果未设置 SiteMapProvider 属性，SiteMapPath 控件会使用 SiteMap 类的 Provider 属性获取当前站点地图的默认 SiteMapProvider 对象。其中 SiteMap 类是站点导航结构在内存中的表示形式，导航结构由一个或多个站点地图组成。

SiteMapPath 控件常用事件及说明如表 9-7 所示。

表 9-7　　　　　　　　　　SiteMapPath 控件常用事件及说明

事　件	说　明
ItemCreated	当 SiteMapPath 控件创建一个 SiteMapNodeItem 对象，并将其与 SiteMapNode 关联时发生（主要涉及创建节点过程）。该事件由 OnItemCreated 方法引发
ItemDataBound	当 SiteMapNodeItem 对象绑定到 SiteMapNode 包含的站点地图数据时发生（主要涉及数据绑定过程）。该事件由 OnItemDataBound 方法引发

说明　　ItemCreated 事件涉及创建节点过程，ItemDataBound 事件涉及数据绑定过程。

9.4.3　SiteMapPath 控件的使用

SiteMapPath 控件可以通过拖放的方式添加到 Web 页的适当位置，在 Web 页上将会出现图 9-16 所示的 SiteMapPath 控件和 SiteMapPath 快捷菜单。

SiteMapPath 任务快捷菜单中显示了设置 SiteMapPath 控件常用的任务：自动套用格式、添加扩展程序和编辑模板。SitMapPath 控件有模板定义方法，通过模板定义，能够在很大程度上提高 SitMapPath 控件的灵活性。SitMapPath 控件共包含 4 种模板，如图 9-17 所示，这些模板能够对 SitMapPath 控件的当前节点、普通节点、节点分隔符和根节点自行定义。

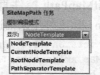

图 9-16　SiteMapPath 控件及其快捷菜单　　　　图 9-17　SiteMapPath 控件支持的模板

注意　　如果为 SiteMapPath 控件的节点设置了自定义模板，那么模板将会自动覆盖为节点定义的任何属性。

添加 SiteMapPath 控件后，可以通过属性面板对其外观进行设置，也可以通过 Visual Studio 2010 内置的 SiteMapPath 控件外观样式进行设置。

选择"自动套用格式"命令，将弹出图 9-18 所示的"自动套用格式"对话框，该对话框左侧列出的是 SiteMapPath 控件外观样式的名称，右侧是对应外观样式的预览窗口。

设置外观样式后的 SiteMapPath 控件效果如图 9-19 所示。

图 9-18　"自动套用格式"对话框　　　　图 9-19　SiteMapPath 控件效果

【例 9-3】 本实例中主要使用 SitMapPath 站点导航控件来实现一个网站导航，以便为站点创建一个一致的、容易管理的导航条。实例运行效果如图 9-20 所示。（实例位置：光盘\MR\源码\第 9 章\9-3。）

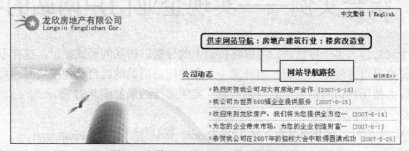

图 9-20　使用 SitMapPath 实现网站导航

程序开发步骤如下所述。

（1）新建一个网站，将默认主页 Defaul.aspx 重命名为 TreeViewPage.aspx。

（2）在 TreeViewPage.aspx 页面中添加一个 TreeView 控件，用来作为网站的导航菜单；添加一个 SiteMapDataSource 控件，为 TreeView 控件提供绑定的站点地图数据。

（3）创建 5 个新的 Web 页，并在每个页中添加一个 SiteMapPath 控件，作为每一页的导航。

（4）SitMapPath 控件直接使用网站的站点地图数据，本实例中创建的站点地图名为 Web.sitemsp，该文件用来描述网站导航结构。代码如下：

```
<?xml version="1.0" encoding="utf-8" ?>
<siteMap xmlns="http://schemas.microsoft.com/AspNet/SiteMap-File-1.0" >
    <siteMapNode title="供求网站导航" url="~/TreeViewPage.aspx">
        <siteMapNode title="房地产建筑行业">
            <siteMapNode title="楼房改造业" url="~/SiteMapPath/TestPage0.aspx"/>
            <siteMapNode title="平房改造业" url="~/SiteMapPath/TestPage1.aspx"/>
            <siteMapNode title="小区改造业" url="~/SiteMapPath/TestPage2.aspx"/>
        </siteMapNode>
        <siteMapNode title="金融业" >
            <siteMapNode title="银行业" url="~/SiteMapPath/TestPage3.aspx"/>
            <siteMapNode title="证券业" url="~/SiteMapPath/TestPage4.aspx"/>
        </siteMapNode>
    </siteMapNode>
</siteMap>
```

上面的 Web.sitemsp 文件中列出的 URL 地址必须存在且不能重复，否则将会产生异常。

（5）为了方便用户访问站点中的不同页面，在 TreeViewPage.aspx 中，将 SiteMapDataSource 控件的 ID 赋值给 TreeView 控件的 DataSourceID 属性。代码如下：

```
<asp:TreeView    ID="TreeView1"    runat="server"    Width    ="58%"    Height    ="92%"
DataSourceID="SiteMapDataSource1" ImageSet="Faq" Font-Size="12pt" >
    <ParentNodeStyle Font-Bold="False" />
    <HoverNodeStyle Font-Underline="True" ForeColor="Purple" />
    <SelectedNodeStyle Font-Underline="True" HorizontalPadding="0px"
        VerticalPadding="0px" />
    <NodeStyle    Font-Names="Tahoma"    Font-Size="8pt"    ForeColor="DarkBlue"
HorizontalPadding="5px" NodeSpacing="0px" VerticalPadding="0px" />
</asp:TreeView>
```

9.5 综合实例——实现企业门户网站的导航

对于一个网站包含多个导航时，可以将页面中的导航以树状的形式显示，这样不仅可以有效地节约页面，也可以方便用户查看。当开发一个企业门户网站的后台管理模块时，可以加入树状导航菜单，以方便用户访问站点中的不同页面。实例运行结果如图 9-21 所示。

程序开发步骤如下所述。

（1）新建一个网站，将其命名为 AdminNavigator，默认主页名为 Default.aspx。

（2）使用鼠标右键单击解决方案资源管理器中的 Web 站点，并选择"添加新项"命令，在弹出的对话框中选择"XML 文件"，并将其命名为"XMLTreeView.xml"，单击"添加"按钮，即可在网站中添加一个 XML 文件，XML 文件的代码如下：

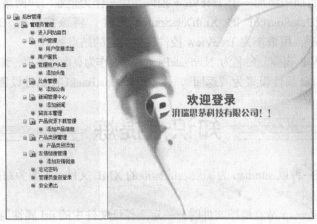

图 9-21　企业门户网站的导航

```xml
<?xml version="1.0" encoding="utf-8" ?>
<Hardware>
  <Item Category="XML企业门户平台">
    <Option Choice="进入网站首页" Url="Default.aspx"/>
    <Option Choice="用户管理" Url="NavigatePage.aspx">
      <leaf son="用户信息添加" Url="NavigatePage.aspx"/>
    </Option>
    <Option Choice="用户查找" Url="NavigatePage.aspx"/>
    <Option Choice="管理用户头像" Url="NavigatePage.aspx">
      <leaf son="添加头像" Url="NavigatePage.aspxx"/>
    </Option>
    <Option Choice="公告管理" Url="NavigatePage.aspx">
      <leaf son="添加公告" Url="NavigatePage.aspx"/>
    </Option>
    <Option Choice="新闻管理中心" Url="NavigatePage.aspx">
      <leaf son="添加新闻" Url="NavigatePage.aspx"/>
    </Option>
    <Option Choice="留言本管理" Url="NavigatePage.aspx">
    </Option>
    <Option Choice="产品资源下载管理" Url="NavigatePage.aspx">
      <leaf son="添加产品信息" Url="NavigatePage.aspx"/>
    </Option>
    <Option Choice="产品类别管理" Url="NavigatePage.aspx">
      <leaf son="产品类别添加" Url="NavigatePage.aspx"/>
    </Option>
    <Option Choice="友情链接管理" Url="NavigatePage.aspx">
      <leaf son="添加友情链接" Url="NavigatePage.aspx"/>
    </Option>
    <Option Choice="忘记密码" Url="NavigatePage.aspx"/>
    <Option Choice="管理员重新登录" Url="NavigatePage.aspx"/>
    <Option Choice="安全退出" Url="Exit.aspx"/>
  </Item>
</Hardware>
```

（3）在 Default 页面中添加一个 TreeView 控件，用来作为企业门户网站后台的导航；添加一个 ID 属性为 XmlDataSource1 的 XmlDataSource 控件，将该控件的 DataFile 属性设置为"~/XMLTreeView.xml"，用来作为 TreeView 控件提供绑定的站点数据。

（4）添加一个 Web 窗体，命名为 NavigatePage.aspx，作为页面跳转页，该页中添加一个 Button 按钮，将该按钮的 Text 属性设置为"返回"，并且将其 PostBackUrl 属性设置为"Default.aspx"。

知识点提炼

（1）站点地图是一种以.sitemap 为扩展名的标准的 XML 文件，主要为站点导航控件提供站点层次结构信息。

（2）编辑 Web.sitemap 站点地图文件时，一定要保证文件中的 url 属性值唯一。

（3）TreeView 控件由一个或多个节点构成，树中的每个项都被称为一个节点，由 TreeNode 对象表示。

（4）通过 TreeView 控件的任务快捷菜单（自动套用格式、选择数据源、编辑节点和显示行）可以对该控件进行编辑操作。

（5）Menu 控件能够构建与 Windows 应用程序类似的菜单栏，其基本功能是实现站点导航。

（6）通过设置 Orientation 属性可以指定 Menu 控件中菜单的显示方向。

（7）通过 Menu 控件的任务快捷菜单（自动套用格式、选择数据源、视图、编辑菜单项、转换为 DynamicItemTemplate、转换为 StaticItemTemplate 和编辑模板）可以对该控件进行编辑操作。

（8）SiteMapPath 控件主要显示一条导航路径，该路径为用户显示当前页的位置，并显示返回到主页的路径链接。

（9）通过 SiteMapProvider 属性可以为 SiteMapPath 控件设置站点地图数据源。

（10）通过 SiteMapPath 控件的任务快捷菜单（自动套用格式、添加扩展程序和编辑模板）可以对该控件进行编辑操作。

习 题

9-1 简述站点地图的作用。
9-2 分别描述 TreeView 控件、Menu 控件和 SiteMapPath 控件的使用场合。
9-3 如何为 TreeView 控件的导航节点设置复选框？
9-4 简述将数据库中数据绑定到 TreeView 上的步骤。
9-5 如何设置 Menu 控件显示的静态菜单级数？
9-6 如何自定义 SiteMapPath 控件中的路径分隔符？
9-7 列举可以为导航菜单提供数据源的数据源绑定控件。

实验：使用 TreeView 控件实现 OA 系统导航

实验目的

（1）掌握 TreeView 控件的使用。

第9章　ASP.NET中的站点导航控件

（2）巩固数据库绑定技术。

（3）掌握如何将数据库中的数据绑定到 TreeView 控件上。

实验内容

使用本章所学的知识设计一个 OA 办公自动化管理系统的导航菜单，其中，导航菜单使用 TreeView 来实现，导航菜单的菜单项数据从数据库中动态获取。实验的运行效果如图 9-22 所示。

图 9-22　OA 系统导航

实验步骤

（1）新建一个网站，命名为 OANavigation，默认主页为 Default.aspx。

（2）在 Default.aspx 页面中添加一个 Table 表格，用于布局页面。在该 Table 表格中添加一个 TreeView 控件，用来分层显示 OA 办公系统的导航菜单。

（3）在该网站中添加一个 NavigatePage.aspx 页，用来作为导航页，该页中添加一个 Button 控件，用来返回主页。

（4）该网站中创建一个公共类文件 DBClass.cs，该文件中自定义两个方法 GetConnection 和 GetUrl，其中，GetConnection 方法用来创建数据库连接对象；GetUrl 方法用来执行指定的存储过程，以便根据编号获取对应的导航地址。DBClass.cs 类文件的主要代码如下：

```csharp
public static SqlConnection GetConnection()
{
    //获取数据连接语句，并创建数据库连接对象
    String conn = ConfigurationManager.AppSettings["conn"].ToString();
    SqlConnection myConn;
    myConn = new SqlConnection(conn);
    return myConn;
}
public static string GetUrl(int filesId)
{
    //获得 url 地址
    SqlConnection myConnection = GetConnection();
    SqlCommand myCommand = new SqlCommand("GetUrl", myConnection);
    myCommand.CommandType = CommandType.StoredProcedure;
    //添加参数
    SqlParameter FilsesId = new SqlParameter("@FilsesId", SqlDbType.Int, 4);
    FilsesId.Value = filesId;
    myCommand.Parameters.Add(FilsesId);
    //添加参数
    SqlParameter Url = new SqlParameter("@Url", SqlDbType.NVarChar, 100);
    Url.Direction = ParameterDirection.Output;
    myCommand.Parameters.Add(Url);
    //执行存储过程
    myConnection.Open();
    myCommand.ExecuteNonQuery();
    string url = Url.Value.ToString();
    myCommand.Dispose();
    myConnection.Dispose();
    return url;
}
```

（5）Default.aspx 页面的后台代码中自定义两个方法 CreateDataSet 和 InitTree，其中，CreateDataSet 方法用来从数据库中查询数据，并填充到 DataSet 数据集中；InitTree 方法用来将数据库中的数据递归填充到 TreeView 控件中。CreateDataSet 方法和 InitTree 方法的实现代码如下：

```
public DataSet CreateDataSet()
{
    query = "select * from tbTree";
    myAdapter = new SqlDataAdapter(query, myConn);
    data = new DataSet();
    myAdapter.Fill(data, "tree");
    return data;
}
//从 DataSet 中取数据建树，并从根节点开始递归调用显示子树
public void InitTree(TreeNodeCollection Nds, string parentId)
{
    TreeNode NewNode;
    //data 为存储建树数据信息的数据集
    //用父节点进行筛选数据集中信息
    DataRow[] rows = data.Tables[0].Select("parent_Id='" + parentId + "'");
    foreach (DataRow row in rows)
    {
        NewNode = new TreeNode(row["title"].ToString(),
            row["Files_Id"].ToString(), "images/1.gif", row["NavigateUrl"].ToString(),
"");
        Nds.Add(NewNode);
        InitTree(NewNode.ChildNodes, row["Files_Id"].ToString());
    }
}
```

（6）Default.aspx 页面加载时，调用自定义方法 CreateDataSet 创建数据集，然后调用自定义方法 InitTree 从根节点开始递归填充 TreeView 控件，代码如下：

```
protected void Page_Load(object sender, EventArgs e)
{
    if (!IsPostBack)
    {
        //获取数据连接语句，并创建数据库连接对象
        myConn = DBClass.GetConnection();
        CreateDataSet();
        InitTree(TreeView1.Nodes, "0");
    }
}
```

（7）当用户单击 TreeView 控件中的节点时，触发该控件的 SelectedNodeChanged 事件，在该事件下调用自定义方法 GetUrl，实现跳转到指定页的功能，代码如下：

```
protected void TreeView1_SelectedNodeChanged(object sender, EventArgs e)
{
    int nodeId = Convert.ToInt32(TreeView1.SelectedValue);
    string url = DBClass.GetUrl(nodeId);
    Response.Redirect(url.ToString());
}
```

第 10 章 母版页的使用

本章要点
- 母版页的作用及优点
- 母版页的运行机制
- 母版页及内容页的创建过程
- 嵌套母版页的使用
- 使用 Master.FindControl 方法访问母版页上的控件
- 引用@MasterType 指令访问母版页上的属性
- 如何动态加载网站的母版页

为了给访问者一致的感觉,每个网站都需要具有统一的风格和布局。对于这一点,在不同的技术发展阶段有着不同的实现方法。ASP.NET 中提出了母版页的概念,通过母版页可以创建页面布局,并且可以将该页面布局应用于网站中的指定页或者所有页。本章将对 ASP.NET 中母版页的使用进行详细讲解。

10.1 母版页的使用

10.1.1 母版页概述

母版页的主要功能是为 ASP.NET 应用程序创建统一的用户界面和样式,母版页由两部分构成,即一个母版页和一个(或多个)内容页,这些内容页与母版页合并以将母版页的布局与内容页的内容组合在一起输出。

使用母版页,简化了以往重复设计每个 Web 页面的工作。母版页中承载了网站的统一内容、设计风格,减轻了网页设计人员的工作量,提高了工作效率。下面分别对母版页、内容页、母版页的运行机制和优点进行介绍。

1. 母版页

母版页是具有扩展名.master(如 MyMaster.master)的 ASP.NET 文件,它包括静态文本、HTML 元素和服务器控件的预定义布局。母版页由特殊的@Master 指令识别,该指令替换了用于普通.aspx 页的@ Page 指令。

2. 内容页

内容页与母版页关系紧密,内容页主要包含页面中的非公共内容。通过创建各个内容页来定义母版页中占位符控件的内容,这些内容页绑定到特定母版页的 ASP.NET 页面(.aspx 文件以及可选的代码隐藏文件）。

注意 　　使用母版页时，必须首先创建母版页，再创建内容页。

3. 母版页运行机制

在运行时，母版页按照下面的步骤处理。

（1）用户通过输入内容页的 URL 来请求某页。

（2）获取该页后，读取@Page 指令。如果该指令引用一个母版页，则也读取该母版页。如果是第一次请求这两个页，则两个页都要进行编译。

（3）包含更新的内容的母版页合并到内容页的控件树中。

（4）各个 Content 控件的内容合并到母版页中相应的 ContentPlaceHolder 控件中。

（5）浏览器中呈现得到的合并页。

4. 母版页的优点

使用母版页，可以为 ASP.NET 应用程序页面创建一个通用的外观。开发人员可以利用母版页创建一个单页布局，然后将其应用到多个内容页中。母版页具有以下优点。

- 使用母版页可以集中处理页的通用功能，以便只在一个位置上进行更新，在很大程度上提高了工作效率。
- 使用母版页可以方便地创建一组公共控件和代码，并将其应用于网站中所有引用该母版页的网页。例如，可以在母版页上使用控件来创建一个应用于所有页的功能菜单。
- 可以通过控制母版页中的占位符 ContentPlaceHolder 对网页进行布局。
- 由内容页和母版页组成的对象模型，能够为应用程序提供一种高效、易用的实现方式，并且这种对象模型的执行效率比以前的处理方式有了很大的提高。

10.1.2　创建母版页

母版页中包含的是页面的公共部分，因此，在创建母版页之前，必须判断哪些内容是页面的公共部分。图 10-1 所示为企业绩效管理系统的首页 Index.aspx，该网页由 4 部分组成，即页头、页尾、登录栏和内容页。经过分析可知，其中，页头、页尾和登录栏是企业绩效管理系统中的公共部分，而内容 A 是企业绩效管理系统的非公共部分，是 Index.aspx 页面所独有的。这时如果使用母版页和内容页创建页面

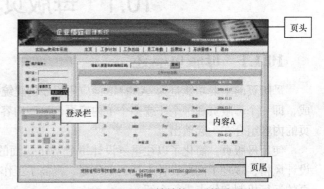

图 10-1　企业绩效管理系统首页

Index.aspx，那么必须创建一个母版页 MasterPage.master 和一个内容页 Index.aspx，其中，母版页包含页头、页尾和登录栏，内容页则包含内容 A。

创建母版页的具体步骤如下所述。

（1）在网站的解决方案下右击网站名称，在弹出的快捷菜单中选择"添加新项"命令。

（2）打开"添加新项"对话框，如图 10-2 所示，选择"母版页"，默认名为 MasterPage.master。单击"添加"按钮即可创建一个新的母版页。

图 10-2 "添加新项"对话框

(3) 母版页 MasterPage.master 中的默认代码如下：

```
%@ Master Language="C#" AutoEventWireup="true" CodeFile="MasterPage.master.cs"
Inherits="MasterPage" %>
!DOCTYPE html PUBLIC "-//W3C//DTD XHTML 1.0 Transitional//EN"
http://www.w3.org/TR/xhtml1/DTD/xhtml1-transitional.dtd">
html xmlns="http://www.w3.org/1999/xhtml">
head runat="server">
  <title>无标题页</title>
  <asp:ContentPlaceHolder id="head" runat="server">
  </asp:ContentPlaceHolder>
/head>
body>
  <form id="form1" runat="server">
  <div>
    <asp:ContentPlaceHolder id="ContentPlaceHolder1" runat="server">
    </asp:ContentPlaceHolder>
  </div>
  </form>
/body>
/html>
```

 说明　　上面代码中的 ContentPlaceHolder 控件为占位符控件，它定义的位置可替换为内容页出现的区域。每个母版页中都可以包含一个或多个 ContentPlaceHolder 控件。

10.1.3　创建内容页

创建完母版页后，接下来需要创建内容页。内容页的创建与普通 Web 窗体类似，具体步骤如下所述。

（1）在网站的解决方案下右击网站名称，在弹出的快捷菜单中选择"添加新项"命令。

（2）打开"添加新项"对话框，如图 10-3 所示，在该对话框中选择"Web 窗体"并为其命名，同时选中"将代码放在单独的文件中"和"选择母版页"复选框。

（3）单击"添加"按钮，弹出图 10-4 所示的"选择母版页"对话框，在其中选择一个母版页，单击"确定"按钮，即可创建一个新的内容页。

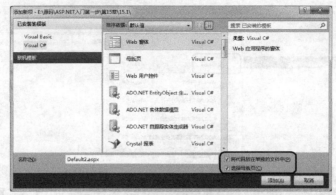

图 10-3 创建内容页

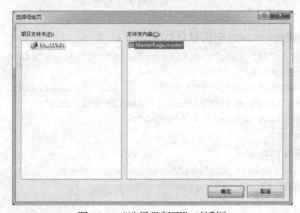

图 10-4 "选择母版页"对话框

（4）内容页中的默认代码如下：

```
<%@ Page Language="C#" MasterPageFile="~/MasterPage.master" AutoEventWireup="true"
CodeFile="Default2.aspx.cs" Inherits="Default2" Title="无标题页" %>
<asp:Content ID="Content1" ContentPlaceHolderID="head" Runat="Server">
</asp:Content>
    <asp:Content      ID="Content2"      ContentPlaceHolderID="ContentPlaceHolder1"
Runat="Server">
</asp:Content>
```

说明

通过上面的代码可以发现，母版页中有几个 ContentPlaceHolder 控件，在内容页中就会有几个 Content 控件生成，Content 控件的 ContentPlaceHolderID 属性值对应着母版页中 ContentPlaceHolder 控件的 ID 值。

10.1.4 嵌套母版页

所谓"嵌套"，就是一个套一个，大的容器套小的容器。嵌套母版页就是指创建一个大母版页，在其中包含另外一个小的母版页。图 10-5 所示为嵌套母版页的示意图。

利用嵌套的母版页可以创建组件化的母版页，例如，一个大型网站可能包含一个用于定义站点外观的总体母版页，而不同的网站内容合作伙伴又可以定义各自的子母版页，这些子母版页引用网站母版页，

图 10-5 嵌套母版页示意图

并适应合作伙伴的内容外观。

【例 10-1】本实例通过嵌套母版页设计一个博客网站的布局。实例运行效果如图 10-6 所示。(实例位置：光盘\MR\源码\第 10 章\10-1。)

程序开发步骤如下所述。

（1）新建一个 ASP.NET 网站，在该网站中添加两个母版页，分别命名为 MainMaster（主母版页）和 SubMaster（子母版页）。

（2）添加一个 Web 窗体，命名为 Default.aspx，并将其作为 SubMaster（子母版页）的内容页。

（3）主母版页的创建方法与普通的母版页一致。由于主母版页嵌套一个子母版页，因此

图 10-6 使用嵌套母版页设计博客网站布局

必须在适当的位置设置一个 ContentPlaceHolder 控件实现占位。主母版页的设计代码如下：

```
<%@ Master Language="C#" AutoEventWireup="true" CodeFile="MainMaster.master.cs" Inherits="MainMaster" %>
<!DOCTYPE html PUBLIC "-//W3C//DTD XHTML 1.0 Transitional//EN" "http://www.w3.org/TR/xhtml1/DTD/xhtml1-transitional.dtd">
<html xmlns="http://www.w3.org/1999/xhtml" >
<head runat="server">
    <title>主母版页</title>
</head>
<body>
    <form id="form1" runat="server">
    <div>
        <table style="width: 759px; height: 758px" cellpadding="0" cellspacing="0">
          <tr>
              <td style="background-image: url(Image/baner.jpg); width: 759px; height: 153px">
              </td>
          </tr>
          <tr>
              <td style="width: 759px; height: 498px" align="center" valign="middle">
        <asp:contentplaceholder id="MainContent" runat="server">
        </asp:contentplaceholder>
              </td>
          </tr>
          <tr>
              <td style="background-image: url(Image/3.jpg); width: 759px; height: 107px">
              </td>
          </tr>
        </table>
    </div>
    </form>
</body>
</html>
```

（4）子母版页以.master 为扩展名，其代码包括两个部分，即代码头声明和 Content 控件。与普通母版页相比，子母版页中不包括<html>、<body>等 Web 元素。在子母版页的代码头中添加了一个属性 MasterPageFile，以设置嵌套子母版页的主母版页路径，通过设置该属性，实现主母版页和子母版页之间的嵌套。子母版页的 Content 控件中声明的 ContentPlaceHolder 控件用于为内容

页实现占位。子母版页的设计代码如下:

```
<%@ Master Language="C#" AutoEventWireup="true" CodeFile="SubMaster.master.cs"
Inherits="SubMaster" MasterPageFile ="~/MainMaster.master" %>
    <asp:Content id="Content1" ContentPlaceholderID="MainContent" runat="server">
        <table style="background-image: url(Image/2.jpg); width:759px; height: 498px">
        <tr>
        <td align ="center" valign ="middle">
            <h1>    子母版页</h1>
        </td>
        <td align ="center" valign ="middle">
            <asp:contentplaceholder id="SubContent" runat="server">
            </asp:contentplaceholder>
        </td>
        </tr>
        </table>
    </asp:Content>
```

子母版页中不包括<html>、<body>等 HTML 元素,在子母版页的@ Master 指令中添加了 MasterPageFile 属性以设置父母版页路径,从而实现嵌套。

(5) 内容页的创建方法与普通内容页一致,它的代码包括两部分,即代码头声明和 Content 控件。由于内容页绑定子母版页,所以代码头中的属性 MasterPageFile 必须设置为子母版页的路径。内容页的设计代码如下:

```
<%@ Page Language="C#" MasterPageFile="~/SubMaster.master" AutoEventWireup="true"
CodeFile="Default.aspx.cs" Inherits="_Default" Title="Untitled Page" %>
    <asp:Content ID="Content1" ContentPlaceHolderID="SubContent" Runat="Server">
    <table style="width :451px; height :391px">
    <tr>
    <td>
    <h1>内容页</h1>
    </td>
    </tr>
    </table>
    </asp:Content>
```

10.2 访问母版页的成员

内容页中引用母版页中的成员(属性、方法和控件等)时有一定的限制。对于属性和方法的规则是:如果它们在母版页上被声明为公共成员,则可以引用它们;而在引用母版页上的控件时,则没有只能引用公共成员的这种限制。本节将对如何在内容页中访问母版页的成员进行详细介绍。

10.2.1 使用 Master.FindControl 方法访问母版页上的控件

在内容页中,Page 对象具有一个公共属性 Master,该属性能够实现对相关母版页基类 MasterPage 的引用。母版页中的 MasterPage 相当于普通 ASP.NET 页面中的 Page 对象,因此,可以使用 MasterPage 对象实现对母版页中各个子对象的访问。但由于母版页中的控件是受保护的,不能直接访问,所以必须使用 MasterPage 对象的 FindControl 方法进行访问。

【例 10-2】 本实例主要通过使用 FindControl 方法获取母版页中用于显示系统时间的 Label 控件。实例运行效果如图 10-7 所示。(实例位置:光盘\MR\源码\第 10 章\10-2。)

第 10 章 母版页的使用

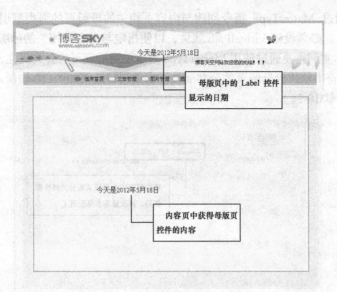

图 10-7 访问母版页上的控件

程序开发步骤如下所述。

（1）新建一个网站，首先添加一个母版页，默认名称为 MasterPage.master，再添加一个 Web 窗体，命名为 Default.aspx，作为母版页的内容页。

（2）分别在母版页和内容页上添加一个 Label 控件。母版页的 Label 控件的 ID 属性为 labMaster，用来显示系统日期；内容页的 Label 控件的 ID 属性为 labContent，用来显示母版页中的 Label 控件值。

（3）在 MasterPage.master 母版页的 Page_Load 事件中，使母版页的 Label 控件显示当前系统日期，代码如下：

```
protected void Page_Load(object sender, EventArgs e)
{
    this.labMaster.Text = "今天是"+DateTime.Today.Year+"年"+DateTime.Today.Month+"月"+DateTime.Today.Day+"日";
}
```

（4）在 Default.aspx 内容页中的 Page_LoadComplete 事件中，使内容页的 Label 控件显示母版页中的 Label 控件值，代码如下：

```
protected void Page_LoadComplete(object sender, EventArgs e)
{
    Label MLable1 = (Label)this.Master.FindControl("labMaster");
    this.labContent.Text = MLable1.Text;
}
```

 由于在母版页的 Page_Load 事件引发之前，内容页 Page_Load 事件已经引发，所以，此时从内容页中访问母版页中的控件比较困难。所以，本实例在 Page_LoadComplete 事件中访问母版页的控件，Page_LoadComplete 事件是在生命周期内和网页加载结束时触发；另外，还可以在 Label 控件的 PreRender 事件下完成该功能。

10.2.2 引用@MasterType 指令访问母版页上的属性

引用母版页中的属性和方法，需要在内容页中使用 MasterType 指令，将内容页的 Master 属性强类型化，即通过 MasterType 指令创建与内容页相关的母版页的强类型引用。另外，在设置 MasterType 指令时，必须设置 VirtualPath 属性，以便指定与内容页相关的母版页存储地址。

【例 10-3】 本实例主要通过使用 MasterType 指令引用母版页的公共属性，并将"Welcome to MINGRIKEJI"字符串赋值给母版页的公共属性。实例运行效果如图 10-8 所示。（实例位置：光盘\MR\源码\第 10 章\10-3。）

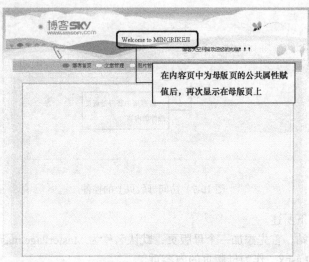

图 10-8　访问母版页上的属性

程序开发步骤如下所述。

（1）新建一个网站，首先添加一个母版页，默认名称为 MasterPage.master，再添加一个 Web 窗体，命名为 Default.aspx，作为母版页的内容页。

（2）分别在母版页和内容页上添加一个 Label 控件。母版页的 Label 控件的 ID 属性为 labMaster，用来显示系统日期。内容页的 Label 控件的 ID 属性为 labContent，用来显示母版页中的公共属性值。

（3）在母版页中定义一个 String 类型的公共属性 MValue，代码如下：

```
string mValue = "";
public string MValue
{
    get
    {
        return mValue;
    }
    set
    {
        mValue = value;
    }
}
```

（4）通过<%= MValue %>将定义的属性显示在母版页中，代码如下：

```
<td style="background-image: url(Image/baner.jpg); height: 153px" align="center">
    <asp:Label ID="labMaster" runat="server"></asp:Label>
    <%=this.MValue%>
</td>
```

（5）在内容页代码头的设置中，增加了<%@MasterType%>，并在其中设置了 VirtualPath 属性，用于设置被强类型化的母版页的 URL 地址。代码如下：

```
<%@ Page Language="C#" MasterPageFile="~/MasterPage.master" AutoEventWireup="true"
CodeFile="Default.aspx.cs" Inherits="_Default" Title="Untitled Page" %>
<%@ MasterType VirtualPath ="~/MasterPage.master" %>
<asp:Content ID="Content1" ContentPlaceHolderID="ContentPlaceHolder1" Runat="Server">
    <table align="center">
        <tr>
            <td style="width: 86px; height: 21px;">
                <asp:Label                ID="labContent"                        runat="server"
Width="351px"></asp:Label></td>
        </tr>
    </table>
</asp:Content>
```

（6）在内容页的 Page_Load 事件下，通过 Master 对象引用母版页中的公共属性，并将"Welcome to MINGRIKEJI"字符串赋给母版页中的公共属性。代码如下：

```
protected void Page_Load(object sender, EventArgs e)
{
    Master.MValue = "Welcome";
}
```

10.3　综合实例——动态加载网站母版页

实际开发网站时，简单的实现内容页仅绑定一个固定的母版页是远远不够的，往往需要动态加载多个母版页。例如，网站中可能要求提供多个可供选择的页面模板，并允许动态加载这些模板，这时就可以通过动态加载母版页来实现。本实例实现动态加载网站母版页的功能。运行程序，首先加载默认的母版页，效果如图 10-9 所示，但用户在下拉列表中选择"动态母版页"时，则加载用户设计的第二种母版页，效果如图 10-10 所示。

图 10-9　默认母版页效果

图 10-10　第二种母版页效果

程序开发步骤如下所述。

（1）新建一个 ASP.NET 网站，命名为 DynamicLoadMaster，默认主页为 Default.aspx。
（2）在该网站中添加两个母版页，分别命名为 MasterPage 和 OtherMasterPage。
（3）添加一个基母版类 BaseMaster，主要用于设置页面的标题，BaseMaster 类实现代码如下：

```
public class BaseMaster : MasterPage                    //继承 MasterPage 类
{
    string _pageTitle = string.Empty;
    public virtual String TitleName                     //virtual(虚拟)修饰属性 TitleName
    {
        get{return _pageTitle;}                         //返回标题
    }
}
```

（4）母版页 MasterPage 与母版页 OtherMasterPage 功能及代码是完全一样的，只是页面的设计样式不同，因此，母版页 MasterPage 与母版页 OtherMasterPage 源视图中的功能代码如下：

```
<%@ Master Language="C#" Inherits="BaseMaster" %>
<script runat="server">
    public override String TitleName
    {
        get{return "加载 MasterPage.master";}
    }
    void Page_Load(Object sender, EventArgs e)
    {
        if (!Page.IsPostBack)
        {
            string selItem = Request.QueryString["masterpage"];//获取选择的母版页
            //查找下拉框中是否有该模板页
            ListItem item = DropDownList1.Items.FindByValue(selItem);
            if (item != null)                             //如果存在
            {
                item.Selected = true;                     //将其选中
            }
        }
    }
    void SelectedMaster(Object sender, EventArgs e)
    {
        if (DropDownList1.SelectedValue == "other")       //如果选择其他模板页
        {
            string url = Request.Path + "?masterpage=other";//传参"other"
            Response.Redirect(url);                       //重新定位网站
        }
    }
</script>
```

（5）编辑母版页中的 DropDownList 控件的 Item 项，用于选择要动态加载的母版页。代码如下：

```
<asp:DropDownList ID="DropDownList1" runat="server"
    AutoPostBack="True" ValidationGroup="Master"
    OnSelectedIndexChanged="SelectedMaster">
    <asp:ListItem Value="default">默认母版页</asp:ListItem>
    <asp:ListItem Value="other">动态母版页</asp:ListItem>
</asp:DropDownList>
```

（6）在 Default.aspx 内容页中的 PreInit 事件中实现动态加载母版页的功能。代码如下：

```
void Page_PreInit(Object sender, EventArgs e)
{
    if (Request.QueryString["masterpage"] == "other")
    {
        //设置当前页面的 MasterPageFile 属性、实现动态加载母版页
        this.MasterPageFile = "OtherMasterPage.master";
    }
    else
    {
        this.MasterPageFile = " MasterPage.master";       //加载母版页
    }
    this.Title = Master.TitleName;                        //设置当前页的标题
}
```

知识点提炼

（1）母版页的主要功能是为 ASP.NET 应用程序创建统一的用户界面和样式，母版页由两部分构成，即一个母版页和一个（或多个）内容页。

（2）母版页是具有扩展名.master（如 MyMaster.master）的 ASP.NET 文件，它是可以包括静态文本、HTML 元素和服务器控件的预定义布局。母版页由特殊的@Master 指令识别。

（3）内容页主要包含页面中的非公共内容，通过创建各个内容页来定义母版页中占位符控件的内容。

（4）嵌套母版页就是指创建一个大母版页，在其中包含另外一个小的母版页。

（5）在内容页中访问母版页中的控件时，需要使用 Master.FindControl 方法。

（6）在内容页中访问母版页中的属性时，首先需要将母版页中的属性定义为 public 类型，然后在内容页中使用 MasterType 指令，将内容页的 Master 属性强类型化。

习　题

10-1　什么是母版页？它有何优点？
10-2　简述如何建立内容页。
10-3　简单描述嵌套母版页的使用场合。
10-4　在内容页中如何访问母版页中的控件？
10-5　在内容页中如何访问母版页中的属性或方法？

实验：创建一个带网站计数器的母版页

实验目的

（1）掌握母版页的创建过程。
（2）掌握内容页的创建过程。
（3）熟悉 Global.asax 全局应用程序文件的使用。

实验内容

使用本章所学的知识设计一个带有网站计数器功能的母版页，具体实现时，需要借助 Global.asax 文件和 Application 对象实现网站计数器功能。实验的运行效果如图 10-11 所示。

图 10-11　带网站计数器的母版页

实验步骤

（1）新建一个网站，命名为 CountMaster，默认主页名为 Default.aspx。

（2）添加一个母版页，命名为 MasterPage.master，该母版页中添加一个 Label 控件，用来显示网站的在线人数。

（3）添加一个全局应用程序类（即 Global.asax 文件），在该文件的 Application_Start 事件中将在线人数初始化为 0，代码如下：

```
void Application_Start(object sender, EventArgs e)
{
    //在应用程序启动时运行的代码
    Application["count"] = 0;
}
```

（4）当有新的用户访问网站时，建立一个新的 Session 对象，并在 Session 对象的 Session_Start 事件中对 Application 对象加锁，以防止因为多个用户同时访问页面造成并行，同时将访问人数加 1；当用户退出该网站时，关闭该用户的 Session 对象，同样对 Application 对象加锁，并将访问人数减 1。代码如下：

```
void Session_Start(object sender, EventArgs e)
{
    //在新会话启动时运行的代码
    Application.Lock();                                      //锁定 Application
    Application["count"] = (int)Application["count"] + 1;
    Application.UnLock();                                    //解除锁定
}
void Session_End(object sender, EventArgs e)
{
    //在会话结束时运行的代码
    //注意：只有在 Web.config 文件中的 sessionstate 模式设置为
    //InProc 时，才会引发 Session_End 事件。如果会话模式设置为 StateServer
    //或 SQLServer，则不会引发该事件
    Application.Lock();                                      //锁定 Application
    Application["count"] = (int)Application["count"] - 1;    //计数器减去 1
    Application.UnLock();                                    //解锁
}
```

（5）在 MasterPage.master 母版页的加载事件中，将 Application 对象记录的网站在线人数显示在 Label 控件中。代码如下：

```
protected void Page_Load(object sender, EventArgs e)
{
    lblCount.Text ="您是第"+ Application["count"].ToString()+"位访客";
}
```

（6）添加一个 Web 窗体，命名为 Default.aspx，并将其作为母版页 MasterPage.master 的内容页。代码如下：

```
<%@ Page Language="C#" MasterPageFile="~/MasterPage.master" AutoEventWireup="true" CodeFile="Default.aspx.cs" Inherits="_Default" Title="无标题页" %>
```

第 11 章
外观与皮肤——主题

本章要点
- 主题的组成元素及存储方式
- 如何创建外观文件
- 为主题添加 CSS 样式
- 为单个页面指定和禁用主题
- 为应用程序指定和禁用主题
- 如何实现主题的动态加载

网站的外观是否美观将直接决定其受欢迎的程度，这就意味着在网站开发的过程中，设计和实现美观实用的用户界面很重要。ASP.NET 中提出了"主题"的概念，它是定义网站中页和控件外观的属性集合。主题可以包括外观文件（定义 ASP.NET Web 服务器控件的外观属性设置等），还可以包括级联样式表文件（.css 文件）和图像等资源。通过应用主题，可以为网站中的页提供一致的外观。本章将对主题的使用进行详细讲解

11.1 主题概述

11.1.1 组成元素

主题由外观、级联样式表（CSS）、图像和其他资源组成，它是在网站或 Web 服务器上的特殊目录中定义的，如图 11-1 所示。

图 11-1 添加主题文件夹

在设计网站中的网页时，有时会对控件、页面设置等进行重复的设计，主题的出现就是将重复的工作简单化，不仅提高开发效率，更重要的是能够统一网站的外观。主题由外观、级联样式

表（CSS）、图像和其他资源组成。下面分别对主题的几个组成部分进行介绍。

- 外观

外观文件是主题的核心内容，用于定义页面中服务器控件的外观，它包含各个控件（如 Button、TextBox 或 Calendar 控件）的属性设置。控件外观设置类似于控件标记本身，但只包含要作为主题的一部分来设置的属性。例如，下面的代码定义了 TextBox 控件的外观：

```
<asp:TextBox runat="server" BackColor="PowderBlue" ForeColor="RoyalBlue"/>
```

控件外观的设置与控件声明代码类似，在控件外观设置中，只能包含作为主题的属性定义。上述代码中设置了 TextBox 控件的前景色和背景色属性。如果将以上控件外观应用到单个 Web 页上，那么页面内所有 TextBox 控件都将显示所设置的控件外观。

- 级联样式表（CSS）

主题还可以包含级联样式表（.css 文件）。将 .css 文件放在主题目录中时，样式表会自动作为主题的一部分应用。

 说明：主题中可以包含一个或多个级联样式表。

- 图像和其他资源

主题还可以包含图像和其他资源，如脚本文件或视频文件等。通常，主题的资源文件与该主题的外观文件位于同一个文件夹中，但也可以在 Web 应用程序中的其他地方，如主题目录的某子文件夹中。

11.1.2 文件存储和组织方式

在 Web 应用程序中，主题文件必须存储在根目录的 App_Themes 文件夹下（除全局主题之外），开发人员可以手动或者使用 Visual Studio 2010 在网站的根目录下创建该文件夹。图 11-2 所示为 App_Themes 文件夹的示意图。

在图 11-2 所示的 App_Themes 文件夹中包括"主题 1"和"主题 2"两个文件夹，每个主题文件夹中都可以包含自己的外观文件、CSS 文件和图像文件等。通常 APP_Themes 文件夹中只存储主题文件及与主题有关的文件，尽量不存储其他类型文件。

图 11-2 App_Themes 文件夹示意图

外观文件是主题的核心部分，每个主题文件夹下都可以包含一个或者多个外观文件，如果主题较多，页面内容较复杂时，外观文件的组织就会出现问题，这时就需要开发人员在开发过程中，根据实际情况对外观文件进行有效管理。通常根据 SkinID、控件类型及文件 3 种方式对外观文件进行组织，具体说明如表 11-1 所示。

表 11-1　　　　　　　　　　3 种常见的外观文件组织方式及说明

组织方式	说　　明
根据 SkinID	在对控件外观设置时，将具有相同的 SkinID 放在同一个外观文件中，这种方式适用于网站页面较多、设置内容复杂的情况
根据控件类型	组织外观文件时，以控件类型进行分类，这种方式适用于页面中包含控件较少的情况
根据文件	组织外观文件时，以网站中的页面进行分类，这种方式适用于网站中页面较少的情况

11.2 创建主题

11.2.1 创建外观文件

在创建外观文件之前,首先需要了解外观文件。外观文件分为"默认外观"和"已命名外观"两种类型。如果控件外观没有包含 SkinID 属性,就是默认外观,此时,向页面应用主题,默认外观会自动应用于同一类型的所有控件;而已命名外观是设置了 SkinID 属性的控件外观,已命名外观不会自动按类型应用于控件,而应该通过设置控件的 SkinID 属性将其显式应用于控件,通过创建已命名外观,可以为应用程序中同一类型控件的不同实例设置不同的外观。

控件外观设置的属性可以是简单属性,也可以是复杂属性。简单属性是控件外观设置中最常见的类型,如控件背景颜色(BackColor)、控件的宽度(Width)等。复杂属性主要包括集合属性、模板属性和数据绑定表达式(仅限于<%#Eval%>或<%#Bind%>)等类型。

说明　外观文件的后缀为.skin。

【例 11-1】 本实例主要通过两个 TextBox 控件分别介绍如何创建默认外观和命名外观。实例运行效果如图 11-3 所示。(实例位置:光盘\MR\源码\第 11 章\11-1。)

图 11-3　TextBox 控件的默认外观和命名外观

程序开发步骤如下所述。

(1)新建一个网站,在网站根目录下创建一个 App_Themes 文件夹用于存储主题。添加一个主题文件夹,命名为 TextBoxSkin,在该主题下新建一个外观文件,名称为 TextBoxSkin.skin,用来设置页面中 TextBox 控件的外观。TextBoxSkin.skin 外观文件的源代码如下:

```
<asp:TextBox    runat="server"    Text="Hello    World!"    BackColor="#FFE0C0"
BorderColor="#FFC080" Font-Size="12pt" ForeColor="#C04000" Width="149px"/>
    <asp:TextBox    SkinId="textboxSkin"    runat="server"    Text="Hello    World!"
BackColor="#FFFFC0"    BorderColor="Olive"    BorderStyle="Dashed"    Font-Size="15pt"
Width="224px"/>
```

上面代码中创建了两个 TextBox 控件的外观,其中没有添加 SkinID 属性的是 TextBox 的默认外观,另外一个设置了 SkinID 属性的是 TextBox 控件的命名外观,它的 SkinID 属性为 textboxSkin。

注意　任何控件的 ID 属性都不可以在外观文件中出现,如果向外观文件中添加了不能设置主题的属性,将会导致错误发生。

(2)在网站的默认页 Default.aspx 中添加两个 TextBox 控件,应用 TextBoxSkin.skin 中的控件外观。首先在<%@ Page%>标签中设置一个 Theme 属性用来应用主题。如果为控件设置默认外观,则不用设置控件的 SkinID 属性;如果为控件设置命名外观,则需要设置控件的 SkinID 属性。Default.aspx 文件的源代码如下:

```
    <%@ Page Language="C#" AutoEventWireup="true" CodeFile="Default.aspx.cs"
Inherits="_Default" Theme="TextBoxSkin"%>
    <!DOCTYPE html PUBLIC "-//W3C//DTD XHTML 1.0 Transitional//EN"
"http://www.w3.org/TR/xhtml1/DTD/xhtml1-transitional.dtd">
    <html xmlns="http://www.w3.org/1999/xhtml" >
    <head runat="server">
       <title>创建一个简单的外观</title>
    </head>
    <body>
       <form id="form1" runat="server">
       <div>
           <table>
               <tr>
                   <td style="width: 100px">
                       默认外观: </td>
                   <td style="width: 247px">
                       <asp:TextBox ID="TextBox1" runat="server"></asp:TextBox></td>
               </tr>
               <tr>
                   <td style="width: 100px">
                       命名外观: </td>
                   <td style="width: 247px">
                       <asp:TextBox ID="TextBox2" runat="server" SkinID
="textboxSkin"></asp:TextBox></td>
               </tr>
           </table>
       </div>
       </form>
    </body>
    </html>
```

 如果在控件代码中添加了与控件外观相同的属性,则页面最终显示以控件外观的设置效果为主。

11.2.2 为主题添加 CSS 样式

主题中的样式表(CSS 样式)主要用于设置页面和普通 HTML 控件的外观样式,而且,主题中的.css 样式表是自动作为主题的一部分加以应用的。

【例 11-2】 本实例主要对页面背景、页面中的普通文字、超链接文本以及 HTML 提交按钮创建样式。实例运行效果如图 11-4 所示。(实例位置:光盘\MR\源码\第 11 章\11-2。)

程序开发步骤如下所述。

(1)新建一个 ASP.NET 网站,在网站根目录下创建一个 App_Themes 文件夹,用于存储主题。添加一个名为 MyTheme 的主题,在 MyTheme 主题下添加一个样式表文件,默认名称为 StyleSheet.css。

图 11-4 为主题添加 CSS 样式

页面中共有 3 处被设置的样式,一是页面背景颜色、文本对齐方式及文本颜色;二是超链接文本的外观、悬停效果;三是 HTML 按钮的边框颜色。StyleSheet.css 文件的源代码如下:

```
body
{
```

```
            text-align :center;
            color :Yellow ;
            background-color :Navy;
    }
    A:link
    {
        color:White ;
        text-decoration:underline;
    }
    A:visited
    {
        color:White;
        text-decoration:underline;
    }
    A:hover
    {
        color :Fuchsia;
        text-decoration:underline;
         font-style :italic ;
    }
    input
    {
        border-color :Yellow;
    }
```

主题中的 CSS 文件与普通的 CSS 文件没有任何区别,但主题中包含的 CSS 文件主要针对页面和普通的 HTML 控件进行设置,并且主题中的 CSS 文件必须保存在主题文件夹中。

(2) 在网站的默认网页 Default.aspx 中,应用主题中 CSS 文件样式的代码如下:

```
<%@ Page Language="C#" AutoEventWireup="true" CodeFile="Default.aspx.cs" Inherits="_Default" Theme ="myTheme" %>
<!DOCTYPE html PUBLIC "-//W3C//DTD XHTML 1.0 Transitional//EN" "http://www.w3.org/TR/xhtml1/DTD/xhtml1-transitional.dtd">
<html xmlns="http://www.w3.org/1999/xhtml" >
<head runat="server">
    <title>为主题添加 CSS 样式</title>
</head>
<body>
    <form id="form1" runat="server">
    <div>
        为主题添加 CSS 文件
        <table>
            <tr>
                <td style="width: 100px">
                <a href ="Default.aspx">明日科技</a>
                </td>
                <td style="width: 100px">
                <a href ="Default.aspx">明日科技</a>
                </td>
            </tr>
            <tr>
                <td style="width: 100px">
                    <input id="Button1" type="button" value="button" /></td>
```

```
                <td style="width: 100px">
                </td>
            </tr>
        </table>
    </div>
    </form>
</body>
</html>
```

（1）如何将主题应用于母版页中

不能直接将 ASP.NET 主题应用于母版页，如果向@Master 指令添加一个主题属性，则页在运行时会引发错误。但是，主题在下面这些情况下可以应用于母版页。

① 如果主题是在内容页中定义的，母版页在内容页的上下文中解析，因此内容页的主题也会应用于母版页。

② 通过在 Web.config 文件中的 pages 元素内设置主题定义可以将整个站点都应用主题。

（2）创建控件外观的简便方法

在创建控件外观时，一个简单的方法就是：将控件添加到.aspx 页面中，然后利用 Visual Studio 2010 的属性面板及可视化设计功能对控件进行设置，最后将控件代码复制到外观文件中，并做适当的修改（主要是去掉其 ID 属性）。

11.3　主题的使用

在 11.2 节中简单说明了应用主题的方法，即在每个页面头部的<%@ Page%>标签中设置 Theme 属性为主题名，本节中将更加深入地学习主题的应用。

11.3.1　指定和禁用主题

可以对页或网站应用主题，还可以对全局应用主题。在网站级设置主题，会对站点上的所有页和控件应用样式和外观，除非对个别页重写主题；而在页面级设置主题，会对该页及其所有控件应用样式和外观。当然，既然能够为页面或者网站应用主题，相反也可以禁用主题。本节将对如何指定和禁用主题进行讲解。

1. 为单个页面指定和禁用主题

为单个页面指定主题可以将@ Page 指令的 Theme 或 StyleSheetTheme 属性设置为要使用的主题的名称，代码如下：

```
<%@ Page Theme="ThemeName" %>
```

或

```
<%@ Page StyleSheetTheme="ThemeName" %>
```

StyleSheetTheme 属性的工作方式与普通主题（使用 Theme 设置的主题）类似，不同的是，当使用 StyleSheetTheme 时，控件外观的设置可以被页面中声明的同一类型控件的相同属性所代替。例如，如果使用 Theme 属性指定主题，该主题指定所有的 Button 控件的背景都是黄色，那么即使在页面中个别 Button 控件的背景设置了不同颜色，页面中的所有 Button 控件的背景仍然是黄色。如果需要改变个别 Button 控件的背景，这种情况下就需要使用 StyleSheetTheme 属性指定主题。

禁用单个页面的主题，只要将@Page 指令的 EnableTheming 属性设置为 false 即可，代码如下：
```
<%@ Page EnableTheming="false" %>
```
如果想要禁用控件的主题，只要将控件的 EnableTheming 属性设置为 false 即可。以 Button 控件为例，代码如下：
```
<asp:Button id="Button1" runat="server" EnableTheming="false" />
```

2．为应用程序指定和禁用主题

为了快速地为整个网站的所有页面设置相同的主题，可以通过 Web.config 文件中的<pages>元素进行设置，代码如下：
```
<configuration>
  <system.web >
    <pages theme ="ThemeName"></pages>
  </system.web>
<connectionStrings/>
```
或
```
<configuration>
  <system.web >
    <pages StylesheetTheme=" ThemeName "></pages>
  </system.web>
<connectionStrings/>
```
禁用整个应用程序的主题设置，只要将<pages>配置节中的 Theme 属性或者 StylesheetTheme 属性的值设置为空（""）即可。

11.3.2 动态加载主题

除了在页面声明和配置文件中指定主题和外观选项之外，还可以通过编程方式动态加载主题。

【例 11-3】 本实例主要通过选择相应的主题，实现对页面动态加载主题的功能。默认情况下，页面应用"主题一"样式。实例运行效果如图 11-5 和图 11-6 所示。（实例位置：光盘\MR\源码\第 11 章\11-3。）

图 11-5　主题一　　　　　　　　　图 11-6　主题二

程序开发步骤如下所述。

（1）新建一个 ASP.NET 网站，添加两个主题，分别名为 Theme1 和 Theme2，并且每个主题包含一个外观文件（TextBoxSkin.skin）和一个 CSS 文件（StyleSheet.css），用于设置页面外观及控件外观。主题文件夹 Theme1 中的外观文件 TextBoxSkin.skin 的源代码如下：
```
<asp:TextBox      runat="server"      Text="Hello      World!"      BackColor="#FFE0C0"
BorderColor="#FFC080" Font-Size="12pt" ForeColor="#C04000" Width="149px"/>
<asp:TextBox     SkinId="textboxSkin"     runat="server"     Text="Hello     World!"
BackColor="#FFFFC0"    BorderColor="Olive"    BorderStyle="Dashed"    Font-Size="15pt"
Width="224px"/>
```
主题文件夹 Theme1 中的级联样式表文件 StyleSheet.css 的源代码如下：
```
body
{
    text-align :center;
    color :Yellow ;
    background-color :Navy;
```

```
A:link
{
    color:White ;
    text-decoration:underline;
}
A:visited
{
    color:White;
    text-decoration:underline;
}
A:hover
{
    color :Fuchsia;
    text-decoration:underline;
     font-style :italic ;
}
input
{
    border-color :Yellow;
}
```

主题文件夹 Theme2 中的外观文件 TextBoxSkin.skin 的源代码如下:

```
<asp:TextBox    runat="server"    Text="Hello    World!"    BackColor="#C0FFC0"
BorderColor="#00C000" ForeColor="#004000" Font-Size="12pt" Width="149px"/>
    <asp:TextBox    SkinId="textboxSkin"    runat="server"    Text="Hello    World!"
BackColor="#00C000"    BorderColor="#004000"    ForeColor="#C0FFC0"    BorderStyle="Dashed"
Font-Size="15pt" Width="224px"/>
```

主题文件夹 Theme2 中的级联样式表文件 StyleSheet.css 的源代码如下:

```
body
{
    text-align :center;
    color :#004000;
    background-color :Aqua;
}
A:link
{
    color:Blue;
    text-decoration:underline;
}
A:visited
{
    color:Blue;
    text-decoration:underline;
}
A:hover
{
    color :Silver;
    text-decoration:underline;
     font-style :italic ;
}
input
{
    border-color :#004040;
}
```

(2) 在网站的默认主页 Default.aspx 中添加一个 DropDownList 控件、两个 TextBox 控件、一

个 HTML/Button 控件以及一个超链接。

（3）DropDownList 控件中包含两个选项，一个是"主题一"，另一个是"主题二"。当用户选择任意一个选项时，都会触发 DropDownList 控件的 SelectedIndexChanged 事件，在该事件下，将选中项的主题名称存放在 URL 的 QueryString（即 theme 参数）中，并重新加载页面。代码如下：

```
protected void DropDownList1_SelectedIndexChanged(object sender, EventArgs e)
{
    string url = Request.Path + "?theme=" + DropDownList1.SelectedItem.Value;
    Response.Redirect(url);
}
```

（4）使用 Theme 属性指定页面的主题，只能在页面的 PreInit 事件发生过程中或者之前设置，这里是在 PreInit 事件发生过程中修改 Page 对象的 Theme 属性值。代码如下：

```
void Page_PreInit(Object sender, EventArgs e)
{
    string theme = "Theme1";
    if (Request.QueryString["theme"] == null)
    {
        theme = "Theme1";
    }
    else
    {
        theme = Request.QueryString["theme"];
    }
    Page.Theme = theme;
    ListItem item = DropDownList1.Items.FindByValue(theme);
    if (item != null)
    {
        item.Selected = true;
    }
}
```

在开发网站换肤程序时，可以动态加载主题以使网站具有指定的显示风格。

11.4 综合实例——设计网站登录模块外观

本实例主要实现通过主题设置网站登录模块中服务器控件外观的功能。实例运行效果如图 11-7 所示。

图 11-7 网站登录模块外观

程序开发步骤如下所述。

（1）新建一个 ASP.NET 网站，命名为 LoginSkin，默认主页名为 Default.aspx。

（2）Default.aspx 页中添加两个 TextBox 控件和两个 Button 控件，分别用来输入用户名和密码、并执行登录、重置操作。

（3）在网站根目录下的 App_Themes 文件夹中创建一个名称为 mytheme 的主题，为该主题创建一个外观文件 SkinFile.skin，该外观文件用于设置登录模块中文本框和按钮的外观。SkinFile.skin 外观文件代码如下：

```
<asp:TextBox runat="server" Text="" BackColor="#FFE0C0" BorderColor="#FFC080" Font-Size="12pt" ForeColor="#C04000" Width="149px"/>
<asp:Button runat="server" BackColor="White" BorderColor="#0066FF" BorderStyle="Solid" BorderWidth="1px" />
```

上面代码中定义的 TextBox 控件的外观和 Button 控件的外观都是默认外观，在登录页面中加载主题时，这两种外观会自动应用在 TextBox 控件和 Button 控件上。

（4）在登录页面 Dafault.aspx 的 HTML 代码中，通过@Page 指令中的 Theme 属性设置页面加载的主题，代码如下：

```
<%@ Page Language="C#" AutoEventWireup="true" CodeFile="Default.aspx.cs" Inherits="_Default" Theme="mytheme" %>
```

知识点提炼

（1）主题由外观、级联样式表（CSS）、图像和其他资源组成，它是在网站或 Web 服务器上的 App_Themes 文件夹中定义的。

（2）外观文件分为"默认外观"和"已命名外观"两种类型。如果控件外观没有包含 SkinID 属性，那么就是默认外观，此时，向页面应用主题，默认外观会自动应用于同一类型的所有控件；而已命名外观是设置了 SkinID 属性的控件外观，已命名外观不会自动按类型应用于控件，而应该通过设置控件的 SkinID 属性将其显式应用于控件。

（3）样式表（CSS 样式）主要用于设置页面和普通 HTML 控件的外观样式，而且，主题中的.css 样式表是自动作为主题的一部分加以应用的。

（4）主题可以包含图像和其他资源，如脚本文件或视频文件等，通常，主题的资源文件与该主题的外观文件位于同一个文件夹中。

（5）为单个页面指定主题可以将@ Page 指令的 Theme 或 StyleSheetTheme 属性设置为要使用的主题的名称；而禁用单个页面或者控件的主题时，只需将页面或控件的 EnableTheming 属性设置为 false 即可。

（6）为整个应用程序指定主题，只需在 Web.config 文件中将<pages>配置节中的 Theme 属性或者 StylesheetTheme 属性的值设置为指定的主题名称即可；而禁用整个应用程序的主题，只需在 Web.config 文件中将<pages>配置节中的 Theme 属性或者 StylesheetTheme 属性的值设置为空（""）即可。

习 题

11-1 什么是主题？主题与样式表有什么区别和联系？

11-2 举例说明外观文件中可以使用的两种控件外观类型。

11-3 简述外观文件的 3 种组织方式。

11-4 如何为整个 ASP.NET 网站指定统一主题？
11-5 列举主题的使用场合。

实验：设计网站注册模块外观

实验目的

（1）熟悉主题文件夹的添加过程。
（2）掌握外观文件的创建。
（3）掌握如何自定义控件的外观。
（4）掌握如何将定义的主题应用于 ASP.NET 页面中。

实验内容

使用本章所学的知识定义一个网站注册模块的主题样式，该主题样式中主要定义注册模块中 TextBox 控件和 Button 控件的统一外观，具体要求如下所述。

- 将 TextBox 控件的 BackColor 属性设置为#FFE0C0，将 BorderColor 属性设置为#FFC080，将 Font-Size 属性设置为 12pt，将 ForeColor 属性设置为#C04000，将 Width 属性设置为 149p。
- 将 Butto 控件的 BackColor 属性设置为 White，将 BorderColor 属性设置为#0066FF，将 BorderStyle 属性设置为 Solid，将 BorderWidth 属性设置为 1px。

实验的运行效果如图 11-8 所示。

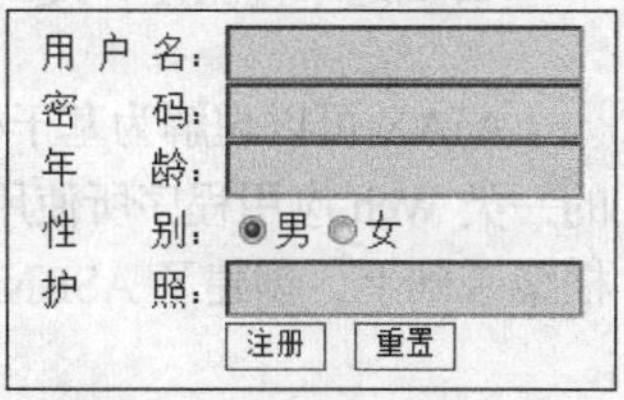

图 11-8 网站注册模块外观

实验步骤

（1）新建一个网站，命名为 RegSkin，默认主页名为 Default.aspx。
（2）Default.aspx 页中添加 4 个 TextBox 控件、两个 Button 控件和一个 RadioButtonList 控件，用来设计用户的注册页面。
（3）在网站根目录下的 App_Themes 文件夹中创建一个名称为 mytheme 的主题，为该主题创建一个外观文件 SkinFile.skin，该外观文件用于设置网站注册模块中文本框和按钮的外观。SkinFile.skin 外观文件代码如下：

```
<asp:TextBox   runat="server"   Text=""   BackColor="#FFE0C0"   BorderColor="#FFC080"
Font-Size="12pt" ForeColor="#C04000" Width="149px"/>
    <asp:Button       runat="server"        BackColor="White"        BorderColor="#0066FF"
BorderStyle="Solid" BorderWidth="1px" />
```

上面代码中定义的 TextBox 控件的外观和 Button 控件的外观都是默认外观，在注册页面中加载主题时，这两种外观会自动应用在 TextBox 控件和 Button 控件上。

（4）在注册页面 Dafault.aspx 的 HTML 代码中，通过@Page 指令中的 Theme 属性设置页面加载的主题，代码如下：

```
<%@   Page   Language="C#"   AutoEventWireup="true"   CodeFile="Default.aspx.cs"
Inherits="_Default" Theme="mytheme" %>
```

第 12 章 AJAX 异步刷新技术

本章要点
- AJAX 的开发模式介绍
- ASP.NET AJAX 的架构及优点
- AJAX 服务器端控件的使用
- AJAXControlTookit 工具包的下载及安装
- 使用 PasswordStrength 控件实现密码强度提示
- 使用 TextBoxWatermark 扩展控件添加水印提示
- 使用 SlideShow 扩展控件播放照片
- 使用 AJAX 开发一个聊天室

AJAX 可以理解为基于标准 Web 技术创建的、能够以更少的响应时间带来更加丰富用户体验的一类 Web 应用程序所使用的技术集合，它可以实现异步传输、异步刷新功能。微软在 ASP.NET 框架基础上，创建了 ASP.NET AJAX 技术，本章将对 AJAX 异步刷新技术进行详细讲解。

12.1　ASP.NET AJAX 概述

AJAX 是 Asynchronous JavaScript and XML（异步 JavaScript 和 XML 技术）的缩写，它是由 JavaScript 脚本语言、CSS 样式表、XMLHttpRequest 数据交换对象和 DOM 文档对象（或 XMLDOM 文档对象）等多种技术组成的。微软在 ASP.NET 框架基础上创建了 ASP.NET AJAX 技术，能够实现 AJAX 功能。ASP.NET AJAX 技术被整合在 ASP.NET 2.0 及以上版本中，是 ASP.NET 的一种扩展技术。本节将对 AJAX 技术的开发模式、优点及架构进行介绍。

12.1.1　AJAX 开发模式

在传统的 Web 应用模式中，页面中用户的每一次操作都将触发一次返回 Web 服务器的 HTTP 请求，服务器进行相应的处理（获得数据、运行与不同的系统会话）后，返回一个 HTML 页面给客户端，Web 应用的传统模型示意图如图 12-1 所示。

而在 AJAX 应用中，页面中用户的操作将通过 AJAX 引擎与服务器端进行通信，然后将返回结果提交给客户端页面的 AJAX 引擎，再由 AJAX 引擎来决定将这些数据显示到页面的指定位置，Web 应用的 AJAX 模型示意图如图 12-2 所示。

从图 12-1 和图 12-2 可以看出，对于每个用户的行为，传统的 Web 应用模型中都将生成一次 HTTP 请求，而在 AJAX 应用模型中，将变成对 AJAX 引擎的一次 JavaScript 调用。在 AJAX 应用模型中通过 JavaScript 实现在不刷新整个页面的情况下，对部分数据进行更新，从而降低了网络流量，给用户带来了更好的体验。

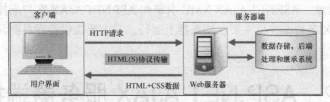

图 12-1　Web 应用的传统模型

图 12-2　Web 应用的 AJAX 模型

12.1.2　ASP.NET AJAX 优点

ASP.NET AJAX 可以提供普通 ASP.NET 程序无法提供的多个功能，其优点如下所述。

- 改善用户操作体验，不会因 PostBack 而使整页重新加载造成闪动。
- 实现 Web 页面的局部更新。
- 异步取回服务器端的数据，用户不会被限制于等待状态，也不会打断用户的操作，从而加快了响应能力。
- 提供跨浏览器的兼容性支持，ASP.NET AJAX 的 JavaScript 是跨浏览器的。
- 大量内建的客户端控件，更方便实现 JavaScript 功能及特效。

说明　　在 ASP.NET 网站程序中，可以通过 web.config 配置启用 ASP.NET AJAX 相关设置。

12.1.3　ASP.NET AJAX 架构

ASP.NET AJAX 的架构横跨了客户端与服务器端，非常适合用来创建操作方式更便利、反应更快速的跨浏览器页面应用程序，下面分别对 ASP.NET AJAX 的服务器端架构和客户端架构进行介绍。

1．ASP.NET AJAX 服务器端架构

ASP.NET AJAX 是建立于 ASP.NET 框架之上的，ASP.NET AJAX 服务器端架构主要包括 4 个部分，分别如下所述。

- ASP.NET AJAX 服务器端控件。
- ASP.NET AJAX 服务器端扩展控件。
- ASP.NET AJAX 服务器端远程 Web Service。
- ASP.NET Web 程序的客户端代理。

说明　　ASP.NET AJAX 的服务器端控件主要是为开发者提供一种熟悉的、与 ASP.NET 一致的服务器端编程模型。事实上，这些服务器端控件在运行时会自动生成 ASP.NET AJAX 客户端组件，并发送给客户端浏览器执行。

2. ASP.NET AJAX 客户端架构

ASP.NET AJAX 客户端架构主要包括应用程序接口、API 函数、基础类库、封装的 XMLHttpRequest 对象、ASP.NET AJAX XML 引擎和 ASP.NET AJAX 客户端组件等。

ASP.NET AJAX 客户端控件主要在浏览器上运行，它主要提供管理界面元素、调用服务器端方法获取数据等功能。

12.2 ASP.NET AJAX 服务器端控件

Visual Studio 2010 开发环境中自带了 ASP.NET 的 AJAX 服务器端控件，其中，开发人员经常用到的有 ScriptManager 控件、UpdatePanel 控件和 Timer 控件，下面分别对这 3 个 AJAX 服务器端控件及其使用进行详细讲解。

12.2.1 ScriptManager 控件

ScriptManager 控件负责管理 Page 页面中所有的 AJAX 服务器控件，是 AJAX 的核心，有了 ScriptManager 控件才能够让 Page 局部更新起作用，所需要的 JavaScript 才会自动管理。因此，开发 AJAX 网站时，每个页面中必须添加 ScriptManager 控件作为管理。ScriptManger 控件如图 12-3 所示。

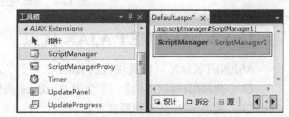

图 12-3　ScriptManager 控件

 ScriptManager 控件必须出现在所有 ASP.NET AJAX 控件之前，并且网页中只能有一个 ScriptManager 控件，因此，如果使用母版页设计网页，可以将 ScriptManager 控件放在母版页中。

ScriptManger 控件的常用属性及说明如表 12-1 所示。

表 12-1　　　　　　　　　　ScriptManager 控件的常用属性及说明

属　　性	说　　明
EnablePageMethods	返回或设置一个 bool 值，默认值为 false，表示在客户端 JavaScript 代码中是否以一种简单、直观的形式直接调用服务器端的某个静态 Web Method
EnablePartialRendering	返回或设置一个 bool 值，默认值为 true，表示 AJAX 允许改变原有的 ASP.NET 回送模式，不再是整个页面的回送，而是只回送页面中的一部分
EnableScriptComponents	用于设置是否传送除了 AJAX 核心以外的其他组件，包括客户端控件、数据绑定、XML 声明式 Script、用户接口组件
Scripts	用于取得 ScriptReference 对象的集合，ScriptReference 对象的集合通过 AJAX 将用户的 Script 文件送到客户端进行对象引用
Services	用于取得一个 ServiceRefence 对象的集合，ServiceRefence 对象的集合通过 AJAX 为每个 Web Service，在客户端公开一个 Proxy 对象引用

下面分别介绍如何在 ScriptManager 控件中使用<Scripts>标记和<Services>标记。

1. 使用<Scripts>标记引入脚本资源

在 ScriptManager 控件中使用<Scripts>标记可以以声明的方式引入脚本资源。例如，引入编写的自定义脚本文件，代码如下：

```
<asp:ScriptManager ID="ScriptManager1" runat="server">
    <Scripts>
        <asp:ScriptReference Path="~/Script/MyScript.js" />
    </Scripts>
</asp:ScriptManager>
```

上述代码在<asp:ScriptManager>标记中定义了一个子标记<Scripts>，其中还定义了一个<asp:ScriptReference>标记，并设定了该标记的 Path 属性（即给出引入的脚本资源的路径）。<asp:ScriptReference>标记对应着 ScriptReference 类，该类的常用属性及说明如表 12-2 所示。

表 12-2　　　　　　　　　　　　ScriptReference 类的常用属性及说明

属　　性	说　　明
Assembly	指定引用的脚本被包含的程序集名称
IgnoreScriptPath	是否在引用脚本时包含脚本的路径
Name	指定引用程序集中某个脚本的名称
NotifyScriptLoaded	是否在加载脚本资源完成之后发出一个通知
Path	指定引用脚本的路径，一般为相对路径
ResourceUICultures	指定一系列的本地化脚本的区域名称
ScriptMode	引用脚本的模式，可以为 Auto、Debug 或 Release 模式，默认值为 Auto

 在 ScriptManager 控件中可以使用多个<Scripts>标记引入多个 JS 文件。

【例 12-1】本实例使用<Scripts>标记引入脚本资源以检测用户的输入是否为汉字。实例运行效果如图 12-4 所示。（实例位置：光盘\MR\源码\第 12 章\12-1。）

程序开发步骤如下所述。

（1）新建一个网站，默认主页为 Default.aspx。

（2）该网站中新建一个 Script 文件夹，在该文

图 12-4　使用<Scripts>标记引入脚本资源

件夹中新建一个脚本文件 MyScript.js，该脚本文件中自定义一个 JavaScript 脚本函数 validateName，用来验证指定的字符串是否是汉字，代码如下：

```
function validateName(Name)
{
    var regex = new RegExp("^[\u4e00-\u9fa5]{0,}$");    //创建 RegExp 正则表达式对象
    return regex.test(Name);                            //检测字符串是否与给出正则表达式匹配
}
```

（3）在 Default.aspx 页面上添加一个 ScriptManager 控件，用于管理脚本，并通过 Script Reference 元素指定引用脚本的路径"~/Script/MyScript.js"；然后添加一个 Input(Text)控件，用于输入姓名，添加一个 Input(Button)控件，用于验证用户的输入。代码如下：

```
<body>
    <form id="form1" runat="server">
    <asp:ScriptManager ID="ScriptManager1" runat="server">
        <Scripts>
            <asp:ScriptReference Path="~/Script/MyScript.js" />
        </Scripts>
```

```
    </asp:ScriptManager>
    输入姓名: <input id="Text1" type="text" />
     <input id="Button1" type="button" value="确定" onclick="Button1_onclick()"/><br />
    </form>
</body>
```

（4）在 Default.aspx 页面中，编写自定义的 JavaScript 脚本函数 Button1_onclick()，在 Input (Button)控件的 onclick 事件中调用此函数，实现验证文本框中输入是否为汉字的功能。代码如下：

```
<script type="text/javascript">
    function Button1_onclick()
    {
        if(!validateName(document.getElementById("Text1").value))
        {
            alert("输入不是汉字，请重新输入");
            document.getElementById("Text1").value = "";
            document.getElementById("Text1").focus();
        }
    }
</script>
```

2. 使用<Services>标记引入 Web Service

在 ScriptManager 控件中使用<Services>标记可以以声明的方式引入 Web 服务资源。例如，引入 Web Service 文件（文件后缀为.asmx）的代码如下：

```
<asp:ScriptManager ID="ScriptManager1" runat="server">
    <Services>
        <asp:ServiceReference Path="WebService.asmx" />
    </Services>
</asp:ScriptManager>
```

上述代码在<asp:ScriptManager>标记中定义了一个子标记<Services>，其中还定义了一个<asp:ScriptReference>标记，并设定了该标记的 Path 属性（即给出引入的 Web 服务资源的路径）。<asp:ScriptReference>标记对应着 ScriptReference 类，该类的常用属性及说明如表 12-3 所示。

表 12-3　　　　　　　　　　ScriptReference 类的常用属性及说明

属　　性	说　　明
InlineScript	是否把引入的 Web 服务资源嵌入到页面的 HTML 代码中，默认为 false。若将其设置为 true，则表示直接嵌入
Path	引入 Web 服务资源的路径，一般为相对路径

【例 12-2】 本实例使用<Services>标记引入 Web Service 以返回随机数。实例运行效果如图 12-5 所示。（实例位置：光盘\MR\源码\第 12 章\12-2。）

程序开发步骤如下所述。

（1）新建一个网站，默认主页为 Default.aspx。

（2）该网站中添加一个 Web 服务，命名为 RandomService.asmx，打开 Web 服务的 RandomService.cs 文件（该文件自动存放在 App_Code 文件夹下），定义一个静态方法 GetRandom，用于返回 12～17 之间的一个随机数，代码如下：

图 12-5　使用<Services>标记引入 Web Service

```
using System;
using System.Collections;
using System.Linq;
using System.Web;
```

```
using System.Web.Services;
using System.Web.Services.Protocols;
using System.Xml.Linq;
/// <summary>
///RandomService 的摘要说明
/// </summary>
[WebService(Namespace = "http://tempuri.org/")]
[WebServiceBinding(ConformsTo = WsiProfiles.BasicProfile1_1)]
//若要允许使用 ASP.NET AJAX 从脚本中调用此 Web 服务，请取消对下行的注释
[System.Web.Script.Services.ScriptService]
public class RandomService : System.Web.Services.WebService {
    public RandomService () {
        //如果使用设计的组件，请取消注释以下行
        //InitializeComponent();
    }
    [WebMethod]
    public static int GetRandom()
    {
        Random ran = new Random();              //创建 Random 对象实例
        int getNum = ran.Next(12, 17);          //返回指定范围内的随机数
        return getNum;
    }
}
```

上面的代码中用到了 [System.Web.Script.Services.ScriptService] 属性，该属性是 ASP.NET AJAX 能够从客户端访问定义的 Web Service 服务所必须使用的属性。

（3）在 Default.aspx 页面中添加一个 ScriptManager 控件，用于管理脚本，通过 ScriptReference 元素指定引用的 Web 服务文件 RandomService.asmx；添加一个 UpdatePanel 控件，用于实现局部刷新。在 UpdatePanel 控件内添加一个 Label 控件，用于显示获取到的随机数；添加一个 Button 控件，用于获取随机数。代码如下：

```
<body>
    <form id="form1" runat="server">
    <div>
        <asp:ScriptManager ID="ScriptManager1" runat="server">
            <Services>
                <asp:ServiceReference Path="RandomService.asmx" />
            </Services>
        </asp:ScriptManager>
        <asp:UpdatePanel ID="UpdatePanel1" runat="server">
            <ContentTemplate>
                随机数为:
                <br />
                <div align="center" style=" width:123px; height:60px; line-height:60px; background-image: url('bg.jpg')">
                    <asp:Label ID="Label1" runat="server" Font-Bold="True"
    Font-Size="18px"></asp:Label>
                </div>
                <asp:Button ID="Button1" runat="server" onclick="Button1_Click" Text="
返回随机数" />
            </ContentTemplate>
        </asp:UpdatePanel>
    </div>
```

```
</form>
</body>
```

（4）双击 Default.aspx 页面中的 Button 控件，进入后台代码页面 Default.aspx.cs，在该页面中编写 Button1_Click 事件，将获取到的随机数显示在 Label 控件中，代码如下：

```
protected void Button1_Click(object sender, EventArgs e)
{
    Label1.Text = RandomService.GetRandom().ToString();
}
```

12.2.2　UpdatePanel 控件

早期的 AJAX 版本开发出很多的 AJAX 服务器控件，例如 TextBox、Button 等，随着.NET 服务器控件的更新，发现开发出这么多的 AJAX 服务器控件并不符合实际需要，最后微软开发出了 AJAX 的 UpdatePanel 控件，由程序人员将 ASP.NET 服务器控件拖放到 UpdatePanel 控件中，使原本不具备 AJAX 能力的 ASP.NET 服务器控件都具有 AJAX 异步的功能。因此，当用户浏览 AJAX 网页时，便不会有界面闪动的不适感，取而代之的是好像在浏览器中立即产生了更新效果，展示了无闪动的 AJAX 风格。

UpdatePanel 控件的常用属性及说明如表 12-4 所示。

表 12-4　　　　　　　　　　　UpdatePanel 控件的常用属性及说明

属　　性	说　　明
ContentTemplate	内容模板，在该模板内放置控件、HTML 代码等
UpdateMode	UpdateMode 属性共有两种模式：Always 与 Conditional，Always 是每次 Postback 后，UpdatePanel 会连带被更新；相反，Conditional 只针对特定情况才被更新
RenderMode	若 RenderMode 的属性值为 Block，则以<DIV>标签来定义程序段；若为 Inline，则以<Span>标签来定义程序段
Triggers	用于设置 UpdatePanel 的触发事件

UpdatePanel 控件的 Triggers 包含两种触发器，一种是 AsyncPostBackTrigger，用于引发局部更新；另一种是 PostBackTrigger，用于引发整页回送。Triggers 的属性值设置如图 12-6 所示。

图 12-6　Triggers 的属性值设置

在 UpdatePanel 控件内的控件可以实现局部更新，那么在 UpdatePanel 控件之外的控件能否控制或者引发其局部更新呢？答案是肯定的。

通过 Triggers 属性包含的 AsyncPostBackTrigger 触发器可以引发 UpdatePanel 控件的局部更新。在该触发器中指定控件名称、该控件的某个服务器端事件，就可以使 UpdatePanel 控件外的控件引发局部更新，而避免不必要的整页更新。

【例 12-3】 本实例演示如何使用 UpdatePanel 控件实现页面的局部更新。实例运行效果如图 12-7 所示。（实例位置：光盘\MR\源码\第 12 章\12-3。）

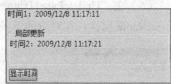

图 12-7 使用 UpdatePanel 控件实现页面局部更新

程序开发步骤如下所述。

（1）新建一个网站，默认主页为 Default.aspx。

（2）在 Default.aspx 页面中，添加一个 ScriptManager 控件，用于管理脚本；添加一个 Label 控件，ID 值为 Label1，用于显示时间 1；添加一个 UpdatePanel 控件，用于实现局部更新；在 UpdatePanel 控件内添加一个 Label 控件，ID 值为 Label2，用于显示时间 2；在 UpdatePanel 控件外添加一个 Button 控件。代码如下：

```
<body style="font-size:14px">
    <form id="form1" runat="server">
    <asp:ScriptManager ID="ScriptManager1" runat="server">
    </asp:ScriptManager>
    <div style=" width:500px; height:150px; background-color:#FFDFEF; padding:5px 0px 0px 8px;">
        时间1: <asp:Label ID="Label1" runat="server"></asp:Label>
        <br/>
        <br/>
        <fieldset style="width:300px; height:60px">
            <legend>局部更新</legend>
            <asp:UpdatePanel ID="UpdatePanel1" runat="server">
                <ContentTemplate>
                    时间2: <asp:Label ID="Label2" runat="server"></asp:Label>
                </ContentTemplate>
            </asp:UpdatePanel>
        </fieldset>
        <br/>
        <br/>
        <asp:Button ID="Button1" runat="server" onclick="Button1_Click" Text="显示时间"
            Width="55px" />
    </div>
    </form>
</body>
```

（3）双击页面上的 Button 控件，编写其 Click 事件对应的 Button1_Click 事件，在该事件中将当前系统日期时间作为 Label2 的文本。在 Page_Load 事件中设置当前时间为 Label1 的文本。代码如下：

```
protected void Page_Load(object sender, EventArgs e)
{
    Label1.Text = DateTime.Now.ToString();
}
protected void Button1_Click(object sender, EventArgs e)
{
    Label2.Text = DateTime.Now.ToString();
}
```

（4）在 Default.aspx 页面上右击 UpdatePanel 控件，在弹出的快捷菜单中选择"属性"命令，在打开的属性面板中可以看到 Triggers 属性。

（5）单击 Triggers 属性中的按钮，打开"UpdatePanelTrigger 集合编辑器"对话框，单击"添加"按钮右侧的，在下拉菜单中选择 AsyncPostBackTrigger 触发器，如图 12-8 所示。

（6）在"UpdatePanelTrigger 集合编辑器"对话框中，设置"行为"选项的 ControlID 属性和 EventName 属性，在对应的下拉列表框中分别选择 Button1 和 Click，如图 12-9 所示。

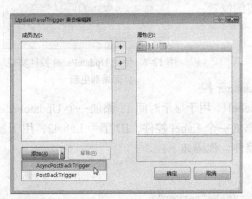 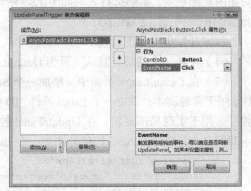

图 12-8　添加 AsyncPostBackTrigger 触发器　　　　图 12-9　设置 AsyncPostBackTrigger 触发器

（7）切换到源视图，可以看到自动生成的<Triggers>和其中的<asp:AsyncPostBackTrigger>标签。代码如下：

```
<asp:UpdatePanel ID="UpdatePanel1" runat="server">
  <ContentTemplate>
      时间2：<asp:Label ID="Label2" runat="server"></asp:Label>
  </ContentTemplate>
  <Triggers>
      <asp:AsyncPostBackTrigger ControlID="Button1" EventName="Click" />
  </Triggers>
</asp:UpdatePanel>
```

12.2.3　Timer 控件

Timer 定时器用 JavaScript 构建非常容易，但在 ASP.NET 中实现 Timer 定时器不但困难，而且运作起来非常麻烦，还会损耗计算机资源。但 AJAX Framework 直接构建了一个 AJAX Timer 服务器控件，让程序开发人员可以通过设置时间间隔来触发特定事件的操作。

Timer 控件的使用非常简单，其中比较重要的属性有 Interval 及 Enalbed，最重要的事件是 Tick 事件，下面分别对它们进行介绍。

❑ Interval 属性

Interval 属性用来设置页面更新间隔的最大毫秒数，其默认值为 60000 毫秒（即 60 秒）。每当到达 Timer 控件的 Interval 属性所设置的间隔时间而进行回发时，就会引发服务器端的 Tick 事件，在该事件中可以根据实际需要定时执行特定的更新操作。

 使用 Timer 控件可能会加大 Web 应用程序的负载，因此，在引入自动回发特性前并在确实需要的时候才推荐使用 Timer 控件，同时尽可能把它的间隔时间设置得长一点，因为如果设置得太短，将会使得页面回发频率增加，加大服务器的负载流量。

❑ Enabled 属性

如果要停止一个定时器，可在服务器端代码中将 Timer 控件的 Enabled 属性设置为 false 实现。

Enabled 属性用来确定 Timer 控件是否可用。

❑ Tick 事件

Tick 事件用于在指定的时间间隔进行触发的事件。

【例 12-4】本实例使用 Timer 控件实现在页面中实时显示当前系统时间的功能。实例运行效果如图 12-10 所示。（实例位置：光盘\MR\源码\第 12 章\12-4。）

程序开发步骤如下所述。

（1）新建一个网站，默认主页为 Default.aspx。

图 12-10 使用 Timer 控件实时显示当前系统时间

（2）在 Default.aspx 页面中添加一个 ScriptManager 控件，用于管理脚本；添加一个 Update Panel 控件，用于局部刷新。在 UpdatePanel 控件中添加一个 Label 控件，用于实时显示当前系统时间；添加一个 Timer 控件，设置 Timer 控件的 Interval 属性为 1000 毫秒（即 1 秒）。

（3）触发 Timer 控件的 Tick 事件，该事件中，获取当前系统时间，并显示在 Label 控件中。代码如下：

```
protected void Timer1_Tick(object sender, EventArgs e)
{
    Label1.Text = DateTime.Now.ToString();
}
```

12.3 AJAXControlToolkit 工具包的使用

ASP.NET AJAX Control Toolkit（控件工具包）是基于 ASP.NET AJAX 基础之上构建的，提供了数十种 ASP.NET AJAX 控件，并且它是微软免费提供的一个资源，能轻松创建具有富客户端 AJAX 功能的页面。本节将对 AJAXControlToolkit 工具包的使用进行详细讲解。

12.3.1 安装 AJAX Control Toolkit 扩展控件工具包

本节将具体介绍下如何下载 AJAX Control Toolkit（控件工具包）并正确安装到 Visual Studio 2010 的工具箱中。

1. 下载 ASP.NET AJAX Control Toolkit

下载 ASP.NET AJAX Control Toolkit 的地址为：http://www.codeplex.com/AjaxControlToolkit/Release/ProjectReleases.aspx（这里以下载 AjaxControlToolkit.Binary.NET4.zip 为例），在下载的文件目录中，包含一个名为 AjaxControlToolkit.dll 的组件，将该组件添加到 Visual Studio 2010 开发环境的工具箱中，即可加载 AJAXControlToolkit 工具包的控件。

2. 将 AjaxControlToolkit 控件添加到 Visual Studio 2010 的工具箱

将 AjaxControlToolkit 控件添加到 Visual Studio 2010 工具箱中的步骤如下所述。

（1）新建或打开一个 ASP.NET 网站，打开"工具箱"窗口，使用鼠标右键单击空白处，并在弹出的快捷菜单中选择"添加选项卡"命令，将选项卡命名为 Ajax Control Toolkit，然后用鼠标右键单击该选项卡，在弹出的快捷菜单中选择"选择项"命令，如图 12-11 所示。

（2）打开"选择工具箱项"对话框，单击"浏览"按钮查找到 AjaxControlToolkit.dll 组件的位置，单击"确定"按钮将控件添加到 Visual Studio 2010 工具箱的 Ajax Control Toolkit 选项卡中，如图 12-12 所示。

图 12-11 选择"选择项"命令

图 12-12 将 AjaxControlToolkit 控件添加到 Visual Studio 2010 的工具箱中

12.3.2 PasswordStrength 控件

密码强度是保护个人信息的第一道防线,并智能提示用户所输入密码的安全级别。ASP.NET AJAXControlToolki 提供了附加在 TextBox 控件的一个密码强度控件 PasswordStrength,当用户在密码框中输入密码时,文本框的后面会有一个密码强度提示,这种提示有两种方式:文本信息和图形化的进度条,而当密码框失去焦点时,提示信息会自动消失。PasswordStrength 控件在工具箱中的图标如图 12-13 所示。

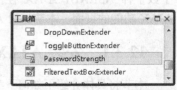

图 12-13 PasswordStrength 控件

PasswordStrength 控件的常用属性及说明如表 12-5 所示。

表 12-5　　　　　　　　　PasswordStrength 控件的常用属性及说明

属　　性	说　　明
TargetControlID	要检测密码的 TextBox 控件 ID
DisplayPosition	密码强度提示的信息的位置,如:DisplayPosition="RightSide|LeftSide|BelowLeft"
StrengthIndicatorType	强度信息提示方式,包括文本和进度条 StrengthIndicatorType="Text|BarIndicator"
PreferredPasswordLength	密码的长度
PrefixText	用文本方式时开头的文字 PrefixText="强度:"

第 12 章 AJAX 异步刷新技术

续表

属 性	说 明
TextCssClass	用文本方时文字的 CSS 样式
MinimumNumericCharacters	密码中最少要包含的数字数量
MinimumSymbolCharacters	密码中最好要包含的符号数量（*，#）
RequiresUpperAndLowerCaseCharacters	是否需要区分大小写
TextStrengthDescriptions	文本方式时的文字提示信息 TextStrengthDescriptions="极弱;弱;中等;强;超强"
BarIndicatorCssClass	进度条的 CSS 样式
BarBorderCssClass	进度条边框的 CSS 样式
HelpStatusLabelID	帮助提示信息的 Lable 控件 ID
CalculationWeightings	密码组成部门所占的比重，其值的格式为 "A；B；C；D"。其中 A 表示长度比重，B 表示数字的比重，C 表示大写的比重，D 表示特殊符号的比重。A、B、C、D 4 个值的和必须为 100，默认值为 "50；15；15；20"

【例 12-5】 本实例通过 PasswordStrength 控件分别使用文本和进度条两种方式显示用户密码的密码强度。实例运行效果如图 12-14 所示。（实例位置：光盘\MR\源码\第 12 章\12-5。）

程序开发步骤如下所述。

（1）新建一个网站，默认主页为 Default.aspx。

（2）在 Default.aspx 页面中添加一个 Script Manager 控件，然后分别添加两个 TextBox 控件和两个 PasswordStrength 控件，分别用来显示文本密码强度和进度条密码强度。

图 12-14 使用文本和进度条两种方式显示密码强度

（3）设置密码强度的文本信息样式及进度条样式的主要代码如下：

```
<style type="text/css">
    .textIndicator_1
    {
        background-color: Gray;
        color: White;
        font-family: 标楷体, 楷体;
        font-style: italic;
        padding: 2px 3px 2px 3px;
        font-weight: bold;
    }
    ……//省略部分 CSS 样式
    .barborder_good
    {
        color: Green;
        background-color: Green;
        margin-top: 16px;
    }
</style>
```

（4）设置以文本信息显示密码强度的 PasswordStrength 控件的属性代码如下：

```
<asp:TextBox ID="txtText" runat="server" TextMode="Password"></asp:TextBox>
```

```
        <cc1:PasswordStrength           ID="PasswordStrength1"           runat="server"
TargetControlID="txtText"
        MinimumNumericCharacters="1"
        MinimumSymbolCharacters="1"
        PrefixText="密码强度："
        TextStrengthDescriptions=" 很 差 ； 差 ； 一 般 ； 好 ； 很 好 "
StrengthStyles="textIndicator_1;textIndicator_2;textIndicator_3;textIndicator_4;textIn
dicator_5" >
    </cc1:PasswordStrength>
```

（5）设置以图形化进度条显示密码强度的 PasswordStrength 控件的属性代码如下：

```
<asp:TextBox ID="txtBar" runat="server"></asp:TextBox>
<cc1:PasswordStrength ID="PasswordStrength2" runat="server"
    BarBorderCssClass="barBorder" CalculationWeightings="40;20;20;20"
    DisplayPosition="BelowLeft" MinimumNumericCharacters="1"
    MinimumSymbolCharacters="2" PreferredPasswordLength="8"
    RequiresUpperAndLowerCaseCharacters="True" StrengthIndicatorType="BarIndicator"
    StrengthStyles="barborder_weak;barborder_average;barborder_good"
    TargetControlID="txtBar">
</cc1:PasswordStrength>
```

12.3.3 TextBoxWatermark 控件

TextBoxWatermark 扩展控件可以为 TextBox 服务器端控件添加水印效果。打开网页，在文本框内可以显示水印提示内容，当在文本框内单击鼠标时，水印文字将立即消失，即变成空白文本框，用户随即可以输入数据。TextBoxWatermark 扩展控件在工具箱中的图标如图 12-15 所示。

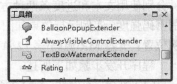

图 12-15 TextBoxWatermark 扩展控件

 使用 TextBoxWatermark 扩展控件时，在文本框中出现的水印文字只起到提示的作用，不会作为文本内容。

TextBoxWatermark 扩展控件的常用属性及说明如表 12-6 所示。

表 12-6　　　　　　　TextBoxWatermark 扩展控件的常用属性及说明

属 性	说 明
TargetControlID	目标 TextBox 控件 ID
WatermarkText	设置显示的水印文字
WatermarkCssClass	水印文字应用的 CssClass

【例 12-6】 本实例使用 TextBoxWatermark 扩展控件实现在文本框中显示水印提示的功能。运行程序，在网页上可以看到带有水印文字提示的文本框，如图 12-16 所示；当在文本框内单击鼠标时，水印文字消失，如图 12-17 所示。（实例位置：光盘\MR\源码\第 12 章\12-6。）

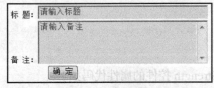

图 12-16 水印提示

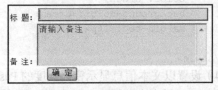

图 12-17 水印文字消失

程序开发步骤如下所述。

（1）新建一个网站，默认主页为 Default.aspx。

（2）在 Default.aspx 页面上，添加一个 ScriptManager 控件，用于管理脚本。添加两个 TextBox 控件，ID 分别为 TextBox1 和 TextBox2，设置 TextBox2 的 TextMode 属性为 MultiLine；设置这两个 TextBox 控件的 CssClass 属性均为 txt，BackColor 属性值为#daeeee。

（3）在 Default.aspx 页面的源视图下，添加两个 TextBoxWatermarkExtender 控件，以便为两个 TextBox 控件添加水印提示，分别设置其 TargetControlID 属性为 TextBox1、TextBox2，设置 WatermarkText 为"请输入标题"、"请输入备注"，WatermarkCssClas 属性均设置为 watermark。代码如下：

```
<cc1:TextBoxWatermarkExtender ID="TextBoxWatermarkExtender1" runat="server"
  TargetControlID="TextBox1"
  WatermarkText="请输入标题"
  WatermarkCssClass="watermark" >
</cc1:TextBoxWatermarkExtender>
<cc1:TextBoxWatermarkExtender ID="TextBoxWatermarkExtender2" runat="server"
  TargetControlID="TextBox2"
  WatermarkText="请输入备注"
  WatermarkCssClass="watermark" >
</cc1:TextBoxWatermarkExtender>
```

（4）在<head>标记内使用<style>标记定义 CSS 样式 txt 和 watermark，代码如下：

```
<style>
    .txt
    {
        border-style:solid;
        border-color:#666666;
        border-width:1px 2px 2px 1px;
        margin:2px;
    }
    .watermark
    {
        color:#666666;
    }
</style>
```

12.3.4　SlideShow 控件

SlideShow 扩展控件可以实现自动播放照片的功能，在制作电子相册等程序中对图片进行浏览时经常使用 SlideShow 扩展控件，比如大家熟悉的 QQ 相册功能。SlideShow 扩展控件在工具箱中的图标如图 12-18 所示。

SlideShow 扩展控件的常用属性及说明如表 12-7 所示。

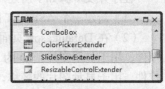

图 12-18　SlideShow 扩展控件

表 12-7　　　　　　　　　　SlideShow 扩展控件的常用属性及说明

属　　性	说　　明
TargetControlID	目标 Image 服务器端控件 ID
AutoPlay	是否自动播放
Loop	是否循环播放
PreviousButtonID	"上一张"按钮 ID

续表

属　性	说　明
NextButtonID	"下一张"按钮 ID
PlayButtonID	播放按钮 ID
PlayInterval	两张画面播放的时间间隔，单位为毫秒
PlayButtonText	播放时按钮显示的文本
StopButtonText	停止自动播放时按钮显示的文本
SlideShowServicePath	调用的 Web Service
SlideShowServiceMethod	指定 Web Service 中的方法
ContextKey	该值传递给 Web Service 中方法的 contextKey 参数
UseContexKey	是否启用 ContextKey 属性

【例 12-7】 本实例使用 SlideShow 扩展控件实现以幻灯片形式播放照片的功能。运行程序，可以看到循环播放的 3 张图片，单击"停止播放"按钮，图片暂停播放，按钮的文本显示为"开始播放"；再次单击该按钮，可以恢复自动播放，按钮的文本显示为"停止播放"；单击"上一张"或"下一张"按钮，可以按照指定顺序查看图片。运行结果如图 12-19 和图 12-20 所示。（实例位置：光盘\MR\源码\第 12 章\12-7。）

图 12-19　自动播放

图 12-20　暂停播放

程序开发步骤如下所述。

（1）新建一个 ASP.NET 网站，默认主页为 Default.aspx。

（2）在 Default.aspx 页面上，添加一个 ScriptManager 控件，用于管理脚本；添加一个 Image 控件，用于显示图片，ID 为 Image1，设置其宽度和高度分别为 300px 和 200px；添加一个 Label 控件，用于显示图片的名称，ID 为 Label1；添加 3 个 Button 控件，ID 分别为 Button1、Button2 和 Button3，其文本分别设置为"上一张"、"开始播放"和"下一张"。

（3）该网站中添加一个 Web 服务，命名为 Photo_Service.asmx，打开 Web 服务的 Photo_Service.cs 文件（该文件自动存储在 App_Code 文件夹），自定义一个 GetSlide 方法，用来以幻灯片形式播放照片，该方法使用[System.Web.Script.Services.ScriptService]属性进行修饰。代码如下：

```
using System;
using System.Collections;
using System.Linq;
using System.Web;
using System.Web.Services;
```

```csharp
using System.Web.Services.Protocols;
using System.Xml.Linq;
/// <summary>
///Photo_Service 的摘要说明
/// </summary>
[WebService(Namespace = "http://tempuri.org/")]
[WebServiceBinding(ConformsTo = WsiProfiles.BasicProfile1_1)]
//若要允许使用 ASP.NET AJAX 从脚本中调用此 Web 服务，请取消对下行的注释。
 [System.Web.Script.Services.ScriptService]
public class Photo_Service : System.Web.Services.WebService {
    public Photo_Service () {
        //如果使用设计的组件，请取消注释以下行
        //InitializeComponent();
    }
    [WebMethod]
    //public string HelloWorld() {
    //    return "Hello World";
    //}
    public AjaxControlToolkit.Slide[] GetSlide()
    {
        //定义幻灯片数组
        AjaxControlToolkit.Slide[] photos = new AjaxControlToolkit.Slide[3];
        //定义幻灯片对象
        AjaxControlToolkit.Slide photo = new AjaxControlToolkit.Slide();
        //以下分别定义 3 个幻灯片，其中包含图片路径、图片名称、图片描述，然后将其分别添加到 photos
        photo = new AjaxControlToolkit.Slide("Images/1.jpg", "编程词典1", "图片1");
        photos[0] = photo;
        photo = new AjaxControlToolkit.Slide("Images/2.jpg", "编程词典2", "图片2");
        photos[1] = photo;
        photo = new AjaxControlToolkit.Slide("Images/3.jpg", "编程词典3", "图片3");
        photos[2] = photo;
        return photos;
    }
}
```

（4）在 Default.aspx 页面中添加一个 SlideShowExtender 控件，并将其 SlideShowServicePath 属性设置创建的 Web 服务，SlideShowServiceMethod 属性设置为 Web 服务中自定义的方法 GetSlide。代码如下：

```
<cc1:SlideShowExtender ID="SlideShowExtender1" runat="server"
  TargetControlID="Image1"
  AutoPlay="true"
  ImageTitleLabelID="Label1"
  Loop="true"
  NextButtonID="Button3"
  PreviousButtonID="Button1"
  PlayButtonID="Button2"
  PlayInterval="3000"
  PlayButtonText="开始播放"
  StopButtonText="停止播放"
  SlideShowServicePath="Photo_Service.asmx"
  SlideShowServiceMethod="GetSlide" >
</cc1:SlideShowExtender>
```

12.4 综合实例——AJAX 开发聊天室

网上聊天室有助于提高网站的访问量。聊天室是一个聚集社区成员、召开网络会议的理想场所。随着计算机网络的不断进步，聊天室对大家来说已经不再陌生，本节将使用 AJAX 技术开发一个异步刷新的聊天室。实例运行结果如图 12-21 所示。

程序开发步骤如下所述。

（1）新建一个 ASP.NET 网站，命名为 Chat，默认主页为 Default.aspx，该页作为聊天室主页。

图 12-21 AJAX 开发的聊天室

（2）在 Default.aspx 页面中添加一个 ScriptManager 控件，用来管理页面中的 AJAX 引擎；添加一个 UpdatePanel 控件，用来控制局部刷新；在 UpdatePanel 控件内部添加 3 个 DropDownList 控件、一个 TextBox 和一个 Button 控件，其中，3 个 DropDownList 控件分别用来选择名称符号、名称颜色和字体颜色，TextBox 控件用来输入要发送的内容，Button 控件用来执行发送聊天信息操作。

（3）添加一个 Web 窗体，命名为 MsgContent.aspx，用于显示聊天信息内容。

（4）在 MsgContent.aspx 页面中添加一个 ScriptManager 控件和一个 UpdatePanel 控件，ScriptManager 控件用于管理页面中的 AJAX 引擎，UpdatePanel 控件用于实现局部更新，以便实时获取最新的聊天信息；在 UpdatePanel 控件中添加一个 Timer 控件，并且设置其 Interval 属性为 2000 毫秒（即 2 秒），用于每 2 秒种获取一次聊天信息；添加两个 Label 控件，分别用来显示当前在线人数和聊天信息。

（5）在 Default.aspx 页面中添加一个 Iframe 标记，用于引入 MsgContent.aspx 页面，代码如下：

```
<iframe id="msgFrame" width="100%" style="HEIGHT: 440px; VISIBILITY: inherit; Z-INDEX: 1; border-style:groove" src="MsgContent.aspx" scrolling="no" bordercolor=green frameborder="0"></iframe>
```

（6）创建一个"全局应用程序类"Global.asax 文件，在其 Application_Start 事件中初始化 Application 变量，代码如下：

```
void Application_Start(object sender, EventArgs e)
{
    // 在应用程序启动时运行的代码
    Application["count"] = 0;
}
```

（7）在 Global.asax 文件的 Session_Start 事件中，首先使用一个 Application 变量记录哪个用户进入了聊天室，然后使 Application["Count"]的变量值累加 1，即表示在线人数增加 1 个。代码如下：

```
void Session_Start(object sender, EventArgs e)
{
    // 在新会话启动时运行的代码
    Application.Lock();
    Application.Set("Msg", "" + Application["Msg"] + "<br><font color='#666666' size=2>≮欢迎" + Request.UserHostName + " 进入聊天室>≯</</font>");
    Application["count"] = int.Parse(Application["count"].ToString()) + 1;
    Application.UnLock();
}
```

(8) 在 Global.asax 文件的 Session_End 事件中使 Application["Count"]变量值减 1,即表示在线人数减少 1 个,然后移除当前用户。代码如下:

```
void Session_End(object sender, EventArgs e)
{
    // 在会话结束时运行的代码
    // 注意: 只有在 Web.config 文件中的 sessionstate 模式设置为
    // InProc 时,才会引发 Session_End 事件。如果会话模式设置为 StateServer
    // 或 SQLServer, 则不会引发该事件
    Application.Lock();
    Application["count"] = int.Parse(Application["count"].ToString()) - 1;
    Application.UnLock();
    Application.Lock();
    Application.Set("Msg", "" + Application["Msg"] + "<br><font color='#666666' size=2>≮" + Session["name"].ToString() + " 离开了聊天室>≯</</font>");
    Application.UnLock();
}
```

(9) 在 Default.aspx.cs 中编写代码,获取上线用户 IP 地址和发送聊天信息。代码如下:

```
protected void Page_Load(object sender, EventArgs e)
{
    Session["name"] = Request.UserHostName;//存储上线人信息
}
protected void Button1_Click(object sender, EventArgs e)
{
    //发送聊天信息
    Application.Set("Msg", Application["Msg"] + "<br> <font color=" + ddlName.Text + " size='2px'> " + ddlSign.Text + Request.UserHostName + ddlSign.Text + " 说: </font> <font color=" + ddlContent.Text + " size='2px'>" + TextBox1.Text + " </font><font size='2px'>「" + DateTime.Now.ToString() + "」</font>");
}
```

(10) 在 MsgContent.aspx.cs 中编写代码,定时获取聊天信息。代码如下:

```
protected void Timer1_Tick(object sender, EventArgs e)
{
    try
    {
        lblMsg.Text = Application["Msg"].ToString();
        lblcount.Text = "聊天室在线人数: " + Application["count"].ToString() + "人郑重声明: 禁止发送一些不健康话题,否则后果自负! ";
    }
    catch (Exception ex)
    {
        throw new Exception(ex.Message, ex);
    }
}
```

知识点提炼

(1) AJAX 是 Asynchronous JavaScript and XML(异步 JavaScript 和 XML 技术)的缩写,它是由 JavaScript 脚本语言、CSS 样式表、XMLHttpRequest 数据交换对象和 DOM 文档对象(或

XMLDOM 文档对象）等多种技术组成的。

（2）ScriptManager 控件负责管理 Page 页面中所有的 AJAX 服务器控件，是 AJAX 的核心。

（3）使用 ScriptManager 控件时，可以使用<Scripts>标记引入脚本资源，使用<Services>标记引入 Web Service 服务。

（4）通过将 ASP.NET 服务器控件拖放到 UpdatePanel 控件中，可以使原本不具备 AJAX 能力的 ASP.NET 服务器控件都具有 AJAX 异步的功能。

（5）Timer 服务器控件使得程序开发人员可以通过设置时间间隔来触发特定事件的操作。

（6）ASP.NET AJAX Control Toolkit（控件工具包）是基于 ASP.NET AJAX 基础之上构建的，提供了数十种 ASP.NET AJAX 控件，并且它是微软免费提供的一个资源，能轻松创建具有富客户端 AJAX 功能的页面。

（7）PasswordStrength 控件是一个密码提示控件，它提供了两种提示方式，分别是：文本信息提示和图形化的进度条提示。

（8）TextBoxWatermark 扩展控件可以为 TextBox 服务器端控件添加水印效果。

（9）SlideShow 扩展控件可以实现自动播放照片的功能。

习 题

12-1 简述 AJAX 的开发模式。
12-2 简述使用 AJAX 的网站有什么好处。
12-3 如何在 AJAX 网站中引入 JavaScript 脚本？
12-4 如何在 AJAX 网站中引入 Web Service 服务？
12-5 AJAX 网站中为什么必须包括 ScriptManager 控件？
12-6 简单描述 UpdatePanel 控件的用处。
12-7 如何下载并且安装 AJAX Control Toolkit 工具包？
12-8 列举 3 种 AJAX Control Toolkit 工具包的控件，并简单说明它们的作用。

实验：仿当当网对图书通过五星显示好评等级

实验目的

（1）掌握 AJAX 异步刷新技术的应用。
（2）掌握 Rating 评级控件的使用。

实验内容

使用 AJAXControlToolkit 工具包中提供的 Rating 评级控件对图书通过五星显示其好评等级，实验的运行效果如图 12-22 所示。

实验步骤

（1）新建一个网站，将其命名为 RatingStar，默认主页为 Default.aspx。

（2）在 Default.aspx 页面中添加一个 Script Manager 控件和一个 UpdatePanel 控件，分别用来构建客户端 AJAX 环境和控制局部刷新；在 UpdatePanel 控件内部添加两个 Image 控件、两个 Rating 评级控件和两个 Label 控件，其中，Image 控件用来显示图书图片，Rating 控件用来对图书进行评级操作，Label 控件用来显示用户所评的级数。

（3）Rating 评级控件包含 4 个重要的样式：StarCssClass、WaitingStarCssClass、FilledStarCssClass 和 EmptyStarCssClass，它们分别指定初始时 Star 的样式、处于等待模式的 Star 样式、处于 Filled 模式的 Star 新式和处于空模式的 Star 样式，代码如下：

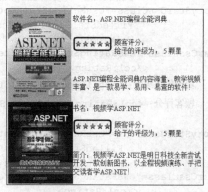

图 12-22　仿当当网对图书通过五星显示好评等级

```
<style type="text/css">
/* 五角星的样式 */
.cssRatingStar
{
white-space: nowrap;
margin: 5pt;
height: 14px;
float: left;
}
.cssRatingStarratingItem
{
    font-size: 0pt;
    width: 13px;
    height: 12px;
    margin: 0px;
    padding: 2px;
    cursor: pointer;
    display: block;
    background-repeat: no-repeat;
}
.cssRatingStarSaved
{
    background-image: url(Images/RatingStarSaved.png);
}
.cssRatingStarFilled
{
    background-image: url(Images/RatingStarFilled.png);
}
.cssRatingStarEmpty
{
    background-image: url(Images/RatingStarEmpty.png);
}
</style>
```

（4）将定义的样式分别指定给两个 Rating 评级控件的相应属性，并设置这两个控件的最大级别为 5，呈现方向为水平方向，代码如下：

顾客评分: <cc1:Rating ID="RatingStar1" runat="server" AutoPostBack="True"
        CssClass="cssRatingStar" CurrentRating="1"
EmptyStarCssClass="cssRatingStarEmpty"
        FilledStarCssClass="cssRatingStarSaved" onchanged="RatingStar1_Changed"
        WaitingStarCssClass="cssRatingStarFilled"
StarCssClass="cssRatingStarratingItem">
    </cc1:Rating>
给予的评级为: <asp:Label ID="lblStar1" runat="server" /> 颗星
顾客评分: <cc1:Rating ID="RatingStar2" runat="server" AutoPostBack="True"
        CurrentRating="1" CssClass="cssRatingStar"
EmptyStarCssClass="cssRatingStarEmpty"
        FilledStarCssClass="cssRatingStarSaved" OnChanged="RatingStar2_Changed"
        WaitingStarCssClass="cssRatingStarFilled"
StarCssClass="cssRatingStarratingItem">
    </cc1:Rating>
给予的评级为: <asp:Label ID="lblStar2" runat="server" /> 颗星

（5）当等级改变时，触发 Rating 评级控件的 OnChanged 事件，在该事件中通过 e.Value 获取五角星个数，并显示在 Label 控件中，代码如下：

```
protected void RatingStar1_Changed(object sender, AjaxControlToolkit.RatingEventArgs e)
{
    lblStar1.Text = e.Value;
}
protected void RatingStar2_Changed(object sender, AjaxControlToolkit.RatingEventArgs e)
{
    lblStar2.Text = e.Value;
}
```

第 13 章
LINQ 数据操作技术

本章要点
- LINQ 技术的组成架构
- 常用的 LINQ 查询子句及使用
- 如何创建 LINQ 数据源
- 使用 LINQ 技术对数据库执行增、删、改、查操作
- 如何使用 LinqDataSource 控件
- 使用 LINQ 技术操作数组和集合
- 使用 LINQ 技术操作 DataSet 数据集
- 使用 LINQ 技术操作 XML 文件
- 使用 LINQ 技术实现数据分页功能
- 使用 LINQ 技术防止 SQL 注入式攻击

LINQ（Language-Integrated Query，语言集成查询）是微软公司提供的一项数据操作技术，它能够将查询功能直接引入到.NET Framework 所支持的编程语言中，查询操作可以通过编程语言自身来传达，而不是以字符串形式嵌入到到应用程序代码中。本章将对 LINQ 数据操作技术进行详细讲解。

13.1　LINQ 技术概述

LINQ 是.NET Framework 中一项突破性的创新，它在对象领域和数据领域之间架起了一座桥梁。LINQ 主要由 3 部分组成，分别为 LINQ to Objects、LINQ to ADO.NET 和 LINQ to XML。其中，LINQ to ADO.NET 可以分为两部分，分别为 LINQ to SQL 和 LINQ to DataSet。LINQ 的组成说明如下。

- LINQ to SQL 组件：可以查询基于关系数据库的数据，并对这些数据进行检索、插入、修改、删除、排序、聚合和分区等操作。
- LINQ to DataSet 组件：可以查询 DataSet 对象中的数据，并对这些数据进行检索、过滤和排序等操作。
- LINQ to Objects 组件：可以查询 Ienumerable 或 Ienumerable<T>集合，也就是说可以查询任何可枚举的集合，如数据（Array 和 ArrayList）、泛型列表 List<T>、泛型字典 Dictionary<T>以及用户自定义的集合，而不需要使用 LINQ 提供程序或 API。
- LINQ to XML 组件：可以查询或操作 XML 结构的数据（如 XML 文档、XML 片段和

XML 格式的字符串等），并提供了修改文档对象模型的内存文档和支持 LINQ 查询表达式等功能，处理 XML 文档的全新编程接口。

LINQ 可以查询或操作任何存储形式的数，如对象（集合、数组、字符串等）、关系（关系数据库、ADO.NET 数据集等）以及 XML。LINQ 架构如图 13-1 所示。

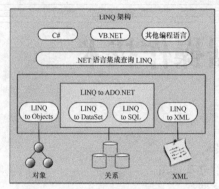

图 13-1　LINQ 架构

13.2　LINQ 查询常用子句

LINQ 查询表达式是 LINQ 中非常重要的一部分内容，它可以从一个或多个给定的数据源中检索数据，并指定检索结果的数据类型和表现形式。LINQ 查询表达式由一个或多个 LINQ 查询子句按照一定的规则组成。LINQ 查询表达式包括 from 子句、where 子句、select 子句、orderby 子句、group 子句、into 子句、join 子句和 let 子句，这些子句的具体说明如表 13-1 所示。

表 13-1　　　　　　　　　　　　　LINQ 查询子句说明

子句	说明
from	指定查询操作的数据源和范围变量
where	筛选元素的逻辑条件，一般由逻辑运算符组成
select	指定查询结果的类型和表现形式
orderby	对查询结果进行排序（降序或升序）
group	对查询结果进行分组
into	提供一个临时的标识符，该标识符可以引用 join、group 和 select 子句的结果
join	连接多个查询操作的数据源
let	引入用于存储查询表达式中子表达式结果的范围变量

13.2.1　from 子句

LINQ 查询表达式必须包括 from 子句，且以 from 子句开头。from 子句指定查询操作的数据源和范围变量。其中，数据源不但包括查询本身的数据源，还包括子查询的数据源。范围变量一般用来表示源序列中的每一个元素。

如果查询表达式还包括子查询，那么子查询表达式也必须以 from 子句开头。

第 13 章　LINQ 数据操作技术

【例 13-1】 本实例在 LINQ 查询表达式中使用 from 子句从 int 数组中查询能被 2 整除的元素。代码如下（实例位置：光盘\MR\源码\第 13 章\13-1）：

```
protected void Page_Load(object sender, EventArgs e)
{
    int[] values = { 1, 2, 3, 4, 5, 6, 7, 8, 9, 0 };
    var value = from v in values
                where v % 2 == 0
                select v;
    Response.Write("查询结果：<br>");
    foreach (var v in value)
    {
        Response.Write(v.ToString() + "<br>");
    }
}
```

图 13-2　from 子句查询结果

运行程序，效果如图 13-2 所示。

13.2.2　where 子句

在 LINQ 查询表达式中，where 子句指定筛选元素的逻辑条件，一般由逻辑运算符（如逻辑与和逻辑或）组成。一个查询表达式可以不包含 where 子句，也可以包含一个或多个 where 子句，每一个 where 子句可以包含一个或多个布尔条件表达式。

 对于一个 LINQ 查询表达式而言，where 子句不是必需的。如果 where 子句在查询表达式中出现，那么 where 子句不能作为查询表达式的第一个子句或最后一个子句。

【例 13-2】 本实例在查询表达式中使用 where 子句，并且 where 子句由两个布尔表达式和逻辑与&&组成。代码如下（实例位置：光盘\MR\源码\第 13 章\13-2）：

```
protected void Page_Load(object sender, EventArgs e)
{
    int[] values = { 1, 2, 3, 4, 5, 6, 7, 8, 9, 0 };
    var value = from v in values
                where v % 2 == 0 && v > 2
                select v;
    Response.Write("查询结果：<br>");
    foreach (var v in value)
    {
        Response.Write(v.ToString() + "<br>");
    }
}
```

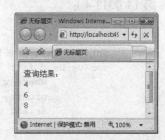

图 13-3　where 子句查询结果

运行程序，效果如图 13-3 所示。

13.2.3　select 子句

在 LINQ 查询表达式中，select 子句指定查询结果的类型和表现形式。LINQ 查询表达式必须以 select 子句或 group 子句结束。

【例 13-3】 本实例演示了包含最简单 select 子句的查询操作，代码如下（实例位置：光盘\MR\

源码\第 13 章\13-3）：

```
protected void Page_Load(object sender, EventArgs e)
{
    int[] values = { 1, 2, 3, 4, 5, 6, 7, 8, 9, 0 };
    var value = from v in values
                where v > 5
                select v;
    Response.Write("查询结果：<br>");
    foreach (var v in value)
    {
        Response.Write(v.ToString() + "<br>");
    }
}
```

图 13-4　select 子句查询结果

运行程序，效果如图 13-4 所示。

13.2.4　orderby 子句

在 LINQ 查询表达式中，orderby 子句可以对查询结果进行排序，排序方式可以为"升序"或"降序"，且排序的主键可以是一个或多个。值得注意的是，LINQ 查询表达式对查询结果的默认排序方式为"升序"。

 　　在 LINQ 查询表达式中，orderby 子句升序使用 ascending 关键字，降序使用 descending 关键字。

【例 13-4】　本实例演示 orderby 子句对查询的结果进行排序。本示例实现的是将数据源中的数字按降序排序，然后使用 foreach 输出查询结果。代码如下（实例位置：光盘\MR\源码\第 13 章\13-4）：

图 13-5　orderby 子句查询结果排序

```
protected void Page_Load(object sender, EventArgs e)
{
    int[] values = { 3, 8, 6, 4, 1, 5, 7, 0, 9, 2 };
    var value = from v in values
                where v < 3 || v > 7
                orderby v descending
                select v;
    //输出查询结果
    Response.Write("查询结果：<br>");
    foreach (var i in value)
    {
        Response.Write(i + "<br>");
    }
}
```

运行程序，效果如图 13-5 所示。

13.3　使用 LINQ 操作 SQL Server 数据库

13.3.1　创建 LINQ 数据源

使用 LINQ 查询或操作数据库，需要建立 LINQ 数据源，LINQ 数据源专门使用 DBML 文件作为数据源。下面以 SQL Server 2008 数据库为例,建立一个 LINQ 数据源,详细步骤如下所述。

(1)启动 Visual Studio 2010 开发环境,建立一个目标框架为 Framework SDK v4.0 的 ASP.NET 空网站。

(2)在"解决方案资源管理器"窗口中的 App_Code 文件夹上右击鼠标,在弹出的快捷菜单中选择"添加新项"命令,弹出"添加新项"对话框,如图 13-6 所示。

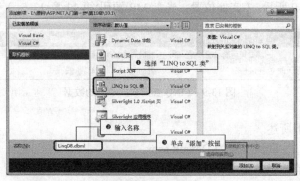

图 13-6 添加新项

(3)在图 13-6 所示的"添加新项"对话框中选择"LINQ to SQL 类",并输入名称,单击"添加"按钮,添加一个 LinqToSql 类文件。

(4)在"服务器资源管理器"窗口中连接 SQL Server 2008 数据库,然后将指定数据库中的表映射到 LinqDB.dbml 中(可以将表拖曳到设计视图中),如图 13-7 所示。

(5)LinqDB.dbml 文件将自动创建一个名称为 LinqDBDataContext 的数据上下文类,为数据库提供查询或操作数据库的方法,LINQ 数据源创建完毕。LinqDBDataContext 类中的程序代码均自动生成,如图 13-8 所示。

图 13-7 数据表映射到 dbml 文件

图 13-8 LinqDBDataContext 类中自动生成程序代码

说明　　根据以上操作,在 App_Code 文件夹下自动生成 LinqDB.dbml 对应的 LinqDB.designer.cs 文件。

13.3.2 使用 LINQ 执行操作数据库

使用 LINQ 对数据库进行操作,如数据的添加、修改、删除和查询等,这些功能主要通过 LINQ

技术中的 DataContext 上下文类来实现。

1. 查询数据库中的数据

使用 LINQ to SQL 查询数据库中的数据与传统的 SQL 语句或存储过程相比更加简洁。

【例 13-5】 本实例首先根据 13.3.1 节的步骤建立 LINQ 数据源连接数据库，然后通过生成的 DataContext 数据上下文类访问数据库中的数据，并将数据绑定到 GridView 控件显示留言信息。实例运行效果如图 13-9 所示。（实例位置：光盘\MR\源码\第 13 章\13-5。）

图 13-9 LINQ 查询数据库中的数据

程序开发步骤如下所述。

（1）新建一个网站，默认主页为 Default.aspx。

（2）根据 13.3.1 节的步骤建立 LINQ 数据源。

（3）在 Default.aspx 页面上添加一个 GridView 控件，用来显示数据库中的数据。

（4）在 Default.aspx.cs 页面的 Page_Load 事件中，首先声明 LinqDBDataContext 类的对象 lqDB，然后使用 LINQ 查询表达式查询 ID 大于 0 的结果，并将查询结果保存到 result 变量中，最后将 result 变量中存储的结果设置为 GridView 控件的数据源，并且绑定数据显示查询结果。代码如下：

```
protected void Page_Load(object sender, EventArgs e)
{
    LinqDBDataContext lqDB = new
LinqDBDataContext(ConfigurationManager.ConnectionStrings["db_ASPNETConnectionString"].
ConnectionString.ToString());
    var result = from r in lqDB.Leaveword
                 where r.id > 0
                 select r;
    GridView1.DataSource = result;
    GridView1.DataBind();
}
```

建立 LINQ 数据源后，在 Web.config 文件中可以找到自动生成的连接字符串，如上述代码中的字符串 db_ASPNETConnectionString。

2. 向数据库中添加数据

使用 LINQ to SQL 不仅可以实现查询数据库中的数据，还能够实现向数据库中添加数据。实现该功能主要通过 Tabel<T>泛型类的 InsertOnSubmit 方法和 DataContext 类的 SubmitChanges 方法，其中，InsertOnSubmit 方法将单个实体的集合添加到 Tabel<T>类的实例中，SubmitChanges 方法计算要插入、更新或删除的已修改对象的集，并执行相应命令以实现对数据库的更改。

【例 13-6】 本实例在留言页面上，输入留言标题、E-mail 地址以及留言内容，通过 LINQ 技术可以将留言信息保存到数据库中。实例运行效果如图 13-10 所示。（实例位置：光盘\MR\源码\第 13 章\13-6。）

图 13-10 LINQ 向数据库中添加数据

程序开发步骤如下所述。

（1）新建一个网站，默认主页为 Default.aspx。

（2）根据 13.3.1 节的步骤建立 LINQ 数据源。

（3）在 Default.aspx 页面中添加 3 个 TextBox 控件以及相应的验证控件和两个 Button 控件。

（4）输入完信息后，单击“发表”按钮，触发该按钮的 Click 事件。该事件中，首先声明 LinqDBDataContext 类对象 lqDB，声明实体类对象 info，并设置该类对象中实体属性，为实体属性赋值；然后调用 InsertOnSubmit 方法将实体类对象 info 添加到 lqDB 对象的 tb_Info 表中；最后调用 SubmitChanges 方法将实体类中数据添加到数据库中。代码如下：

```
protected void btnSend_Click(object sender, EventArgs e)
{
    LinqDBDataContext lqDB = new LinqDBDataContext(ConfigurationManager.ConnectionStrings["db_ASPNETConnectionString"].ConnectionString.ToString());
    Leaveword info = new Leaveword();
    //要添加的内容
    info.Title = tbTitle.Text;
    info.Email = tbEmail.Text;
    info.Message = tbMessage.Text;
    //执行添加
    lqDB.Leaveword.InsertOnSubmit(info);
    lqDB.SubmitChanges();
    Page.ClientScript.RegisterStartupScript(GetType(), "", "alert('留言成功!');location.href='Default.aspx';", true);
}
```

注意　如果修改了数据表的定义，可以重新建立 LINQ 数据源，以确保操作数据的准确性。

3. 修改数据库中的数据

使用 LINQ 修改数据库中的数据时，首先要找到需要编辑的记录，然后直接将要修改的值赋予相应字段，最后调用 DataContext 类的 SubmitChanges 方法执行对数据库的更改操作。

【例 13-7】 本实例通过使用 LINQ 技术修改留言信息表中 ID 值为 1 的留言标题。修改前数据表中的数据和修改后数据表中的数据分别如图 13-11 和图 13-12 所示。（实例位置：光盘\MR\源码\第 13 章\13-7。）

	id	Title	Message	AddDate	Email	IP	Status
▸	1	我的留言	一切皆有可能 ...	2009/9/3 ...	aaa@bbb.com	127.0.0.1	0
	2	今天的事今天做	Just in time	2009/9/4 ...	1@1.com	192.168.1.222	0
*	NULL	NULL	NULL	NULL	NULL	NULL	NULL

图 13-11　修改前数据表中的数据

	id	Title	Message	AddDate	Email	IP	Status
✎	1	没有做不到的事情	一切皆有可能 ...	2009/9/3 ...	aaa@bbb.com	127.0.0.1	0
	2	今天的事今天做	Just in time	2009/9/4 ...	1@1.com	192.168.1.222	0
*	NULL	NULL	NULL	NULL	NULL	NULL	NULL

图 13-12　修改后数据表中的数据

程序开发步骤如下所述。

（1）新建一个网站，默认主页为 Default.aspx。

（2）根据 13.3.1 节的步骤建立 LINQ 数据源。

（3）Default.aspx 页面加载时，首先声明 LinqDBDataContext 类对象 lqDB，然后使用 LINQ 查询表达式从数据表中查询出要修改的记录，并存储到一个 var 变量中；最后对查找到的记录的 Title 实体重新赋值，并调用 SubmitChanges 方法将数据更改提交到数据库中。代码如下：

```
protected void Page_Load(object sender, EventArgs e)
{
    LinqDBDataContext lqDB = new
LinqDBDataContext(ConfigurationManager.ConnectionStrings["db_ASPNETConnectionString"].ConnectionString.ToString());
    var result = from r in lqDB.Leaveword
                 where r.id == 1
                 select r;                       //设置修改该数据
    foreach (Leaveword info in result)
    {
        info.Title = "没有做不到的事情";
    }
    lqDB.SubmitChanges();                         //将修改的数据保存到数据库中
}
```

4. 删除数据库中的数据

使用 LINQ 删除数据库中的数据时，主要通过 Tabel<T>泛型类的 DeleteAllOnSubmit 方法和 DataContext 类的 SubmitChanges 方法实现。

【例 13-8】 本实例通过使用 LINQ 技术删除留言信息表中 id 值为 1 的记录。（实例位置：光盘\MR\源码\第 13 章\13-8。）

程序开发步骤如下所述。

（1）新建一个网站，默认主页为 Default.aspx。

（2）根据 13.3.1 节的步骤建立 LINQ 数据源。

（3）Default.aspx 页面加载时，首先声明 LinqDBDataContext 类对象 lqDB，然后使用 LINQ 查询表达式从数据表中查询出要删除的记录，并存储到一个 var 变量中；最后调用 LINQ 实体类的 DeleteAllOnSubmit 方法删除指定的记录，并调用 SubmitChanges 方法将数据删除操作提交到数据库中。代码如下：

```
protected void Page_Load(object sender, EventArgs e)
{
    LinqDBDataContext lqDB = new
LinqDBDataContext(ConfigurationManager.ConnectionStrings["db_ASPNETConnectionString"].ConnectionString.ToString());
    //查询要删除的记录
    var result = from r in lqDB.Leaveword
                 where r.id == 1
                 select r;
    //删除数据，并提交到数据库中
    lqDB.Leaveword.DeleteAllOnSubmit(result);
    lqDB.SubmitChanges();
}
```

13.3.3　灵活运用 LinqDataSource 控件

LinqDataSource 是一个新的数据源绑定控件，通过该控件可以直接插入、更新和删除 DataContext 实体类下的数据，从而实现操作数据库中数据的功能。

第 13 章　LINQ 数据操作技术

　　.NET 下的所有数据绑定控件都可以通过 LinqDataSource 控件进行数据绑定。

　　下面介绍如何使用 LinqDataSource 控件配置数据源，从而通过数据绑定控件来查询或操作数据。

　　【例 13-9】　本实例在 ASP.NET 网站中首先建立 LINQ 数据源，然后使用 LinqDataSource 控件配置数据源，并作为 GridView 控件的绑定数据源。实例运行效果如图 13-13 所示。（实例位置：光盘\MR\源码\第 13 章\13-9。）

图 13-13　使用 LinqDataSource 控件配置数据源

程序开发步骤如下所述。
（1）新建一个网站，默认主页为 Default.aspx。
（2）根据 13.3.1 节的步骤建立 LINQ 数据源。
（3）在 Default.aspx 页面上添加一个 LinqDataSource 控件，单击该控件右上角的 "<" 按钮，选择 "配置数据源" 命令。
（4）在打开的 "选择上下文对象" 界面中，选择步骤（2）中创建的上下文对象，如图 13-14 所示。
（5）单击 "下一步" 按钮，在 "配置数据选择" 界面中选择数据表和字段（这里选择 "*"），如图 13-15 所示。

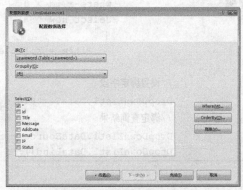

图 13-14　"选择上下文对象" 界面　　　　图 13-15　"配置数据选择" 界面

　　在 Select 列表框中必须选择*，或者选择所有字段，这样才能正常使用 LinqDataSource 控件，也就是说，不能选择部分字段，否则 LinqDataSource 控件将不支持自动插入、更新、删除等功能。

（6）单击 "高级" 按钮，在 "高级选项" 对话框中选中所有选项（见图 13-16），单击 "确定" 按钮返回到 "配置数据选择" 界面。

　　在 "配置数据选择" 界面中单击 Where(W)按钮或 OrderBy(O)按钮，可以自定义查询语句。

229

图 13-16 "高级选项"对话框

（7）在"配置数据选择"界面中单击"完成"按钮完成配置数据源。

（8）在 Default.aspx 页面上添加一个 GridView 控件，设置绑定的数据源为 LinqDataSource1 即可。

> 开发人员可以将 LINQ 查询结果绑定到 DropDownList 控件，具体步骤为：首先声明 LinqDBDataContext 类对象 lqDB；然后创建 LINQ 查询表达式，并将查询结果保存到 result 变量中；最后将 result 变量中存储的结果设置为 DropDownList 控件的数据源，并指定要在 DropDownList 控件中显示的字段。关键代码如下：
> ```
> LinqDBDataContext lqDB = new
> LinqDBDataContext(ConfigurationManager.ConnectionStrings
> ["db_CSharpConnectionString"].
> ConnectionString.ToString());
> //查询要删除的记录
> var result = from r in lqDB.Leaveword
>         where r.id > 0
>         select new
>         {
>             Title = r.Title,
> };
> //设置绑定字段
> DropDownList1.DataTextField = "Title";
> //绑定查询结果
> DropDownList1.DataSource = result;
> DropDownList1.DataBind();
> ```

13.4 使用 LINQ 操作其他数据

13.4.1 使用 LINQ 操作数组和集合

对数组和集合进行操作时可以使用 LinqToObjects 技术，它是一种新的处理集合的方法，如果采用旧方法，程序开发人员必须编写指定如何从集合检索数据的复杂的 foreach 循环，而采用 LinqToObjects 技术，只需编写描述要检索的内容的声明性代码。LinqToObjects 能够直接使用 LINQ 查询 IEnumerable 或 IEnumerable<T>集合，而不需要使用 LINQ 提供程序或 API，可以说，使用 LINQ 能够查询任何可枚举的集合，例如数组、泛型列表等。

下面通过一个实例讲解如何使用 LINQ 技术操作数组和集合。

【例 13-10】 本实例主要演示如何使用 LINQ 技术从数组中查找及格范围内的分数,并循环访问查询结果及输出。实例运行效果如图 13-17 所示。(实例位置:光盘\MR\源码\第 13 章\13-10。)

程序开发步骤如下所述。

(1)新建一个网站,默认主页为 Default.aspx。

(2)在 Default.aspx.cs 页面的 Page_Load 事件中,使用

图 13-17 使用 LINQ 操作数组和集合

LINQ 技术从数组中查找及格范围内的分数,然后循环访问查询结果并输出。代码如下:

```
protected void Page_Load(object sender, EventArgs e)
{
    int[] intScores = { 45, 68, 80, 90, 75, 76, 32 };      //定义int类型的一维数组
    //使用LINQ技术从数组中查找及格范围内的分数
    var score = from hgScroe in intScores
                where hgScroe >= 60
                orderby hgScroe ascending
                select hgScroe;
    Response.Write("及格的分数: </br>");
    foreach (var v in score)                                //循环访问查询结果并显示
    {
        Response.Write(v.ToString()+"</br>");
    }
}
```

13.4.2 使用 LINQ 操作 DataSet 数据集

对 DataSet 数据集进行操作时可以使用 LINQ to DataSet 技术,它是 LINQ to ADO.NET 中的独立技术,使用 LINQ to DataSet 技术查询 DataSet 对象更加方便快捷,下面对 LINQ to DataSet 技术中常用到的方法进行详细讲解。

(1)AsEnumerable 方法

AsEnumerable 方法可以将 DataTable 对象转换为 EnumerableRowCollection<DataRow>对象,其语法格式如下:

```
public static EnumerableRowCollection<DataRow> AsEnumerable(this DataTable source)
```

❑ source:表示可枚举的源 DataTable。

❑ 返回值:一个 IEnumerable<T>对象,其泛型参数 T 为 DataRow。

(2)CopyToDataTable 方法

CopyToDataTable 方法用来将 IEnumerable<T>对象中的数据赋值到 DataTable 对象中,其语法格式如下:

```
public static DataTable CopyToDataTable<T>(this IEnumerable<T> source) where T : DataRow
```

❑ source:源 IEnumerable<T>序列。

❑ 返回值:一个 DataTable,其中包含作为 DataRow 对象的类型的输入序列。

(3)AsDataView 方法

AsDataView 方法用来创建并返回支持 LINQ 的 DataView 对象,其语法格式如下:

```
public static DataView AsDataView<T>(this EnumerableRowCollection<T> source) where T : DataRow
```

❑ source:从中创建支持 LINQ 的 DataView 的源 LINQ to DataSet 查询。

- 返回值：支持 LINQ 的 DataView 对象。

（4）Take 方法

Take 方法用来从序列的开头返回指定数量的连续元素，其语法格式如下：

```
public static IEnumerable<TSource> Take<TSource>(this IEnumerable<TSource> source,int count)
```

- source：表示要从其返回元素的序列。
- count：表示要返回的元素数量。
- 返回值：一个 IEnumerable<T>，包含输入序列开头的指定数量的元素。

（5）Sum 方法

Sum 方法用来计算数值序列之和，其语法格式如下：

```
public static decimal Sum(this IEnumerable<decimal> source)
```

- source：一个要计算和的 Decimal 值序列。
- 返回值：序列值之和。

 上面介绍的几种方法都有多种重载形式，这里只介绍其常用到的重载形式。

【例 13-11】 本实例主要演示如何使用 LINQ 技术获取 DataSet 数据集中的数据，并绑定在 GridView 控件中。实例运行效果如图 13-18 所示。（实例位置：光盘\MR\源码\第 13 章\13-11。）

图 13-18 使用 LINQ 操作 DataSet 数据集

程序开发步骤如下所述。

（1）新建一个网站，默认主页为 Default.aspx。

（2）在 Default.aspx 页面上添加一个 GridView 控件，并设置其自动套用格式为"蓝黑 1"，用来显示 DataSet 数据集中的数据。

（3）在 Default.aspx.cs 页面的 Page_Load 事件中，首先将数据库中的数据填充到 DataSet 数据集中，然后使用 LINQ 技术从 DataSet 数据集中查找信息，并显示在 GridView 控件中。代码如下：

```
protected void Page_Load(object sender, EventArgs e)
{
    //定义数据库连接字符串
    string strCon = "Data Source=MRWXK\\MRWXK;Database=db_ASPNET;Uid=sa;Pwd=;";
    SqlConnection sqlcon;                              //声明 SqlConnection 对象
    SqlDataAdapter sqlda;                              //声明 SqlDataAdapter 对象
    DataSet myds;                                      //声明 DataSet 数据集对象
    sqlcon = new SqlConnection(strCon);                //创建数据库连接对象
    //创建数据库桥接器对象
    sqlda = new SqlDataAdapter("select * from tb_mrbccd", sqlcon);
    myds = new DataSet();                              //创建数据集对象
    sqlda.Fill(myds, "tb_mrbccd");                     //填充 DataSet 数据集
    //使用 LINQ 从数据集中查询所有数据
    var query = from salary in myds.Tables["tb_mrbccd"].AsEnumerable()
                select salary;
    DataTable myDTable = query.CopyToDataTable<DataRow>();//将查询结果转化为 DataTable
    GridView1.DataSource = myDTable;                   //显示查询到的数据集中的信息
    GridView1.DataBind();
}
```

13.4.3 使用 LINQ 操作 XML 文件

对 XML 文件进行操作时可以使用 LINQ to XML 技术，它是 LINQ 技术中的一种，它提供了修改文档对象模型的内存文档，并支持 LINQ 查询表达式等功能，下面对 LINQ to XML 技术中常用到的方法进行详细讲解。

（1）XElement 类的 Load 方法

Xelement 类表示一个 XML 元素，其 Load 方法用来从文件加载 Xelement，该方法语法格式如下：

```
public static XElement Load(string uri)
```

- uri：一个 URI 字符串，用来引用要加载到新 XElement 中的文件。
- 返回值：一个包含所指定文件的内容的 XElement。

（2）XElement 类的 SetAttributeValue 方法

SetAttributeValue 方法用来设置属性的值、添加属性或移除属性，其语法格式如下：

```
public void SetAttributeValue(XName name,Object value)
```

- name：一个 XName，其中包含要更改的属性的名称。
- value：分配给属性的值。如果该值为 null，则移除该属性；否则，会将值转换为其字符串表示形式，并分配给该属性的 Value 属性。

（3）XElement 类的 Add 方法

Add 方法用来将指定的内容添加为此 XContainer 的子级，其语法格式如下：

```
public void Add(Object content)
```

参数 content 表示要添加的包含简单内容的对象或内容对象集合。

（4）XElement 类的 ReplaceNodes 方法

ReplaceNodes 方法用来使用指定的内容替换此文档或元素的子节点，其语法格式如下：

```
public void ReplaceNodes(Object content)
```

参数 content 表示一个用于替换子节点的包含简单内容的对象或内容对象集合。

（5）XElement 类的 Save 方法

Save 方法用来序列化此元素的基础 XML 树，可以将输出保存到文件、XmlTextWriter、TextWriter 或 XmlWriter，其语法格式如下：

```
public void Save(string fileName)
```

参数 fileName 表示一个包含文件名称的字符串。

（6）XDocument 类的 Save 方法

XDocument 类表示 XML 文档，其 Save 方法用来将此 XDocument 序列化为文件、TextWriter 或 XmlWriter，该方法语法格式如下：

```
public void Save(string fileName)
```

参数 fileName 表示一个包含文件名称的字符串。

（7）XDeclaration 类

XDeclaration 类表示一个 XML 声明，其构造函数语法格式如下：

```
public XDeclaration(string version,string encoding,string standalone)
```

- version：XML 的版本，通常为"1.0"。
- encoding：XML 文档的编码。
- standalone：包含"yes"或"no"的字符串，用来指定 XML 是独立的还是需要解析外部实体。

使用 LINQ to XML 技术中的类时，需要添加 System.Xml.Linq 命名空间。

【例 13-12】本实例主要演示如何使用 LINQ 技术对 XML 文件进行添加、修改、删除及查询等操作。实例运行效果如图 13-19 所示。（实例位置：光盘\MR\源码\第 13 章\13-12。）

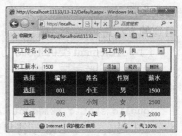

图 13-19 使用 LINQ 操作 XML 文件

程序开发步骤如下所述。

（1）新建一个网站，默认主页为 Default.aspx。

（2）在 Default.aspx 页面上添加两个 TextBox 控件，分别用来输入和显示姓名、薪水；添加一个 DropDownList 控件，用来选择性别；添加 3 个 Button 控件，分别用来执行添加、修改和删除操作；添加一个 GridView 控件，用来显示 XML 文件中的数据。

（3）在 Default.aspx.cs 代码页中，首先定义两个字符串类型的全局变量，分别用来记录 XML 文件路径及选中的 ID 编号，代码如下：

```
static string strPath = "";                    //记录 XML 文件路径
static string strID = "";                      //记录选中的 ID 编号
```

（4）在 Default.aspx.cs 代码页中自定义一个 getXmlInfo 方法，该方法为用来将 XML 文件中的内容绑定到 GridView 控件中。getXmlInfo 方法实现代码如下：

```
#region 将 XML 文件内容绑定到 DataGridView 控件
/// <summary>
/// 将 XML 文件内容绑定到 DataGridView 控件
/// </summary>
private void getXmlInfo()
{
    DataSet myds = new DataSet();                      //创建 DataSet 数据集对象
    myds.ReadXml(strPath);                             //读取 XML 结构
    GridView1.DataSource = myds.Tables[0];             //在 DataGridView 中显示 XML 文件中的信息
    GridView1.DataKeyNames = new string[] { "ID" };    //绑定主键字段
    GridView1.DataBind();
}
#endregion
```

（5）Default 页面加载时，调用自定义的 getXmlInfo 方法将 XML 文件中的数据显示在 GridView 控件。代码如下：

```
protected void Page_Load(object sender, EventArgs e)
{
    strPath = Server.MapPath("Employee.xml");    //记录 XML 文件路径
    if (!IsPostBack)
    {
        getXmlInfo();                            //页面加载时加载 XML 文件
    }
}
```

（6）单击"添加"按钮，使用 LinqToXML 技术向指定的 XML 文件中插入用户输入的数据，并重新保存 XML 文件。"添加"按钮的 Click 事件代码如下：

```
protected void Button1_Click(object sender, EventArgs e)
```

```csharp
{
    XElement xe = XElement.Load(strPath);                //加载 XML 文档
    //创建 IEnumerable 泛型接口
    IEnumerable<XElement> elements1 = from element in xe.Elements("People")
                                     select element;
    //生成新的编号
    string str = (Convert.ToInt32(elements1.Max(element =>
element.Attribute("ID").Value)) + 1).ToString("000");
    XElement people = new XElement(                      //创建 XML 元素
        "People", new XAttribute("ID", str),             //为 XML 元素设置属性
        new XElement("Name", TextBox1.Text),
        new XElement("Sex", DropDownList1.Text),
        new XElement("Salary", TextBox2.Text)
        );
    xe.Add(people);                                      //添加 XML 元素
    xe.Save(strPath);                                    //保存 XML 元素到 XML 文件
    getXmlInfo();
}
```

（7）当用户在 GridView 控件中选择某记录时，使用 LinqToXML 技术在 XML 文件中查找选中记录的详细信息，并显示到相应的文本框和下拉列表中。实现代码如下：

```csharp
protected void GridView1_SelectedIndexChanging(object sender,
GridViewSelectEventArgs e)
{
    //记录选中的 ID 编号
    strID = GridView1.DataKeys[e.NewSelectedIndex].Value.ToString();
    XElement xe = XElement.Load(strPath);                //加载 XML 文档
    //根据编号查找信息
    IEnumerable<XElement> elements = from PInfo in xe.Elements("People")
                                    where PInfo.Attribute("ID").Value == strID
                                    select PInfo;
    foreach (XElement element in elements)               //遍历查找到的所有信息
    {
        TextBox1.Text = element.Element("Name").Value;   //显示员工姓名
        DropDownList1.Text = element.Element("Sex").Value;//显示员工性别
        TextBox2.Text = element.Element("Salary").Value; //显示员工薪水
    }
}
```

（8）单击"修改"按钮，首先判断是否选定要修改的记录，如果已经选定，则使用 LinqToXML 技术修改 XML 文件中的指定记录，并重新保存 XML 文件。"修改"按钮的 Click 事件代码如下：

```csharp
protected void Button2_Click(object sender, EventArgs e)
{
    if (strID != "")                                     //判断是否选择了编号
    {
        XElement xe = XElement.Load(strPath);            //加载 XML 文档
        //根据编号查找信息
        IEnumerable<XElement> elements = from element in xe.Elements("People")
                                        where element.Attribute("ID").Value == strID
                                        select element;
        if (elements.Count() > 0)                        //判断是否找到了信息
        {
```

```
            XElement newXE = elements.First();              //获取找到的第一条记录
            newXE.SetAttributeValue("ID", strID);           //为 XML 元素设置属性值
            newXE.ReplaceNodes(                             //替换 XML 元素中的值
                new XElement("Name", TextBox1.Text),
                new XElement("Sex", DropDownList1.Text),
                new XElement("Salary", TextBox2.Text)
                );
        }
        xe.Save(strPath);                                   //保存 XML 元素到 XML 文件
    }
    getXmlInfo();
}
```

（9）单击"删除"按钮，首先判断是否选定要删除的记录，如果已经选定，则使用 LinqToXML 技术删除 XML 文件中的指定记录，并重新保存 XML 文件。"删除"按钮的 Click 事件代码如下：

```
protected void Button3_Click(object sender, EventArgs e)
{
    if (strID != "")                                        //判断是否选择了编号
    {
        XElement xe = XElement.Load(strPath);               //加载 XML 文档
        //根据编号查找信息
        IEnumerable<XElement> elements = from element in xe.Elements("People")
                                         where element.Attribute("ID").Value == strID
                                         select element;
        if (elements.Count() > 0)                           //判断是否找到了信息
            elements.First().Remove();                      //删除找到的 XML 元素信息
        xe.Save(strPath);                                   //保存 XML 元素到 XML 文件
    }
    getXmlInfo();
}
```

13.5 综合实例——使用 LINQ 实现数据分页

使用 GridView 控件呈现数据时，一般都需要对其进行分页显示，分页方式上通常采用的是 GridView 自带的分页功能，但这种分页方式扩展性差，最主要的是它不能实现真正意义上的分页，即每次从数据库只读取当前页的数据。本实例使用 LINQ 技术实现对 GridView 控件中数据进行分页显示的功能，实例运行结果如图 13-20 所示。

图 13-20 使用 LINQ 实现数据分页

程序开发步骤如下所述。

（1）新建一个 ASP.NET 网站，命名为 LinqPager，默认主页为 Default.aspx。

（2）在 Default.aspx 页面中添加一个 GridView 控件，用来显示数据库中的商品信息；添加 4 个 LinkButton 控件，分别用来作为首页、上一页、下一页和尾页按钮。

（3）按照 13.3.1 节的步骤建立 LINQ 数据源，数据源为 db_ASPNET 数据库中的 Goods 数据表。

（4）Default.aspx 页面的后台代码中，首先创建 LINQ 对象，并定义每页显示的记录数，代码如下：

```
LinqDBDataContext ldc = new LinqDBDataContext();            //创建 LINQ 对象
```

```
int pageSize = 3;                                              //设置每页显示3行记录
```

（5）自定义一个 getCount 方法，该方法用来计算表中的数据一共可以分为多少页。在该方法中，首先获取总的数据行数，并通过总数据行数除以每页显示的行数获取可分的页数；然后使用计算出的总数据行数对每页显示的行数求余，如果求余大于 0，将获取 1，否则获取 0；最后将两个数相加并返回。代码如下：

```
protected int getCount()
{
    int sum=ldc.Goods.Count();                                 //设置总数据行数
    int s1 = sum / pageSize;                                   //获取可以分的页面
    //当总行数对页数求余后是否大于 0，如果大于获取 1 否则获取 0
    int s2=sum%pageSize>0?1:0;
    int count=s1+s2;                                           //计算出总页数
    return count;
}
```

（6）自定义一个 bindGrid 方法，该方法用来对数据表中的数据进行分页操作，并将分页后的结果绑定到 GridView 控件上。代码如下：

```
protected void bindGrid()
{
    //获取当前页数
    int pageIndex = Convert.ToInt32(ViewState["pageIndex"]);
    //使用 LINQ 查询，并对查询的数据进行分页
    var result = (from v in ldc.Goods
                  select new
                  {
                      商品编号=v.goodsID,
                      商品名称 = v.goodsName,
                      商品价格 = v.goodsPrice,
                      销售数量 = v.sumSell
                  }).Skip(pageSize * pageIndex).Take(pageSize);
    gvGoods.DataSource = result;                               //设置 GridView 控件的数据源
    gvGoods.DataBind();                                        //绑定 GridView 控件
    lnkbtnBottom.Enabled = true;
    lnkbtnFirst.Enabled = true;
    lnkbtnUp.Enabled = true;
    lnkbtnDown.Enabled = true;
    //判断是否为第一页，如果为第一页，隐藏"首页"和"上一页"按钮
    if (Convert.ToInt32(ViewState["pageIndex"])==0)
    {
        lnkbtnFirst.Enabled = false;
        lnkbtnUp.Enabled = false;
    }
    //判断是否为最后一页，如果为最后一页，隐藏"尾页"和"下一页"按钮
    if (Convert.ToInt32(ViewState["pageIndex"]) == getCount()-1)
    {
        lnkbtnBottom.Enabled=false;
        lnkbtnDown.Enabled = false;
    }
}
```

（7）Default.aspx 页面加载时，首先设置当前的页数，然后调用自定义 bindGrid 方法实现分页功能。代码如下：

```
protected void Page_Load(object sender, EventArgs e)
{
    if (!IsPostBack)
    {
        ViewState["pageIndex"] = 0;                    //设置当前页面
        //调用自定义bindGrid方法绑定GridView控件
        bindGrid();
    }
}
```

说明
　　在 ASP.NET 中，ViewState 是 ASP.NET 页在页面切换时保留页和控件属性值的默认方法。本实例将当前页码保存在了 ViewState["pageIndex"]中。

（8）在"首页"、"上一页"、"下一页"、"尾页"超链接的单击事件中，通过设置当前的页数来控制所要跳转到的页数，设置当前的页数后，需要重新调用自定义 bindGrid 方法对 GridView 控件进行数据绑定。代码如下：

```
protected void lnkbtnFirst_Click(object sender, EventArgs e)
{
    ViewState["pageIndex"] = 0;                    //设置当前页面为首页
    //调用自定义bindGrid方法绑定GridView控件
    bindGrid();
}
protected void lnkbtnUp_Click(object sender, EventArgs e)
{
    //设置当前页数为当前页数减一
    ViewState["pageIndex"] = Convert.ToInt32(ViewState["pageIndex"]) - 1;
    //调用自定义bindGrid方法绑定GridView控件
    bindGrid();
}
protected void lnkbtnDown_Click(object sender, EventArgs e)
{
    //设置当前页数为当前页数加一
    ViewState["pageIndex"] = Convert.ToInt32(ViewState["pageIndex"]) + 1;
    //调用自定义bindGrid方法绑定GridView控件
    bindGrid();
}
protected void lnkbtnBottom_Click(object sender, EventArgs e)
{
    ViewState["pageIndex"] =getCount()-1;          //设置当前页数为总页面减一
    //调用自定义bindGrid方法绑定GridView控件
    bindGrid();
}
```

知识点提炼

（1）LINQ（Language-Integrated Query，语言集成查询）是微软公司提供的一项数据操作技术，它能够将查询功能直接引入到.NET Framework 所支持的编程语言中，查询操作可以通过编程语言自身来传达，而不是以字符串形式嵌入到到应用程序代码中。

（2）LINQ 主要由 3 部分组成，分别为 LINQ to Objects、LINQ to ADO.NET 和 LINQ to XML。其中，LINQ to ADO.NET 可以分为两部分，分别为 LINQ to SQL 和 LINQ to DataSet。

（3）LINQ 查询表达式是 LINQ 中非常重要的一部分内容，它可以从一个或多个给定的数据源中检索数据，并指定检索结果的数据类型和表现形式。

（4）from 子句指定查询操作的数据源和范围变量。其中，数据源不但包括查询本身的数据源，还包括子查询的数据源；范围变量一般用来表示源序列中的每一个元素。

（5）where 子句指定筛选元素的逻辑条件，一般由逻辑运算符（如逻辑与和逻辑或）组成。

（6）select 子句指定查询结果的类型和表现形式。LINQ 查询表达式必须以 select 子句或 group 子句结束。

（7）orderby 子句可以对查询结果进行排序，排序方式可以为"升序"或"降序"，且排序的主键可以是一个或多个。

（8）使用 LINQ to SQL 向数据库中添加数据时，需要用到 Tabel<T>泛型类的 InsertOnSubmit 方法和 DataContext 类的 SubmitChanges 方法。

（9）使用 LINQ to SQL 修改数据库中的数据时，需要使用 DataContext 类的 SubmitChanges 方法执行对数据库的更改操作。

（10）使用 LINQ to SQL 删除数据库中的数据时，需要用到 Tabel<T>泛型类的 DeleteAllOnSubmit 方法和 DataContext 类的 SubmitChanges 方法。

（11）LinqDataSource 是一个新的数据源绑定控件，通过该控件可以直接插入、更新和删除 DataContext 实体类下的数据，从而实现操作数据库中数据的功能。

（12）使用 LINQ 操作数组和集合时，需要使用 LinqToObjects 技术。

（13）使用 LINQ 操作 DataSet 数据集时，需要使用 LINQ to DataSet 技术。

（14）使用 LINQ 操作 XML 文件时，需要使用 LINQ to XML 技术。

习　题

13-1　简述 LINQ 技术的组成。
13-2　举例说明如何在 LINQ 查询表达式中指定查询条件。
13-3　如何实现对 LINQ 查询结果进行降序排序？
13-4　以 db_ASPNET 数据库中的 tb_mrbccd 数据表为数据源，创建一个 LINQ 数据源。
13-5　列举使用 LINQ 对数据库执行增、删、改操作时用到的几个重要方法。

实验：使用 LINQ 防止 SQL 注入式攻击

实验目的

（1）掌握 LINQ 查询表达式的使用。
（2）掌握如何使用 LINQ 技术对 SQL Server 数据库进行操作。

实验内容

使用本章所学的知识制作一个防止 SQL 注入式攻击的登录程序，在该登录程序中输入用户名和密码即可登录系统。如果输入 SQL 注入式攻击代码（比如 1'or'1'='1），程序会自动提示登录失败，这样就达到防止 SQL 注入式攻击的目的。实验的运行效果如图 13-21 所示。

图 13-21　防止 SQL 注入式攻击

实验步骤

（1）新建一个网站，将其命名为 LINQLogin，默认主页为 Default.aspx。

（2）在 Default.aspx 页面中添加两个 TextBox 控件，分别用来输入用户名和密码；添加两个 Button 控件，分别用来执行登录和取消操作。

（3）按照 13.3.1 节的步骤建立 LINQ 数据源，数据源为 db_ASPNET 数据库中的 UserInfo 数据表。

（4）在"登录"按钮的 Click 事件中，首先获取文本框中的用户名及密码，再通过 LINQ 来查询满足用户名和密码条件的记录，判断是否有满足的记录，如果有，说明登录成功；否则说明登录失败。代码如下：

```
protected void btnLEnter_Click(object sender, EventArgs e)
{
    string name = txtLName.Text;                            //获取登录名
    string pass = txtLPass.Text;                            //获取密码
    LinqDBDataContext ldc=new LinqDBDataContext();          //创建 LINQ 对象
    //创建 LINQ 查询语句，查询到满足指定登录名和密码的用户
    var result = from v in ldc.UserInfo
                 where v.userName == name && v.userPwd == pass
                 select v;
    if (result.Count() > 0)                                 //判断是否查询到用户
    {
        //输出相应信息
        Page.ClientScript.RegisterStartupScript(GetType(),"", "alert('登录成功！')", true);
    }
    else
    {
        Page.ClientScript.RegisterStartupScript(GetType(), "", "alert('登录失败！')", true);
    }
}
```

第 14 章 文件流操作

本章要点

- System.IO 命名空间及其包含的类
- 文件的几种常见操作及实现
- 文件夹的几种常见操作及实现
- 流操作类的介绍
- 文件流类的使用
- 文本文件的写入与读取操作
- 二进制文件的写入与读取操作

网站开发过程中经常需要对文件及文件夹进行操作，比如读写、移动、复制、删除文件及创建、移动、删除、遍历文件夹等，ASP.NET 中与文件、文件夹及文件读写有关的类都位于 System.IO 命名空间下。本章将详细介绍如何在 ASP.NET 中对文件、文件夹进行操作，及如何对文件进行 IO 数据流读写。

14.1 System.IO 命名空间

System.IO 命名空间包含允许在数据流和文件上进行同步和异步读取及写入的类型，这里需要注意文件和流的差异，文件是一些具有永久存储及特定顺序的字节组成的一个有序的、具有名称的集合，因此，关于文件，人们常会想到目录路径、磁盘存储、文件和目录名等方面；而流则提供一种向后备存储写入字节和从后备存储读取字节的方式，后备存储可以为多种存储媒介之一，正如除磁盘外存在多种后备存储一样，除文件流之外也存在多种流，例如，网络流、内存流和磁带流等。

System.IO 命名空间中常用的类及说明如表 14-1 所示。

表 14-1　　　　　　　　　　System.IO 命名空间中常用的类及说明

类	说　　明
BinaryReader	用特定的编码将基元数据类型读作二进制值
BinaryWriter	以二进制形式将基元类型写入流，并支持用特定的编码写入字符串
BufferedStream	给另一流上的读写操作添加一个缓冲层。无法继承此类
Directory	公开用于创建、移动和枚举通过目录和子目录的静态方法。无法继承此类
DirectoryInfo	公开用于创建、移动和枚举目录和子目录的实例方法。无法继承此类
DriveInfo	提供对有关驱动器的信息的访问

续表

类	说 明
File	提供用于创建、复制、删除、移动和打开文件的静态方法，并协助创建 Filestream 对象
FileInfo	提供创建、复制、删除、移动和打开文件的实例方法，并且帮助创建 FileStream 对象
FileStream	公开以文件为主的 Stream，既支持同步读写操作，也支持异步读写操作
FileSystemInfo	为 Fileinfo 和 Directoryinfo 对象提供基类
FileSystemWatcher	侦听文件系统更改通知，并在目录或目录中的文件发生更改时引发事件
IOException	发生 I/O 错误时引发的异常
MemoryStream	创建其支持存储区为内存的流
Path	对包含文件或目录路径信息的 String 实例执行操作。这些操作是以跨平台的方式执行的
Stream	提供字节序列的一般视图
StreamReader	实现一个 TextReader，使其以一种特定的编码从字节流中读取字符
StreamWriter	实现一个 TextWriter，使其以一种特定的编码向流中写入字符
StringReader	实现从字符串进行读取的 TextReader
StringWriter	实现一个用于将信息写入字符串的 TextWriter。该信息存储在基础 StringBuilder 中
TextReader	表示可读取连续字符系列的读取器
TextWriter	表示可以编写一个有序字符系列的编写器。该类为抽象类

14.2 文件的基本操作

常见的文件操作主要有以下几种方式：判断文件是否存在、创建文件、打开文件、复制文件、移动文件、删除文件以及获取文件的基本信息等。本节将对常见的文件操作进行详细讲解。

14.2.1 判断文件是否存在

判断文件是否存在时，可以使用 File 类的 Exists 方法或者 FileInfo 类的 Exists 属性来实现，下面分别对它们进行介绍。

1. File 类的 Exists 方法

确定指定的文件是否存在，语法格式如下：
```
public static bool Exists (string path)
```
- path：表示要检查的文件。
- 返回值：如果调用方具有要求的权限并且 path 包含现有文件的名称，则该方法返回 true，否则为 false。如果 path 为空引用或零长度字符串，则此方法也返回 false。如果调用方不具有读取指定文件所需的足够权限，则不引发异常并且该方法返回 false，这与 path 是否存在无关。

例如，下面代码使用 File 类的 Exists 方法判断指定的文件是否存在：
```
string Path = "test.txt";                    //定义文件路径
if (File.Exists(Path))                       //如果文件存在
{
}
else                                         //文件不存在
```

```
    {
    }
```

2. FileInfo 类的 Exists 属性

获取指示文件是否存在的值，语法格式如下：

```
public override bool Exists { get; }
```

属性值：如果该文件存在，则该属性值为 true；如果该文件不存在，或如果该文件是目录，则为 false。

例如，下面代码首先创建一个 FileInfo 对象，然后使用该对象调用 FileInfo 类中的 Exists 属性判断 C 盘根目录下是否存在 Test.txt 文件。代码如下：

```
FileInfo finfo = new FileInfo("C:\\Test.txt");          //创建 FileInfo 对象
if (finfo.Exists)                                       //判断文件是否存在
{
}
```

14.2.2 创建文件

创建文件可以使用 File 类的 Create 方法或者 FileInfo 类的 Create 方法来实现，下面分别对它们进行介绍。

1. File 类的 Create 方法

该方法为可重载方法，它有以下 4 种重载形式：

```
public static FileStream Create (string path)
public static FileStream Create (string path,int bufferSize)
public static FileStream Create (string path,int bufferSize,FileOptions options)
public static FileStream Create (string path,int bufferSize,FileOptions options,FileSecurity fileSecurity)
```

参数说明如表 14-2 所示。

表 14-2　　　　　　　　　　File 类的 Create 方法参数说明

参数	说明
path	文件名
bufferSize	用于读取和写入文件的已放入缓冲区的字节数
options	FileOptions 值之一，它描述如何创建或改写该文件
fileSecurity	FileSecurity 值之一，它确定文件的访问控制和审核安全性

例如，下面代码调用 File 类的 Create 方法在 C 盘根目录下创建一个 Test.txt 文本文件：

```
File.Create("C:\\Test.txt");                            //创建文件
```

例如，创建一个可异步读取和写入的文本文件，代码如下：

```
File.Create("test.txt", 1024,FileOptions.Asynchronous); //创建一个异步读取/写入文件
```

2. FileInfo 类的 Create 方法

创建文件，语法格式如下：

```
public FileStream Create ()
```

返回值：返回文件流，默认情况下，该方法将向所有用户授予对新文件的完全读写访问权限。

例如，下面代码首先创建了一个 FileInfo 对象，然后使用该对象调用 FileInfo 类的 Create 方法在 C 盘根目录下创建一个 Test.txt 文本文件。代码如下：

```
FileInfo finfo = new FileInfo("C:\\Test.txt");          //创建 FileInfo 对象
finfo.Create();                                         //创建文件
```

14.2.3 打开文件

用户在打开文件时可以有 3 种方式：一是以读/写方式打开文件；二是以只读方式打开文件；三是以写入方式打开文件。开发人员可以使用 File 类和 FileInfo 类实现文件的打开操作，本节主要以 File 类为例进行讲解。

1. 以读/写方式打开文件

以读/写方式打开文件是用 File 类的 Open 方法实现的，该方法用于打开指定路径上的 FileStream 对象，并具有读/写访问权限，语法格式如下：

```
public static FileStream Open(string path,FileMode mode)
```

- path：表示要打开的文件路径。
- mode：为 FileMode 枚举值之一，用于指定在文件不存在时是否创建该文件，并确定是保留还是覆盖现有文件的内容。
- 返回值：FileStream 类型，表示以指定模式打开的指定路径上的 FileStream，具有读/写访问权限并且不共享。

FileMode 枚举值的成员及说明如表 14-3 所示。

表 14-3　　　　　　　　　　　FileMode 枚举值的成员及说明

成员	说明
CreateNew	指定操作系统应创建新文件
Create	指定操作系统应创建新文件。如果文件已存在，它将被覆盖
Open	指定操作系统应打开现有文件
OpenOrCreate	指定操作系统应打开文件（如果文件存在）；否则，应创建新文件
Truncate	指定操作系统应打开现有文件。文件一旦打开，就将被截断为零字节大小
Append	打开现有文件并查找到文件尾，或创建新文件

例如，打开一个可读写的文件，代码如下：

```
FileStream fs = File.Open(path, FileMode.Open);          //path 变量为打开文件的路径
```

例如，在打开一个不保存的文件时，以读写的方式创建文件并打开，代码如下：

```
FileStream fs = File.Open(path, FileMode.OpenOrCreate);  //以读写的方式创建文件并打开
```

例如，在打开文件时，清空文件中的内容，然后进行读写操作，代码如下：

```
FileStream fs = File.Open(path, FileMode.Truncate);      //打开文件并清除内容
```

例如，打开文件后将光标移动到文件尾，然后在文件尾进行读写操作，代码如下：

```
FileStream fs = File.Open(path, FileMode.Append);        //打开文件以进行追加操作
```

在打开文件时，也可以使用 FileInfo 类实现，其调用的方法基本相同，下面用 FileInfo 类对文件进行写入操作，代码如下：

```
FileInfo fileInfo = new FileInfo("test.txt");            //创建 FileInfo 对象
using (Stream stream = fileInfo.Open(FileMode.Open))     //以读写方式打开文件
{
    //以字符编码 UTF8 设置文本格式
    Byte[] info = new UTF8Encoding(true).GetBytes("民以食为天");
    stream.Write(info, 0, info.Length);                  //写入文本
}
```

第14章 文件流操作

【例14-1】 本实例使用File类的Open方法以不同的方式打开文件,其中包含"读写方式打开"、"追加方式打开"、"清空后打开"和"覆盖方式打开"4种方式,然后对其进行写入和读取操作。实例运行效果如图14-1所示。(实例位置:光盘\MR\源码\第14章\14-1。)

程序开发步骤如下所述。

(1) 新建一个网站,默认主页为Default.aspx。

(2) 在Default.aspx页面中,添加一个FileUpload控件,用于选择文件;添加一个TextBox控件,用来输入要添加的内容;添加一个RadioButtonList控件,设置该控件的RepeatColumns属性为2,该控件中添加4个选择项,并将第一项默认设置为选中;添加一个Button控件,用来执行文件读写操作。

图14-1 以不同的方式打开文件

(3) Default.aspx页面的后台代码中,定义个FileMode对象,用来记录打开文件的方式,代码如下:

```
//声明一个FileMode对象,用来记录要打开的方式
FileMode fileM = FileMode.Open;
```

(4) 改变单选按钮的选项时,触发RadioButtonList控件的SelectedIndexChanged事件,该事件中,记录打开文件的方式,代码如下:

```
protected void RadioButtonList1_SelectedIndexChanged(object sender, EventArgs e)
{
    //判断单选项的选中情况
    if (RadioButtonList1.Items[0].Selected)
        fileM = FileMode.Open;                           //以读写方式打开文件
    else if (RadioButtonList1.Items[1].Selected)
        fileM = FileMode.Append;                         //以追加方式打开文件
    else if (RadioButtonList1.Items[2].Selected)
        fileM = FileMode.Truncate;                       //打开文件后清空文件内容
    else if (RadioButtonList1.Items[3].Selected)
        fileM = FileMode.Create;                         //以覆盖方式打开文件
}
```

(5) 单击"读写操作"按钮,首先将选择的文件上传到服务器上,然后根据用户选择的打开文件方式,向文件中写入数据,并将文件中的最新内容显示给用户,代码如下:

```
protected void Button1_Click(object sender, EventArgs e)
{
    //获取打开文件的路径
    string path = Server.MapPath("attachment/") + FileUpload1.FileName;
    FileUpload1.SaveAs(path);                            //将文件上传到服务器
    try
    {
        using (FileStream fs = File.Open(path, fileM))   //以指定的方式打开文件
        {
            if (fileM != FileMode.Truncate)              //如果在打开文件后不清空文件
            {
                //将要添加的内容转换成字节
                Byte[] info = new UTF8Encoding(true).GetBytes(TextBox1.Text);
                fs.Write(info, 0, info.Length);          //向文件中写入内容
            }
```

```
        }
        //以读/写方式打开文件
        using (FileStream fs = File.Open(path, FileMode.Open))
        {
            byte[] b = new byte[1024];                      //定义一个字节数组
            UTF8Encoding temp = new UTF8Encoding(true);     //实现 UTF-8 编码
            string pp = "";
            while (fs.Read(b, 0, b.Length) > 0)             //读取文本中的内容
            {
                pp += temp.GetString(b);                    //累加读取的结果
            }
            Page.ClientScript.RegisterStartupScript(GetType(), "", "alert('" + pp +
"')", true);                                               //显示内容
        }
    }
    catch                                                   //如果文件不存在,则发生异常
    {
        //在指定的路径下创建文件
        FileStream fs = File.Open(path, FileMode.CreateNew);
        fs.Dispose();                                       //释放流
    }
}
```

使用 File 类和 FileInfo 类创建文本文件时,其默认的字符编码为 UTF-8,而在 Windows 环境中手动创建文本文件时,其字符编码为 ANSI。

2. 以只读方式打开文件

以只读方式打开文件是用 File 类的 OpenRead 方法实现的,该方法用于打开现有文件并对其进行读取,语法格式如下:

```
public static FileStream OpenRead(string path)
```

❑ path:表示要打开的文件路径。
❑ 返回值:FileStream 类型,表示以只读方式打开指定路径上的 FileStream。

例如,下面的代码以只读方式打开文件:

```
FileStream fs = File.OpenRead(path);                       //以只读方式打开文件
```

在这里要说明的是,如果只想读取 UTF-8 编码的文本文件,可以使用 OpenText 方法,该方法语法格式如下:

```
public static StreamReader OpenText(string path)
```

❑ path:表示要打开的文件路径。
❑ 返回值:StreamReader 类型。

例如,下面的代码读取指定路径下字符编码为 UTF-8 的文本文件的内容:

```
using (StreamReader sr = File.OpenText(path))              //创建 StreamReader 对象
{
    string s = "";
    while ((s = sr.ReadLine()) != null)                    //如果从当前流中读取的字符串不为空
    {
        Response.Write(s);                                 //显示读取的文本内容
    }
}
```

3. 以写入方式打开文件

以写入方式打开文件是用 File 类的 OpenWrite 方法实现的，该方法用于打开现有文件以进行写入，语法格式如下：

```
public static FileStream OpenWrite(string path)
```

- path：表示要打开的文件路径。
- 返回值：FileStream 类型，表示以只读方式打开指定路径上的 FileStream。

例如，下面的代码以写入方式打开文件：

```
FileStream fs = File. OpenWrite(path);          //以写入方式打开文件
```

14.2.4 复制文件

复制文件时，可以使用 File 类的 Copy 方法或者 FileInfo 类的 CopyTo 方法来实现，下面分别对它们进行介绍。

1. File 类的 Copy 方法

该方法为可重载方法，它有以下两种重载形式：

```
public static void Copy (string sourceFileName,string destFileName)
public static void Copy (string sourceFileName,string destFileName,bool overwrite)
```

- sourceFileName：表示要复制的文件。
- destFileName：表示目标文件的名称，不能是目录，如果是第一种重载形式，该参数不能是现有文件。
- overwrite：表示如果可以改写目标文件，则为 true；否则为 false。

例如，下面代码调用 File 类的 Copy 方法将 C 盘根目录下的 Test.txt 文本文件复制到 D 盘根目录下：

```
File.Copy("C:\\Test.txt"," D:\\Test.txt");       //复制文件
```

2. FileInfo 类的 CopyTo 方法

该方法为可重载方法，它有以下两种重载形式：

```
public FileInfo CopyTo (string destFileName)
public FileInfo CopyTo (string destFileName,bool overwrite)
```

- destFileName：表示要复制到的新文件的名称。
- overwrite：为 true，则允许改写现有文件；否则为 false。
- 返回值：第一种重载形式的返回值为带有完全限定路径的新文件；第二种重载形式的返回值为新文件，或者如果 overwrite 为 true，则为现有文件的改写，如果文件存在，且 overwrite 为 false，则会发生 IOException。

例如，下面代码首先创建了一个 FileInfo 对象，然后使用该对象调用 FileInfo 类的 CopyTo 方法将 C 盘根目录下的 Test.txt 文本文件复制到 D 盘根目录下，如果 D 盘根目录下已经存在 Test.txt 文本文件，则将其替换。代码如下：

```
FileInfo finfo = new FileInfo("C:\\Test.txt");   //创建 FileInfo 对象
finfo. CopyTo(" D:\\Test.txt",true);            //复制文件
```

14.2.5 移动文件

移动文件时，可以使用 File 类的 Move 方法或者 FileInfo 类的 MoveTo 方法来实现，下面分别对它们进行介绍。

1. File 类的 Move 方法

将指定文件移到新位置，并提供指定新文件名的选项，语法格式如下：

```
public static void Move (string sourceFileName,string destFileName)
```
- sourceFileName：表示要移动的文件的名称。
- destFileName：表示文件的新路径。

例如，下面代码调用 File 类的 Move 方法将 C 盘根目录下的 Test.txt 文本文件移动到 D 盘根目录下：

```
File.Move("C:\\Test.txt","D:\\Test.txt") ;        //移动文件
```

例如，下面代码调用 File 类的 Move 方法将 C 盘根目录下的 Test.txt 文件的名称修改为 Test0.txt：

```
File. Move("C:\\Test.txt","C:\\Test0.txt");
```

2. FileInfo 类的 MoveTo 方法

将指定文件移到新位置，并提供指定新文件名的选项，语法格式如下：

```
public void MoveTo (string destFileName)
```

destFileName：表示要将文件移动到的路径，可以指定另一个文件名。

例如，下面代码首先创建了一个 FileInfo 对象，然后使用该对象调用 FileInfo 类的 MoveTo 方法将 C 盘根目录下的 Test.txt 文本文件移动到 D 盘根目录下。代码如下：

```
FileInfo finfo = new FileInfo("C:\\Test.txt");  //创建 FileInfo 对象
finfo. MoveTo("D:\\Test.txt") ;                  //移动文件
```

当开发人员使用 Move/MoveTo 方法改写现有文件时，如果源文件和目标文件是同一个文件，将产生 IOException 异常。

14.2.6 删除文件

删除文件可以使用 File 类的 Delete 方法或者 FileInfo 类的 Delete 方法来实现，下面分别对它们进行介绍。

1. File 类的 Delete 方法

删除指定的文件，语法格式如下：

```
public static void Delete (string path)
```

path：表示要删除的文件的名称。

例如，下面代码调用 File 类的 Delete 方法删除 C 盘根目录下的 Test.txt 文本文件：

```
File.Delete("C:\\Test.txt");                                //删除文件
```

如果当前删除的文件正在被使用，则删除时发生异常。

2. FileInfo 类的 Delete 方法

永久删除文件，语法格式如下：

```
public override void Delete ()
```

例如，下面代码首先创建了一个 FileInfo 对象，然后使用该对象调用 FileInfo 类的 Delete 方法删除 C 盘根目录下的 Test.txt 文本文件。代码如下：

```
FileInfo finfo = new FileInfo("C:\\Test.txt");  //创建 FileInfo 对象
finfo. Delete ();                                //删除文件
```

14.2.7 获取文件基本信息

FileInfo 类可以用来获得文件的基本信息，如：扩展名、创建日期、大小等。要想获得一个文

件的基本信息，首先需创建一个 FileInfo 对象来映射该文件。

例如，创建一个 FileInfo 对象来映射 ls.txt 文件。代码如下：
```
FileInfo aFile = new FileInfo ("D:\\ls.txt");
```
参数（"D:\\ls.txt"）指的是要获取基本信息的文件所在的路径及名称。

接下来就可以方便快速地获得文件的基本信息了。

例如，获取 ls.txt 文件的基本信息。代码如下：
```
aFile.CreationTime                        //获得文件的创建时间
aFile.Extension                           //获得文件的扩展名
aFile.FullName                            //获得文件的完整目录
aFile.Length                              //获得文件的大小
```

14.3 文件夹的基本操作

常见的文件夹操作主要有以下几种：判断文件夹是否存在、创建文件夹、移动文件夹、删除文件夹以及遍历文件夹等。本节将对常见的文件夹操作进行详细讲解。

14.3.1 判断文件夹是否存在

判断文件夹是否存在时，可以使用 Directory 类的 Exists 方法或者 DirectoryInfo 类的 Exists 属性来实现，下面分别对它们进行介绍。

1. Directory 类的 Exists 方法

确定给定路径是否引用磁盘上的现有目录，语法格式如下：
```
public static bool Exists (string path)
```
- path：表示要测试的路径。
- 返回值：如果 path 引用现有目录，则为 true；否则为 false。

说明　　path 参数允许指定相对或绝对路径信息，相对路径信息会自动被解释为相对于当前工作目录。

例如，使用 Directory 类的 Exists 方法判断 C 盘根目录下是否存在 Test 文件夹，如果不存在，则创建该文件夹。代码如下：
```
if (Directory.Exists("C:\\Test"))                     //如果文件夹存在
{
    Response.Write("文件夹存在");
}
else
{
    Directory.CreateDirectory ("C:\\Test");           //新建一个文件夹
}
```

2. DirectoryInfo 类的 Exists 属性

获取指示目录是否存在的值，语法格式如下：
```
public override bool Exists { get; }
```
属性值：如果目录存在，则为 true；否则为 false。

例如，下面代码首先创建一个 DirectoryInfo 对象，然后使用该对象调用 DirectoryInfo 类中的 Exists 属性判断 C 盘根目录下是否存在 Test 文件夹。代码如下：

```
DirectoryInfo dinfo = new DirectoryInfo ("C:\\Test");    //创建 DirectoryInfo 对象
if (dinfo.Exists)                                        //判断文件夹是否存在
{}
```

14.3.2 创建文件夹

创建文件夹可以使用 Directory 类的 CreateDirectory 方法或者 DirectoryInfo 类的 Create 方法来实现，下面分别对它们进行介绍。

1. Directory 类的 CreateDirectory 方法

该方法为可重载方法，它有以下两种重载形式：

```
public static DirectoryInfo CreateDirectory (string path)
public static DirectoryInfo CreateDirectory (string path,DirectorySecurity directorySecurity)
```

- ❑ path：表示要创建的目录路径。
- ❑ directorySecurity：表示要应用于此目录的访问控制。
- ❑ 返回值：第一种重载形式的返回值为由 path 指定的 DirectoryInfo；第二种重载形式的返回值为新创建的目录的 DirectoryInfo 对象。

当 path 参数中的目录已经存在或者 path 的某些部分无效，将发生异常。path 参数指定目录路径，而不是文件路径。

例如，调用 Directory 类的 CreateDirectory 方法在 C 盘根目录下创建一个 Test 文件夹，代码如下：

```
Directory.CreateDirectory ("C:\\Test ");                 //创建文件夹
```

2. DirectoryInfo 类的 Create 方法

该方法为可重载方法，它有以下两种重载形式：

```
public void Create ()
public void Create (DirectorySecurity directorySecurity)
```

directorySecurity：表示应用于此目录的访问控制。

例如，下面代码首先创建了一个 DirectoryInfo 对象，然后使用该对象调用 DirectoryInfo 类的 Create 方法在 C 盘根目录下创建一个 Test 文件夹。代码如下：

```
DirectoryInfo dinfo = new DirectoryInfo ("C:\\Test ");   //创建 DirectoryInfo 对象
dinfo.Create();                                          //创建文件夹
```

14.3.3 移动文件夹

移动文件夹时，可以使用 Directory 类的 Move 方法或者 DirectoryInfo 类的 MoveTo 方法来实现，下面分别对它们进行介绍。

1. Directory 类的 Move 方法

将文件或目录及其内容移到新位置，语法格式如下：

```
public static void Move (string sourceDirName,string destDirName)
```

- ❑ sourceDirName：表示要移动的文件或目录的路径。
- ❑ destDirName：表示指向 sourceDirName 的新位置的路径。

例如，调用 Directory 类的 Move 方法将 C 盘根目录下的 Test 文件夹移动到 C 盘根目录下的"新建文件夹"文件夹中。代码如下：

```
Directory.Move("C:\\Test ","C:\\新建文件夹\\Test") ;      //移动文件夹
```

例如，将 C 盘根目录下 Test 文件夹的名称改为 m，代码如下：
```
Directory.Move("C:\\Test", "C:\\mr");
```
下面是 Move 方法的错误用法，请读者注意：
例如，在不同的驱动器下进行移动，代码如下：
```
Directory.Move("C:\\Test", "D:\\mr");                //错误代码
```
例如，源文件夹和目的文件夹的路径和名称不能相同，代码如下：
```
Directory.Move("C:\\Test", " C:\\Test");             //错误代码
```

使用 Move 方法移动文件夹时需要统一磁盘根目录，例如，C 盘下的文件夹只能移动到 C 盘中的某个文件夹下，同样，使用 MoveTo 方法移动文件夹时也是如此。

2. DirectoryInfo 类的 MoveTo 方法

将 DirectoryInfo 对象及其内容移动到新路径，语法格式如下：
```
public void MoveTo (string destDirName)
```
destDirName：表示要将此目录移动到的目标位置的名称和路径，目标不能是另一个具有相同名称的磁盘卷或目录，它可以是要将此目录作为子目录添加到其中的一个现有目录。

例如，下面代码首先创建了一个 DirectoryInfo 对象，然后使用该对象调用 DirectoryInfo 类的 MoveTo 方法将 C 盘根目录下的 Test 文件夹移动到 C 盘根目录下的"新建文件夹"中。代码如下：
```
DirectoryInfo dinfo = new DirectoryInfo ("C:\\Test ");    //创建 DirectoryInfo 对象
dinfo. MoveTo("C:\\新建文件夹\\Test") ;                   //移动文件夹到指定位置
```

14.3.4 删除文件夹

删除文件夹可以使用 Directory 类的 Delete 方法或者 DirectoryInfo 类的 Delete 方法来实现，下面分别对它们进行介绍。

1. Directory 类的 Delete 方法

该方法为可重载方法，它有以下两种重载形式：
```
public static void Delete (string path)
public static void Delete (string path,bool recursive)
```
❑ path：表示要移除的空目录/目录的名称。
❑ recursive：如果要移除 path 中的目录、子目录和文件，则为 true；否则为 false。

例如，调用 Directory 类的 Delete 方法删除 C 盘根目录下的 Test 文件夹，代码如下：
```
Directory.Delete("C:\\Test");                        //删除文件夹
```
例如，调用 Directory 类的 Delete 方法删除 C 盘根目录下的 Test 文件夹，并删除该文件夹下的所有子文件夹及文件。代码如下：
```
Directory.Delete("C:\\Test",True) ;                  //删除文件夹及所有子文件夹
```

2. DirectoryInfo 类的 Delete 方法

该方法是指永久删除文件，它有以下两种重载形式：
```
public override void Delete ()
public void Delete (bool recursive)
```
recursive：如果为 true，则删除此目录、其子目录以及所有文件；否则为 false。

第一种重载形式，如果 DirectoryInfo 为空，则删除它；第二种重载形式，删除 DirectoryInfo 对象，并指定是否要删除子目录和文件。

例如，下面代码首先创建了一个 DirectoryInfo 对象，然后使用该对象调用 DirectoryInfo 类的 Delete 方法删除 C 盘根目录下的 Test 文件夹。代码如下：

```
DirectoryInfo dinfo = new DirectoryInfo ("C:\\Test");    //创建 DirectoryInfo 对象
dinfo. Delete ();                                        //删除文件夹
```

14.3.5 遍历文件夹

遍历文件夹时，可以分别使用 DirectoryInfo 类提供的 GetDirectories 方法、GetFiles 方法和 GetFileSystemInfos 方法。下面对这 3 个方法进行详细讲解。

1. GetDirectories 方法

返回当前目录的子目录。该方法为可重载方法，它有以下 3 种重载形式：

```
public DirectoryInfo[] GetDirectories ()
public DirectoryInfo[] GetDirectories (string searchPattern)
public DirectoryInfo[] GetDirectories (string searchPattern,SearchOption searchOption)
```

- searchPattern：表示搜索字符串，如用于搜索所有以单词 System 开头的目录的 "System*"。
- searchOption：表示 SearchOption 枚举的一个值，指定搜索操作是应仅包含当前目录还是应包含所有子目录。
- 返回值：第一种重载形式的返回值为 DirectoryInfo 对象的数组；第二种和第 3 种重载形式的返回值为与 searchPattern 匹配的 DirectoryInfo 类型的数组。

2. GetFiles 方法

返回当前目录的文件列表。该方法为可重载方法，它有以下 3 种重载形式。

```
public FileInfo[] GetFiles ()
public FileInfo[] GetFiles (string searchPattern)
public FileInfo[] GetFiles (string searchPattern,SearchOption searchOption)
```

- searchPattern：表示搜索字符串（如 "*.txt"）。
- searchOption：表示 SearchOption 枚举的一个值，指定搜索操作是应仅包含当前目录还是应包含所有子目录。
- 返回值：FileInfo 类型数组。

3. GetFileSystemInfos 方法

检索表示当前目录的文件和子目录的强类型 FileSystemInfo 对象的数组。该方法为可重载方法，它有以下两种重载形式。

```
public FileSystemInfo[] GetFileSystemInfos ()
public FileSystemInfo[] GetFileSystemInfos (string searchPattern)
```

- searchPattern：表示搜索字符串。
- 返回值：第一种重载形式的返回值为强类型 FileSystemInfo 项的数组；第二种重载形式的返回值为与搜索条件匹配的强类型 FileSystemInfo 对象的数组。

一般在遍历文件夹时，都使用 GetFileSystemInfos 方法，因为 GetDirectories 方法只遍历文件夹中的子文件夹，GetFiles 方法只遍历文件夹中的文件，而 GetFileSystemInfos 方法遍历文件夹中的所有子文件夹及文件。

【例 14-2】 本实例使用 DirectoryInfo 类的 GetFileSystemInfos 方法遍历文件夹，并获取指定文件夹中的文件数量。实例运行效果如图 14-2 所示。（实例位置：光盘\MR\源码\第 14 章\14-2。）程序开发步骤如下所述。

（1）新建一个网站，默认主页为 Default.aspx。

（2）在 Default.aspx 中添加一个 TextBox 控件、一个 Button 控件和一个 Lable 控件，分别用来输入遍历文件夹的路径、开始遍历文件夹并获取文件数量、显示遍历文件的数量。

（3）Default.aspx 页面的后台代码中，自定义一个 GetAllFiles 方法，主要用来实现遍历整个文件夹中文件的功能。代码如下：

```
int j = 0;
public int GetAllFiles(DirectoryInfo dir)
{
    FileSystemInfo[] fileinfo = dir.GetFileSystemInfos();//获取指定文件夹下的所有对象
    foreach (FileSystemInfo i in fileinfo)              //遍历这些对象
    {
        if (i is DirectoryInfo)                          //如果遍历的当前对象是目录
        {
            GetAllFiles((DirectoryInfo)i);               //获取该目录下的所有文件
        }
        else
        {
            j++;
        }
    }
    return j;
}
```

图 14-2　遍历文件夹并获取文件数量

（4）单击"获取文件数量"按钮，调用自定义方法 GetAllFiles 实现遍历文件夹并获取文件夹中文件数量的功能。代码如下：

```
protected void Button1_Click(object sender, EventArgs e)
{
    //创建DirectoryInfo对象
    DirectoryInfo dir = new DirectoryInfo(TextBox1.Text.ToString());
    Label1.Text = GetAllFiles(dir).ToString();
}
```

14.4　数据流操作

数据流提供了一种向后备存储写入字节和从后备存储读取字节的方式，它是在.NET Framework 中执行读写文件操作时一种非常重要的介质。下面对数据流进行详细讲解。

14.4.1　流操作类介绍

NET Framework 使用流来支持读取和写入文件，开发人员可以将流视为一组连续的一维数据，包含开头和结尾，并且其中的游标指示了流中的当前位置。

1．流操作

流中包含的数据可能来自内存、文件或 TCP/IP 套接字，流包含以下几种可应用于自身的基本操作。

❑ 读取：将数据从流传输到数据结构（如字符串或字节数组）中。
❑ 写入：将数据从数据源传输到流中。
❑ 查找：查询和修改在流中的位置。

2. 流的类型

在.NET Framework 中，流由 Stream 类来表示，该类构成了所有其他流的抽象类。不能直接创建 Stream 类的实例，但是必须使用它实现其中一个类。

ASP.NET 中有许多类型的流，但在处理文件输入/输出（I/O）时，最重要的类型为 FileStream 类，它提供读取和写入文件的方式。可在处理文件 I/O 时使用的其他流主要包括 BufferedStream、CryptoStream、MemoryStream 和 NetworkStream 等。

14.4.2 文件流类

ASP.NET 中，文件流类使用 FileStream 类表示，该类公开以文件为主的 Stream，它表示在磁盘或网络路径上指向文件的流。一个 FileStream 类的实例实际上代表一个磁盘文件，它通过 Seek 方法进行对文件的随机访问，也同时包含了流的标准输入、标准输出和标准错误等。FileStream 默认对文件的打开方式是同步的，但它同样很好地支持异步操作。

说明 对文件流的操作，实际上可以将文件看作是电视信号发送塔要发送的一个电视节目（文件），将电视节目转换成模拟数字信号（文件的二进制流），按指定的发送序列发送到指定的接收地点（文件的接收地址）。

1. FileStream 类的常用属性

FileStream 类的常用属性及说明如表 14-4 所示。

表 14-4　　　　　　　　　　　　FileStream 类的常用属性及说明

属　　性	说　　明
CanRead	获取一个值，该值指示当前流是否支持读取
CanSeek	获取一个值，该值指示当前流是否支持查找
CanTimeout	获取一个值，该值确定当前流是否可以超时
CanWrite	获取一个值，该值指示当前流是否支持写入
IsAsync	获取一个值，该值指示 FileStream 是异步还是同步打开的
Length	获取用字节表示的流长度
Name	获取传递给构造函数的 FileStream 的名称
Position	获取或设置此流的当前位置
ReadTimeout	获取或设置一个值，该值确定流在超时前尝试读取多长时间
WriteTimeout	获取或设置一个值，该值确定流在超时前尝试写入多长时间

2. FileStream 类的常用方法

FileStream 类的常用方法及说明如表 14-5 所示。

表 14-5　　　　　　　　　　　　FileStream 类的常用方法及说明

方　　法	说　　明
BeginRead	开始异步读操作
BeginWrite	开始异步写操作

续表

方　法	说　明
Close	关闭当前流并释放与之关联的所有资源
EndRead	等待挂起的异步读取完成
EndWrite	结束异步写入，在 I/O 操作完成之前一直阻止
Lock	允许读取访问的同时防止其他进程更改 FileStream
Read	从流中读取字节块并将该数据写入给定缓冲区中
ReadByte	从文件中读取一个字节，并将读取位置提升一个字节
Seek	将该流的当前位置设置为给定值
SetLength	将该流的长度设置为给定值
Unlock	允许其他进程访问以前锁定的某个文件的全部或部分
Write	使用从缓冲区读取的数据将字节块写入该流

例如，通过使用 FileStream 对象打开 Test.txt 文本文件并对其进行读写访问，代码如下：

```
FileStream aFile = new FileStream("Test.txt",FileMode.OpenOrCreate,FileAccess.ReadWrite)
```

14.4.3　文本文件的写入与读取

文本文件的写入与读取主要是通过 StreamWriter 类和 StreamReader 类来实现的，下面对这两个类进行详细讲解。

1. StreamWriter 类

StreamWriter 类是专门用来处理文本文件的类，可以方便地向文本文件中写入字符串，同时也负责重要的转换和处理向 FileStream 对象写入工作。

StreamWriter 类默认使用 UTF8Encoding 编码来进行创建。

StreamWriter 类的常用属性及说明如表 14-6 所示。

表 14-6　　　　　　　　　　　StreamWriter 类的常用属性及说明

属　性	说　明
Encoding	获取将输出写入到其中的 Encoding
Formatprovider	获取控制格式设置的对象
NewLine	获取或设置由当前 TextWriter 使用的行结束符字符串

StreamWriter 类的常用方法及说明如表 14-7 所示。

表 14-7　　　　　　　　　　　StreamWriter 类的常用方法及说明

方　法	说　明
Close	关闭当前的 StringWriter 和基础流
Write	写入到 StringWriter 的实例中
WriteLine	写入重载参数指定的某些数据，后跟行结束符

说明　　StreamWriter 类有两个最重要、最常用的方法，一个是 Write 方法，另一个是 WriteLine 方法，这两个方法都是用来向文本文件中写入字符串的，但二者也有区别：WriteLine 方法只用于字符串，并且会自动追加一个换行符（回车\换行）；而 Write 方法不追加换行符，而且可以向文本流写入字符串及任何基本数据类型（int32、single 等）的文本形式。

2. StreamReader 类

StreamReader 类是专门用来读取文本文件的类，StreamReader 可以从底层 Stream 对象创建 StreamReader 对象的实例，而且也能指定编码规范参数。创建 StreamReader 对象后，它提供了许多用于读取和浏览字符数据的方法。

StreamReader 类的常用方法及说明如表 14-8 所示。

表 14-8　　　　　　　　　　　StreamReader 类的常用方法及说明

方　　法	说　　明
Close	关闭 StringReader
Read	读取输入字符串中的下一个字符或下一组字符
ReadBlock	从当前流中读取最大 count 的字符，并从 index 开始将该数据写入 Buffer
ReadLine	从基础字符串中读取一行
ReadToEnd	将整个流或从流的当前位置到流的结尾作为字符串读取

【例 14-3】 本实例主要使用 StreamWriter 类和 StreamReader 类的相关属性和方法实现向文本文件中写入和读取数据的功能。实例运行效果如图 14-3 所示。（实例位置：光盘\MR\源码\第 14 章\14-3。）

程序开发步骤如下所述。

（1）新建一个网站，默认主页为 Default.aspx。

（2）在 Default.aspx 页面中，添加一个 TextBox 控件，用来输入要写入文本文件的内容和显示指定文本文件的内容；添加两个 Button 控件，分别用来执行文本文件的写入和读取操作。

图 14-3　文本文件的写入与读取

（3）在 TextBox 文本框中输入内容后，单击"写入"按钮，使用 StreamWriter 对象的 WriteLine 方法向指定的文本文件中写入数据，代码如下：

```
protected void Button1_Click(object sender, EventArgs e)
{
    if (TextBox1.Text == string.Empty)                    //判断文本框是否为空
    {
        Page.ClientScript.RegisterStartupScript(GetType(),"","alert('要写入的文件内容不能为空')", true);
    }
    else
    {
        //使用"另存为"对话框中输入的文件名创建 StreamWriter 对象
        StreamWriter sw = new StreamWriter(Server.MapPath("test.txt"),true);
        sw.WriteLine(TextBox1.Text);                      //向创建的文件中写入内容
        sw.Close();                                       //关闭当前文件写入流
    }
}
```

（4）单击"读取"按钮，使用 StreamReader 对象的 ReadToEnd 方法读取指定文本文件的内容，并显示在 TextBox 控件中，代码如下：

```
protected void Button2_Click(object sender, EventArgs e)
{
    TextBox1.Text = string.Empty;                                    //清空文本框
    //使用"打开"对话框中选择的文件创建 StreamReader 对象
    StreamReader sr = new StreamReader(Server.MapPath("test.txt"));
    TextBox1.Text = sr.ReadToEnd();                                  //读取指定文件的全部内容
    sr.Close();                                                      //关闭当前文件读取流
}
```

14.4.4 二进制文件的写入与读取

二进制文件的写入与读取主要是通过 BinaryWriter 类和 BinaryReader 类来实现的，下面对这两个类进行详细讲解。

1. BinaryWriter 类

BinaryWriter 类以二进制形式将基元类型写入流，并支持用特定的编码写入字符串，其常用方法及说明如表 14-9 所示。

表 14-9　　　　　　　　　　BinaryWriter 类的常用方法及说明

方　　法	说　　明
Close	关闭当前的 BinaryWriter 和基础流
Seek	设置当前流中的位置
Write	将值写入当前流

2. BinaryReader 类

BinaryReader 类用特定的编码将基元数据类型读作二进制值，其常用方法及说明如表 14-10 所示。

表 14-10　　　　　　　　　　BinaryReader 类的常用方法及说明

方　　法	说　　明
Close	关闭当前阅读器及基础流
PeekChar	返回下一个可用的字符，并且不提升字节或字符的位置
Read	从基础流中读取字符，并提升流的当前位置
ReadBoolean	从当前流中读取 Boolean 值，并使该流的当前位置提升一个字节
ReanByte	从当前流中读取下一个字节，并使流的当前位置提升一个字节
ReadBytes	从当前流中将 count 个字节读入字节数组，并使当前位置提升 count 个字节
ReadChar	从当前流中读取下一个字符，并根据所使用的 Encoding 和从流中读取的特定字符，提升流的当前位置
ReadChars	从当前流中读取 count 个字符，以字符数组的形式返回数据，并根据所使用的 Encoding 和从流中读取的特定字符，提升当前位置
ReadInt32	从当前流中读取 4 字节有符号整数，并使流的当前位置提升 4 个字节
ReadString	从当前流中读取一个字符串。字符串有长度前缀，一次将 7 位编码为整数

【例 14-4】 本实例主要使用 BinaryWriter 类和 BinaryReader 类的相关属性和方法实现向文本文件中写入和读取数据的功能。（实例位置：光盘\MR\源码\第 14 章\14-4。）

 说明　　本实例的运行结果图与例 14-3 中的运行结果图类似，只是写入和读取文件的方式不同，这里不再给出实例运行结果图。

程序开发步骤如下所述。
（1）新建一个网站，默认主页为 Default.aspx。
（2）在 Default.aspx 页面中，添加一个 TextBox 控件，用来输入要写入二进制文件的内容和显示指定二进制文件的内容；添加两个 Button 控件，分别用来执行二进制文件的写入和读取操作。
（3）在 TextBox 文本框中输入内容后，单击"写入"按钮，使用 StreamWriter 对象的 WriteLine 方法向指定的文本文件中写入数据，代码如下：

```
protected void Button1_Click(object sender, EventArgs e)
{
    if (TextBox1.Text == string.Empty)              //判断文本框是否为空
    {
        Page.ClientScript.RegisterStartupScript(GetType(), "", "alert('要写入的文件内容不能为空')", true);
    }
    else
    {
        //使用"另存为"对话框中输入的文件名创建 FileStream 对象
        FileStream myStream = new FileStream(Server.MapPath("test.dat"), FileMode.OpenOrCreate, FileAccess.ReadWrite);
        //使用 FileStream 对象创建 BinaryWriter 二进制写入流对象
        BinaryWriter myWriter = new BinaryWriter(myStream);
        myWriter.Write(TextBox1.Text);              //以二进制方式向创建的文件中写入内容
        myWriter.Close();                            //关闭当前二进制写入流
        myStream.Close();                            //关闭当前文件流
        TextBox1.Text = string.Empty;                //清空文本框
    }
}
```

（4）单击"读取"按钮，使用 StreamReader 对象的 ReadToEnd 方法读取指定文本文件的内容，并显示在 TextBox 控件中，代码如下：

```
protected void Button2_Click(object sender, EventArgs e)
{
    TextBox1.Text = string.Empty;                    //清空文本框
    //使用"打开"对话框中选择的文件名创建 FileStream 对象
    FileStream myStream = new FileStream(Server.MapPath("test.dat"), FileMode.Open, FileAccess.Read);
    //使用 FileStream 对象创建 BinaryReader 二进制写入流对象
    BinaryReader myReader = new BinaryReader(myStream);
    if (myReader.PeekChar() != -1)                   //判断是否有数据
    {   //以二进制方式读取文件中的内容
        TextBox1.Text = Convert.ToString(myReader.ReadInt32());
    }
    myReader.Close();                                //关闭当前二进制读取流
    myStream.Close();                                //关闭当前文件流
}
```

14.5 综合实例——文件下载功能的实现

为了提高网站的访问量，很多网站都提供了图片、软件和源码等下载功能，这也是经营网站的卖点之一。本实例主要实现文件下载的功能。运行本实例，当用户选中要下载的文件，单击"点击下载"按钮时，程序会弹出下载文件对话框，单击"保存"按钮，选择保存该文件的路径后，即可等待下载完成。实例运行效果如图14-4 所示。

图 14-4 文件下载

程序开发步骤如下所述。

（1）新建一个 ASP.NET 网站，命名为 DownloadFile，默认主页为 Default.aspx。

（2）在 Default.aspx 页面中添加一个 Table 表格、一个 ListBox 控件和一个 LinkButton 控件，主要用于页面布局、显示下载的文件名和执行文件下载操作。

（3）进入 Default.aspx 页的代码编辑页面 Default.aspx.cs，在 Page_Load 事件，将检索到的服务器中的文件名绑定至 ListBox 控件并显示在页面中，代码如下：

```
protected void Page_Load(object sender, EventArgs e)
{
    if (!Page.IsPostBack)
    {
        DataTable dt = new DataTable( );
        dt.Columns.Add(new DataColumn("Name", typeof(string)));
        string serverPath = Server.MapPath("File");
        DirectoryInfo dir = new DirectoryInfo(serverPath);
        foreach (FileInfo fileName in dir.GetFiles( ))
        {
            DataRow dr = dt.NewRow( );
            dr[0] = fileName;
            dt.Rows.Add(dr);
        }
        ListBox1.DataSource = dt;
        ListBox1.DataTextField = "Name";
        ListBox1.DataValueField = "Name";
        ListBox1.DataBind( );
    }
}
```

（4）触发 ListBox 的 SelectedIndexChanged 事件，在该事件中实现选中行索引，获取索引的值并保存在 Session 变量中，代码如下：

```
protected void ListBox1_SelectedIndexChanged(object sender, EventArgs e)
{
    Session["txt"] = ListBox1.SelectedValue.ToString( );
}
```

（5）触发 LinkButton 按钮的 Click 事件，在该事件中通过获取变量 Session 所保存的索引值完成文件下载操作，代码如下：

```
protected void LinkButton1_Click(object sender, EventArgs e)
{
    if (Session["txt"] != "")
    {
        string path = Server.MapPath("File/") + Session["txt"].ToString();
        FileInfo fi = new FileInfo(path);
        if (fi.Exists)
        {
            Response.Clear();
            Response.ClearHeaders();
            Response.Buffer = true;
            Response.AddHeader("Content-Length", fi.Length.ToString());
            Response.ContentType = "application/application/octet-stream";
            Response.AddHeader("Content-Disposition",    "attachment;filename="   +
HttpUtility.UrlEncode(fi.Name));
            Response.WriteFile(fi.FullName);
            Response.End();
            Response.Flush();
            Response.Clear();
        }
    }
}
```

知识点提炼

（1）System.IO 命名空间包含允许在数据流和文件上进行同步和异步读取及写入的类型，在 ASP.NET 网站中对文件及流进行操作时，首先需要添加该命名空间。

（2）对文件操作时，通常都需要用到 File 类的相关方法或者 FileInfo 类的相关属性及方法，其中，File 类的方法都是静态的，因此，如果只想执行一个操作，那么使用 File 方法的效率比使用相应的 FileInfo 实例方法可能更高。

（3）对文件夹操作时，通常都需要用到 Directory 类的相关方法，或者 DirectoryInfo 类的相关属性及方法，其中，Directory 类的方法都是静态的，因此，如果只想执行一个操作，那么使用 Directory 方法的效率比使用相应的 DirectoryInfo 实例方法可能更高。

（4）遍历文件夹时，可以分别使用 DirectoryInfo 类提供的 GetDirectories 方法、GetFiles 方法和 GetFileSystemInfos 方法，其中，GetDirectories 方法用来返回当前目录的子目录，GetFiles 方法用来返回当前目录的文件列表，GetFileSystemInfos 方法用来检索表示当前目录的文件和子目录的强类型 FileSystemInfo 对象的数组。

（5）流中包含的数据可能来自内存、文件或 TCP/IP 套接字，它包含读取、写入和查找 3 种基本操作。

（6）ASP.NET 中，文件流类使用 FileStream 类表示，该类公开以文件为主的 Stream，它表示在磁盘或网络路径上指向文件的流。

（7）文本文件的写入与读取主要通过 StreamWriter 类和 StreamReader 类的相应属性和方法实现。

（8）二进制文件的写入与读取主要通过 BinaryWriter 类和 BinaryReader 类的相应属性和方法实现。

习 题

14-1 对于文件系统的操作，相关类都在哪个命名空间中？
14-2 判断文件是否正在被使用，可以使用什么方法实现？
14-3 使用 System.IO.FileInfo 对象的什么属性可以获取是否是只读文件信息？
14-4 StreamReader 类的什么方法可以将一整行文本读取到字符串中，但不包括行尾符？
14-5 说出 FileInfo 和 DirectoryInfo 类的抽象基类。
14-6 说简单描述打开文件的几种实现方式。
14-7 列举出流的 3 种基本操作，并分别说明。
14-8 读取二进制文件时，需要使用 System.IO 命名空间下的哪个类？

实验：使用 ASP.NET 传送大文件

实验目的

（1）熟悉 FileUpload 控件的使用。
（2）掌握如何在 Web.Config 文件中控制传送文件的大小。
（3）掌握文件上传技术的使用。

实验内容

借助 FileUpload 控件，结合本章所学的知识制作一个使用 ASP.NET 传送大文件的程序，要求传送文件的大小控制在 40M。实验的运行效果如图 14-5 所示。

图 14-5 使用 ASP.NET 传送大文件

实验步骤

（1）新建一个 ASP.NET 网站，命名为 UploadBigFile，默认主页为 Default.aspx。
（2）在 Default.aspx 页面中添加一个 TextBox 控件，用来输入文件名称；添加一个 FileUpload 控件，用来选择要上传的文件；添加两个 Button 控件，分别用来执行文件上传和重置操作。
（3）打开 Web.Config 文件，在该文件中添加 httpRuntime 元素，并设置该元素的 maxRequestLength 属性为 40960，表示上传文件的大小为 40M；设置该元素的 executionTimeout 属性为 6000。代码如下：

```
<httpRuntime maxRequestLength="40960" executionTimeout="6000"/>
```

（4）输入文件名称，并选择上传文件后，单击"上传"按钮，即可将选择的文件传送到服务器上，代码如下：

```
protected void btnSend_Click(object sender, EventArgs e)
{
    try
```

```
            {
                string upName = fupFileSend.FileName;              //获取上传文件的名称
                //获取上传文件的后缀名
                string nameLast = upName.Substring(upName.LastIndexOf("."));
                string fileName = txtName.Text + nameLast;         //修改上传文件的名称
                //设置要保存的路径
                string path = Server.MapPath("./")+"File"+ "\\" + fileName;
                fupFileSend.PostedFile.SaveAs(path);               //将文件保存到指定路径下
                RegisterStartupScript("true", "<script>alert('上传成功! ')</script>");
            }
            catch (Exception ex)
            {
                Response.Write(ex.Message.ToString());
                RegisterStartupScript("true", "<script>alert('上传失败! ')</script>");
            }
        }
```

第 15 章
Web Service 服务应用

本章要点

- Web Service 的基本概念
- WebService 指令的使用
- Web 服务代码隐藏文件中的 3 大特性
- Web 服务的创建及调用
- 如何在 AJAX 中调用 Web 服务
- Web 服务在实际中的应用

Web Service 是一种新的 Web 应用程序的分支，是构建应用程序的普通模型，能在所有支持 Internet 网络通讯的操作系统上实施。Web Service 主要利用 HTTP 和 SOAP 在 Web 上传输数据，通过 Web 调用 Web Service 可以执行从简单的请求到复杂的商务处理的任何功能，一旦部署后，其他的应用程序可以发现并调用它的部署。本章将对 Web Service 服务的使用进行详细讲解。

15.1 Web Service 概述

Web Service 即 Web 服务，所谓服务就是系统提供一组接口，并通过接口使用系统提供的功能。同在 Windows 系统中应用程序通过 API 接口函数使用系统提供的服务一样，在 Web 站点之间，如果想要使用其他站点的资源，就需要其他站点提供服务，这个服务就是 Web 服务。

Web 服务是建立可互操作的分布式应用程序的新平台，它是一套标准，定义了应用程序如何在 Web 上实现互操作性。在这个新的平台上，开发人员可以使用任何语言，以及在任何操作系统平台上进行编程，只要保证遵循 Web 服务标准，就能够对服务进行查询和访问。

说明　Web 服务的服务器端和客户端都要支持行业标准协议 HTTP、SOAP 和 XML。

Web 服务中表示数据和交换数据的基本格式是可扩展标记语言（XML），Web 服务使用 XML 作为基本的数据通信方式，来消除使用不同组件模型、操作系统和编程语言的之间的差异。

使用 Web Service 时需要满足以下条件。

- ❑ 服务器端和客户端的系统都是松耦合的，也就是说，Web Service 与服务器端和客户端所使用的操作系统、编程语言都无关。
- ❑ Web Service 的服务器端和客户端应用程序具有连接到 Internet 的能力。

263

- 用于进行通信的数据格式必须是开放式标准，而不是封闭通信方式。在采用自我描述的文本消息时，Web Service 及其客户端无须知道每个基础系统的构成即可共享消息，这使得自治系统和不同的系统之间能够进行通信。

15.2 Web 服务的创建及使用

Web 服务在开发 ASP.NET 网站时经常用到，本节将对 Web 服务的文件指令、特性、Web 服务的创建、调用以及如何在 ASP.NET AJAX 网站中调用进行详细讲解。

15.2.1 Web 服务文件的指令

Web 服务文件中包括一个 WebService 指令，该指令必须应用在所有 Web 服务中，语法如下：
`<%@ WebService Language="C#" CodeBehind="~/App_Code/Service.cs" Class="Service" %>`

- Language 属性：指定在 Web Service 使用的语言，可以为.NET 支持的任何语言，包括 C#、Visual Basic 和 JScript。该属性是可选的，如果未设置该属性，编译器将根据类文件使用的扩展名推导出所使用的语言。
- CodeBehind 属性：指定 Web Service 类的源文件的名称。
- Class 属性：指定实现 Web Service 的类名，该服务在更改后第一次访问 Web Service 时被自动编译。该值可以是任何有效的类名，该属性指定的类既可以存储在单独的代码隐藏文件中，也可以存储在与 WebService 指令相同的文件中。该属性是 Web Service 必需的。
- Debug 属性：指示是否使用调试方式编译 Web Service。如果启用调试方式编译 Web Service，Debug 属性则为 true，否则为 false，默认为 false。在 Visual Studio 2010 中，Debug 属性是由 Web config 文件中的一个输入值决定的，所以创建 Web Service 时，该属性会被忽略。

15.2.2 Web 服务代码隐藏文件

在 ASP.NET 中创建 Web 服务时，在代码隐藏文件中自动包含一个类，它是根据 Web 服务的文件名命名的，这个类有两个特性标签：WebService 和 WebServiceBinding；另外，该类中还有一个名为 HelloWorld 的模板方法，该方法使用 WebMethod 特性修饰，该特性表示方法对于 Web 服务使用程序可用。下面对 Web 服务代码隐藏文件中的 3 个特性标签进行详细介绍。

1. WebService 特性

对于将要发布和执行的 Web 服务来说，WebService 特性是可选的。可以使用 WebService 特性为 Web 服务指定不受公共语言运行库标识符规则限制的名称。

Web 服务在成为公共之前，应该更改其默认的 XML 命名空间。每个 XML Web Service 都需要唯一的 XML 命名空间来标识它，以便客户端应用程序能够将它与网络上的其他服务区分开来。http://tempuri.org/可用于正在开发中的 Web 服务，已发布的 Web 服务应该使用更具永久性的命名空间。例如，可以将公司的 Internet 域名作为 XML 命名空间的一部分，虽然很多 Web 服务的 XML 命名空间与 URL 很相似，但是，它们无须指向 Web 上的某一实际资源（Web 服务的 XML 命名空间是 URI）。对于使用 ASP.NET 创建的 Web 服务，可以使用 Namespace 属性更改默认的 XML 命名空间。

例如，将 WebService 特性的 XML 命名空间设置为 http://www.mingrisoft.com/，代码如下：

```
using System;
using System.Collections.Generic;
using System.Linq;
using System.Web;
using System.Web.Services;
/// <summary>
///WebService 的摘要说明
/// </summary>
[WebService(Namespace = "http://www.mingrisoft.com/")]
[WebServiceBinding(ConformsTo = WsiProfiles.BasicProfile1_1)]
public class WebService : System.Web.Services.WebService {
    public WebService () {
        //如果使用设计的组件,请取消注释以下行
        //InitializeComponent();
    }
    [WebMethod]
    public string HelloWorld() {
        return "Hello World";
    }
}
```

2. WebServiceBinding 特性

按 Web 服务描述语言(WSDL)的定义,绑定类似于一个接口,原因是它定义一组具体的操作。每个 Web Service 方法都是特定绑定中的一项操作,Web Service 方法是 Web Service 的默认绑定的成员,或者是在应用于实现 Web Service 的类的 WebServiceBinding 特性中指定绑定的成员。Web 服务可以通过将多个 WebServiceBinding 特性应用于 Web Service 来实现多个绑定。

3. WebMethod 特性

Web Service 类包含一个或多个可在 Web 服务中公开的公共方法,这些 Web Service 方法以 WebMethod 特性开头。为使用 ASP.NET 创建的 Web 服务中的某个方法添加此 WebMethod 特性后,就可以从远程 Web 客户端调用该方法。

WebMethod 特性包括一些属性,这些属性可以用于设置特定 Web 方法的行为,语法如下:

```
[WebMethod(PropertyName=value)]
```

WebMethod 特性的常用属性及说明如表 15-1 所示。

表 15-1　　　　　　　　　　WebMethod 特性的常用属性及说明

属　　性	说　　明
BufferResponse	启用对 Web Service 方法响应的缓冲。当设置为 true 时,ASP.NET 在将响应从服务器向客户端发送之前,对整个响应进行缓冲。当设置为 false 时,ASP.NET 以 16KB 的块区缓冲响应。默认值为 true
CacheDuration	启用对 Web Service 方法结果的缓存。ASP.NET 将缓存每个唯一参数集的结果。该属性的值指定 ASP.NET 应该对结果进行多少秒的缓存处理。值为 0 时,则禁用对结果进行缓存。默认值为 0
Description	提供 Web Service 方法的说明字符串。当在浏览器上测试 Web 服务时,该说明将显示在 Web 服务帮助页上。默认值为空字符串
EnableSession	设置为 true,启用 Web Service 方法的会话状态。一旦启用,Web Service 就可以从 HttpContext.Current.Session 中直接访问会话状态集合,如果它是从 WebService 基类继承的,则可以使用 WebService.Session 属性来访问会话状态集合。默认值为 false
MessageName	Web 服务中禁止使用方法重载。但是,可以通过使用 MessageName 属性消除由多个相同名称的方法造成的无法识别问题

MessageName 属性使 Web 服务能够唯一确定使用别名的重载方法,默认值是方法名称。当指定 MessageName 时,结果 SOAP 消息将反映该名称,而不是实际的方法名称。

15.2.3 创建一个简单的 Web 服务

下面通过一个实例,具体介绍如何创建一个 Web 服务。

【例 15-1】本实例创建一个具有查询功能的 Web 服务,程序实现的主要步骤如下(实例位置:光盘\MR\源码\第 15 章\15-1)。

(1)打开 Visual Studio 2010 开发环境,选中网站项目,单击鼠标右键,在弹出的快捷菜单中选择"添加新项"选项,弹出"添加新项"对话框,在该对话框中选择"Web 服务",如图 15-1 所示。

(2)单击"确定"按钮,将显示图 15-2 所示的页面。

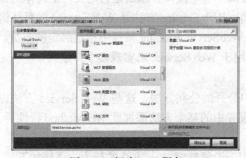
图 15-1 新建 Web 服务

图 15-2 Web 服务的代码隐藏文件

(3)在创建的 Web 服务文件中添加自定义 Web 服务方法 Select,代码如下:

```
[WebMethod(Description = "输入学生姓名,返回学生信息")]
public string Select(string stuName)
{
    SqlConnection conn = new SqlConnection("server=MRWXK\\MRWXK;uid=sa;pwd=;database=db_ASPNET");
    conn.Open();
    SqlCommand cmd = new SqlCommand("select * from tb_StuInfo where stuName='" + stuName + "'", conn);
    SqlDataReader dr = cmd.ExecuteReader();
    string txtMessage = "";
    if (dr.Read())
    {
        txtMessage = "学生编号:" + dr["stuID"] + " ,";
        txtMessage += "姓名:" + dr["stuName"] + " ,";
        txtMessage += "性别:" + dr["stuSex"] + " ,";
        txtMessage += "爱好:" + dr["stuHobby"] + " ,";
    }
    else
    {
```

```
            if (String.IsNullOrEmpty(stuName))
            {
                txtMessage = "<Font Color='Blue'>请输入姓名</Font>";
            }
            else
            {
                txtMessage = "<Font Color='Red'>查无此人! </Font>";
            }
        }
        cmd.Dispose();
        dr.Dispose();
        conn.Dispose();
        return txtMessage;    //返回用户详细信息
    }
```

（4）在"生成"菜单中，选择"生成解决方案"命令，生成 Web 服务。

（5）为了测试生成的 Web 服务，直接单击 ▶ 按钮，将显示 Web 服务帮助页面，如图 15-3 所示。

（6）在图 15-3 中可以看到 Web 服务中包含了两个方法：一个是 HelloWorld 模板方法，另外一个为自定义的 Select 查询方法。单击 Select 方法的链接将显示它的测试页面，如图 15-4 所示。

（7）在测试页中输入联系人姓名，单击"调用"按钮，即可调用 Web 服务的相应方法并显示方法的返回结果，如图 15-5 所示。

图 15-3 Web 服务帮助页面

图 15-4 Select 方法的测试页面

图 15-5 Select 方法返回的结果页面

从上面的测试结果可以看出，Web 服务方法返回的结果是使用 XML 进行编码的。

15.2.4 ASP.NET 网站中调用 Web 服务

创建完 Web 服务，并且对 Internet 上的使用者开放时，开发人员应该创建一个客户端应用程序来查找 Web 服务，发现 Web 服务中的可用方法，而且要创建客户端代理，并将 Web 服务方法代理到客户端中，这样，客户端就可以如同实现本地调用一样使用远程 Web 服务。

【例 15-2】 创建一个 Web 应用程序来调用 Web 服务，本实例将调用例 15-1 中创建的 Web 服务。执行程序，运行结果如图 15-6 所示（实例位置：光盘\MR\源码\第 15 章\15-2）。

程序开发步骤如下所述。

（1）打开 Visual Studio 2010 开发环境，新建一个 ASP.NET 空网站，向 ASP.NET 网站中添加一个 Web 窗体，命名为 Default.aspx。

（2）在 Default.aspx 页面上添加一个 TextBox 控件、一个 Button 控件和一个 Label 控件，分别用来输入姓名、执行查询操作和显示查询到的信息。

图 15-6 调用 Web 服务

（3）在"解决方案资源管理器"中，用鼠标右击项目，在弹出的快捷菜单中选择"添加服务引用"选项，弹出"添加服务引用"对话框，如图 15-7 所示。

图 15-7 "添加服务引用"对话框

用户可以通过该对话框查找本解决方案中的服务，也可以查找本地计算机上或者网络上的服务。

这里是以"调用服务"的形式来"调用 Web 服务"，在 Visual Studio 2010 中，使用"调用服务"取代了以前的"调用 Web 服务"，当然，如果还需要"调用 Web 服务"，可以单击"添加服务引用"对话框中的"高级"按钮，在弹出的对话框中单击"添加 Web 引用"按钮，也可以弹出"添加 Web 引用"对话框，如图 15-8 所示。

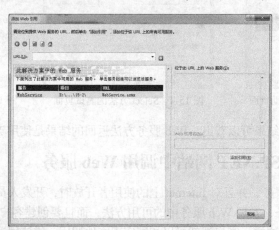

图 15-8 "添加 Web 引用"对话框

（4）单击图 15-7 中的"确定"按钮，将在"解决方案资源管理器"中添加一个名为 App_WebReferences 的目录，在该目录中将显示添加的 Service 服务，如图 15-9 所示。

添加完服务引用后，将在 Web.config 文件中添加一个 <system.serviceModel> 节，代码如下：

图 15-9 添加的 Service 服务

```
<system.serviceModel>
  <bindings>
    <basicHttpBinding>
      <binding name="WebServiceSoap" closeTimeout= "00:01:00"
```

```
openTimeout="00:01:00"
            receiveTimeout="00:10:00" sendTimeout="00:01:00" allowCookies="false"
            bypassProxyOnLocal="false" hostNameComparisonMode="StrongWildcard"
            maxBufferSize="65536"                            maxBufferPoolSize="524288"
maxReceivedMessageSize="65536"
            messageEncoding="Text" textEncoding="utf-8" transferMode="Buffered"
            useDefaultWebProxy="true">
          <readerQuotas         maxDepth="32"         maxStringContentLength="8192"
maxArrayLength="16384"
            maxBytesPerRead="4096" maxNameTableCharCount="16384" />
          <security mode="None">
            <transport clientCredentialType="None" proxyCredentialType="None"
              realm="" />
            <message clientCredentialType="UserName" algorithmSuite="Default" />
          </security>
        </binding>
      </basicHttpBinding>
    </bindings>
    <client>
      <endpoint address="http://localhost:5156/15-2/WebService.asmx"
        binding="basicHttpBinding" bindingConfiguration="WebServiceSoap"
        contract="Service.WebServiceSoap" name="WebServiceSoap" />
    </client>
  </system.serviceModel>
```

此时,就可以访问添加的服务了,这就如同它是一个本地计算机上的类。

(5)在 Default.aspx 页的"查询"按钮控件的 Click 事件中,通过使用服务对象,调用其中的 Select 方法查询信息,代码如下:

```
protected void btnSelect_Click(object sender, EventArgs e)
{
    //创建服务客户端协议对象
    Service.WebServiceSoapClient service = new Service.WebServiceSoapClient();
    string strMessage = service.Select(TextBox1.Text);   //调用服务的 Select 方法
    string[] strMessages = strMessage.Split(new Char[] { ',' });//分割字符串
    labMessage.Text = "详细信息:</br>";
    foreach (string str in strMessages)                  //遍历字符串数组
    {
        labMessage.Text += str + "</br>";                //将字符串数组中的信息分行显示
    }
}
```

15.2.5 ASP.NET AJAX 调用 Web 服务

在 ASP.NET AJAX 网站中调用 Web 服务时,需要在 ScriptManager 控件中使用<Services>标记以声明的方式引入 Web 服务资源。例如,引入 Web Service 文件(文件后缀为.asmx)的代码如下:

```
<asp:ScriptManager ID="ScriptManager1" runat="server">
    <Services>
        <asp:ServiceReference Path="WebService.asmx" />
    </Services>
</asp:ScriptManager>
```

【例 15-3】 本实例在 ASP.NET AJAX 网站中通过调用 Web 服务随机生成一个 4 位数字的验证码,实例运行效果如图 15-10 所示(实例位置:光盘\MR\源码\第 15 章\15-3)。

程序开发步骤如下所述。

（1）新建一个网站，默认主页为 Default.aspx。

（2）该网站中添加一个 Web 服务，命名为 RandomService.asmx，打开 Web 服务的 RandomService.cs 文件（该文件自动存放在 App_Code 文件夹下），定义一个静态方法 GetRandom，用于随机返回一个 1000 到 9999 范围内的 4 位数字验证码，代码如下：

图 15-10　ASP.NET AJAX 调用 Web
　　　　　服务生成随机验证码

```
[WebService(Namespace = "http://tempuri.org/")]
[WebServiceBinding(ConformsTo = WsiProfiles.BasicProfile1_1)]
//若要允许使用 ASP.NET AJAX 从脚本中调用此 Web 服务，请取消对下行的注释。
[System.Web.Script.Services.ScriptService]
public class RandomService : System.Web.Services.WebService {
    public RandomService () {
        //如果使用设计的组件，请取消注释以下行
        //InitializeComponent();
    }
    [WebMethod]
    public static int GetRandom()
    {
        Random ran = new Random();
        int getNum = ran.Next(1000, 9999);
        return getNum;
    }
}
```

　　　　　上面的代码中用到了 [System.Web.Script.Services.ScriptService] 属性，该属性是 ASP.NET AJAX 能够从客户端访问定义的 Web Service 服务所必须使用的属性。

（3）在 Default.aspx 页面中添加一个 ScriptManager 控件，用于管理脚本，通过 ScriptReference 元素指定引用的 Web 服务文件 RandomService.asmx；添加一个 UpdatePanel 控件，用于实现局部刷新。在 UpdatePanel 控件内添加一个 Label 控件，用于显示生成的随机验证码；添加一个 Button 控件，用于获取随机验证码。代码如下：

```
<body>
    <form id="form1" runat="server">
    <div>
        <asp:ScriptManager ID="ScriptManager1" runat="server">
            <Services>
                <asp:ServiceReference Path="RandomService.asmx" />
            </Services>
        </asp:ScriptManager>
        <asp:UpdatePanel ID="UpdatePanel1" runat="server">
            <ContentTemplate>
                随机数为：
                <br />
                <div align="center" style=" width:123px; height:60px; line-height:60px; background-image: url('bg.jpg')">
                    <asp:Label ID="Label1" runat="server" Font-Bold="True" Font-Size="18px"></asp:Label>
                </div>
                <asp:Button ID="Button1" runat="server" onclick="Button1_Click" Text="
```

第 15 章 Web Service 服务应用

返回随机数" />
```
        </ContentTemplate>
    </asp:UpdatePanel>
</div>
</form>
</body>
```
（4）双击 Default.aspx 页面中的 Button 控件，进入后台代码页面 Default.aspx.cs，在该页面中编写 Button1_Click 事件，将获取到的随机验证码显示在 Label 控件中，代码如下：
```
protected void Button1_Click(object sender, EventArgs e)
{
    Label1.Text = RandomService.GetRandom().ToString();
}
```

15.3 综合实例——利用 Web 服务上传和下载图片

在 Web 应用程序中，图片的上传和下载是很重要的一种功能，本实例通过使用 Web 服务实现网站中的图片上传和下载功能。实例运行效果如图 15-11 和图 15-12 所示。

图 15-11 利用 Web Service 上传图片

图 15-12 利用 Web Service 下载图片

程序开发步骤如下所述。
（1）新建一个 ASP.NET 网站，命名为 UPDOWNPic，默认主页为 Default.aspx。
（2）Default.aspx 页面中用到的主要控件及说明如表 15-2 所示。

表 15-2　　　　　　　　Default.aspx 页面中用到的主要控件及说明

控件类型	控件名称	用　　途
Table	无	页面布局
ListBox	ListBox1	显示可下载图片名称
Button	Button1	执行图片上传操作
Button	Button2	执行图片下载操作
FileUpload	FileUpload1	存放文件路径
RadioButtonList	RadioButtonList1	显示上传或下载图片界面
Panel	Panel1	控制上传部分控件是否显示
Panel	Panel2	控制下载部分控件是否显示

（3）在该网站中添加一个 Web 服务，命名为 FileService.asmx，该 Web 服务中自定义两个方

法 GetBinaryFile 和 ConvertFileToByteBuffer,分别用来返回所给文件路径的字节数组和把给定的文件流转换为二进制字节数组。代码如下:

```
/// <summary>
/// 返回所给文件路径的字节数组
/// </summary>
/// <param name="filename">文件名称</param>
/// <returns></returns>
[WebMethod]
public byte[] GetBinaryFile(string filename)
{
    if (File.Exists(filename))
    {
        try
        {
            ///打开现有文件以进行读取
            FileStream s = File.OpenRead(filename);
            return ConvertFileToByteBuffer(s);
        }
        catch (Exception e)
        {
            return new byte[0];
        }
    }
    else
    {
        return new byte[0];
    }
}
/// <summary>
/// 把给定的文件流转换为二进制字节数组
/// </summary>
/// <param name="theStream"></param>
/// <returns></returns>
public byte[] ConvertFileToByteBuffer(System.IO.Stream theStream)
{
    int b1;
    System.IO.MemoryStream tempStream = new System.IO.MemoryStream();
    while ((b1 = theStream.ReadByte()) != -1)
    {
        tempStream.WriteByte(((byte)b1));
    }
    return tempStream.ToArray();
}
```

(4)在解决方案资源管理器中选中当前网站,单击鼠标右键,在弹出的快捷菜单中选择"添加服务引用"选项,将创建的 Web 服务添加到网站中。

(5)在 Default.aspx 页面中选择要上传的图片文件后,单击"上传"按钮,触发该按钮的 Click 事件,该事件中实现图片文件的上传功能。代码如下:

```
protected void Button1_Click(object sender, EventArgs e)
{
    //获取文件完整路径
    string filepath = this.FileUpload1.PostedFile.FileName;
    //获取文件名称
```

```csharp
        string filename = filepath.Substring(filepath.LastIndexOf('\\')+1);
        //获取文件后缀名
        string lastname = filename.Substring(filename.LastIndexOf('.'));
        switch(lastname)
        {
            case ".gif":
            case ".jpg":
            case ".bmp":
                //定义并初始化文件对象
                XZFileService.FileService oImage = new XZFileService.FileService();
                byte[] image = oImage.GetBinaryFile(filepath);//得到二进制文件字节数组
                //定义并创建Bitmap对象
                Bitmap bm = new Bitmap(new System.IO.MemoryStream(image));
                Response.Clear();                          //根据不同的条件进行输出或者下载
                //如果请求字符串指定下载,就下载该图片
                //否则,就显示在浏览器中
                string serverpath = Server.MapPath("Files/");
                if (File.Exists(serverpath + filename))
                {
                    Response.Write("<script>alert('该文件已经存在,请重新命名!');location='Default.aspx'</script>");
                }
                else
                {
                    bm.Save(serverpath + filename);
                    Response.Write("<script>alert('图片上传成功!');location='Default.aspx'</script>");
                }
                break;
            default:
                Response.Write("<script>alert('不支持该图片格式上传!');location='Default.aspx'</script>");
                return;
        }
    }
```

(6)选中要下载的图片,单击"下载并保存"按钮,触发该按钮的 Click 事件,该事件中实现图片文件的下载功能。代码如下:

```csharp
    protected void Button2_Click(object sender, EventArgs e)
    {
        if (this.ListBox1.SelectedValue == "")
        {
            Response.Write("<script>alert('请选择要下载的图片!');location='Default.aspx'</script>");
            return;
        }
        //获取文件后缀名
        string lastname = this.ListBox1.SelectedValue.Substring(this.ListBox1.SelectedValue.LastIndexOf('.'));
        //获取所选文件的服务器路径
        string serverpath = Server.MapPath("Files/" + this.ListBox1.SelectedValue);
        //定义并初始化文件对象
        XZFileService.FileService oImage = new XZFileService.FileService();
```

```
            byte[] image = oImage.GetBinaryFile(serverpath);  //得到二进制文件字节数组
            //转换为支持存储区为内存的流
            System.IO.MemoryStream memStream = new System.IO.MemoryStream(image);
            Bitmap bm = new Bitmap(memStream);                //定义并创建Bitmap对象
            Response.Clear();                                  //根据不同的条件进行输出或者下载
            //如果请求字符串指定下载，就下载该图片
            //否则，就显示在浏览器中
            FileInfo file = new FileInfo(serverpath);
            Response.Clear();
            Response.AddHeader("Content-Disposition",       "attachment;filename="       +
Server.UrlEncode(this.ListBox1.SelectedValue));
            Response.AddHeader("Content-Length", file.Length.ToString());
            Response.ContentType = "application/octet-stream; charset=gb2312";
            Response.Filter.Close();
            Response.WriteFile(file.FullName);
            Response.End();
        }
```

知识点提炼

（1）Web Service 即 Web 服务，所谓服务就是系统提供一组接口，并通过接口使用系统提供的功能。

（2）Web Service 主要利用 HTTP 和 SOAP 在 Web 上传输数据，通过 Web 调用 Web Service 可以执行从简单的请求到复杂的商务处理的任何功能。

（3）Web 服务中表示数据和交换数据的基本格式是可扩展标记语言（XML），Web 服务使用 XML 作为基本的数据通信方式，来消除使用不同组件模型、操作系统和编程语言的之间的差异。

（4）Web 服务文件中包括一个 WebService 指令，该指令必须应用在所有 Web 服务中，该指令有 4 个主要的属性，分别为：Language 属性、CodeBehind 属性、Class 属性和 Debug 属性。

（5）使用 WebService 特性为 Web 服务指定不受公共语言运行库标识符规则限制的名称。

（6）WebMethod 特性包括一些属性，这些属性可以用于设置特定 Web 方法的行为，使用该特性之后，表示方法对于 Web 服务使用程序可用。

（7）Web 服务创建之后，需要通过"添加服务引用"选项添加到 ASP.NET 网站中进行使用。

（8）在 ASP.NET AJAX 网站中调用 Web 服务时，需要用到 ScriptManager 控件的<Services>标记。

习 题

15-1 简述 Web 服务的基本概念。

15-2 Web 服务中使用哪种语言来表示数据和交换数据的基本格式？

15-3 使用哪个属性可以指定 Web Service 使用的语言？

15-4 如果要使一个方法成为 Web 服务方法，需要为该方法进行哪些设置？

15-5 举例说明如何在 ASP.NET 网站中调用 Web 服务。
15-6 如何在 ASP.NET AJAX 网站中调用 Web 服务？

实验：使用 Web 服务生成产品编号

实验目的

（1）掌握 Web 服务的创建过程。
（2）掌握 Web 服务方法的创建及使用。
（3）掌握 Web 服务的调用。
（4）巩固 ADO.NET 技术的应用。

实验内容

借助 ADO.NET 技术，结合本章所学的知识制作一个使用 Web 服务自动生成产品编号的程序，在自动生成编号时，需要获取数据库中的最大编号，然后将该编号最后的数字加 1；另外，产品编号的格式为"NO+日期+BH+N"（例如：NO20120601BH1）。实验的运行效果如图 15-13 所示。

图 15-13　使用 Web 服务生成产品编号

实验步骤

（1）新建一个 ASP.NET 网站，命名为 AutoIDByWeb，默认主页为 Default.aspx。
（2）Default.aspx 页面中用到的主要控件及说明如表 15-3 所示。

表 15-3　　　　　　　　Default.aspx 页面中用到的主要控件及说明

控件类型	控件名称	用　途
Table	无	页面布局
Label	Label1	显示产品编号
TextBox	TextBox1	输入产品名称
	TextBox2	输入生产日期
	TextBox3	输入产品描述
Button	Button1	执行数据添加操作
GridView	GridView1	显示数据

（3）在该网站中添加一个 Web 服务，命名为 NumService.asmx，该 Web 服务中自定义一个名称为 ProNum 的 Web 服务方法，用来自动生成产品编号。代码如下：

```
[WebMethod]
public string ProNum(string ConnectionString, string Cmdtxt)
{
    SqlConnection Con = new SqlConnection(ConnectionString);
    Con.Open();
    SqlDataAdapter Da = new SqlDataAdapter(Cmdtxt, Con);
```

```
        DataSet ds = new DataSet();
        Da.Fill(ds);
        int Num = ds.Tables[0].Rows.Count;
        return "NO" + DateTime.Now.ToString("yyyyMMdd") + "BH" + Convert.ToString(Num + 1);
    }
```

（4）在解决方案资源管理器中选中当前网站，单击鼠标右键，在弹出的快捷菜单中选择"添加服务引用"选项，将创建的Web服务添加到网站中。

（5）Default.aspx 页面加载时，调用 Web 服务中的 ProNum 自定义方法生成产品编号，并显示在相应的 Label 控件中；另外，从数据库中获取所有记录，并显示在 GridView 控件中。代码如下：

```
    protected void Page_Load(object sender, EventArgs e)
    {
        string ConnectionString = ConfigurationSettings.AppSettings["strCon"];
        NumService num = new NumService();
        string cmdtxt = "SELECT * FROM tb_goods";
        string NumStr = num.ProNum(ConnectionString, cmdtxt);
        this.Label1.Text = NumStr;
        SqlDataAdapter    Da    =    new    SqlDataAdapter(cmdtxt,    new SqlConnection(ConnectionString));
        DataSet ds = new DataSet();
        Da.Fill(ds);
        this.GridView1.DataSource = ds;
        this.GridView1.DataBind();
    }
```

第 16 章
程序调试与错误处理

本章要点
- 3 种不同的错误类型
- 常见的程序调试操作
- 常见的服务器故障及解决方式
- 3 种异常处理语句的使用

开发和编写程序的过程中经常会出现一些错误,其中包括语法错误、语义错误和逻辑错误等,无论哪种错误都有可能导致程序不能执行或执行过程中出现失败。因此如何处理错误可能是优秀的网站设计中最重要的部分。本章将详细介绍程序的错误类型、程序调试以及如何进行错误处理。

16.1 错误类型

程序中的错误主要分 3 类,分别是语法错误、语义错误和逻辑错误,本节将对这 3 中错误类型进行简单介绍。

16.1.1 语法错误

语法错误是一种程序错误,它会影响编译器完成工作,它也是最简单的错误,几乎所有的语法错误都能被编译器或解释器发现,并将错误消息显示出来提醒程序开发人员。

在 Visual Studio 2010 中遇到语法错误时,错误消息将显示在"错误列表"窗口中,这些消息将会告诉程序开发人员语法错误的位置(行、列和文件等),并给出错误的简要说明,如图 16-1 所示。

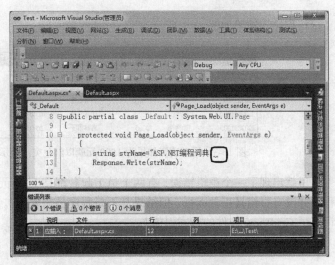

图 16-1 语法错误:第 12 行程序代码少了一个分号

说明　如图 16-1 所示，程序如果有错，Visual Studio 2010 开发工具会在有错误的地方以下划线标示。

16.1.2　语义错误

程序源代码的语法正确而语义或意思与程序开发人员本意不同时，就是语义错误，这类错误比较难以察觉，它通常在程序运行过程中出现。语义错误会导致程序非正常终止。例如，在将数据信息绑定到表格控件时，经常会出现"未将对象引用设置到对象的实例"错误，这类语义错误在程序运行时，将会被调试器以异常的形式告知程序开发人员。如图 16-2 所示。

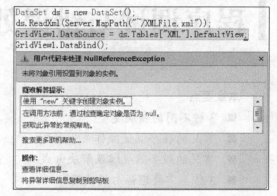

图 16-2　语义错误

16.1.3　逻辑错误

逻辑错误主要是在运行结果与开发人员设想的不一样时发生的，该错误不影响程序的运行，只是在逻辑上与实际存在偏差。

下面举一个实际开发中的例子来说明什么是逻辑错误。在实现 GridView 中突出显示指定单元格中数据的功能时，编写了如下代码，该代码所要实现的功能是：员工薪资如果为 1500 元，就以红色突出显示出来，代码如下：

```
for (int i = 0; i < GridView1.Rows.Count-1; i++)
{
    DataRowView mydrv = myds.Tables["tb_mrEmply"].DefaultView[i];
    string mypay = Convert.ToString(mydrv["起薪"]);
    if (Convert.ToInt32(mypay) < 1600)
    {
        GridView1.Rows[i].Cells[5].BackColor = System.Drawing.Color.Red;
    }
}
```

运行程序，结果如图 16-3 所示。

身份证号码	姓名	邮政编码	家庭地址	出生日期	起薪	编辑
2202831001	房大伟	10001	吉林吉林	01-01-1982	¥1,500.00	编辑
2202831002	王小科	10002	山西长治	05-05-1985	¥1,600.00	编辑
2202831003	吕双	10003	吉林长春	02-02-1982	¥1,800.00	编辑
2202831004	梁冰	10004	山东济南	07-07-1983	¥2,000.00	编辑
2202831005	孙秀梅	10005	吉林四平	05-05-1984	¥1,500.00	编辑

图 16-3　员工薪资如果为 1500 元就以红色突出显示出来（错误显示）

这里就出现了一个逻辑错误，有两个员工起薪都是 1500 元，却只突出显示了一名员工（执行过程中并没有报错且正常运行，但结果却不是程序员想要的）。经过调试后，更改的代码如下（重新计算了 GridView 控件的行索引值）：

```
for (int i = 0; i < GridView1.Rows.Count; i++)
{
    DataRowView mydrv = myds.Tables["tb_mrEmply"].DefaultView[i];
    string mypay = Convert.ToString(mydrv["起薪"]);
```

```
        if (Convert.ToInt32(mypay) < 1600)
        {
            GridView1.Rows[i].Cells[5].BackColor = System.Drawing.Color.Red;
        }
    }
```

再次运行程序，结果如图 16-4 所示。

图 16-4　员工薪资如果为 1500 元，就以红色突出显示出来（正确显示）

16.2　程序调试

程序调试是在程序中查找错误的过程。在开发过程中，程序调试是检查代码并验证它能够正常运行的有效方法。另外，在开发时，如果发现程序不能正常工作，就必须找出并解决有关问题。本节将对几种常用的程序调试操作进行讲解。

16.2.1　断点操作

断点是一个信号，它通知调试器在某个特定点上暂时将程序执行挂起。当执行在某个断点处挂起时，称程序处于中断模式，进入中断模式并不会终止或结束程序的执行。执行可以在任何时候继续。断点提供了一种强大的工具，能够在需要的时间和位置挂起执行。与逐句或逐条指令地检查代码不同的是，可以让程序一直执行，直到遇到断点，然后开始调试，这大大地加快了调试过程。没有这个功能，调试大的程序几乎是不可能的。

（1）插入断点的方法大体上可以分为 3 种，分别介绍如下。
- 在要设置断点的行旁边的灰色空白处单击，如图 16-5 所示。

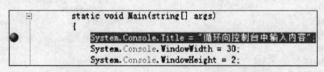

图 16-5　在代码行旁边的灰色空白处单击

- 选择某行代码，单击鼠标右键，在弹出的快捷菜单中选择"断点"/"插入断点"命令，如图 16-6 所示。
- 选中要设置断点的代码行，选择菜单中的"调试"/"切换断点"命令，如图 16-7 所示。

（2）删除断点的方法大体可以分为 3 种，分别介绍如下。
- 可以单击设置了断点的代码行左侧的红色圆点。
- 在设置了断点的代码行左侧的红色圆点上单击鼠标右键，在弹出的快捷菜单中选择"删除断点"命令。
- 在设置了断点的代码行上单击鼠标右键，在弹出的快捷菜单中选择"断点"/"删除断点"命令，如图 16-8 所示。

图 16-6　右键插入断点

图 16-7　菜单栏插入断点

图 16-8　右键删除断点

说明　　如果在程序中可能有两处隐藏的错误，并且这两处错误执行的相隔距离过长，可以设置两个断点，当运行程序后，将会执行第一个断点，如果没有错误，可以单击"启动调试"项，这时，将会直接切换到第二个断点处。

16.2.2　开始、中断和停止程序的执行

当程序编写完毕，需要对程序代码进行调试。可以使用开始、中断和停止操作控制代码运行的状态，下面对 3 种操作进行详细的介绍。

1．开始执行

开始执行是最基本的调试功能之一，从"调试"菜单（见图 16-9）中选择"启动调试"命令或在源窗口中右击鼠标，可执行代码中的某行，然后从弹出的快捷菜单中选择"运行到光标处"命令，如图 16-10 所示。

图 16-9　"调试"菜单

图 16-10　某行代码的右键菜单

除了使用上述的方法开始执行外，还可以直接单击工具栏中的"启动调试"按钮，启动调试，如图 16-11 所示。

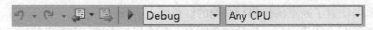
图 16-11　工具栏中的"启动调试"按钮

如果选择"启动调试"命令，则应用程序启动并一直运行到断点。可以在任何时刻中断执行，以检查值、修改变量或检查程序状态，如图 16-12 所示。

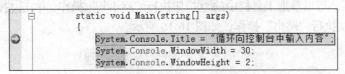

图 16-12　选择"启动调试"命令后的运行结果

如果选择"运行到光标处"命令，则应用程序启动并一直运行到断点或光标位置，具体要看是断点在前还是光标在前，可以在源窗口中设置光标位置。如果光标在断点的前面，则代码首先运行到光标处，如图 16-13 所示。

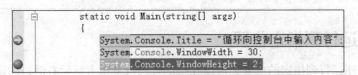

图 16-13　如果光标在断点前，则只运行到光标处

2. 中断执行

当执行到达一个断点或发生异常，调试器将中断程序的执行。选择"调试"/"全部中断"命令后，调试器将停止所有在调试器下运行的程序的执行。程序并不退出，可以随时恢复执行。调试器和应用程序现在处于中断模式。"调试"菜单中"全部中断"命令如图 16-14 所示。

除了通过选择"调试"/"全部中断"命令中断执行外，也可以单击工具栏中的 按钮中断执行，如图 16-15 所示。

图 16-14　"调试"/"全部中断"命令

图 16-15　工具栏中的中断执行按钮

3. 停止执行

停止执行意味着终止正在调试的进程并结束调试会话，可以通过选择菜单中的"调试"/"停止调试"命令来结束运行和调试。也可以选择工具栏中的 按钮停止执行。

16.2.3　单步执行和逐过程执行

通过单步执行，调试器每次只执行一行代码，单步执行主要是通过逐语句、逐过程和跳出这3 种命令实现的。"逐语句"和"逐过程"的主要区别是当某一行包含函数调用时，"逐语句"仅执行调用本身，然后在函数内的第一个代码行处停止。而"逐过程"执行整个函数，然后在函数外的第一行处停止。如果位于函数调用的内部并想返回到调用函数时，应使用"跳出"，"跳出"将一直执行代码，直到函数返回，然后在调用函数中的返回点处中断。

当启动调试后，可以单击工具栏中的按钮执行"逐语句"操作、单击按钮执行"逐过程"操作和单击按钮执行"跳出"操作，如图16-16所示。

图16-16 单步执行的3种命令

说明　　除了在工具栏中单击这3个按钮外，还可以通过快捷键执行这3种操作，启动调试后，按下〈F11〉键执行"逐语句"操作，按下〈F10〉键执行"逐过程"操作以及按下〈Shift+F10〉键执行"跳出"操作。

16.2.4　运行到指定位置

如果希望程序运行到指定的位置，可以在指定代码行上单击鼠标右键，在弹出的快捷菜单中选择"运行到光标处"命令，这样当程序运行到光标处时就会自动暂停；另外，也可以在指定的位置插入断点，同样可以使程序运行到插入断点的代码行时自动暂停。

说明　　关于如何插入断点和选择"运行到光标处"命令，参见16.2.2节。

16.3　常见服务器故障排除

在Visual Studio中测试网站时，ASP.NET Development Server将自动运行，但在一些情况下，使用ASP.NET Development Server会产生错误。本节介绍Web服务器可能产生的错误，并提供相应的解决办法。

16.3.1　Web服务器配置不正确

运行网站时，显示如下错误：
```
The web server is not configured correctly. See help for common configuration errors.
Running the web page outside of the debugger may provide further information.
```
造成该错误的原因以及常见的解决办法大概包括以下两种。

❑ 原因1：网站的执行权限不够。

解决办法：打开IIS，选择对应网站的属性，在"主目录"选项卡中选择执行权限为"脚本和可执行文件"。

❑ 原因2：身份验证方式不正确。

解决办法：打开IIS，在"网站"节点下选择对应网站，单击鼠标右键，在弹出的快捷菜单中选择"属性"命令，打开网站的属性窗口，选择"目录和安全性"选项卡，单击"匿名访问和身份验证控制"区域中的"编辑"按钮，打开身份验证方法，勾选"启用匿名访问"和"集成Windows身份验证"复选框。

16.3.2　IIS管理服务没有响应

当IIS管理服务没有响应时，会发生"安全检查失败，因为IIS管理服务没有响应"的错误，这通常表示 IIS 的安装有问题。
解决此错误的方法如下所述。
首先，使用"管理工具"中的"服务"工具验证该服务是否正在运行，然后按照以下方法进行操作。
- 使用"程序和功能"中的"打开或关闭 Windows 功能"重新安装 IIS。
- 使用"程序和功能"中的"打开或关闭 Windows 功能"从计算机中删除 IIS 并重新安装 IIS。

注意

执行以上两个步骤中的任一步骤后，需要重新启动计算机。

16.3.3 未安装 ASP.NET

当用户尝试调试的计算机上未正确安装 ASP.NET 时，会发生"未安装 ASP.NET"的错误，该错误可能意味着从未安装过 ASP.NET，或者先安装了 ASP.NET、然后才安装了 IIS。

解决此错误的方法如下所述。

选择"开始"菜单中的"运行"命令，打开"运行"窗口，在"运行"窗口输入以下命令安装 ASP.NET 并注册到 IIS：

```
\WINNT\Microsoft.NET\Framework\version\aspnet_regiis -i
```

其中，version 表示安装在用户计算机上的.NET Framework 的版本号（例如，v4.0.30319）。

16.3.4 连接被拒绝

服务器报告以下错误：

```
10061-Connection Refused
Internet Security and Acceleration Server
```

如果计算机在受 Internet Security and Acceleration Server（SA Server）保护的网络上运行，并且满足以下条件之一，就会发生此错误。
- 客户端未安装防火墙。
- Internet Explorer 中的 Web 代理配置不正确。

避免此问题的方法如下所述。

（1）安装防火墙客户端软件，如 ISA 客户端。
（2）修改 Internet Explorer 中的 Web 代理连接设置，以跳过用于本地地址的代理服务器。

16.3.5 不能使用静态文件

在网站中，静态文件（如图像和样式表）受到 ASP.NET 授权规则的影响。例如，如果禁用了对静态文件的匿名访问，匿名用户则不能使用网站中的静态文件，但是，将网站部署到运行 IIS 的服务器时，IIS 将提供静态文件而不使用授权规则。

16.4 异常处理语句

在 ASP.NET 程序中，可以使用异常处理语句处理异常。常用的异常处理语句有 throw 语句、try…catch 语句和 try…catch…finally 语句，通过这 3 种异常处理语句，可以对可能产生异常的程序代码进行监控。下面将对这 3 种异常处理语句进行详细讲解。

16.4.1　使用 throw 语句抛出异常

throw 语句用于主动引发一个异常，即在特定的情形下自动抛出异常。throw 语句的基本格式如下：

```
throw ExObject
```

参数 ExObject 表示所要抛出的异常对象，这个异常对象是派生自 System.Exception 类的对象。

【例 16-1】 新建一个网站，默认主页为 Default.aspx。在 Default.aspx 的 Page_Load 事件中，创建一个 int 类型的方法 MyInt，该方法有两个 int 类型的参数 a 和 b，其中 a 为分子，b 为分母。如果分母的值是 0，则通过 throw 语句抛出 DivideByZeroException 异常。代码如下（实例位置：光盘\MR\源码\第 16 章\16-1）：

```
public int MyInt(int a, int b)              //创建一个 int 类型的方法，参数分别是 a 和 b
{
    int num;                                //声明一个 int 类型的变量 num
    if (b == 0)                             //判断 b 是否等于 0，如果等于 0，抛出异常
    {
        throw new DivideByZeroException();  //抛出 DivideByZeroException 类的异常
        return 0;
    }
    else
    {
        num = a / b;                        //计算 a 除以 b 的值
        return num;                         //返回计算结果
    }
}
protected void Page_Load(object sender, EventArgs e)
{
    //调用 test 类中的 MyInt 方法计算两个数的商
    Response.Write("分子除以分母的值：" + MyInt(298, 0));
}
```

运行以上程序，因为要计算的数值的分母为 0，所以程序出错，错误信息如图 16-17 所示。

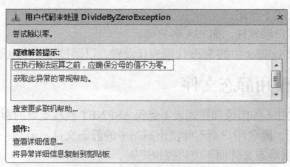

图 16-17　分母为 0 的错误信息

16.4.2　使用 try…catch 语句捕捉异常

try…catch 语句允许在 try 后面的大括号{}中放置可能发生异常情况的程序代码，并对这些程序代码进行监控，而 catch 后面的大括号{}中则放置处理错误的程序代码，以处理程序发生的异

常。try…catch 语句的基本格式如下：

```
try
{
    被监控的代码
}
catch(异常类名 异常变量名)
{
    异常处理
}
```

说明　　在 catch 语句中，异常类名必须为 System.Exception 或从 System.Exception 派生的类型。当 catch 语句指定了异常类名和异常变量名后，就相当于声明了一个具有给定名称和类型的异常变量，此异常变量表示当前正在处理的异常。

【例 16-2】 新建一个网站，默认主页为 Default.aspx。在 Default.aspx 的 Page_Load 事件中声明一个 object 类型的变量 obj，其初始值为 null，然后将 obj 强制转换成 int 类型赋给 int 类型变量 N，使用 try…catch 语句捕获异常。代码如下（实例位置：光盘\MR\源码\第 16 章\16-2）：

```
protected void Page_Load(object sender, EventArgs e)
{
    try                                     //使用 try…catch 语句
    {
        object obj = null;                  //声明一个 object 变量，初始值为 null
        int N = (int)obj;                   //将 object 类型强制转换成 int 类型
    }
    catch (Exception ex)                    //捕获异常
    {
        Response.Write("捕获异常: " + ex);  //输出异常
    }
}
```

实例运行效果如图 16-18 所示。

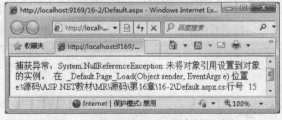

图 16-18　使用 try…catch 语句捕捉异常

说明　　（1）上面的实例是直接使用 System.Exception 类捕获异常，使用其他异常类捕获异常的方法与其类似，这里不再赘述。
（2）在 try…catch 语句中可以包含多个 catch 语句，但程序只执行第一个 catch 语句中的信息，其他的 catch 语句将被忽略。

16.4.3　使用 try…catch…finally 语句捕捉异常

将 finally 语句与 try…catch 语句结合，可以形成 try…catch…finally 语句。finally 语句同样以

区块的方式存在,它被放在所有 try...catch 语句的最后面,程序执行完毕,最后都会跳到 finally 语句区块,执行其中的代码。其基本格式如下:

```
try
{
    被监控的代码
}
catch(异常类名  异常变量名)
{
    异常处理
}
…
finally
{
    程序代码
}
```

说明

如果程序中有一些在任何情况下都必须执行的代码,则可以将其放在 finally 语句区块中。

【例 16-3】新建一个网站,默认主页为 Default.aspx。在 Default.aspx 的 Page_Load 事件中,声明一个 string 类型变量 str,并初始化为"ASP.NET 编程词典";然后声明一个 object 变量 obj,将 str 赋给 obj;再声明一个 int 类型的变量 i,将 obj 强制转换成 int 类型后赋给变量 i,这样必然会导致转换错误,抛出异常;最后在 finally 语句中输出"程序执行完毕…",这样无论程序是否抛出异常,都会执行 finally 语句中的代码。代码如下(实例位置:光盘\MR\源码\第 16 章\16-3):

图 16-19 使用 try…catch…finally 语句捕捉异常

```
protected void Page_Load(object sender, EventArgs e)
{
    string str = "ASP.NET 编程词典";         //声明一个 string 类型的变量 str
    object obj = str;                        //声明一个 object 类型的变量 obj
    try                                      //使用 try…catch 语句
    {
        int i = (int)obj;                    //将 obj 强制转换成 int 类型
    }
    catch (Exception ex)                     //获取异常
    {
        Response.Write(ex.Message);          //输出异常信息
    }
    finally                                  //finally 语句
    {
        Response.Write("程序执行完毕...");    //输出"程序执行完毕…"
    }
}
```

实例运行效果如图 16-19 所示。

知识点提炼

（1）语法错误是一种程序错误，它会影响编译器完成工作，它也是最简单的错误，几乎所有的语法错误都能被编译器或解释器发现，并将错误消息显示出来提醒程序开发人员。

（2）程序源代码的语法正确而语义或意思与程序开发人员本意不同时，就是语义错误，这类错误比较难以察觉，它通常在程序运行过程中出现。

（3）逻辑错误主要是在运行结果与开发人员设想的不一样时发生的，该错误不影响程序的运行，只是在逻辑上与实际存在偏差。

（4）ASP.NET 网站中常见的程序调试操作主要有：断点、开始、中断和停止执行、单步执行、逐过程执行、运行到指定位置等。

（5）断点是一个信号，它通知调试器在某个特定点上暂时将程序执行挂起。当执行在某个断点处挂起时，称程序处于中断模式，进入中断模式并不会终止或结束程序的执行。

（6）通过单步执行，调试器每次只执行一行代码，单步执行主要是通过逐语句、逐过程和跳出这 3 种命令实现的。

（7）"逐语句"和"逐过程"的主要区别是当某一行包含函数调用时，"逐语句"仅执行调用本身，然后在函数内的第一个代码行处停止。而"逐过程"执行整个函数，然后在函数外的第一行处停止。

（8）ASP.NET 中常用的异常处理语句主要有 throw 语句、try…catch 语句和 try…catch…finally 语句等 3 种。

习　题

16-1　ASP.NET 程序中的错误类型主要有哪 3 种？
16-2　举例说明什么是逻辑错误。
16-3　什么是断点？何时需要使用断点？
16-4　简述逐语句执行和逐过程执行的区别。
16-5　如何解决未安装 ASP.NET 框架的服务器故障？
16-6　列举 3 种常用的异常处理语句，并说出它们的使用场合。

第 17 章 网站优化、打包与发布

本章要点

- ASP.NET 缓存概述
- 缓存技术在实际开发中的应用
- 如何打包 ASP.NET 网站
- 使用 IIS 浏览 ASP.NET 网站
- 使用"发布网站"发布 ASP.NET 网站
- 使用"复制网站"发布 ASP.NET 网站

前面介绍了开发 ASP.NET 网站必备的知识,那么 ASP.NET 网站开发完成后,就需要对其进行打包、发布,而在发布到互联网之前,还需要对其进行优化。本章将对 ASP.NET 网站的优化、打包与发布进行详细讲解。

17.1 ASP.NET 网站优化

当 Web 应用程序访问用户量较大时,系统资源就会显得特别宝贵,这时 ASP.NET 网站的优化就显得非常重要,ASP.NET 中提供了缓存技术来帮助开发人员优化网站,本节将对 ASP.NET 网站的优化技术——缓存进行介绍。

17.1.1 ASP.NET 缓存概述

缓存是指系统或应用程序将频繁使用的数据保存到内存中,当系统或应用程序再次使用时,能够快速获取数据的一种技术。缓存技术是提高 Web 应用程序开发效率最常用的技术,是生成高性能 Web 应用程序最重要的因素之一。

ASP.NET 缓存架构如图 17-1 所示。

根据图 17-1 可知,ASP.NET 缓存主要分为两大类:网页输出缓存和应用程序数据缓存。网页输出缓存针对 ASP.NET Page 页面中的 HTML 进行缓存,是可视化内容对象,例如图片、GridView 表格控件、用户控件等;而应用程序数据缓存是针对应用程序内的数据缓存,例如,将 DataSet 等数据储存到缓存之中,缓存数据是看不见的,并且多个 Page 页面可以共同访问应用程序的缓存数据。

17.1.2 ASP.NET 缓存的应用

本节主要通过两个实例演示 ASP.NET 缓存在实际开发网站中的应用。

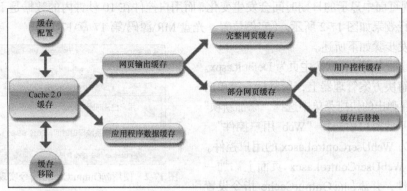

图 17-1 ASP.NET 缓存架构图

1. 网页输出缓存

网页输出缓存是 ASP.NET 缓存框架的两大类型之一,其目的是针对网页 Page 来进行缓存,它可细分为:完整网页缓存(Full Page Caching)和页面部分缓存(Parital Page Caching)。实现网页输出缓存时,通常使用@OutputCache 指令实现,该指令可以以声明的方式控制 ASP.NET 页或页中包含的用户控件的输出缓存策略。@OutputCache 指令在 ASP.NET 页或页包含用户控件的头部声明,其语法格式如下:

```
<%@ OutputCache Duration="#ofseconds"
Location="Any | Client | Downstream | Server | None | ServerAndClient "
Shared="True | False"
VaryByControl="controlname"
VaryByCustom="browser | customstring"
VaryByHeader="headers"
VaryByParam="parametername"
%>
```

@OutputCache 指令各参数及说明如表 17-1 所示。

表 17-1 @OutputCache 指令各参数及说明

参　　数	说　　明
Duration	页或用户控件进行缓存的时间(以秒为单位)
Location	指定输出缓存可以使用的场所,默认值为 Any。在用户控件中的@OutPutCache 指令不支持此属性
Shared	确定用户控件输出是否可以由多个页共享,默认值为 false
VaryByControl	该属性使用一个用分号分隔的字符串列表来改变用户控件的部分输出缓存
VaryByCustom	根据自定义的文本来改变缓存内容
VaryByHeader	根据 HTTP 头信息来改变缓冲区内容
VaryByParam	该属性使用一个用分号分隔的字符串列表来使输出缓存发生变化

 对于 VaryByParam 属性,如果不希望通过指定参数来改变缓存内容,则将值设置为 none。如果希望通过所有的参数值改变输出缓存,则将属性设置为 "*"。

【例 17-1】 本实例在 Web 页面中添加用户控件,并分别在 Web 页面和用户控件中显示当前系统时间。在用户控件中使用@OutputCache 指令缓存数据 10 秒钟。运行本实例,每秒自动刷新页面，会发现页面中显示的日期时间会发生变化，而用户控件在 10 秒钟内的数据是不会发生变化的。实例运行效果如图 17-2 所示。（实例位置：光盘\MR\源码\第 17 章\17-1。）

程序开发步骤如下所述。

（1）新建一个网站，默认主页为 Default.aspx。

（2）在解决方案管理器上，用鼠标右键单击网站名称，在弹出的快捷菜单中选择"添加新项"命令，在打开的窗口中选择"Web 用户控件"，添加一个名为 WebUserControl.ascx 的用户控件。

（3）在 WebUserControl.ascx 页面上添加一个 Label 控件，并添加@OutputCache 指令设置缓存，代码如下：

图 17-2　使用@OutputCache 指令实现网页输出缓存

```
<%@ OutputCache Duration = "10" VaryByParam = "none"%>
```

（4）在 WebUserControl.ascx.cs 文件中编写如下代码：

```
protected void Page_Load(object sender, EventArgs e)
{
    Label1.Text = "用户控件时间：" + DateTime.Now.ToString();
}
```

（5）在 Default.aspx 页面中添加一个 Label 控件，并在 HTML 代码中加入每秒刷新的声明，通过每秒的更新来观察用户控件的部分网页缓存，代码如下：

```
<meta http-equiv="refresh" content="1;URL=Default.aspx" />
```

（6）在 Default.aspx.cs 文件中编写代码以便显示当前系统时间，代码如下：

```
protected void Page_Load(object sender, EventArgs e)
{
    Label1.Text = "Web 页面 当前系统时间：" + DateTime.Now.ToString();
}
```

2. 应用程序数据缓存

应用程序数据缓存提供了一种编程方式，可通过键/值将任意数据存储在内存中，该缓存机制类似于 Session。应用程序数据缓存的主要功能是在内存中存储各种与应用程序相关的对象，通常这些对象都需要耗费大量的服务器资源才能创建，因此，对这些对象实施缓存有着明显的益处。

在 ASP.NET 中，可以使用 Cache 类实现应用程序数据缓存。Cache 类提供了简单的字典接口，可以通过该接口使用键/值对的形式，对需要缓存的对象实施缓存，而且通过 Cache 类还可以设置缓存的有效期、依赖性和优先级等特性。

例如，向应用程序数据缓存添加一个新的缓存数据，代码如下：

```
Cache["Key"]=Value;
```

Cache 类中的属性及说明如表 17-2 所示。

表 17-2　　　　　　　　　　　　　Cache 类的属性及说明

属　　性	说　　明
Count	获取存储在缓存中的项数
EffectivePrivateBytesLimit	获取可用于缓存的千字节数
Item	获取或设置指定键处的缓存项

Cache 类中的方法及说明如表 17-3 所示。

表 17-3　　　　　　　　　　　　　@OutputCache 指令各参数及说明

方　　法	说　　　　明
Add	将指定项添加到 Cache 对象，该对象具有依赖项、过期和优先级策略以及一个委托
Get	从 Cache 对象检索指定项
GetEnumerator	检索用于循环访问包含在缓存中的键设置及其值的字典枚举数
Insert	向 Cache 对象插入项。使用此方法的某一版本改写具有相同 key 参数的现有 Cache 项
Remove	从应用程序的 Cache 对象移除指定项

【例 17-2】本实例演示如何利用 Cache 类实现应用程序数据缓存管理，包括添加、检索和移除应用程序数据缓存对象的方法。实例运行效果如图 17-3 所示。（实例位置：光盘\MR\源码\第 17 章\17-2。）

图 17-3　使用 Cache 类实现应用程序数据缓存

程序开发步骤如下所述。

（1）新建一个网站，默认主页为 Default.aspx。

（2）在 Default.aspx 页面中添加 3 个 Button 按钮，分别用于添加、检索和移除数据缓存信息；添加一个 GridView 控件，用于显示数据信息；添加两个 Label 控件，分别用于显示缓存对象的个数和对缓存对象操作的信息。

（3）单击"添加"按钮，首先将数据库中的数据表读取到 DataSet 中，然后，判断缓存中是否存在该数据，如果不存在，则将数据信息添加到缓存中。"添加"按钮的 Click 事件代码如下：

```
protected void Button3_Click(object sender, EventArgs e)
{
    //将数据信息添加到缓存中
    SqlConnection conn = new SqlConnection("Server=MRWXK\\MRWXK;uid=sa;pwd=;database=db_ASPNET");
    conn.Open();
    SqlDataAdapter da = new SqlDataAdapter("select * from tb_mrbccd", conn);
    DataSet ds = new DataSet();
    da.Fill(ds, "tb_mrbccd");
    if (Cache["key"] == null)
    {
        Cache.Insert("key", ds);            //添加缓存数据
    }
    this.Label2.Text = "";
    DisplayCacheInfo();
}
```

（4）单击"检索"按钮，从缓存中检索指定的数据信息是否存在，并将检索的结果绑定到 GridView 控件中。"检索"按钮的 Click 事件代码如下：

```
//检索按钮，用于从缓存中检索指定的数据信息是否存在
protected void Button2_Click(object sender, EventArgs e)
{
    if (Cache["key"] != null)
    {
        this.Label2.Text = "已检索到缓存中包括该数据！";
        this.GridView1.DataSource = (DataSet)Cache["key"];    //获取缓存数据
        this.GridView1.DataBind();
    }
```

```
        else
        {
            this.Label2.Text = "未检索到缓存中包括该数据！";
            this.GridView1.DataSource = null;
            this.GridView1.DataBind();
        }
        DisplayCacheInfo();
    }
```

（5）单击"移除"按钮，首先从缓存中判断指定的数据信息是否存在，如果存在，则从缓存中将指定的数据信息移除，"移除"按钮的 Click 事件代码如下：

```
//移除按钮，用于从缓存中移除指定的数据信息
protected void Button1_Click(object sender, EventArgs e)
{
    if (Cache["key"] == null)
    {
        this.Label2.Text = "未缓存该数据，无法删除！";
    }
    else
    {
        Cache.Remove("key");                                //移除缓存数据
        this.Label2.Text = "删除成功！";
    }
    if (Cache["key"] == null)
    {
        this.GridView1.DataSource = null;
        this.GridView1.DataBind();
    }
    DisplayCacheInfo();
}
```

17.2 ASP.NET 网站打包

Visual Studio 2010 开发环境中自带了网站打包功能，通过该功能，开发人员可以将已经完成的网站打包成安装文件，这样客户只需双击安装文件，按步骤即可完成网站的安装过程。

使用 Visual Studio 2010 开发环境打包 ASP.NET 网站的步骤如下所述。

（1）选中要打包的 ASP.NET 网站所属的解决方案，单击鼠标右键，在弹出的快捷菜单中依次选择"添加"/"新建项目"选项，如图 17-4 所示。

图 17-4 选择"添加"/"新建项目"选项

（2）弹出图17-5所示的"添加新项目"对话框，该对话框中展开"其他项目类型"下的"安装和部署"节点，选中"Visual Studio Installer"，然后选中"安装项目"，并输入安装程序的名称和路径。

图17-5 "添加新项目"对话框

（3）单击"确定"按钮，即可新建一个ASP.NET网站打包项目，如图17-6所示。

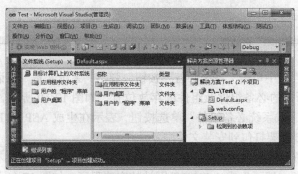

图17-6 新建的ASP.NET网站打包项目

（4）选中"应用程序文件夹"，单击鼠标右键，依次选择"添加"/"项目输出"选项，如图17-7所示。

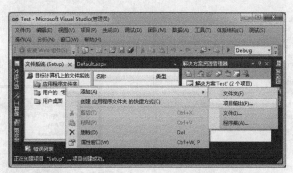

图17-7 选择"添加"/"项目输出"选项

说明

在图17-7所示的快捷菜单中，可以通过选择"添加"/"文件"选项添加网站中用到的一些配置文件及数据文件等，比如数据库文件。

（5）弹出图 17-8 所示的"添加项目输出组"对话框，该对话框中可以选择要添加的项目输出文件。

（6）单击"确定"按钮，即可将网站的项目输出文件添加到网站打包项目中。在"解决方案资源管理器"中选中打包项目，单击鼠标右键，选择"属性"选项，弹出项目的属性页对话框，该对话框中可以对 ASP.NET 网站打包项目的输出文件名和包文件所在位置进行设置，如图 17-9 所示。

图 17-8 "添加项目输出组"对话框

图 17-9 Setup 属性页

（7）在 Setup 属性页中单击"系统必备"按钮，弹出"系统必备"对话框，该对话框中可以设置 ASP.NET 网站所需的必备组件及组件的存放位置，如图 17-10 所示。这里选中"从与我的应用程序相同的位置下载系统必备组件"单选按钮，表示在生成 ASP.NET 打包项目时，会自动将 .NET Framework 4.0 框架打包到安装文件中。

（8）在解决方案资源管理器中选中 ASP.NET 网站打包项目，单击鼠标右键，在弹出的快捷菜单中选择"生成"选项，即可生成 ASP.NET 网站的安装程序，如图 17-11 所示。

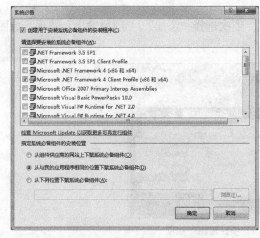

图 17-10 "系统必备"对话框

图 17-11 选择"生成"选项

（9）生成的 ASP.NET 网站安装文件如图 17-12 所示，这时客户只需双击 .exe 文件或者 .msi 文件，即可按照向导完成 ASP.NET 网站的安装过程。

图 17-12　生成的 ASP.NET 网站安装文件

说明

使用 Visual Studio 2010 开发环境自带的打包工具打包完程序之后，会生成两个安装文件，分别为.exe 文件和.msi 文件，其中，.msi 文件是 Windows installer 开发出来的程序安装文件，它可以让用户安装、修改和卸载所安装的程序，也就是说，.msi 文件是 Windows Installer 的数据包，它把所有和安装文件相关的内容都封装在了一个包里；而.exe 文件是生成.msi 文件时附带的一个文件，它实质上是调用.msi 的文件进行安装。因此，.msi 文件是必须有的，而.exe 文件可有可无。

17.3　ASP.NET 网站发布

网站发布是指将开发完成的网站发布到 Web 服务器上，以让用户浏览。由于每开发一个网站的最终目的都是为了让更多的人可以通过互联网浏览，因此，网站发布也就成为了一个非常重要的环节。本节将讲解 3 种常见的 ASP.NET 网站发布方式。

17.3.1　使用 IIS 浏览 ASP.NET 网站

使用 IIS 浏览 ASP.NET 网站的步骤如下所述。

（1）依次选择"控制面板"/"系统和安全"/"管理工具"/"Internet 信息服务（IIS）管理器"选项，弹出"Internet 信息服务（IIS）管理器"窗口，如图 17-13 所示。

（2）展开网站节点，选中"Default Web Site"节点，在右侧"属性"列表中单击"基本设置"超链接，弹出"编辑网站"对话框，如图 17-14 所示。

（3）单击"..."按钮，选择网站文件夹所在路径；单击"选择"按钮，弹出"选择应用程序池"对话框，如图 17-15 所示，在

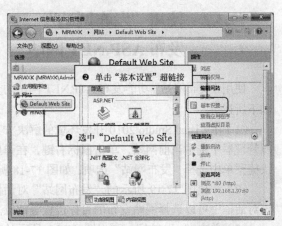

图 17-13　"Internet 信息服务（IIS）管理器"窗口

该对话框中选择 DefaultAppPool，单击"确定"按钮，返回"编辑网站"对话框，单击"确定"按钮，即可完成网站路径的选择。

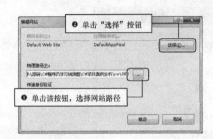
图 17-14 "编辑网站"对话框

图 17-15 "选择应用程序池"对话框

使用 IIS 浏览 ASP.NET 网站时,首先需要保证.NET Framework 框架已经安装并配置到 IIS 上,如果没有安装,则需要在开始菜单中打开"Visual Studio 命令提示(2010)"工具,然后在其中执行系统目录中"Windows\Microsoft.NET\Framework\v4.0.30319"文件夹下的 aspnet_regiis.exe 文件,执行方法如图 17-16 所示。

图 17-16 将.NET Framework 框架安装到 IIS 上

(4)在"Internet 信息服务(IIS)管理器"窗口中单击"内容视图"标签,切换到"内容视图"页面,如图 17-17 所示,在该对话框中间的列表中选中要浏览的 ASP.NET 网页(例如,这里选择 Login.aspx),单击鼠标右键,在弹出的快捷菜单中选择"浏览"菜单项,即可浏览选中的 ASP.NET 网页。

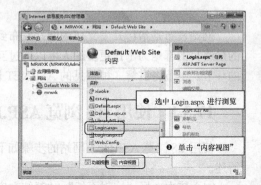
图 17-17 "内容视图"页面

17.3.2 使用"发布网站"发布 ASP.NET 网站

使用"发布网站"功能发布 ASP.NET 网站的步骤如下所述。

(1)在 Visual Studio 2010 开发环境的解决方案资源管理器中选中当前网站,单击鼠标右键,在弹出的快捷菜单中选择"发布网站"选项,如图 17-18 所示。

(2)弹出图 17-19 所示的"发布网站"对话框,该对话框中可以选择网站发布的目标位置等信息。

(3)单击"..."按钮,弹出图 17-20 所示的"发布网站-文件系统"对话框,该对话框中提供了 4 个网站发布的目标位置,分别是"文件系统"、"本地 IIS"、"FTP 站点"和"远程站点",默认为文件系统。

图 17-18 选择"发布网站"选项

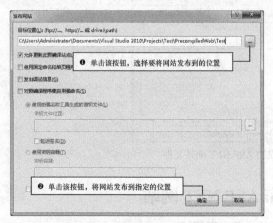

图 17-19 "发布网站"对话框

图 17-20 "发布网站-文件系统"对话框

（4）单击"本地 IIS"按钮，切换到"发布网站-本地 Internet Information Server"对话框，如图 17-21 所示，该对话框中可以选择要发布到的本地 IIS 站点。

（5）单击"FTP 站点"按钮，切换到"发布网站-FTP 站点"对话框，如图 17-22 所示，该对话框中可以选择要发布到的 FTP 站点。

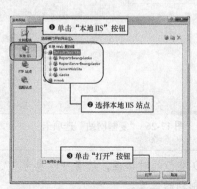

图 17-21 "发布网站-本地 Internet Information Server"对话框

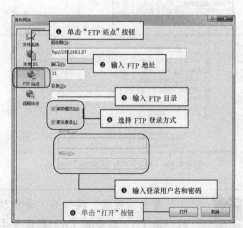

图 17-22 "发布网站-FTP 站点"对话框

（6）单击"远程站点"按钮，切换到"发布网站-远程站点"对话框，如图 17-23 所示，该对话框中可以选择要发布到的远程 Internet 站点。

（7）选择完网站发布的位置后，单击"打开"按钮，返回图 17-19 所示的"发布网站"对话框，单击"确定"按钮，即可将 ASP.NET 网站发布到指定的位置，发布完成的 ASP.NET 网站文件如图 17-24 所示。

图 17-23 "发布网站-远程站点"对话框

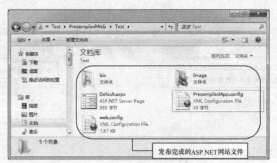

图 17-24 发布完成的 ASP.NET 网站文件

17.3.3 使用"复制网站"发布 ASP.NET 网站

使用"复制网站"功能发布 ASP.NET 网站的步骤如下所述。

（1）在 Visual Studio 2010 开发环境的解决方案资源管理器中选中当前网站，单击鼠标右键，在弹出的快捷菜单中选择"复制网站"选项，如图 17-25 所示。

（2）在 Visual Studio 2010 开发环境中出现图 17-26 所示的"复制网站"选项卡，在该选项卡中单击"连接"按钮，选择要将网站复制到的位置。

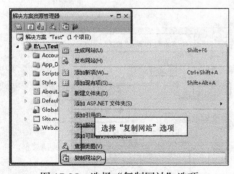

图 17-25 选择"复制网站"选项

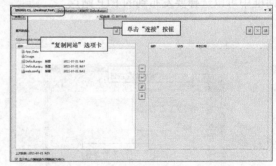

图 17-26 "复制网站"选项卡

 单击"连接"按钮后，会出现与图 17-19 类似的对话框，读者可以参考 17.3.2 节中的步骤（3）到步骤（6）来设置要将网站复制到的位置。

（3）选择完要将网站复制到的位置后，选中要复制的网站文件或者文件夹，单击 按钮，将选中的网站文件或者文件夹复制到指定的位置，如图 17-27 所示。

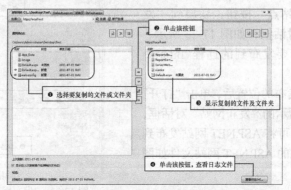

图 17-27 复制网站文件或者文件夹

使用"发布网站"功能发布 ASP.NET 网站时,代码文件都被编译成了 dll 文件,保证了网站的安全性;而使用"复制网站"功能发布 ASP.NET 网站时,只是把网站文件简单复制到了指定的站点。因此,在实际发布网站时,推荐使用"发布网站"功能发布 ASP.NET 网站。

知识点提炼

(1)缓存是指系统或应用程序将频繁使用的数据保存到内存中,当系统或应用程序再次使用时,能够快速获取数据的一种技术。

(2)ASP.NET 缓存主要分为两大类:网页输出缓存和应用程序数据缓存。网页输出缓存针对 ASP.NET Page 页面中的 HTML 进行缓存,而应用程序数据缓存是针对应用程序内的数据缓存。

(3)网页输出缓存是 ASP.NET 缓存框架的两大类型之一,其目的是针对网页 Page 来进行缓存,它可细分为:完整网页缓存(Full Page Caching)和页面部分缓存(Parital Page Caching)。

(4)实现网页输出缓存时,通常使用@OutputCache 指令实现,该指令可以以声明的方式控制 ASP.NET 页或页中包含的用户控件的输出缓存策略。

(5)在 ASP.NET 中,可以使用 Cache 类实现应用程序数据缓存。

(6)使用 Visual Studio 2010 开发环境自带的网站打包功能可以打包 ASP.NET 网站,这样客户只需双击安装文件,按步骤即可完成网站的安装过程。

(7)常用的 3 种网站发布方式分别为:使用本地 IIS、Visual Studio 2010 开发环境的"发布网站"功能和"复制网站"功能。

习 题

17-1 简述 ASP.NET 缓存的作用。
17-2 如何在 ASP.NET 网站中实现局域页面缓存?
17-3 如何为 ASP.NET 网站缓存数据?
17-4 举例说明 ASP.NET 网站的打包过程。
17-5 使用"发布网站"功能和"复制网站"功能发布的 ASP.NET 网站有何区别?

第18章
综合案例——供求信息网

本章要点
- 供求信息网的基本开发流程
- 供求信息网的功能结构及业务流程
- 供求信息网的数据库设计
- 设计数据层功能类
- 设计逻辑业务层类
- 供求信息网主页的实现
- 招聘信息业的实现
- 免费供求信息发布页的实现
- 供求信息网后台主页的实现
- 免费供求信息审核页的实现
- 供求信息网的编译与发布

前面章节中讲解了ASP.NET网站开发的主要技术,本章给出一个完整的应用案例——供求信息网,该网站能够为用户提供求职信息、物品求购、培训信息、家教信息等服务,同时能够为企业提供招聘信息、寻求合作和企业广告的服务;另外,还可以为管理者提供强大的后台管理功能。通过该案例,重点是熟悉实际网站的开发过程,掌握ASP.NET技术在实际网站开发中的综合应用。

18.1 网站需求

对于信息网站来说,用户的访问量是至关重要的。如果网站的访问量很低,就很少有企业会要求为其提供有偿服务,也就没有利润可言了。因此信息网站必须为用户提供大量的、免费的、有价值的信息才能够吸引用户。为此,网站不仅要为企业提供各种有偿服务,还需要额外为用户提供大量的无偿服务。通过与企业的实际接触和沟通,确定网站应包括招聘信息、求职信息、培训信息、公寓信息、家教信息、车辆信息、物品求购、物品出售、求兑出兑、寻求合作、企业广告等服务。

通过实际调查,要求供求信息网具有以下功能。
- ❏ 由于用户的计算机知识普遍偏低,因此要求系统具有良好的人机界面。
- ❏ 方便的供求信息查询,支持多条件和模糊查询。
- ❏ 前台与后台设计明确,并保证后台的安全性。
- ❏ 供求信息显示格式清晰,达到一目了然的效果。

- 用户不需要注册,便可免费发布供求信息。
- 免费发布的供求信息,后台必须审核后才能正式发布,避免不良信息。
- 由于供求信息数据量大,后台应该随时清理数据。

18.2 总体设计

18.2.1 系统目标

根据需求分析的描述及与用户的沟通,现制定网站实现目标如下所述。
- 灵活、快速地填写供求信息,使信息传递更快捷。
- 系统采用人机对话方式,界面美观友好,信息查询灵活、方便,数据存储安全可靠。
- 实施强大的后台审核功能。
- 功能强大的月供求统计分析。
- 实现各种查询,如定位查询、模糊查询等。
- 强大的供求信息预警功能,尽可能地减少供求信息未审核现象。
- 对用户输入的数据,系统进行严格的数据检验,尽可能排除人为的错误。
- 网站最大限度地实现了易维护性和易操作性。
- 界面简洁、框架清晰、美观大方。
- 为充分展现网站的交互性,供求信息网采用动态网页技术实现用户信息在线发布。
- 充分体现用户对网站信息进行检举的权利。

18.2.2 构建开发环境

1. 网站开发环境
- 开发环境:Microsoft Visual Studio 2010。
- 开发语言:ASP.NET+C#+HTML+JavaScript。
- 后台数据库:SQL Server 2008。
- 开发平台:Windows XP(SP2)/Windows Server 2003(SP2)/Windows 7。
- 系统框架:Microsoft .NET Framework 4.0。

2. 服务器端
- 操作系统:Windows Server 2003(SP2)/Windows 7。
- Web 服务器:IIS 7.x 以上版本。
- 数据库服务器:SQL Server 2008。
- 系统框架:Microsoft .NET Framework 4.0。

3. 客户端
- 浏览器:IE 8.0 以上版本、Firefox 等。
- 分辨率:最佳效果 1024×768 像素。

18.2.3 网站功能结构

根据供求信息网的特点,可以将其分为前台和后台两个部分设计。前台主要用于实现分类供求信息展示(主要类别:招聘信息、求职信息、培训信息、公寓信息、家教信息、物品求购、物品出售、求兑出兑、车辆信息、寻求合作、企业广告)、详细信息查看、供求信息查询、供求信息发布、推荐供求信息等功能；后台主要用于实现分类供求信息的审核与管理、收费分类供求信息发布与管理等功能。

供求信息网的前台功能结构如图 18-1 所示。

供求信息网的后台功能结构如图 18-2 所示。

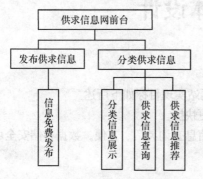

图 18-1　供求信息网前台功能结构图

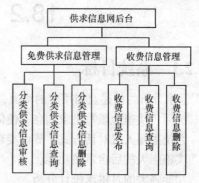

图 18-2　供求信息网后台功能结构图

18.2.4　业务流程图

供求信息网站业务流程图如图 18-3 所示。

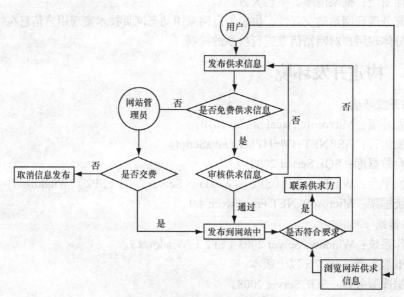

图 18-3　供求信息网业务流程图

18.3　数据库设计

一个成功的项目是由 50%的业务+50%的软件所组成，而 50%的成功软件又是由 25%的数据库+25%的程序所组成，因此，数据库设计得好坏是非常重要的一环。供求信息网采用 SQL Server 2008 数据库，名称为 db_SIS，其中包含 4 张数据表。下面分别给出数据表概要说明、数据库 E-R 图分析及主要数据表的结构。

18.3.1 数据库概要说明

从读者角度出发,为了使读者对本网站数据库中的数据表有更清晰的认识,笔者在此设计了数据表树形结构图,如图 18-4 所示,其中包含了对系统中所有数据表的相关描述。

图 18-4 数据表树形结构图

18.3.2 数据库实体图

根据对网站所做的需求分析、流程设计及系统功能结构的确定,规划出满足用户需求的各种实体及它们之间的关系,本网站规划出的数据库实体对象分别为供求信息实体、收费供求信息实体、网站后台用户实体和网站后台用户登录日志实体。

供求信息实体图如图 18-5 所示。

收费供求信息实体图如图 18-6 所示。

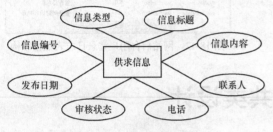

图 18-5 供求信息实体图

图 18-6 收费供求信息实体图

网站后台用户实体图如图 18-7 所示。

网站后台用户登录日志实体图如图 18-8 所示。

图 18-7 网站后台用户实体图

图 18-8 网站后台用户登录日志实体图

18.3.3 数据表结构

在设计完数据库实体 E-R 图之后,根据相应的实体 E-R 图设计数据表,下面分别介绍本网站中的用到的 4 张数据表的数据结构和用途。

❑ tb_info(供求信息表)

供求信息表主要存储用户发布的免费供求信息。数据表结构如图 18-9 所示。

❑ tb_LeaguerInfo(收费供求信息表)

收费供求信息表主要存储收费供求信息和推荐供求信息。数据表结构如图 18-10 所示。

❑ tb_Power(网站后台用户表)

网站后台用户表主要存储网站后台用户的名称和密码。数据表结构如图 18-11 所示。

❑ tb_PowerLog(网站后台用户登录日志表)

tb_info

列名	数据类型	允许空	默认值	说明
ID	int	☐		信息ID自动编号
type	varchar(50)	☐		信息类型
title	varchar(50)	☐		信息标题
info	varchar(500)	☐		信息内容
linkman	varchar(50)	☐		联系人
tel	varchar(50)	☐		电话
checkState	bit	☐	((0))	审核状态
date	datetime	☐	(getdate())	信息发布日期
		☐		

图 18-9　供求信息表数据结构

tb_LeaguerInfo

列名	数据类型	允许空	默认值	说明
ID	int	☐		信息ID自动编号
type	varchar(50)	☐		信息类型
title	varchar(50)	☐		信息标题
info	varchar(500)	☐		信息内容
linkMan	varchar(50)	☐		联系人
tel	varchar(50)	☐		联系电话
showday	datetime	☐		信息有效截止日期
date	datetime	☐	(getdate())	信息发布日期
CheckState	bit	☑		是否为推荐信息
		☐		

图 18-10　收费供求信息表数据结构

网站后台用户登录日志表主要存储网站后台用户进行登录时的用户名称和登录时间。数据表结构如图 18-12 所示。

tb_Power

列名	数据类型	允许空	默认值	说明
ID	int	☐		ID
sysName	varchar(50)	☑		管理员名称
sysPwd	varchar(50)	☑		管理员密码
		☐		

图 18-11　网站后台用户表数据结构

tb_PowerLog *

列名	数据类型	允许空	默认值	说明
ID	int	☐		ID
sysName	varchar(50)	☑		管理员名称
sysLoginDate	varchar(50)	☑		登录网站后台时间
		☐		

图 18-12　网站后台用户登录日志表数据结构

18.4　公共类设计

在网站项目开发中以类的形式来组织、封装一些常用的方法和事件，将会在编程过程中起到事半功倍的效果。本网站中创建了两个重要的公共类，下面分别对它们进行详细介绍。

18.4.1　数据层功能设计

数据层设计主要实现逻辑业务层与 SQL Server 数据库建立一个连接访问桥。该层主要实现的功能方法为：打开/关闭数据库连接、执行数据的增、删、改、查等功能。

1. 打开数据库连接的 Open 方法

建立数据库的连接，主要通过 SqlConnection 类实现，并初始化数据库连接字符串，然后通过 State 属性判断连接状态，如果数据库连接状态为关，则打开数据库连接。实现打开数据库连接的 Open 方法的代码如下：

```
#region  打开数据库连接
/// <summary>
/// 打开数据库连接
/// </summary>
private void Open()
{
    // 打开数据库连接
    if (con == null)
    {
        con = new SqlConnection("Data Source=(local);DataBase=db_SIS;User ID=sa;PWD=");
    }
    if (con.State == System.Data.ConnectionState.Closed)
        con.Open();
```

2. 关闭数据库连接的 Close 方法

关闭数据库连接主要通过 SqlConnection 对象的 Close 方法实现。自定义 Close 方法关闭数据库连接的代码如下：

```
#region  关闭连接
/// <summary>
/// 关闭数据库连接
/// </summary>
public void Close()
{
    if (con != null)                              //判断是否存在连接
        con.Close();
}
#endregion
```

3. 释放数据库连接资源的 Dispose 方法

由于 DataBase 类使用 System.IDisposable 接口，IDisposable 接口声明了一个 Dispose 方法，所以应该完善 IDisposable 接口的 Dispose 方法，用来释放数据库连接资源。

实现释放数据库连接资源的 Dispose 方法代码如下：

```
#region 释放数据库连接资源
/// <summary>
/// 释放资源
/// </summary>
public void Dispose()
{
    // 确认连接是否已经关闭
    if (con != null)
    {
        con.Dispose();
        con = null;
    }
}
#endregion
```

4. 初始化 SqlParameter 参数值

本程序向数据库中读写数据是以参数形式实现的（与使用存储过程读写数据类似）。其中 MakeInParam 方法用于传入参数，MakeParam 方法用于转换参数。

实现 MakeInParam 方法和 MakeParam 方法的完整代码如下：

```
#region  传入参数并且转换为 SqlParameter 类型
/// <summary>
/// 传入参数
/// </summary>
/// <param name="ParamName">存储过程名称或命令文本</param>
/// <param name="DbType">参数类型</param></param>
/// <param name="Size">参数大小</param>
/// <param name="Value">参数值</param>
/// <returns>新的 parameter 对象</returns>
public SqlParameter MakeInParam(string ParamName, SqlDbType DbType, int Size, object Value)
{
```

```csharp
        return MakeParam(ParamName, DbType, Size, ParameterDirection.Input, Value);
}
/// <summary>
/// 初始化参数值
/// </summary>
/// <param name="ParamName">存储过程名称或命令文本</param>
/// <param name="DbType">参数类型</param>
/// <param name="Size">参数大小</param>
/// <param name="Direction">参数方向</param>
/// <param name="Value">参数值</param>
/// <returns>新的 parameter 对象</returns>
 public SqlParameter MakeParam(string ParamName, SqlDbType DbType, Int32 Size, ParameterDirection Direction, object Value)
{
    SqlParameter param;
    if (Size > 0)        //判断数据类型大小
            param = new SqlParameter(ParamName, DbType, Size);
    else
        param = new SqlParameter(ParamName, DbType);
         param.Direction = Direction;
    if (!(Direction == ParameterDirection.Output && Value == null))
            param.Value = Value;
    return param;
}
#endregion
```

5. 执行参数命令文本或 SQL 语句

RunProc 方法为可重载方法。其中，RunProc(string procName)方法主要用于执行简单的数据库添加、修改、删除等操作（如 SQL 语句）；RunProc(string procName, SqlParameter[] prams)方法主要用于执行复杂的数据库添加、修改、删除等操作（带参数 SqlParameter 的命令文本的 SQL 语句）。

实现可重载方法 RunProc 方法的完整代码如下：

```csharp
#region    执行参数命令文本（无数据库中数据返回）
/// <summary>
/// 执行命令
/// </summary>
/// <param name="procName">命令文本</param>
/// <param name="prams">参数对象</param>
/// <returns></returns>
public int RunProc(string procName, SqlParameter[] prams)
{
    SqlCommand cmd = CreateCommand(procName, prams);
    cmd.ExecuteNonQuery();
    this.Close();
        //得到执行成功返回值
    return (int)cmd.Parameters["ReturnValue"].Value;
}
/// <summary>
/// 直接执行SQL语句
/// </summary>
/// <param name="procName">命令文本</param>
```

```
/// <returns></returns>
public int RunProc(string procName)
{
    this.Open();
     SqlCommand cmd = new SqlCommand(procName, con);
    cmd.ExecuteNonQuery();
    this.Close();
    return 1;
}
#endregion
```

6. 执行查询命令文本，并且返回 DataSet 数据集

RunProcReturn 方法为可重载方法，返回值为 DataSet 类型。功能分别为执行带参数 SqlParameter 的命令文本，并返回查询 DataSet 结果集。下面代码中 RunProcReturn(string procName, SqlParameter[] prams,string tbName)方法主要用于执行带参数 SqlParameter 的查询命令文本；RunProcReturn(string procName, string tbName)用于直接执行查询 SQL 语句。

可重载方法 RunProcReturn 的完整代码如下：

```
#region    执行参数命令文本(有返回值)
/// <summary>
/// 执行查询命令文本，并且返回 DataSet 数据集
/// </summary>
/// <param name="procName">命令文本</param>
/// <param name="prams">参数对象</param>
/// <param name="tbName">数据表名称</param>
/// <returns></returns>
public DataSet RunProcReturn(string procName, SqlParameter[] prams,string tbName)
{
    SqlDataAdapter dap=CreateDataAdaper(procName, prams);
    DataSet ds = new DataSet();
    dap.Fill(ds,tbName);
    this.Close();
    //得到执行成功返回值
    return ds;
}
/// <summary>
/// 执行命令文本，并且返回 DataSet 数据集
/// </summary>
/// <param name="procName">命令文本</param>
/// <param name="tbName">数据表名称</param>
/// <returns>DataSet</returns>
public DataSet RunProcReturn(string procName, string tbName)
{
     SqlDataAdapter dap = CreateDataAdaper(procName, null);
    DataSet ds = new DataSet();
       dap.Fill(ds, tbName);
    this.Close();
    //得到执行成功返回值
    return ds;
}
#endregion
```

7. 将 SqlParameter 添加到 SqlDataAdapter 中

CreateDataAdaper 方法创建一个 SqlDataAdapter 对象以此来执行命令文本。其完整代码如下：

```
#region 将命令文本添加到 SqlDataAdapter
```

```csharp
/// <summary>
/// 创建一个 SqlDataAdapter 对象,以此来执行命令文本
/// </summary>
/// <param name="procName">命令文本</param>
/// <param name="prams">参数对象</param>
/// <returns></returns>
private SqlDataAdapter CreateDataAdaper(string procName, SqlParameter[] prams)
{
    this.Open();
    SqlDataAdapter dap = new SqlDataAdapter(procName,con);
        dap.SelectCommand.CommandType = CommandType.Text;   //执行类型:命令文本
    if (prams != null)
    {
        foreach (SqlParameter parameter in prams)
                dap.SelectCommand.Parameters.Add(parameter);
    }
    //加入返回参数
    dap.SelectCommand.Parameters.Add(new SqlParameter("ReturnValue", SqlDbType.Int, 4,
        ParameterDirection.ReturnValue, false, 0, 0,
        string.Empty, DataRowVersion.Default, null));
    return dap;
}
#endregion
```

8. 将 SqlParameter 添加到 SqlCommand 中

CreateCommand 方法创建一个 SqlCommand 对象以此来执行命令文本。完整代码如下:

```csharp
#region    将命令文本添加到 SqlCommand
/// <summary>
/// 创建一个 SqlCommand 对象,以此来执行命令文本
/// </summary>
/// <param name="procName">命令文本</param>
/// <param name="prams"命令文本所需参数</param>
/// <returns>返回 SqlCommand 对象</returns>
private SqlCommand CreateCommand(string procName, SqlParameter[] prams)
{
    // 确认打开连接
    this.Open();
    SqlCommand cmd = new SqlCommand(procName, con);
    cmd.CommandType = CommandType.Text;            //执行类型:命令文本
    // 依次把参数传入命令文本
    if (prams != null)
    {
        foreach (SqlParameter parameter in prams)
            cmd.Parameters.Add(parameter);
    }
    // 加入返回参数
    cmd.Parameters.Add(
    new SqlParameter("ReturnValue", SqlDbType.Int, 4,
    ParameterDirection.ReturnValue, false, 0, 0,
    string.Empty, DataRowVersion.Default, null));
    return cmd;
}
#endregion
```

18.4.2 网站逻辑业务功能设计

逻辑业务层是建立在数据层设计和表示层设计之上完成的。透彻地说，就是处理功能 Web 窗体与数据库操作的业务功能。由于篇幅有限，只讲解部分典型的功能代码，其他源代码参见随书附带的光盘。

1. 添加供求信息

InsertInfo 方法主要用于将免费供求信息添加到数据库中。实现代码如下：

```
#region 添加供求信息
/// <summary>
/// 添加供求信息
/// </summary>
/// <param name="type">信息类别</param>
/// <param name="title">标题</param>
/// <param name="info">内容</param>
/// <param name="linkMan">联系人</param>
/// <param name="tel">联系电话</param>
public void InsertInfo(string type, string title, string info, string linkMan, string tel)
{
    //此处 data 是 DataBase 数据层类对象
    SqlParameter[] parms ={
        data.MakeInParam("@type",SqlDbType.VarChar,50,type),
        data.MakeInParam("@title",SqlDbType.VarChar,50,title),
        data.MakeInParam("@info",SqlDbType.VarChar,500,info),
        data.MakeInParam("@linkMan",SqlDbType.VarChar,50,linkMan),
        data.MakeInParam("@tel",SqlDbType.VarChar,50,tel),
    };
    int i = data.RunProc("INSERT INTO tb_info (type, title, info, linkman, tel) VALUES (@type,
@title,@info,@linkMan, @tel)", parms);
}
#endregion
```

2. 修改供求信息

UpdateInfo 方法主要用于修改免费供求信息的审核状态。实现代码如下：

```
#region 修改供求信息
/// <summary>
/// 修改供求信息的审核状态
/// </summary>
/// <param name="id">信息ID</param>
/// <param name="type">信息类型</param>
public void UpdateInfo(string id, string type)
{
    DataSet ds = this.SelectInfo(type, Convert.ToInt32(id));
    bool checkState = Convert.ToBoolean(ds.Tables[0].Rows[0][6].ToString());
    int i;
    if (checkState)
    {
        i = data.RunProc("UPDATE tb_info SET checkState = 0 WHERE (ID = " + id + ")");
    }
    else
```

```
        {
            i = data.RunProc("UPDATE tb_info SET checkState = 1 WHERE (ID = " + id + ")");
        }
    }
    #endregion
```

3. 删除供求信息

DeleteInfo 方法主要用于删除免费供求信息，实现过程为调用数据层中的 RunProc 方法实现。实现代码如下：

```
#region 删除供求信息
/// <summary>
/// 删除指定的供求信息
/// </summary>
/// <param name="id">供求信息ID</param>
public void DeleteInfo(string id)
{
    int d = data.RunProc("Delete from tb_info where id='" + id + "'");
}
#endregion
```

4. 查询供求信息

SelectInfo 方法为可重载方法，用于根据不同的条件查询免费供求信息，实现过程为调用数据层中的 RunProcReturn 方法实现。实现代码如下：

```
#region 查询供求信息
/// <summary>
/// 按类型查询供求信息
/// </summary>
/// <param name="type">供求信息类型</param>
/// <returns>返回查询结果DataSet数据集</returns>
public DataSet SelectInfo(string type)
{
    SqlParameter[] parms ={ data.MakeInParam("@type", SqlDbType.VarChar, 50, type) };
    return data.RunProcReturn("SELECT ID, type, title, info, linkman, tel, checkState, date FROM tb_info where type=@type ORDER BY date DESC", parms, "tb_info");
}
/// <summary>
/// 按类型和ID查询供求信息
/// </summary>
/// <param name="type">供求信息类型</param>
/// <param name="id">供求信息ID</param>
/// <returns>返回查询结果DataSet数据集</returns>
public DataSet SelectInfo(string type, int id)
{
    SqlParameter[] parms ={
        data.MakeInParam("@type", SqlDbType.VarChar, 50, type) ,
    };
    return data.RunProcReturn("SELECT ID, type, title, info, linkman, tel, checkState, date FROM tb_info where (type=@type) AND (ID=" + id + ") ORDER BY date DESC", parms, "tb_info1");
}
/// <summary>
/// 按信息类型查询，审核和未审核信息
/// </summary>
/// </summary>
```

```
    /// <param name="type">信息类型</param>
    /// <param name="checkState">true 显示审核信息 false 显示未审核信息</param>
    /// <returns>返回查询结果 DataSet 数据集</returns>
    public DataSet SelectInfo(string type, bool checkState)
    {
        return data.RunProcReturn("select * from tb_info where type='" + type + "' and
checkState='" + checkState + "'", "tb_info");
    }
    /// <summary>
    /// 供求信息快速检索
    /// </summary>
    /// <param name="type">信息类型</param>
    /// <param name="infoSearch">查询信息的关键字</param>
    /// <returns>返回查询结果 DataSet 数据集</returns>
    public DataSet SelectInfo(string type, string infoSearch)
    {
        SqlParameter[] pars ={
        data.MakeInParam("@type", SqlDbType.VarChar, 50, type) ,
            data.MakeInParam("@info",SqlDbType.VarChar,50,"%"+infoSearch+"%")
        };
        return data.RunProcReturn("select * from tb_info where (type=@type) and (info like
@info)", pars, "tb_info");
    }
#endregion
```

5. 添加收费供求信息

InsertLeaguerInfo 方法主要用于将收费供求信息添加到数据库中。实现代码如下:

```
#region 添加收费供求信息
    /// <summary>
    /// 添加收费供求信息
    /// </summary>
    /// <param name="type">信息类型</param>
    /// <param name="title">信息标题</param>
    /// <param name="info">信息内容</param>
    /// <param name="linkMan">联系人</param>
    /// <param name="tel">联系电话</param>
    /// <param name="sumDay">有效天数</param>
    public void InsertLeaguerInfo(string type, string title, string info, string linkMan,
string tel, DateTime sumDay,bool checkState)
    {
        SqlParameter[] parms ={
            data.MakeInParam("@type",SqlDbType.VarChar,50,type),
            data.MakeInParam("@title",SqlDbType.VarChar,50,title),
            data.MakeInParam("@info",SqlDbType.VarChar,500,info),
            data.MakeInParam("@linkMan",SqlDbType.VarChar,50,linkMan),
            data.MakeInParam("@tel",SqlDbType.VarChar,50,tel),
            data.MakeInParam("@showday",SqlDbType.DateTime,8,sumDay),
            data.MakeInParam("@CheckState",SqlDbType.Bit,8,checkState)
        };
        int i = data.RunProc("INSERT INTO tb_LeaguerInfo (type, title, info, linkman,
tel,showday,checkState) VALUES (@type, @title,@info,@linkMan, @tel,@showday,
@CheckState)", parms);
```

```
}
#endregion
```

6. 删除收费供求信息

DeleteLeaguerInfo 方法主要用于删除收费供求信息。实现代码如下：

```
#region 删除收费供求信息
/// <summary>
/// 删除收费供求信息
/// </summary>
/// <param name="id">要删除信息的 ID</param>
public void DeleteLeaguerInfo(string id)
{
    int d = data.RunProc("Delete from tb_LeaguerInfo where id='" + id + "'");
}
#endregion
```

7. 查询收费供求信息

SelectLeaguerInfo 方法为可重载方法，用于根据不同的条件查询收费供求信息。实现代码如下：

```
#region 查询收费供求信息
/// <summary>
/// 显示所有的收费信息
/// </summary>
/// <returns>返回 DataSet 结果集</returns>
public DataSet SelectLeaguerInfo()
{
    return data.RunProcReturn("Select * from tb_LeaguerInfo order by date desc", "tb_LeaguerInfo");
}
/// <summary>
/// 查询收费到期和未到期供求信息
/// </summary>
/// <param name="All">true 显示未到期信息，false 显示到期信息</param>
/// <returns>返回 DataSet 结果集</returns>
public DataSet SelectLeaguerInfo(bool All)
{
    if (All)                           //显示收费到期供求信息
        return data.RunProcReturn("Select * from tb_LeaguerInfo where showday >= getdate() order by date desc", "tb_LeaguerInfo");
    else                               //显示收费未到期供求信息
        return data.RunProcReturn("select * from tb_LeaguerInfo where showday<getdate() order by date desc", "tb_LeaguerInfo");
}
/// <summary>
/// 查询同类型收费到期和未到期供求信息
/// </summary>
/// <param name="all">true 显示未到期信息，false 显示到期信息</param>
/// <param name="infoType">信息类型</param>
/// <returns>返回 DataSet 结果集</returns>
public DataSet SelectLeaguerInfo(bool All, string infoType)
{
    if (All)                           //显示同类型收费到期供求信息
        return data.RunProcReturn("Select * from tb_LeaguerInfo where type='" + infoType
```

```csharp
+ "' and showday >= getdate() order by date desc", "tb_LeaguerInfo");
    else                              //显示同类型收费未到期供求信息
        return data.RunProcReturn("select * from tb_LeaguerInfo where type='" + infoType
+ "' and
showday<getdate() order by date desc", "tb_LeaguerInfo");
}
/// <summary>
/// 查询显示"按类型未过期推荐信息"或"所有的未过期推荐信息"
/// </summary>
/// <param name="infoType">信息类型</param>
/// <param name="checkState">true 按类型显示未过期推荐信息  false 显示所有未过期推荐信息
</param>
/// <returns></returns>
public DataSet SelectLeaguerInfo(string infoType,bool checkState)
{
    if (checkState)                   //按类型未过期推荐信息
        return data.RunProcReturn("SELECT top 20 * FROM tb_LeaguerInfo WHERE (type =
'" + infoType + "') AND (showday >= GETDATE()) AND (CheckState = '" + checkState + "') ORDER
BY date DESC", "tb_LeaguerInfo");
    else                              //显示所有的未过期推荐信息
        return data.RunProcReturn("SELECT top 10 * FROM tb_LeaguerInfo WHERE (showday
>=GETDATE()) AND (CheckState = '" + !checkState + "') ORDER BY date DESC", "tb_LeaguerInfo");
}
/// <summary>
/// 查询同类型收费到期和未到期供求信息(前N条信息)
/// </summary>
/// <param name="all">true 显示未到期信息,false 显示到期信息</param>
/// <param name="infoType">信息类型</param>
/// <param name="top">获取前N条信息</param>
/// <returns></returns>
public DataSet SelectLeaguerInfo(bool All, string infoType, int top)
{
    if (All)                          //显示同类型收费到期供求信息(前N条)
        return data.RunProcReturn("Select top(" + top + ") * from tb_LeaguerInfo where
type='" + infoType + "' and showday >= getdate() order by date desc", "tb_LeaguerInfo");
    else                              //显示同类型收费未到期供求信息(前N条)
        return data.RunProcReturn("select top(" + top + ") * from tb_LeaguerInfo where
type='" + infoType + "' and showday<getdate() order by date desc", "tb_LeaguerInfo");
}
/// <summary>
/// 根据ID查询收费供求信息
/// </summary>
/// <param name="id">供求信息 ID</param>
/// <returns></returns>
public DataSet SelectLeaguerInfo(string id)
{
    return data.RunProcReturn("Select * from tb_LeaguerInfo where id='" + id + "' order
by date desc",
"tb_LeaguerInfo");
}
#endregion
```

8. DataList 分页设置绑定

PageDataListBind 方法主要用于实现 DataList 绑定分页功能。实现代码如下:

```
#region 分页设置绑定
/// <summary>
/// 绑定 DataList 控件,并且设置分页
/// </summary>
/// <param name="infoType">信息类型</param>
/// <param name="infoKey">查询的关键字(如果为空,则查询所有)</param>
/// <param name="currentPage">当前页</param>
/// <param name="PageSize">每页显示数量</param>
/// <returns>返回 PagedDataSource 对象</returns>
public PagedDataSource PageDataListBind(string infoType, string infoKey, int currentPage,int PageSize)
{
    PagedDataSource pds = new PagedDataSource();
    //将查询结果绑定到分页数据源上
    pds.DataSource = SelectInfo(infoType, infoKey).Tables[0].DefaultView;
    pds.AllowPaging = true;                           //允许分页
    pds.PageSize = PageSize;                          //设置每页显示的页数
    pds.CurrentPageIndex = currentPage - 1;           //设置当前页
    return pds;
}
#endregion
```

9. 后台登录

Logon 方法主要用于网站后台验证用户登录功能。实现代码如下:

```
#region 后台登录
public DataSet Logon(string user, string pwd)
{
    SqlParameter[] parms ={
        data.MakeInParam("@sysName",SqlDbType.VarChar,20,user),
        data.MakeInParam("@sysPwd",SqlDbType.VarChar,20,pwd)
    };
    return data.RunProcReturn("Select * from tb_Power where sysName=@sysName and sysPwd=@sysPwd",parms, "tb_Power");
}
#endregion
```

18.5 网站主要模块开发

本节将对供求信息网的几个主要功能模块实现时用到的主要技术及实现过程进行详细讲解。

18.5.1 网站主页设计(前台)

网站主页是关于网站的建设及形象宣传,它对网站生存和发展起着非常重要的作用。网站首页应该是一个信息含量较大、内容较丰富的宣传平台。供求信息网主页如图 18-13 所示。主要包含以下内容。

- ❑ 网站菜单导航(包括招聘信息、求职信息、培训信息、公寓信息、家教信息、车辆信息、物品求购、物品出售、求兑出兑、寻求合作、企业广告等)。
- ❑ 供求信息的发布(包括招聘信息、求职信息、培训信息、公寓信息、家教信息、车辆信

息、物品求购、物品出售、求兑出兑、寻求合作、企业广告等）。
- ❏ 供求信息显示（包括招聘信息、求职信息、培训信息、公寓信息、家教信息、车辆信息、物品求购、物品出售、求兑出兑、寻求合作、企业广告等）。
- ❏ 详细供求信息查看。
- ❏ 供求信息快速查询。
- ❏ 推荐供求显示，按时间先后顺序显示推荐供求信息。
- ❏ 后台登录入口：为管理员进入后台提供一个入口。

图 18-13　供求信息网主页

1．技术分析

供求信息网的主页和前台其他所有子页均使用了母版页技术。母版页的主要功能是为 ASP.NET 应用程序创建统一的用户界面和样式，它提供了共享的 HTML、控件和代码，可作为一个模板，供网站内所有页面使用，从而提升了整个程序开发的效率。本节将从以下几个方面来介绍母版页。

- ❏ 母版页的使用概述

使用母版页，可以为 ASP.NET 应用程序页面创建一个通用的外观。开发人员可以利用母版页创建一个单页布局，然后将其应用到多个内容页中。母版页具有如下优点。

- 使用母版页可以集中处理网页的通用功能，以便于可以只在一个位置上进行更新，在很大程度上提高了工作效率。
- 使用母版页可以方便地创建一组公共控件和代码，并将其应用于网站中所有引用该母版页的网页。例如，可以在母版页上使用控件来创建一个应用于所有网页的功能菜单。
- 可以通过控制母版页中的占位符 ContentPlaceHolder，对网页进行布局。

由内容页和母版页组成的对象模型，能够为应用程序提供一种高效、易用的实现方式，并且这种对象模型的执行效率比以前的处理方式有了很大的提高。

- ❏ 母版页与内容页介绍
- 母版页

母版页是一个具有扩展名为.master（如 MyMaster.master）的 ASP.NET 文件，它可以包含静态布局。母版页由特殊的@Master 指令识别，该指令的使用使母版页有别于内容页（关于内容页以下将讲到），且每个.master 文件只能包含一条@ Master 指令。

说明　　母版页其实是一种特殊的 ASP.NET 用户控件。这是因为母版页文件被编译成一个派生于 MasterPage 类的类，而 MasterPage 类又继承自 UserControl 类。

@Master 指令支持几个属性，然而它的大多数属性都与@Page 指令的属性相同。表 18-1 详细描述了对母版页有特殊含义的属性。

表 18-1　　　　　　　　　　　　　　@Master 指令的属性

属　　性	说　　明
ClassName	指定为生成母版页而创建的类的名称。该值可以是任何一个有效的类名，但不用包括命名空间。默认情况下，simple.master 的类名是 ASP.simple_master
CodeFile	指明包含与母版页关联的任何源代码的文件的 URL
Inherits	指定母版页要继承的代码隐藏类。这可以是任何一个派生于 MasterPage 的类
MasterPageFile	指定该母版页引用的母版页的名称。通过使用网页来引用一个母版页的相同方法，一个母版页可以引用另一个母版页。如果设置了该属性，则会得到一个嵌套的母版页

除了开头的@Master 指令和一个或多个 ContentPlaceHolder 服务器控件外，母版页类似于普通的 ASP.NET 页。ContentPlaceHolder 控件在母版页中定义一个可以在派生页中进行定制的区域。

注意　　ContentPlaceHolder 控件只能在母版页中使用。如果在平常的 Web 网页发现这样一个控件，则会发生一个解析器错误。

- 内容页

内容页与普通页基本相同。内容页主要包含页面中的非公共内容，每个内容页定义一个特定的 ASP.NET 页上每个区域的内容。通过创建各个内容页来定义母版页的占位符控件的内容，这些内容页为绑定到特定母版页的 ASP.NET 页（.aspx 文件及可选的代码隐藏文件）。内容页的关键部分是 Content 控件，它是其他控件的容器。Content 控件只能与对应的 ContentPalceHolder 控件结合使用，它不是一个独立的控件。

注意　　内容页（即绑定到一个母版页的网页）是一种特殊的网页类型，它只能包含<asp:Content>控件。另外，它不允许在<asp:Content>标签外部提供服务器控件。

❑ 母版页的配置

在 ASP.NET 中，母版页的配置有 3 种级别，即页面指令级、应用程序级、文件夹级。

- 页面指令级

内容页通过@Page 指令的 MasterPageFile 属性绑定到母版页，代码如下：

```
<%@ Page Language="C#" MasterPageFile="MasterPage.master"%>
```

- 应用程序级

应用程序级绑定可以指定应用程序中的所有网页绑定到相同的母版页。通过设置主要的 web.config 配置文件中<Pages>元素的 Master 属性，配置这种行为的代码如下：

```
<configuration>
    <system.Web>
```

```
            <pages master=" MasterPage.master"
        </system.Web>
</configuration>
```
- 文件夹级

类似于应用程序级的绑定，不同的是只需在一个文件夹的 web.config 文件中进行设置，然后母版页绑定便会应用于该文件夹中的全部 ASP.NET 页。

❑ 创建母版页

在 ASP.NET 中，除了具有辨识意义的@Master 指令外，母版页与标准的 ASP.NET 页基本类似，唯一的重要区别就是 ContentPlaceHolder 服务器控件。但母版页中包含的是页面的公共部分，因此在创建母版页之前，必须判断哪些内容是页面的公共部分。

使用 Visual Studio 2010 创建母版页的步骤如下所述。

（1）在网站的解决方案下用鼠标右击网站名称，在弹出的快捷菜单中选择"添加新项"命令。

（2）打开"添加新项"对话框，如图 18-14 所示，选择"母版页"，默认名为 MasterPage.master。单击"添加"按钮即可创建一个新的母版页。

图 18-14 "添加新项"对话框

（3）本网站设计后的"母版页"如图 18-15 所示。

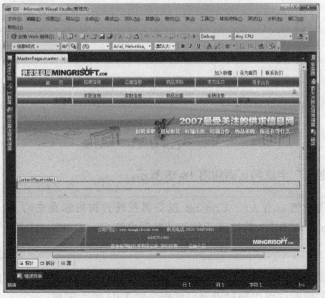

图 18-15 供求信息网的母版页

图 18-15 中 ContentPlaceHolder 部分称为占位符，具体在页面上显示什么内容，则由内容页来决定。

❑ 创建内容页

创建完母版页后，接下来需要创建内容页。内容页的创建与普通 Web 窗体类似，具体步骤如下所述。

（1）在网站的解决方案下用鼠标右击网站名称，在弹出的快捷菜单中选择"添加新项"命令。

（2）打开"添加新项"对话框，如图 18-16 所示，在该对话框中选择"Web 窗体"并为其命名，同时选中"将代码放在单独的文件中"和"选择母版页"复选框。

图 18-16 创建内容页

（3）单击"添加"按钮，弹出图 18-17 所示的"选择母版页"对话框，在其中选择一个母版页，单击"确定"按钮，即可创建一个新的内容页。

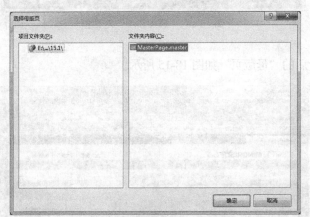

图 18-17 "选择母版页"对话框

（4）通过"母版页"生成的页面如图 18-18 所示。

 内容页中可以有多个 Content 服务器控件，但内容页中的 Content 服务器控件的 ContentPlaceHolderID 属性值必须与母版页中的 ContentPlaceHolder 服务器控件的 ID 属性匹配。

由于母版页中定义了页面的标题 Title 元素，不同的内容页显示的标题可能不同，此时需要在内容页中设置页面的标题，可以通过设置页面指令的 Title 属性定义。

第18章 综合案例——供求信息网

图 18-18 基于"母版页"创建的页面

和母版页一样，Visual Studio 2005 支持对于内容页的可视化编辑，并且这种支持是建立在只读显示母版页内容基础上的。在编辑状态下，可以查看母版页和内容页组合后的页面外观，但是，母版页内容是只读的（呈现灰色部分），不可被编辑，而内容页则可以进行编辑。如果需要修改母版页内容，则必须打开母版页。

2. 实现过程

网站主页的实现过程如下所述。

（1）在网站的根目录下新建一个 Web 窗体，默认名称为 Default.aspx，并且将其作为 MasterPage.master 母版页的内容页，Default.aspx 主要用于网站的主页。

（2）在 Web 窗体的 Content 区域添加一个 Table（表格）控件，用于页面的布局。

（3）在 Web 窗体 Content 区域的 Table 中添加 6 个 DataList 数据服务器控件，主要用于显示各种类型的部分供求信息。

（4）在添加的 6 个 DataList 数据服务器控件中分别添加一个 Table（表格）控件，用于 DataList 控件的布局，并绑定相应的数据。在 ASPX 页中实现绑定代码如下：

```
<ItemTemplate>
<table align="center" cellpadding="0" cellspacing="0" width="266">
    <tr>
    <td>
    <span class="hong" style="color: #000000">•<a class="huise"
href="ShowLeaguerInfo.aspx?id=<%#DataBinder.Eval(Container.DataItem,"id") %>"
target="_blank"><%#DataBinder.Eval(Container.DataItem,"title") %></a></span></td>
    </tr>
    <tr style="color: #000000">
     <td>
     <img height="1" src="images/line.gif" width="266" /></td>
  </tr>
 </table>
</ItemTemplate>
```

（5）在主页 Web 窗体的加载事件中将各种类型的部分供求信息绑定到 DataList 控件。实现代码如下：

```
Operation operation = new Operation();          //声明网站业务类对象
protected void Page_Load(object sender, EventArgs e)
{
    if (!IsPostBack)                            //!IsPostBack 避免重复刷新加载页面
    {
        //获取前 6 条分类供求信息，绑定到 DataList 控件 dlZP 中
        dlZP.DataSource = operation.SelectLeaguerInfo(true, "招聘信息", 6);
        dlZP.DataBind();
        dlPX.DataSource = operation.SelectLeaguerInfo(true, "培训信息", 6);
        dlPX.DataBind();
        dlGY.DataSource = operation.SelectLeaguerInfo(true, "公寓信息", 6);
        dlGY.DataBind();
        dlJJ.DataSource = operation.SelectLeaguerInfo(true, "家教信息", 6);
        dlJJ.DataBind();
        dlWPQG.DataSource = operation.SelectLeaguerInfo(true, "物品求购", 6);
        dlWPQG.DataBind();
        dlWPCS.DataSource = operation.SelectLeaguerInfo(true, "物品出售", 6);
        dlWPCS.DataBind();
        dlQDCD.DataSource = operation.SelectLeaguerInfo(true, "求兑出兑", 6);
        dlQDCD.DataBind();
        dlCL.DataSource = operation.SelectLeaguerInfo(true, "车辆信息", 6);
        dlCL.DataBind();
    }
}
```

18.5.2　网站招聘信息页设计（前台）

网站招聘信息页属于供求信息网的子页，主要显示企事业单位的招聘信息。根据企业的实际情况和网站的自身发展，招聘信息页主要分上、下两部分显示，其中上半部分显示收费招聘信息，下半部分显示免费招聘信息，如图 18-19 所示。

图 18-19　招聘信息页

1. 技术分析

为了满足招聘信息特殊格式的显示，DataList 数据表格控件具有自定义布局显示方式，但其不具备 GridView 数据表格控件灵活的分页功能，则需要程序开发人员使用 PagedDataSource 类来完成分页功能。技术的详细实现介绍如下所述。

（1）DataList 控件的使用

DataList Web 服务器控件通过自定义的格式显示数据库行的信息。显示数据的格式在创建的模板中定义，可以为项、交替项、选定项和编辑项创建模板；标头、脚注和分隔符模板也用于自定义 DataList 的整体外观。

开发用到的 DataList 控件属性及说明如表 18-2 所示。

表 18-2　　　　　　　　　　　　DataList 控件相关属性及说明

属　　性	说　　明
DataKeyField	获取或设置由 DataSource 属性指定的数据源中的键字段
DataKeys	获取 DataKeyCollection 对象，该对象存储数据列表控件中每个记录的键值
DataSource	获取或设置源，该源包含用于填充控件中项的值列表
EditItemIndex	获取或设置 DataList 控件中要编辑的选定项的索引号
Items	获取表示控件内单独项的 DataListItem 对象的集合
ItemTemplate	获取或设置 DataList 控件中项的模板
RepeatColumns	获取或设置要在 DataList 控件中显示的列数
RepeatDirection	获取或设置 DataList 控件是垂直显示还是水平显示
SelectedIndex	获取或设置 DataList 控件中选定项的索引
SelectedItem	获取 DataList 控件中的选定项
SelectedItemTemplate	获取或设置 DataList 控件中选定项的模板
SelectedValue	获取所选择的数据列表项的键字段的值

（2）PagedDataSource 类的使用

PagedDataSource 类封装那些允许数据表格控件（如 DataList 控件）执行分页操作的属性。如果控件开发人员需对自定义数据绑定控件提供分页支持，即可使用此类。

开发用到的 PagedDataSource 类的属性及说明如表 18-3 所示。

表 18-3　　　　　　　　　　　PagedDataSource 类相关属性及说明

属　　性	说　　明
AllowCustomPaging	获取或设置一个值，指示是否在数据绑定控件中启用自定义分页
AllowPaging	获取或设置一个值，指示是否在数据绑定控件中启用分页
AllowServerPaging	获取或设置一个值，指示是否启用服务器端分页
Count	获取要从数据源使用的项数
CurrentPageIndex	获取或设置当前页的索引
DataSource	获取或设置数据源
FirstIndexInPage	获取页面中显示的首条记录的索引
IsCustomPagingEnabled	获取一个值，该值指示是否启用自定义分页
IsFirstPage	获取一个值，该值指示当前页是否是首页

属　性	说　明
IsLastPage	获取一个值，该值指示当前页是否是最后一页
IsPagingEnabled	获取一个值，该值指示是否启用分页
IsSynchronized	获取一个值，该值指示是否同步对数据源的访问（线程安全）
PageCount	获取显示数据源中的所有项所需要的总页数
PageSize	获取或设置要在单页上显示的项数

（3）DataList 控件的分页实现

根据上面的介绍读者已经对 DataList 控件和 PagedDataSource 类有了一定的认识，接下来给出 DataList 控件实现分页功能的关键代码。代码如下：

```
public PagedDataSource PageDataListBind(string infoType, string infoKey, int currentPage,int PageSize)
{
    PagedDataSource pds = new PagedDataSource();
    //将查询结果绑定到分页数据源上
    pds.DataSource = SelectInfo(infoType, infoKey).Tables[0].DefaultView;
    pds.AllowPaging = true;                     //允许分页
    pds.PageSize = PageSize;                    //设置每页显示的页数
    pds.CurrentPageIndex = currentPage - 1;     //设置当前页
    return pds;
}
```

分页代码完成后，需要绑定 DataList 控件。代码如下：

```
dlFree.DataSource = pds;                        //绑定数据源
dlFree.DataKeyField = "id";
dlFree.DataBind();
```

2. 实现过程

网站招聘信息页的实现过程如下所述。

（1）在网站的根目录下创建 ShowPag 文件夹，用于存放显示分类信息 Web 窗体。

（2）在 ShowPag 文件夹中新建一个 Web 窗体，命名为 webZP.aspx，并且将其作为 MasterPage.master 母版页的内容页。webZP.aspx 主要用于网站的招聘信息页。

（3）在 Web 窗体的 Content 区域添加一个 Table（表格）控件，用于页面的布局。

（4）在 Web 窗体 Content 区域的 Table 中添加两个 DataList 服务器控件，主要用于显示各种类型的部分供求信息。

（5）在 Web 窗体 Content 区域的 Table 中添加 4 个 LinkButton 服务器控件，主要用于翻页的操作（第一页、上一页、下一页、最后一页）。

（6）在 Web 窗体 Content 区域的 Table 中添加两个 Label 服务器控件，主要用于实现分页的总页数和当前页数。

（7）在添加的 DataList 数据服务器控件中分别添加一个 Table（表格）控件，用于 DataList 控件的布局，并绑定相应的数据。DataList 数据服务器控件 ItemTemplate 模板中实现绑定代码如下：

```
<ItemTemplate>
    <table align="center" cellpadding="0" cellspacing="0" width="543">
    <tr>
    <td>
    <span class="hongcu">【<%# DataBinder.Eval(Container.DataItem,"type") %>】</span>
```

```
            <span class="chengse"><%# DataBinder.Eval(Container.DataItem,"title") %></span>
<span class="huise1">
    <%#DataBinder.Eval(Container.DataItem,"date") %>  </span>
    <br />
    <span class="shenlan">        
      <%#DataBinder.Eval(Container.DataItem,"info") %> </span>
    <br />
    <span class="chengse">联系人:<%#DataBinder.Eval(Container.DataItem,"linkMan") %>
    联系电话:<%#DataBinder.Eval(Container.DataItem,"tel") %></span></td>
                                    </tr>
                                    <tr style="color: #000000">
                                        <td align="center">
        <img height="1" src="images/longline.gif" width="525" /></td>
    </tr>
    <tr style="color: #000000">
        <td height="10">
        </td>
    </tr>
</table>
</ItemTemplate>
```

（8）声明全局静态变量和类对象，用途参见代码中注释部分。在页面的加载事件中主要实现功能：实现获取查询关键字信息；调用自定义方法 DataListBind 实现免费招聘信息分页显示；显示未过期的收费招聘信息。实现代码如下：

```
Operation operation = new Operation();                    //声明业务层类对象
static string infoType = "";                              //声明供求信息类型对象
static string infoKey = "";                               //声明查询信息关键字
static PagedDataSource pds = new PagedDataSource();       //声明页数据源
protected void Page_Load(object sender, EventArgs e)
{
    if (!IsPostBack)
    {
        infoType = "招聘信息";
        //infoKey 是指用户快速检索，如果值为空，显示所有招聘供求信息，否则显示查询内容
        infoKey = Convert.ToString(Session["key"]);
        this.DataListBind();
        //显示未过期收费信息
        dlCharge.DataSource = operation.SelectLeaguerInfo(true, infoType);
        dlCharge.DataBind();
    }
}
```

（9）自定义 DataListBind 方法主要用于实现 DataList 控件（分页显示免费供求信息）绑定及分页功能。实现代码如下：

```
/// <summary>
/// 将数据绑定到 DataList 控件，并且实现分页功能
/// </summary>
public void DataListBind()
{
    pds = operation.PageDataListBind(infoType, infoKey, Convert.ToInt32
(lblCurrentPage.Text), 10);
    //将实现翻页功能的 LinkButton 控件 Enabled 属性设置为 true（可以翻页）
    lnkBtnFirst.Enabled = true;
```

```
            lnkBtnLast.Enabled = true;
            lnkBtnNext.Enabled = true;
            lnkBtnPrevious.Enabled = true;
            if (lblCurrentPage.Text == "1")  //如果当前显示第一页,"第一页"和"上一页"按钮不可用
            {
                lnkBtnPrevious.Enabled = false;
                lnkBtnFirst.Enabled = false;
            }
            //如果显示最后一页,"末一页"和"下一页"按钮不可用
            if (lblCurrentPage.Text == pds.PageCount.ToString())
            {
                lnkBtnNext.Enabled = false;
                lnkBtnLast.Enabled = false;
            }
            lblSumPage.Text = pds.PageCount.ToString();         //实现总页数
            dlFree.DataSource = pds;                            //绑定数据源
            dlFree.DataKeyField = "id";
            dlFree.DataBind();
        }
```

（10）单击"第一页"链接，主要将 DataList 控件显示的免费招聘信息跳转到第一页。实现代码如下：

```
        protected void lnkBtnFirst_Click(object sender, EventArgs e)
        {
            lblCurrentPage.Text = "1";   //第一页
            DataListBind();
        }
```

（11）单击"上一页"链接，主要将 DataList 控件显示的免费招聘信息跳转到上一页。实现代码如下：

```
        protected void lnkBtnPrevious_Click(object sender, EventArgs e)
        {
            lblCurrentPage.Text = (Convert.ToInt32(lblCurrentPage.Text) - 1).ToString();
            DataListBind();
        }
```

（12）单击"下一页"链接，主要将 DataList 控件显示的免费招聘信息跳转到下一页。实现代码如下：

```
        protected void lnkBtnNext_Click(object sender, EventArgs e)
        {
            lblCurrentPage.Text = (Convert.ToInt32(lblCurrentPage.Text) + 1).ToString();
            DataListBind();
        }
```

（13）单击"末一页"链接，主要将 DataList 控件显示的免费招聘信息跳转到最后一页。实现代码如下：

```
        protected void lnkBtnLast_Click(object sender, EventArgs e)
        {
            lblCurrentPage.Text = lblSumPage.Text;
            DataListBind();
        }
```

18.5.3 免费供求信息发布页（前台）

免费供求信息发布页针对的对象为供求信息用户，是供求信息网站非常重要的功能，也是供

求信息网站的核心功能。免费供求信息发布页如图 18-20 所示。用户可以根据自身需要将供求信息发布到相应的信息类别中（共包括 11 个信息类别：招聘信息、求职信息、培训信息、公寓信息、家教信息、车辆信息、物品求购、物品出售、求兑出兑、寻求合作、企业广告）。供求信息成功发布后，管理员需要在后台对发布的供求信息进行审核，如果审核通过后，则显示在相应的信息类别网页中。

图 18-20　免费供求信息发布页

1．技术分析

当用户发布供求信息时，需要通过程序进行合法的数据验证，例如，信息标题、信息内容、联系人和联系电话为必填项，联系电话必须填写成规定的格式。如果供求信息的相关内容为空，或者电话号码错误，那么将无法联系到供方或求方。

（1）RequiredFieldValidator 验证控件

该验证控件用于验证文本框中必须输入的信息，即不能为空。本程序需要使用该控件来验证"发布供求信息"的相关文本框不能为空。RequiredFieldValidator 验证控件常用属性及说明如表 18-4 所示。

表 18-4　　　　　　　　RequiredFieldValidator 验证控件常用属性及说明

属　　性	说　　明
ControlToValidate	用户必须为其提供值的控件的 ID
ErrorMessage	用于指定在用户跳过控件时显示错误的文字内容和位置

（2）RegularExpressionValidator 验证控件

RegularExpressionValidator 验证控件又称正则表达式验证控件，用户可以自定义或书写自己的验证表达式。本程序主要使用该验证控件验证电话号码是否正确。RegularExpressionValidator 验证控件的常用属性及说明如表 18-5 所示。

在上面的属性列表中，需要注意 RegularExpressionValidator 验证控件的 ValidationExpression 属性，主要用来指定使用的正则表达式。正则表达式是由普通字符和一些特殊字符组成的字符模式。常用的正则表达式字符及其含义如表 18-6 所示。

表 18-5　　RegularExpressionValidator 验证控件的常用属性及说明

属　性	说　明
ControlToValidate	表示要进行验证的控件 ID
ErrorMessage	表示当验证不合法时，出现的错误信息
Display	设置错误信息的提示方式
ValidationExpression	指定的正则表达式

表 18-6　　　　　　　　　　常用正则表达式字符及其含义

正则表达式字符	含　义	正则表达式字符	含　义
[......]	匹配括号中的任何一个字符	{n}	恰好匹配前面表达式为 n 次
[^......]	匹配不在括号中的任何一个字符	?	匹配前面表达式 0 或 1 次{0,1}
\w	匹配任何一个字符（a~z、A~Z 和 0~9）	+	至少匹配前面表达式 1 次{1,}
\W	匹配任何一个空白字符	*	至少匹配前面表达式 0 次{0,}
\s	匹配任何一个非空白字符	|	匹配前面表达式或后面表达式
\S	与任何非单词字符匹配	(...)	在单元中组合项目
\d	匹配任何一个数字（0~9）	^	匹配字符串的开头
\D	匹配任何一个非数字（^0~9）	$	匹配字符串的结尾
[\b]	匹配一个退格键字母	\b	匹配字符边界
{n,m}	最少匹配前面表达式 n 次，最大为 m 次	\B	匹配非字符边界的某个位置
{n,}	最少匹配前面表达式 n 次		

下面列举几个常用的正则表达式。

❑ 验证中国式电话号码（正确格式：区号可以是 3 位或 4 位，电话号码可以是 7 位或 8 位）：
(\(\d{3,4}\)|\d{3,4}-)?\d{7,8}

注意　　　RegularExpressionValidator 验证控件提供的验证中国式电话号码已经不适应目前的格式。

❑ 验证电子邮件：
\w+([-+.]\w+)*@\w+([-.]\w+)*\.\w+([-.]\w+)*

或：

\S+@\S+\.\S+

❑ 验证网址：

"HTTP://\S+\.\S+"

❑ 验证邮政编码（正确格式为 6 位数字）：
\d{6}

❑ 其他：

● 表示 0~9 这 10 个数字

[0-9]

● 表示任意个数字

\d*

- 表示中国大陆的固定电话号码

\d{3,4}-\d{7,8}

- 验证由 2 位数字、1 个连字符再加 5 位数字组成的 ID 号

\d{2}-\d{5}

- 匹配 HTML 标记

<\s*(\S+)(\s[^>]*)?>[\s\S]*<\s*\/\1\s*>

2. 实现过程

免费供求信息发布页的实现过程如下所述。

（1）在网站的根目录下新建一个 Web 窗体，命名为 InfoAdd.aspx，并且将其作为 MasterPage.master 母版页的内容页。InfoAdd.aspx 主要用于网站的免费供求信息发布。

（2）在 Web 窗体的 Content 区域添加一个 Table（表格）控件，用于页面的布局。

（3）在 Web 窗体 Content 区域的 Table 中添加 1 个 DropDownList 和 4 个 TextBox 服务器控件，主要用于选择供求信息类型和输入供求信息的标题、内容、联系电话、联系人。

（4）在 Web 窗体 Content 区域的 Table 中添加 1 个 RegularExpressionValidator 和 4 个 RequiredFieldValidator 验证控件，主要用于验证电话号码的输入格式和输入供求信息不能为空。

（5）在 Web 窗体 Content 区域的 Table 中添加一个 ImageButton 控件，用于发布供求信息。

（6）单击"发布信息"按钮，信息经验证无误后方可添加到数据库中。实现代码如下：

```
Operation operation = new Operation();                    //声明业务层类对象
protected void imgBtnAdd_Click(object sender, ImageClickEventArgs e)
{
    operation.InsertInfo(DropDownList1.Text, txtTitle.Text.Trim(), txtInfo.Text.Trim(), txtLinkMan.Text.Trim(),
    txtTel.Text.Trim());
    WebMessageBox.Show("信息发布成功！ ", "Default.aspx");   //弹出对话框
}
```

18.5.4　网站后台主页设计（后台）

程序开发人员在设计网站后台主页时，主要是从后台管理人员对功能的易操作性、实用性、网站的易维护性等方面考虑，与网站的前台相比美观性并不是很重要。供求信息网站后台主页运行效果如图 18-21 所示。

图 18-21　供求信息网站后台主页

1. 技术分析

在开发网站后台主页时,经常会用到 IFrame 内嵌框架。通过此框架将网站中各部分独立的网页重新组成一个完整的网页,即在网站的左边选择相关功能,而在右边显示功能页,如图 18-22 所示。

图 18-22 网站后台主页

(1) IFrame 框架概述

IFrame 框架,又称内嵌框架。Frame 框架与 IFrame 框架两者可以实现的功能基本相同,不过 IFrame 框架比 frame 框架具有更多的灵活性。

IFrame 框架的标记为 <IFrame>(又叫浮动帧标记),可以用它将一个 HTML 文档嵌入在一个 HTML 中显示。它和 <frame> 标记的最大区别是,在网页中嵌入的 <iframe></iframe> 所包含的内容与整个页面是一个整体,而 <frame></frame> 所包含的内容是一个独立的个体,是可以独立显示的。

设置 IFrame 框架的 iframe 参数的代码如下:

```
<iframe id="iframe1" name="mainFrame" style="width: 802px; height: 596px" frameborder="0">    </iframe>
```

注意   name 属性的设置是很重要的,在后期需要使用 name 属性,将子页显示到 IFrame 框架中。

(2) IFrame 框架的应用

在本网站后台页面布局规划中,页面的左边使用 TreeView 控件作为菜单导航功能,右边放置 IFrame 框架,显示功能子页。那么在相应的位置编写 IFrame 框架的代码,并且设置其 ID、name 等属性。

主要代码如下:

```
<iframe id="iframe1" name="mainFrame" style="width: 802px; height: 596px" frameborder="0">    </iframe>
```

IFrame 框架的代码编写完后,现在就可以设置 TreeView 控件的相关属性,将功能子页显示在 IFrame 框架中,主要设置 TreeView 控件节点的 NavigateUrl 属性(节点被选中时定位的链接)和 Target 属性(节点被选中时定位的目标)实现,属性的设置如图 18-23 所示。

2. 实现过程

网站后台主页的实现过程如下所述。

(1) 新建一个 Web 窗体,默认名称为 Default.aspx,主要用于网站后台首页的设计。

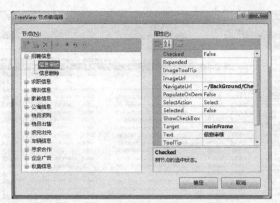

图 18-23　TreeView 控件节点的 NavigateUrl 属性和 Target 属性

（2）在 Web 窗体中添加一个 Table（表格）控件，用于页面的布局。

（3）在 Table 中添加一个 TreeView 服务器控件，在节点编辑器中添加相应的节点和子节点，并且设置子节点的 NavigateUrl 属性主要用于后台功能菜单的导航。

（4）在页面的源视图中的相关位置，添加 IFrame 框架代码，用于显示功能子页。代码如下：

```
<iframe id="iframe1" name="mainFrame" style="width: 802px; height: 596px" frameborder="0">    </iframe>
```

（5）在页面的加载事件中，主要实现验证用户是否通过合理的程序登录，非法用户不能进入网站后台。代码如下：

```
protected void Page_Load(object sender, EventArgs e)
{
    if (!IsPostBack)
    {
        try
        {
            if (Session["UserName"].ToString().ToLower() != "TSOFT".ToLower())
                WebMessageBox.Show("请登录后方可进入网站后台！", "../Logon.aspx");
        }
        catch {  }
    }
}
```

18.5.5　免费供求信息审核页（后台）

任何用户都可以免费发布供求信息，如果用户发布的供求信息属于不道德、不健康及违法的信息，那么将会造成不可估计的损失。所以后台管理人员可以对供求信息进行审核，审核通过的供求信息可以显示在分类相应的页面中，否则，信息不能发布。免费供求信息审核页面如图 18-24 所示。

1．技术分析

免费供求信息审核页中，主要用到了 GridView 表格中应用的 3 个典型功能，在此对其进行技术分析。表格中 3 个典型功能的应用如下所述。

（1）将 0 和 1 替换为未审核和已审核状态类型

由于在数据库中审核和未审核的供求信息是用数字表示的（"0" 表示未审核，"1" 表示已经通过审核），但在显示时不能显示为 "0" 或者 "1"，要使软件达到人性化效果，必须将其转换成相应的汉字。

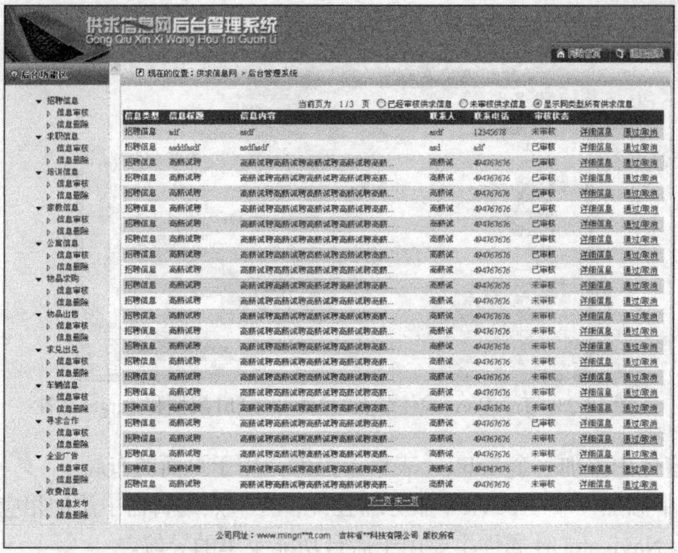

图 18-24 免费供求信息审核页

（2）表格中多余的文字使用"…"代替

由于供求信息的内容涉及的文字数量很大，不能在一个单元格中显示该条供求信息的所有内容，这样界面不但不美观，而且看上去很乱，因此本程序指定显示 18 个字符，超过的使用"…"代替。

（3）表格中高亮显示行

如果表格显示的数据行数在 3 行或 5 行之内，可以不用高亮显示行功能；如果数据量很大，在 10 或 20 行以上的数据，用户时间长了很容易看串行，则需要使用高亮显示行。高亮显示行是当鼠标指针移动到某行时，该行显示特殊颜色，移开后颜色恢复，如图 18-25 所示。

图 18-25 高亮显示行

实现代码如下：
```
protected void GridView1_RowDataBound(object sender, GridViewRowEventArgs e)
{
    if (e.Row.RowType == DataControlRowType.DataRow)
    {
        //  高 亮 显 示 指 定 行     e.Row.Attributes.Add("onMouseOver",
"Color=this.style.backgroundColor;this.style.backgroundColor='#FFF000'");
        e.Row.Attributes.Add("onMouseOut", "this.style.backgroundColor=Color;");
        //设置审核状态，并且设置相应的颜色
        if (e.Row.Cells[5].Text == "False")
        {
            e.Row.Cells[5].Text =StringFormat.HighLight("未审核",true);
        }
        else
        {
            e.Row.Cells[5].Text = StringFormat.HighLight("已审核", false);
```

```
        }
        //多余字  使用...显示
        e.Row.Cells[2].Text = StringFormat.Out(e.Row.Cells[2].Text, 18);
    }
}
```

2. 实现过程

免费供求信息审核页的实现过程如下所述。

（1）在网站的根目录下创建 BackGround 文件夹，用于存放网站后台管理 Web 窗体。

（2）在 BackGround 文件夹中新建一个 Web 窗体，命名为 CheckInfo.aspx，主要用于免费供求信息的审核。

（3）在 Web 窗体中添加一个 Table（表格）控件，用于页面的布局。

（4）在 Table 中添加一个 Label 控件，主要用于 GridView 控件分页后的总页数。主要属性设置：AllowPaging 属性为 true，即允许分页；PageSize 属性为 24，即每页显示 24 条数据；AutoGenerateColumns 属性为 false，即不显示自动生成的列。

（5）在 Table 中添加 3 个 RadioButton 控件，分别用于控制显示已审核供求信息、显示未审核供求信息、显示同类型所有供求信息。

（6）在 Table 中添加一个 GridView 控件，主要用于显示供求信息及对供求信息的审核操作。

（7）声明全局静态变量和类对象，用途参见代码中注释部分。在页面的加载事件中，获取供求信息的类型，并调用自定义 GridViewBind 方法查询相关类型的供求信息，并显示在 GridView 控件中。值得注意的是，供求信息网所有分类供求信息审核都是在 CheckInfo.aspx 页面实现的。页面的加载事件中实现代码如下：

```
Operation operation = new Operation();        //业务层类对象
static string infoType = "";                  //供求信息类型
//3种类别：全部显示（-1代表全部显示），显示未审核（0），显示审核（1）
static int CheckType = -1;
protected void Page_Load(object sender, EventArgs e)
{
    if (!IsPostBack)
    {
        infoType = Request.QueryString["id"].ToString();
        GridViewBind(infoType);
    }
}
```

（8）自定义 GridViewBind 方法，用于查询相关类型的供求信息，并且将查询结果显示在 GridView 表格控件中。实现代码如下：

```
/// <summary>
/// 绑定供求信息到GridViev控件
/// </summary>
/// <param name="type">供求信息类别</param>
private void GridViewBind(string type)
{
    GridView1.DataSource = operation.SelectInfo(type);
    GridView1.DataKeyNames=new string[] {"id"};
    GridView1.DataBind();
    //显示当前页数
    lblPageSum.Text = " 当前页为   " + (GridView1.PageIndex + 1) + " / " + GridView1.PageCount + " 页";
}
```

（9）GridView 控件的 RowDataBound 事件是在将数据行绑定到数据时发生，那么在该事件下每绑定一行，就设置每行的相关功能，如高亮显示行、设置审核状态、多余的文字使用"…"替换。实现代码如下：

```
protected void GridView1_RowDataBound(object sender, GridViewRowEventArgs e)
{
    if (e.Row.RowType == DataControlRowType.DataRow)
    {
        //高亮显示指定行
        e.Row.Attributes.Add("onMouseOver",
"Color=this.style.backgroundColor;this.style.backgroundColor='#FFF000'");
        e.Row.Attributes.Add("onMouseOut", "this.style.backgroundColor=Color;");
        //设置审核状态，并且设置相应的颜色
        if (e.Row.Cells[5].Text == "False")
        {
            e.Row.Cells[5].Text =StringFormat.HighLight("未审核",true);
        }
        else
        {
            e.Row.Cells[5].Text = StringFormat.HighLight("已审核", false);
        }
        //多余字  使用...显示
        e.Row.Cells[2].Text = StringFormat.Out(e.Row.Cells[2].Text, 18);
    }
}
```

（10）SelectedIndexChanging 事件发生在单击某一行的"审核/取消"按钮以后发生，本程序通过该事件实现对供求信息的审核和取消工作。实现代码如下：

```
protected void GridView1_SelectedIndexChanging(object sender, GridViewSelectEventArgs e)
{
    string id = GridView1.DataKeys[e.NewSelectedIndex].Value.ToString();
    operation.UpdateInfo(id, infoType);
    //按审核类型绑定数据（3种类别：全部显示（-1），显示未审核（0），显示审核（1））
    switch (CheckType)
    {
        case -1:
            GridViewBind(infoType);
            break;
        case 0:
            GridView1.DataSource = operation.SelectInfo(infoType, false);
            GridView1.DataBind();
            break;
        case 1:
            GridView1.DataSource = operation.SelectInfo(infoType, true);
            GridView1.DataBind();
            break;
    }
}
```

（11）RowDeleting 事件是在单击某一行的"详细信息"按钮时，但在 GridView 控件删除该行之前发生。在此不是实现删除，只是通过"删除"命令完成查看详细供求信息的功能。实现代码如下：

```
protected void GridView1_RowDeleting(object sender, GridViewDeleteEventArgs e)
{
    string id = GridView1.DataKeys[e.RowIndex].Value.ToString();
    Response.Write("<script> window.open('DetailInfo.aspx?id=" + id + "&&type=" +
```

```
infoType + "','','height=258, width=679, top=200, left=200') </script>");
        Response.Write("<script>history.go(-1)</script>");
    }
```

（12）PageIndexChanging 事件是在单击某一页导航按钮时，但在 GridView 控件处理分页操作之前发生。通过该事件主要实现页面的分页功能。另外，在本程序主要实现了按审核、未审核等情况显示供求信息，则需要按相应情况的数据源绑定 GridView 控件，否则程序不会报错，但会出现乱分页现象。实现代码如下：

```
protected void GridView1_PageIndexChanging(object sender, GridViewPageEventArgs e)
{
    //分页设置
    GridView1.PageIndex = e.NewPageIndex;
    //按审核类型绑定数据（3 种类别：全部显示（-1），显示未审核（0），显示审核（1））
    switch (CheckType)
    {
        case -1:
            GridViewBind(infoType);
            break;
        case 0:
            GridView1.DataSource = operation.SelectInfo(infoType, false);
            GridView1.DataBind();
            break;
        case 1:
            GridView1.DataSource = operation.SelectInfo(infoType, true);
            GridView1.DataBind();
            break;
    }
    //显示当前页数
    lblPageSum.Text = " 当前页为   " + (GridView1.PageIndex + 1) + " / " + GridView1.PageCount + " 页";
}
```

（13）单击"已经审核供求信息"按钮，显示已经审核供求信息。实现代码如下：

```
protected void rdoBtnCheckTrue_CheckedChanged(object sender, EventArgs e)
{
    GridView1.PageIndex = 0;
    GridView1.DataSource = operation.SelectInfo(infoType, true);
    GridView1.DataBind();
    CheckType = 1;
    //显示当前页数
    lblPageSum.Text = " 当前页为   " + (GridView1.PageIndex + 1) + " / " + GridView1.PageCount + " 页";
}
```

（14）单击"未审核供求信息"按钮，显示未审核供求信息。实现代码如下：

```
protected void rdoBtnCheckFalse_CheckedChanged(object sender, EventArgs e)
{
    GridView1.PageIndex = 0;
    GridView1.DataSource = operation.SelectInfo(infoType, false);
    GridView1.DataBind();
    CheckType = 0;
    //显示当前页数
    lblPageSum.Text = " 当前页为   " + (GridView1.PageIndex + 1) + " / " + GridView1.PageCount + " 页";
}
```

（15）单击"显示同类型所有供求信息"按钮，显示同类型所有供求信息。实现代码如下：

```
protected void rdoBtnCheckAll_CheckedChanged(object sender, EventArgs e)
{
    GridView1.PageIndex = 0;
    GridViewBind(infoType);
    CheckType = -1;
    //显示当前页数
    lblPageSum.Text = " 当前页为   " + (GridView1.PageIndex + 1) + " / " + GridView1.PageCount + " 页";
}
```

18.6 网站编译与发布

开发一个网站的最终目的是为了让更多的人可以通过互联网浏览，因此，网站的编译与发布是网站开发过程中非常重要的一个步骤，本节将对供求信息网的编译与发布进行详细讲解。

18.6.1 网站编译

编译 ASP.NET 网站需要使用 Visual Studio 2010 提供的"发布网站"功能，具体步骤如下所述。

（1）在 Visual Studio 2010 开发环境的解决方案资源管理器中选中当前网站，单击鼠标右键，在弹出的快捷菜单中选择"发布网站"选项，如图 18-26 所示。

（2）弹出图 18-27 所示的"发布网站"对话框，该对话框中可以选择网站发布的目标位置等信息。

图 18-26 选择"发布网站"选项

（3）单击"..."按钮，弹出图 18-28 所示的"发布网站-文件系统"对话框，该对话框中提供了 4 个网站发布的目标位置，分别是"文件系统"、"本地 IIS"、"FTP 站点"和"远程站点"，默认为"文件系统"。

图 18-27 "发布网站"对话框

图 18-28 "发布网站-文件系统"对话框

（4）单击"本地 IIS"按钮，切换到"发布网站-本地 Internet Information Server"对话框，如图 18-29 所示，该对话框中可以选择要发布到的本地 IIS 站点。

（5）单击"FTP 站点"按钮，切换到"发布网站-FTP 站点"对话框，如图 18-30 所示，在该对话框中可以选择要发布到的 FTP 站点。

第 18 章 综合案例——供求信息网

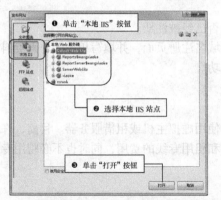
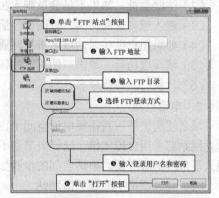

图 18-29 "发布网站-本地 Internet Information Server"对话框　　图 18-30 "发布网站-FTP 站点"对话框

（6）单击"远程站点"按钮，切换到"发布网站-远程站点"对话框，如图 18-31 所示，在该对话框中可以选择要发布到的远程 Internet 站点。

（7）选择完网站发布的位置后，单击"打开"按钮，返回图 18-27 所示的"发布网站"对话框，单击"确定"按钮，即可将 ASP.NET 网站编译并发布到指定的位置，编译完成的 ASP.NET 网站文件如图 18-32 所示。

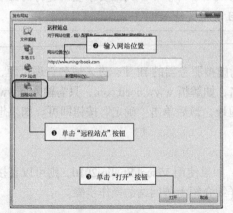
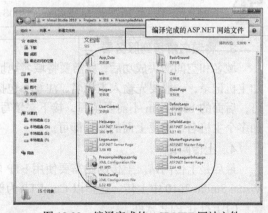

图 18-31 "发布网站-远程站点"对话框　　图 18-32 编译完成的 ASP.NET 网站文件

通过上述步骤中的步骤（3）～（6），可以将网站发布到用户申请的互联网服务器上。

18.6.2 网站发布

供求信息网开发并编译完成后，就可以进行网站的发布了。要发布网站，需要经过注册域名、申请空间、解析域名和上传网站 4 个步骤。下面分别进行介绍。

1. 注册域名

域名就是用来代替 IP 地址，以方便记忆及访问网站的名称，如 www.163.com 就是网易的域名，www.yahoo.com.cn 就是中文雅虎的域名。域名需要到指定的网站中注册购买，名气较大的有 www.net.com（万网）、www.xinnet.com（新网）。

购买注册域名步骤如下所述。

（1）登录域名服务商网站。

（2）注册会员。如果不是会员则无法购买域名。
（3）进入域名查询页面，查询要注册的域名是否已经被注册。
（4）如果用户欲注册的域名未被注册，则进入域名注册页面，并填写相关的个人资料。
（5）填写成功后，单击"购买"按钮。注册成功。
（6）付款后，等待域名开启。

2. 申请空间

域名注册完毕后就需要申请空间了，空间可以使用虚拟主机或租借服务器。目前，许多企业建立网站都采用虚拟主机，这样既节省了购买机器和租用专线的费用，同时也不必聘用专门的管理人员来维护服务器。申请空间的步骤如下所述。

（1）登录虚拟空间服务商网站。
（2）注册会员（如果已有会员账号，则直接登录即可）。
（3）选择虚拟空间类型（空间支持的语言、数据库、空间大小和流量限制等）。
（4）确定机型后，直接购买。
（5）进入到缴费页面，选择缴费方式。
（6）付费后，空间在 24 小时内开通，随后即可使用此空间。

申请的空间一定要支持相应的开发语言及数据库。如本网站要求空间支持的语言为 ASP.NET，数据库是 SQL Server 2008，而且需要支持 .NET Framework 4.0 框架。

3. 将域名解析到服务器

域名和空间购买成功后，就需要将域名地址指向虚拟服务器的 IP 了。进入域名管理页面，添加主机记录，一般要先输入主机名，注意不包括域名，如解析 www.bccd.com，只需输入 www 即可，后面的 bccd.com 不需要填写，接下来填写 IP 地址，最后单击"确定"按钮即可。如果想添加多个主机名，重复上面的操作即可。

4. 上传网站

最后是上传网站。上传网站需要使用 FTP 软件，如果使用 Visual Studio 2010，则可以直接在 Visual Studio 2010 中上传。这里以 CuteFTP 为例，详细介绍上传网站的操作步骤。

（1）打开 FTP 软件。
（2）选择 File/Site-Manager 命令，将弹出站点面板。
（3）单击 New 按钮，新建一个站点。
（4）在 Label for site 中输入站点名。
（5）在 FTP Host Address 中输入域名。
（6）在 FTP site User Name 中输入用户名。
（7）在 FTP site Password 中输入密码。
（8）单击"Edit..."按钮，弹出编辑窗口。
（9）取消选中 Use PASV mode 和 Use firewall setting 复选框。
（10）单击"确定"按钮。
（11）单击 Connet 按钮连接到服务器。
（12）连接服务器后，在左侧的本地页面中选中需要上传的文件（这里应该选择已经编译过的 ASP.NET 网站文件），单击"上传文件"按钮即可。
（13）如果上传过程中出现错误，用鼠标右击"继续上传"即可。
（14）上传成功后，关闭 FTP 软件。

第 19 章 课程设计——在线音乐网

本章要点
- 在线音乐网的设计目的
- 在线音乐网的开发环境要求
- 在线音乐网的功能结构及业务流程
- 在线音乐网的数据库设计
- 主要功能模块的界面设计
- 主要功能模块的关键代码
- 在线音乐网的调试运行

随着人们的生活水平不断提高,人们的生活压力和工作压力也不断增加。为了缓解压力,现在的网络给人们提供了许多娱乐功能,其中,在线音乐可以让网友们在工作之余听听音乐,放松自己的心情,从而减轻生活或工作带来的压力。本章将会介绍一个简单的在线音乐网的实现过程。

19.1 课程设计目的

本章提供了"在线音乐网"作为这一学期的课程设计之一,旨在提升学生的动手能力,加强大家对专业理论知识的理解和实际应用。本次课程设计的主要目的如下所述。

- ❑ 加深对面向对象程序设计思想的理解,能对网站功能进行分析,并设计合理的类结构。
- ❑ 掌握 ASP.NET 网站的基本开发流程。
- ❑ 掌握 ADO.NET 技术在实际开发中的应用。
- ❑ 掌握母版页技术在实际开发中的应用。
- ❑ 掌握歌词的同步显示技术。
- ❑ 提高网站的开发能力,能够运用合理的控制流程编写高效的代码。
- ❑ 培养分析问题、解决实际问题的能力。

19.2 功能描述

在线音乐网是一个小型的供访问者听音乐娱乐的网站,该网站的主要功能如下所述。
- ❑ 美观友好的操作界面,能保证网站的易用性。
- ❑ 分类显示歌曲信息。

- 歌曲的下载功能。
- 实现歌曲的全选、取消全选功能。
- 试听单首歌曲并显示歌词。
- 以顺序播放、随机播放和单曲循环播放等3种方式播放多首歌曲。
- 分别按歌名、专辑或歌手搜索歌曲信息。
- 歌曲试听排行榜。

19.3 总体设计

19.3.1 构建开发环境

在线音乐网的开发环境具体要求如下所述。
- 开发平台：Microsoft Visual Studio 2010。
- 开发语言：ASP.NET+C#+HTML+JavaScript。
- 数据库：SQL Server 2008。
- 开发平台：Windows XP（SP2）/Windows Server 2003（SP2）/Windows 7。
- 系统框架：Microsoft .NET Framework 4.0。
- IIS 服务器：IIS 7.x 版本。
- 浏览器：IE 8.0 以上版本、Firefox 等。
- 分辨率：最佳效果 1024×768 像素。

19.3.2 网站功能结构

在线音乐网中主要包含3大功能模块，分别为音乐链接模块、音乐操作模块和音乐搜索模块，它们的具体介绍如下所述。
- 音乐链接模块：用来按照类别显示相应的音乐，主要包括流行金曲、经典老歌、欧美近点和校园民谣等4种类别的歌曲链接。
- 音乐操作模块：主要包括音乐的全选/反选、试听及播放选中音乐的功能，在播放选中音乐时，可以将多个音乐添加到播放列表中，而且设置播放模式，比如顺序播放、随机播放、单曲循环等模式。
- 音乐搜索模块：用来根据指定的条件搜索音乐，主要包括按歌名、专辑和歌手等3种条件搜索。

在线音乐网的功能结构图如图 19-1 所示。

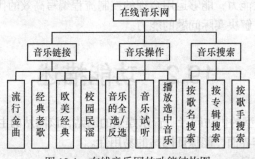

图 19-1　在线音乐网的功能结构图

19.3.3 业务流程图

在线音乐网的业务流程图如图 19-2 所示。

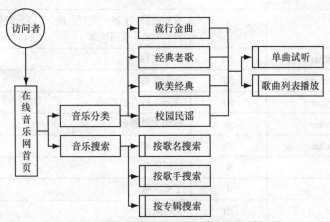

图 19-2 在线音乐网站的业务流程图

19.4 数据库设计

在线音乐网站采用 SQL Server 2008 数据库，该数据库作为目前常用的数据库，在安全性、准确性和运行速度方面有绝对的优势，并且处理数据量大、效率高，而且可与 SQL Server 2000、SQL Server 2005 数据库无缝连接。

19.4.1 数据库实体图

根据实际调查对网站所做的需求分析，规划出本系统中使用的数据库实体主要是音乐信息实体，该实体用来保存在线音乐网站中的音乐相关信息，主要包括编号、类型、专辑、名称、音乐文件的路径、歌词文件路径、歌手、试听次数、下载次数和文件大小等。音乐信息实体图如图 19-3 所示。

图 19-3 音乐信息实体图

19.4.2 数据表设计

结合实际情况及对用户需求的分析，在线音乐网的 db_music 数据库中需要创建一个保存音乐信息的数据表，该数据表命名为 tb_musicInfo，tb_musicInfo 数据表的结构及说明如表 19-1 所示。

表 19-1　　　　　　　　　　　tb_musicInfo 数据表的结构及说明

字段名	数据类型	字段大小	说　　明
id	int	4	自动编号
musicType	int	4	音乐类型，1 表示流行金曲，2 表示经典老歌，3 表示欧洲经典，4 表示校园民谣
specialName	varchar	50	专辑名称
musicName	varchar	50	音乐名称
musicPath	varchar	50	音乐文件存放路径
lyricPath	varchar	50	歌词文件路径
singerName	varchar	50	歌手名称
auditionSum	int	4	试听次数
downSum	int	4	下载次数
fileSize	char	10	文件大小

19.5　实现过程

19.5.1　母版页设计

在线音乐网基于母版页进行设计，母版页中主要提供歌曲导航及传递搜索关键字的功能。母版页设计效果如图 19-4 所示。

图 19-4　母版页设计效果

1. 界面设计

母版页是在 MasterPage.master 中实现的，该文件中所涉及的主要控件如表 19-2 所示。

表 19-2　　　　　　　　　MasterPage.master 中用到的控件及说明

控件类型	控件名称	用　　途
abl TextBox	txtSearch	输入搜索关键字
≋ RadioButtonList	radBtnListType	选择搜索条件
ImageButton	imgBtnSearch	跳转到搜索歌曲页，并传递搜索条件及关键字

另外，还需要使用 HTML 代码在母版页中添加 4 个 img 图片及相应的<a>超链接，以便实现页面导航，代码如下：

```html
<td>
  <a href="index.aspx" >
    <img src="images/daohang_02.gif" border="0" width="82" height="39" alt=""></a></td>
<td>
  <a href="musicInfo.aspx?id=1">
    <img src="images/daohang_03.gif" border="0" width="82" height="39" alt=""></a></td>
<td>
  <a href="musicInfo.aspx?id=2">
    <img src="images/daohang_04.gif" border="0" width="92" height="39" alt=""></a></td>
<td>
  <a href="musicInfo.aspx?id=3">
    <img src="images/daohang_05.gif" border="0" width="92" height="39" alt=""></a></td>
<td>
  <a href="musicInfo.aspx?id=4">
    <img src="images/daohang_06.gif" border="0" width="92" height="39" alt=""></a></td>
```

2. 关键代码

母版页中，当用户选择了搜索条件，并输入搜索关键字后，单击"搜索"按钮，将页面跳转到搜索歌曲页面，并传递相应的搜索条件及搜索关键字。关键代码如下：

```csharp
protected void imgBtnSearch_Click(object sender, ImageClickEventArgs e)
{
    string searchType = radBtnListType.SelectedValue;      //记录搜索条件
    string searchText = txtSearch.Text;                    //记录搜索关键字
    if (searchText != "")                                  //判断搜索关键字是否为空
    {
        txtSearch.Text = "";
        //跳转页面并传递值
        Response.Redirect("searchInfo.aspx?type=" + searchType + "&&text=" + searchText);
    }
    else
    {
        Page.ClientScript.RegisterStartupScript(GetType(), "", "alert('搜索内容不可以为空！')", true);
    }
}
```

19.5.2 在线音乐网首页设计

在线音乐网首页用来显示所有类型的歌曲和最新发布的歌曲，在该页面中用户可以选择某一类型的歌曲进行查看。在线音乐网首页如图19-5所示。

1. 界面设计

在线音乐网首页是在 index.aspx 页中实现的，该页面中所涉及到的主要控件如表19-3所示。

表19-3　　　　　　　　　　　index.aspx 页中用到的控件及说明

控件类型	控件名称	用　　　途
GridView	gvFashion	显示流行金曲类歌曲信息
	gvOld	显示经典老歌类歌曲信息
	gvAudition	显示试听排行歌曲信息
	gvOccident	显示欧洲经典类歌曲信息
	gvCampus	显示校园民谣类歌曲信息

续表

控件类型	控件名称	用 途
ImageButton	imgBtnFFull	全选或全部取消流行金曲操作
	imgBtnOldFull	全选或全部取消经典老歌操作
	imgBtnAFull	全选或全部取消试听排行操作
	imgBtnOcFull	全选或全部取消欧洲经典操作
	imgBtnCFull	全选或全部取消校园民谣操作
	imgBtnFPlay	播放所选择的流行金曲操作
	imgBtnOldPlay	播放所选择的经典老歌操作
	imgBtnAPlay	播放所选择的试听排行操作
	imgBtnOcPlay	播放所选择的欧洲经典操作
	imgBtnCPlay	播放所选择的校园民谣操作

图 19-5 在线音乐网首页

2. 关键代码

在线音乐网首页实现的关键是：如何按音乐类别提取数据库中的相应歌曲信息，并显示在 GridView 控件中，这里主要是通过几个自定义的方法实现的，关键代码如下：

```
//绑定 GridView 控件显示试听排行榜
protected void bindAudition()
{
    string sqlSel = "select top 10 * from tb_musicInfo order by auditionSum desc";
    gvAudition.DataSource = dataOperate.getRows(sqlSel);
    gvAudition.DataKeyNames = new string[] { "id" };
    gvAudition.DataBind();
}
//绑定 GridView 控件显示流行金曲
```

```
protected void bindFashion()
{
    string sqlSel = "select top 7 * from tb_musicInfo where musicType=1 order by id desc ";
    gvFashion.DataSource = dataOperate.getRows(sqlSel);
    gvFashion.DataKeyNames = new string[] { "id" };
    gvFashion.DataBind();
}
//绑定GridView控件显示经典老歌
protected void bindOld()
{
    string sqlSel = "select top 7 * from tb_musicInfo where musicType=2  order by id desc ";
    gvOld.DataSource = dataOperate.getRows(sqlSel);
    gvOld.DataKeyNames = new string[] { "id" };
    gvOld.DataBind();
}
//绑定GridView控件显示欧洲经典
protected void bindOccident()
{
    string sqlSel = "select top 7 * from tb_musicInfo where musicType=3 order by id desc ";
    gvOccident.DataSource = dataOperate.getRows(sqlSel);
    gvOccident.DataKeyNames = new string[] { "id" };
    gvOccident.DataBind();
}
//绑定GridView控件显示校园民谣
protected void bindCampus()
{
    string selSel = "select top 7 * from tb_musicInfo where musicType=4 order by id desc ";
    gvCampus.DataSource = dataOperate.getRows(selSel);
    gvCampus.DataKeyNames = new string[] { "id" };
    gvCampus.DataBind();
}
```

另外,在访问者单击某一类别GridView控件下方的"播放"按钮时,将选中的歌曲传入到播放歌曲页中,从而进行歌曲的播放,该功能主要是通过一个自定义的playList方法实现的,代码如下:

```
//获取选中传入到播放列表窗口中并播放
/// <summary>
/// 获取GridView控件中所有选中的歌曲ID并传入到歌曲播放窗口中
/// </summary>
/// <param name="gv">GridView对象,需要获取的GridView控件</param>
/// <param name="bl">布尔值表示是否有选中的复选框</param>
protected void playList(GridView gv, bool bl)
{
    //判断GridView控件中是否有选中的复选框
    if (bl)
    {
        //创建字符串变量
        string musicList = "";
        //循环GridView控件
        for (int i = 0; i < gv.Rows.Count; i++)
        {
            //判断复选框是否为选中状态
            if (((CheckBox)gv.Rows[i].FindControl("CheckBox1")).Checked)
            {
```

```
            //获取 GridView 控件的主键
            musicList += gv.DataKeys[i].Value.ToString() + ",";
        }
    }
    //使用 javaScript 打开播放音乐列表窗口
    Page.ClientScript.RegisterStartupScript(GetType(), "", "window.open('playListMusic.aspx?id=" + musicList + "','','width=380,height=260')", true);
}
else
{
    Page.ClientScript.RegisterStartupScript(GetType(), "", "alert('请选择需要播放的歌曲！')", true);
}
```

19.5.3 歌曲详细信息页设计

歌曲详细信息页用来显示某一种类型的全部歌曲，用户可以在该页面中选择自己喜欢的歌曲进行试听或播放。歌曲详细信息页如图 19-6 所示。

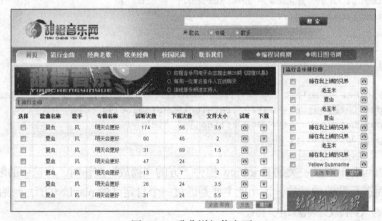

图 19-6 歌曲详细信息页

1. 界面设计

歌曲详细信息页是在 musicInfo.aspx 页中实现的，该页面中所涉及到的主要控件如表 19-4 所示。

表 19-4　　　　　　　　　　　musicInfo.aspx 页中用到的控件及说明

控件类型	控件名称	用　　途
GridView	gvMusic	显示歌曲的详细信息
	gvAudition	显示试听排行榜信息
ImageButton	imgBtnHaving	实现全选或全部取消歌曲的操作
	imgBtnReverse	实现反选歌曲的操作
	imgBtnSeries	实现播放歌曲的操作
	imgBtnAFull	实现全选或全部取消歌曲的操作
	imgBtnAPlay	实现播放歌曲的操作

2. 关键代码

在歌曲详细信息页面中，首先需要根据传递的音乐类别 ID 获取相应的音乐信息，并显示在 GridView 控件中，该功能的实现原理与 index.aspx 页面中显示歌曲信息的原理是一样的；显示完相应类别的歌曲详细信息之后，用户可以通过单击"下载"按钮，下载指定的歌曲，其实现的关键代码如下：

```
//实现下载操作
protected void gvMusic_RowCommand(object sender, GridViewCommandEventArgs e)
{
    //判断是否为下载操作
    if (e.CommandName == "down")
    {
        //获取歌曲的 ID
        string id = e.CommandArgument.ToString();
        //创建 SQL 语句，查询歌曲的详细信息
        string sqlSel = "select musicPath from tb_musicInfo where id=" + id;
        //创建 SQL 语句，更新歌曲的下载次数
        string sqlUpdate = "update tb_musicInfo set downSum=downSum+1 where id=" + id;
        //执行 SQL 语句
        dataOperate.execSql(sqlUpdate);
        //调用自定义 downFile 方法实现歌曲的下载操作
        downFile(dataOperate.getTier(sqlSel));
    }
}
protected void downFile(string musicPath)
{
    string path = Server.MapPath("musicFile/") + musicPath;
    //初始化 FileInfo 类的实例，它作为文件路径的包装
    FileInfo fi = new FileInfo(path);
    //判断文件是否存在
    if (fi.Exists)
    {
        //将文件保存到本机上
        Response.Clear();
        Response.AddHeader("Content-Disposition", "attachment;filename=" + Server.UrlEncode(fi.Name));
        Response.AddHeader("Content-Length", fi.Length.ToString());
        Response.ContentType = "application/octet-stream";
        Response.Filter.Close();
        Response.WriteFile(fi.FullName);
        Response.End();
    }
}
```

19.5.4 歌曲试听页设计

歌曲试听页面中主要播放用户所选择的歌曲，并同步显示歌曲的歌词信息。歌曲试听页如图 19-7 所示。

1. 界面设计

歌曲试听页是在 playMusic.aspx 页中实现的，该页面中添加一个 Literal 控件，用来显示歌词；另外，使用 HTML 代码添加一

图 19-7 歌曲试听页

个 mediaPlayer 播放器，该播放器用来播放歌曲。添加播放器的 HTML 代码如下：

```
<object classid='clsid:6BF52A52-394A-11D3-B153-00C04F79FAA6' id='mediaPlayer'
    height='64' style="width: 360px; margin-right: 6px;"><param name='url' value=
<%=fileUrl %>><param name='volume' value='100'><param name='playcount' value='100'><param
name='enablecontextmenu' value='0'><param name='enableerrordialogs' value='0'>
   <embed width='420' height='360' src=<%=fileUrl %> type="audio/x-pn-realaudio-plu-
gin" controls="ImageWindow" autostart="true"
></embed></object>
```

2. 关键代码

歌曲试听页实现的关键是：如何根据要试听的歌曲 ID 获取其歌曲文件路径和歌词文件路径，以便分别通过 mediaPlayer 播放器和 Literal 控件播放歌曲和显示歌词。关键代码如下：

```
protected void Page_Load(object sender, EventArgs e)
{
    if (!IsPostBack)
    {
        //创建 SQL 语句，根据传人的歌曲 ID 更新歌曲的试听次数
        string sqlUp = "update tb_musicInfo set auditionSum=auditionSum+1 where id="
+ Request["id"];
        dataOperate.execSql(sqlUp);
        //创建 SQL 语句，根据歌曲的 ID 查询歌曲信息
        string sqlSel = "select * from tb_musicInfo where id=" + Request["id"];
        //调用公共类中的 getRow 方法并接收该方法返回的对象
        SqlDataReader sdr = dataOperate.getRow(sqlSel);
        //读取一条记录
        sdr.Read();
        //获取歌曲的路径
        fileUrl = setUrl("musicFile/" + sdr["musicPath"]);
        //获取歌曲的名称
        fileName = sdr["musicName"].ToString();
        //获取歌词
        str = File.ReadAllText(Server.MapPath("musicFile//" + sdr["lyricPath"]), System.
Text.Encoding.GetEncoding("gb2312"));
        //设置显示歌词的 div
        Literal1.Text += "<div align='center' id='lrcAreaDiv' style='height:60px; width:
350px;overflow:hidden;'>";
        Literal1.Text += "<table border='0' cellspacing='0' cellpadding='0' id='lrcArea'
width='100%' style='z-index:-1;position:relative; top:120px;'>";
        Literal1.Text += "<tr><td nowrap height='20' align='center'>";
        Literal1.Text += "<table border='0' cellspacing='0' cellpadding='0'>";
        Literal1.Text += "<tr><td nowrap height='20'><span id='lrcLine1' style='height:
20; color:#FF0000'>正在加载歌词……</span></td></tr>";
        Literal1.Text += "<tr style='position:relative; top: -20px; z-index:6;'>";
        Literal1.Text += "<td nowrap height='20'><div id='lrcLine_will1' class='lrcLine
_will'></div></td></tr></table>";
        Literal1.Text += "</td></tr>";
        //获取歌词中"["总数
        sysum = getStr(sdr["lyricPath"].ToString());
        //循环添加表格
        for (int i = 0; i < getStr(sdr["lyricPath"].ToString()); i++)
        {
```

```
            Literal1.Text += "<tr style='position:relative; top: " + -20 * i + "px;'><td
nowrap height='20' align='center'>";
            Literal1.Text += "<table border='0' cellspacing='0' cellpadding='0'>";
            Literal1.Text += "<tr><td nowrap height='20'><span id='lrcLine" + (i + 2) +
"' style='height:20'></span></td></tr>";
            Literal1.Text += "<tr style='position:relative; top: -20px; z-index:6;'>";
            Literal1.Text += "<td nowrap height='20'><div id='lrcLine_will" + (i + 2) +
"' class='lrcLine_will'></div></td>";
             Literal1.Text += "</tr></table></td></tr>";
        }
        Literal1.Text += "</table></div>";
    }
}
```

19.5.5 播放歌曲页设计

播放歌曲页中，播放用户所选择的所有歌曲，在该页面中用户还可以选择歌曲的播放模式，如顺序播放、随机播放和单曲播放等。播放歌曲页如图 19-8 所示。

图 19-8 播放歌曲页

1. 界面设计

播放歌曲页是在 playListMusic.aspx 页中实现的，该页面中所涉及到的主要控件如表 19-5 所示。

表 19-5　　　　　　　　playListMusic.aspx 页中用到的控件及说明

控件类型	控件名称	用　　途
Select	Select1	用于显示播放歌曲的列表
Button	btnIsPlay	实现选择播放
Button	btnSelectPlay	根据播放类型实现播放
DropDownList	ddlPlayType	用于选择歌曲的播放类型

另外，还需要使用 HTML 代码在 playListMusic.aspx 页面中添加一个 mediaPlayer 播放器，该播放器用来播放列表中的歌曲。添加播放器的 HTML 代码如下：

```
<object classid='clsid:6BF52A52-394A-11D3-B153-00C04F79FAA6' name='mediaPlayer' id=
'mediaPlayer' height='64' style="width: 359px">
<param name='url' value=<%=fileUrl %>>
<param name='volume' value='100'>
<param name='enablecontextmenu' value='0'>
<param name='enableerrordialogs' value='0'>
<param name='AutoStart' value='true'>
</object>
```

2. 关键代码

歌曲播放页实现的关键是：将所有选中要播放的歌曲显示到 Select 列表中，然后默认从第一首歌曲循环进行播放。关键代码如下：

```
//全局变量存储歌曲路径
public string fileUrl;
protected void Page_Load(object sender, EventArgs e)
{
    if (!IsPostBack)
    {
        //获取多个歌曲的 ID
        string[] sid = Request["id"].ToString().Split(',');
```

```
//清空播放列表
Select1.Items.Clear();
//循环添加歌曲的列表
for (int i = 0; i < sid.Length - 1; i++)
{
    //创建SQL语句,查询歌曲的名称
    string sql = "select musicName from tb_musicInfo where id=" + sid[i];
    //创建ListItem对象
    ListItem lit = new ListItem();
    //添加歌曲的id值
    lit.Value = sid[i];
    //添加歌曲的文本
    lit.Text = dataOperate.getTier(sql);
    //将所有歌曲添加到列表中
    Select1.Items.Add(lit);
}
//设置列表中第一个歌曲为选中状态
Select1.Items[0].Selected = true;
//创建SQL语句获取第一个歌曲的路径
string sqlSel = "select musicPath from tb_musicInfo where id=" + sid[0];
//设置路径
string url = "musicFile/" + dataOperate.getTier(sqlSel);
//将路径保存到全局变量中
fileUrl = setUrl(url);
}
```

19.5.6 搜索歌曲页设计

访问者在在线音乐网的导航栏上方区域,选择搜索条件并输入搜索关键字,单击"搜索"按钮,可进入到搜索歌曲页,该页中显示一共搜索到多少条记录,并将搜索到的所有歌曲显示在GridView控件中;另外,还可以对搜索到的歌曲进行选中、试听、播放和下载等操作。播放歌曲页如图19-9所示。

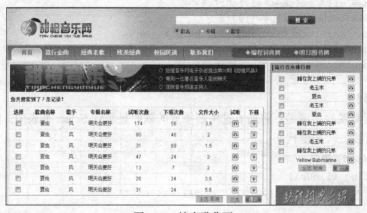

图 19-9 搜索歌曲页

1. 界面设计

播放歌曲页是在searchInfo.aspx页中实现的,该页面中所涉及到的主要控件如表19-6所示。

表 19-6　　　　　　　　　　　searchInfo.aspx 页中用到的控件及说明

控件类型	控件名称	用途
Label	labNum	显示搜索到的记录条数
GridView	gvMusic	显示歌曲的详细信息
	gvAudition	显示试听排行榜信息
ImageButton	imgBtnHaving	实现全选或全部取消歌曲的操作
	imgBtnReverse	实现反选歌曲的操作
	imgBtnPlay	实现播放歌曲的操作
	imgBtnAFull	实现全选或全部取消歌曲的操作
	imgBtnAPlay	实现播放歌曲的操作

```
protected void Page_Load(object sender, EventArgs e)
{
    if (!IsPostBack)
    {
        string type = Request["type"];                              //记录搜索类别
        string text = Request["text"];                              //记录搜索关键字
        string sqlSel = "select * from tb_musicInfo where " + type + " like '%" + text
 + "%'";                                                            //定义 SQL 查询语句
        gvMusic.DataSource = dataOperate.getRows(sqlSel);           //为 GridView 指定数据源
        gvMusic.DataKeyNames = new string[] { "id" };               //设置主键绑定字段
        gvMusic.DataBind();                                         //数据绑定
        labNum.Text = gvMusic.Rows.Count.ToString();                //显示查询到的记录总数
        bindAudition();
    }
}
//绑定 GridView 控件显示试听排行榜
protected void bindAudition()
{
    //定义查询歌曲试听排行的 SQL 查询语句
    string sqlSel = "select top 10 * from tb_musicInfo order by auditionSum desc";
    gvAudition.DataSource = dataOperate.getRows(sqlSel);   //为 GridView 指定数据源
    gvAudition.DataKeyNames = new string[] { "id" };       //设置主键绑定字段
    gvAudition.DataBind();                                 //数据绑定
}
```

19.6　调试运行

由于在线音乐网的实现比较简单，没有太多复杂的功能，因此，对于本程序的调试运行，总体上情况良好。但是，其中也出现了一些小问题，比如：

在歌曲详细信息页中，首先显示某种类型的所有歌曲，当用户通过复选框选择几个自己喜欢的歌曲进行播放时，则在播放歌曲页中播放用户所选择的歌曲，但在具体实现时，通过以下代码在歌曲详细信息页中显示某种类型的所有歌曲：

```
protected void Page_Load(object sender, EventArgs e)
{
    //调用自定义bindGV方法，显示歌曲的详细信息
    bindGV();
}
protected void bindGV()
{
    //创建SQL语句，该语句用来查询歌曲的详细信息
    string sqlSel = "select * from tb_musicInfo where musicType=" + Request["id"]
.ToString();
    //设置GridView控件的数据源
    gvMusic.DataSource = dataOperate.getRows(sqlSel);
    //设置GridView控件的主键
    gvMusic.DataKeyNames = new string[] { "id" };
    //绑定GridView控件
    gvMusic.DataBind();
}
```

运行在线音乐网，单击首页中流行金曲下方的"更多"按钮，进入到歌曲详细信息页。在该页中选择"全选"按钮，效果如图19-10所示。

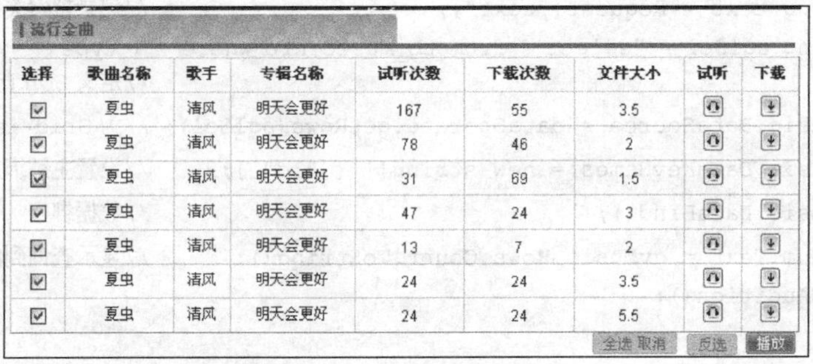

图19-10 全选所有歌曲

歌曲详细信息页中的所有歌曲被选择后，单击"播放"按钮，却出现了"请选择需要播放的歌曲"的提示，效果如图19-11所示。

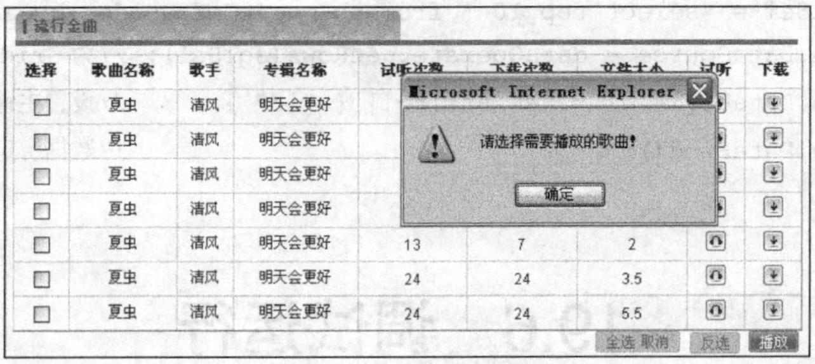

图19-11 错误提示

这时错误已经体现出来了，用户已经全选了所有歌曲，但是当单击"播放"按钮时，还会给出"请选择需要播放的歌曲"的提示，这主要是由于没有在页面加载事件中判断IsPostBack属性引起的。当用户单击"播放"按钮后，在页面加载事件中会调用自定义bindGV方法将歌曲的详细信息重新绑定到GridView控件上，而用户所选择的歌曲则会被取消掉，因此就会出现"请选择需要播放的歌曲"的提示。这里主要是由于忽略IsPostBack属性判断而引发的一个错误，该属性

用来获取一个布尔值，表示正为响应客户端回发而加载页面还是第一次加载页面。修改之后的代码如下：

```
protected void Page_Load(object sender, EventArgs e)
{
    if (!IsPostBack)
    {
        bindGV();
    }
}
```

19.7　课程设计总结

　　课程设计是一件很累人很伤脑筋的事情，在课程设计周期中，大家每天几乎都要面对着电脑数小时以上，上课时去机房写程序，回到宿舍还要继续奋斗。虽然课程设计很苦很累，有时候还很令人抓狂，不过它带给大家的并不只是痛苦的回忆，它不仅拉近了同学之间的距离，而且对大家学习计算机语言是非常有意义的。

　　在没有进行课程设计实训之前，大家对 ASP.NET 知识的掌握只能说是很肤浅，只知道分开来使用那些语句和语法，对它们根本没有整体观念，所以在学习时经常会感觉很盲目，甚至不知道自己学这些东西是为了什么；但是通过课程设计实训，不仅能使大家对 ASP.NET 有更深入的了解，还可以学到很多课本上学不到的东西，最重要的是，它让我们能够知道学习 ASP.NET 的最终目的和将来发展的方向。

第 20 章
课程设计——AJAX 许愿墙

本章要点
- AJAX 许愿墙的设计目的
- AJAX 许愿墙的开发环境要求
- AJAX 许愿墙的功能结构及业务流程
- AJAX 许愿墙的数据库设计
- 主要功能模块的界面设计
- 主要功能模块的关键代码
- AJAX 许愿墙的调试运行

在大型网站上每当到喜庆的节假日时，都会开通一个许愿墙，让用户将自己的祝福或愿望写在网络字条上，然后将其贴在许愿墙上，这样不仅可以烘托节日喜庆气氛，还可以增加网站访问量。本章将会讲解使用 AJAX 技术开发许愿墙网站的实现过程。

20.1 课程设计目的

本章提供了"AJAX 许愿墙"作为这一学期的课程设计之一，本次课程设计旨在提升学生的动手能力，加强大家对专业理论知识的理解和实际应用。本次课程设计的主要目的如下所述。
- ❑ 加深对面向对象程序设计思想的理解，能对网站功能进行分析，并设计合理的类结构。
- ❑ 掌握 ASP.NET 网站的基本开发流程。
- ❑ 掌握 AJAX 技术在实际开发中的应用。
- ❑ 掌握 ADO.NET 技术在实际开发中的应用。
- ❑ 掌握用户控件的使用。
- ❑ 掌握主题的使用。
- ❑ 提高网站的开发能力，能够运用合理的控制流程编写高效的代码。
- ❑ 培养分析问题、解决实际问题的能力。

20.2 功能描述

许愿墙是指将愿望或祝福写成字条贴在许愿墙上，本章结合 AJAX 技术提供给用户更好的视觉体验（即页面的无刷新显示、友好信息提示、可以拖放和关闭字条等），通过该网站，用户可以许下心中的愿望。AJAX 许愿墙网站的主要功能如下所述。
- 美观友好的操作界面，能保证网站的易用性。
- 随机显示用户许的愿望，并且可以拖放和关闭。
- 针对祝福对象发送祝福。
- 发送祝福时选择字条颜色。
- 发送祝福时选择心情图案。
- 发送祝福时实时预览字条的效果。

20.3 总体设计

20.3.1 构建开发环境

AJAX 许愿墙的开发环境具体要求如下所述。
- 开发平台：Microsoft Visual Studio 2010。
- 开发语言：ASP.NET+C#+HTML+JavaScript。
- 数据库：SQL Server 2008。
- 开发平台：Windows XP（SP2）/Windows Server 2003（SP2）/Windows 7。
- 系统框架：Microsoft .NET Framework 4.0。
- IIS 服务器：IIS 7.x 版本。
- 浏览器：IE 8.0 以上版本、Firefox 等。
- 分辨率：最佳效果 1024×768 像素。

20.3.2 网站功能结构

在 AJAX 许愿墙网站中，用户可以发送祝福（填写祝福对象、祝福者、字条内容等信息，还可以选择心情图案、字条颜色等）；而在许愿墙上可以浏览到发送祝福的字条，并且可以拖放和关闭字条。

AJAX 许愿墙的功能结构图如图 20-1 所示。

20.3.3 业务流程图

AJAX 许愿墙的业务流程图如图 20-2 所示。

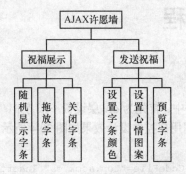

图 20-1　AJAX 许愿墙的功能结构图

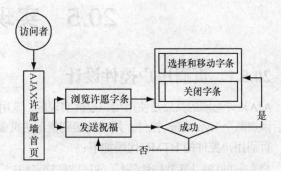

图 20-2　AJAX 许愿墙网站的业务流程图

20.4 数据库设计

AJAX 许愿墙网站采用 SQL Server 2008 数据库,该数据库作为目前常用的数据库,在安全性、准确性和运行速度方面有绝对的优势,并且处理数据量大、效率高,而且可与 SQL Server 2000、SQL Server 2005 数据库无缝连接。

20.4.1 数据库实体图

根据实际调查对网站所做的需求分析,规划出本系统中使用的数据库实体主要是许愿信息实体,该实体用来保存 AJAX 许愿墙站中发送的祝福相关信息,主要包括编号、祝福者、祝福对象、祝福内容、祝福背景样式、心情图案和许愿时间等。许愿信息实体图如图 20-3 所示。

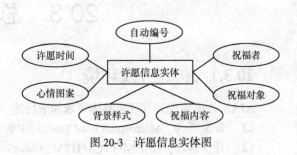

图 20-3 许愿信息实体图

20.4.2 数据表设计

结合实际情况及对用户需求的分析,AJAX 许愿墙的 db_AjaxWall 数据库中需要创建一个保存许愿信息的数据表,该数据表命名为 Wall,Wall 数据表的结构及说明如表 20-1 所示。

表 20-1　　　　　　　　　　　　Wall 数据表的结构及说明

字段名	数据类型	字段大小	说　明
id	int	4	自动编号
UserName	varchar	50	祝福者
To_person	varchar	50	祝福对象
Wishing	varchar	100	祝福内容
BackColor	varchar	50	祝福的背景样式
Mood	varchar	50	心情图案
AddDate	datetime	8	许愿时间

20.5 实现过程

20.5.1 页眉用户控件设计

AJAX 许愿墙的页眉是使用用户控件实现的,该用户控件中,首先为 div 层设置一张背景图片,然后添加两个 HyperLink 控件,用来链接到指定的页面。页眉用户控件设计效果如图 20-4 所示。

页眉用户控件的 HTML 代码如下:

```
<%@ Control Language="C#" AutoEventWireup="true" CodeFile="top.ascx.cs" Inherits="top"%>
```

```
<div>
  <div style="width:100%; height:186px; background-image:url('images/banner.gif')"></div>
  <div id="menu"
      style="width:100%; height:27px; border-top:2px solid #3D9A13;border-bottom:2px
solid #3D9A13;padding:2px 0 0 5px; vertical-align:middle;">
         
    <asp:HyperLink ID="HyperLink1" runat="server" ImageUrl="~/Images/btn_index.gif"
       NavigateUrl="~/Default.aspx"></asp:HyperLink>
   
    <asp:HyperLink ID="HyperLink2" runat="server" ImageUrl="~/Images/btn_music.gif"
       NavigateUrl="~/Wish.aspx"></asp:HyperLink>
  </div>
</div>
```

图 20-4　页眉用户控件设计效果

20.5.2　页脚用户控件设计

AJAX 许愿墙的页脚是使用用户控件实现的，该用户控件主要使用 div 层显示一张背景图片。页脚用户控件设计效果如图 20-5 所示。

图 20-5　页脚用户控件设计效果

页脚用户控件的 HTML 代码如下：

```
<%@ Control Language="C#" AutoEventWireup="true" CodeFile="bottom.ascx.cs" Inherits=
"bottom" %>
<div style="width:100%; height:186px; background-image:url('images/bg_bottom.jpg')"
></div>
```

20.5.3　生成验证码页设计

AJAX 许愿墙中发送祝福时，需要使用验证码进行验证，本网站中生成验证码的功能是在 ValidateCode.aspx 页中实现的。

在 ValidateCode.aspx 页中实现生成验证码功能时，主要定义了两个自定义方法 GenerateCheckCode 和 CreateCheckCodeImage，其中，GenerateCheckCode 方法用来生成 4 位数字的验证码，关键代码如下：

```
private string GenerateCheckCode()
{
    //创建整型变量
    int number;
    //创建字符型变量
    char code;
    //创建字符串变量并初始化为空
    string checkCode = String.Empty;
    //创建 Random 对象
```

```
Random random = new Random();
//使用 For 循环生成 4 个数字
for (int i = 0; i < 4; i++)
{
    //生成一个随机数
    number = random.Next();
    //将数字转换成为字符型
    code = (char)('0' + (char)(number % 10));
    checkCode += code.ToString();
}
//将生成的随机数添加到 Cookies 中
Response.Cookies.Add(new HttpCookie("CheckCode", checkCode));
//返回字符串
return checkCode;
}
```

CreateCheckCodeImage 方法用来将生成的 4 位验证码绘制成图片进行输出，关键代码如下：

```
private void CreateCheckCodeImage(string checkCode)
{
    //判断字符串不等于空和 null
    if (checkCode == null || checkCode.Trim() == String.Empty)
        return;
    //创建一个位图对象
    System.Drawing.Bitmap image = new System.Drawing.Bitmap((int)Math.Ceiling((checkCode.Length * 12.5)), 22);
    //创建 Graphics 对象
    Graphics g = Graphics.FromImage(image);
    try
    {
        //生成随机生成器
        Random random = new Random();
        //清空图片背景色
        g.Clear(Color.White);
        //画图片的背景噪音线
        for (int i = 0; i < 2; i++)
        {
            int x1 = random.Next(image.Width);
            int x2 = random.Next(image.Width);
            int y1 = random.Next(image.Height);
            int y2 = random.Next(image.Height);
            g.DrawLine(new Pen(Color.Black), x1, y1, x2, y2);
        }
        Font font = new System.Drawing.Font("Arial", 12, (System.Drawing.FontStyle.Bold));
        System.Drawing.Drawing2D.LinearGradientBrush brush = new System.Drawing.Drawing2D.LinearGradientBrush(new Rectangle(0, 0, image.Width, image.Height), Color.Blue, Color.DarkRed, 1.2f, true);
        g.DrawString(checkCode, font, brush, 2, 2);
        //画图片的前景噪音点
        for (int i = 0; i < 100; i++)
        {
            int x = random.Next(image.Width);
            int y = random.Next(image.Height);
            image.SetPixel(x, y, Color.FromArgb(random.Next()));
        }
        //画图片的边框线
        g.DrawRectangle(new Pen(Color.Silver), 0, 0, image.Width - 1, image.Height - 1);
```

```
            //将图片输出到页面上
            System.IO.MemoryStream ms = new System.IO.MemoryStream();
            image.Save(ms, System.Drawing.Imaging.ImageFormat.Gif);
            Response.ClearContent();
            Response.ContentType = "image/Gif";
            Response.BinaryWrite(ms.ToArray());
        }
        finally
        {
            g.Dispose();
            image.Dispose();
        }
    }
```

20.5.4　AJAX 许愿墙首页设计

AJAX 许愿墙首页主要用来以字条的形式随机显示数据库中存储的所有祝福信息，而且用户可以使用鼠标拖放和关闭字条。AJAX 许愿墙首页如图 20-6 所示。

图 20-6　AJAX 许愿墙首页

1. 界面设计

AJAX 许愿墙首页是在 Default.aspx 页中实现的，该页面设计时，首先使用创建的 top.ascx 用户控件和 bottom.ascx 用户控件作为 AJAX 许愿墙首页的页眉和页脚，然后使用 div 层在该页的中间部分显示字条。Default.aspx 设计页面的 HTML 代码如下：

```
<form id="form1" runat="server">
    <uc1:top ID="top1" runat="server" />
    <div style="background-image:url('images/bg.jpg'); height:600px">
    <%= AllWishing %>
    </div>
    <uc2:bottom ID="bottom1" runat="server" />
</form>
```

　　　上面的 HTML 代码中，用到了 AllWishing 变量，该变量是在 Default.aspx.cs 中声明的，用来存储所有的字条内容。

2. 关键代码

AJAX 许愿墙首页中以字条形式随机显示所有祝福信息的功能主要是通过一个自定义的 BindWishingData 方法实现的，该方法关键代码如下：

```csharp
private void BindWishingData()
{
    //获取祝福信息
    Wishing wh = new Wishing();
    DataSet ds = wh.GetWishing();
    if (ds == null || ds.Tables.Count <= 0 || ds.Tables[0].Rows.Count <= 0) return;
    StringBuilder sbWishing;
    StringBuilder sbAllWishing = new StringBuilder();
    int leftIndex;
    int topIndex;
    foreach (DataRow row in ds.Tables[0].Rows)
    {
        leftIndex = BoardRandom.Next(30,750);
        topIndex = BoardRandom.Next(210, 420);
        sbWishing = new StringBuilder();
        sbWishing.Append("<div id=\"divWishing" + row["ID"].ToString() + " \" class=\""
            + row["BackColor"].ToString() + "\" ");
        //添加位置样式
        sbWishing.Append("style=\"position:absolute;");
        sbWishing.Append("left:" + leftIndex + "px;");
        sbWishing.Append("top:" + topIndex + "px;");
        sbWishing.Append("z-index:" + row["ID"].ToString() + ";\" ");
        //添加鼠标事件
        sbWishing.Append("onMouseDown=\"getPanelFocus(this);Down(this)\">");
        //添加详细信息
        sbWishing.Append("<p class='Num'>字条编号：" + row["ID"].ToString() );
        sbWishing.Append("<img src='images/close.gif' alt='关闭' onClick=\"ssdel()\">");
        sbWishing.Append("</p><br/>");
        sbWishing.Append("<p class='Detail'>");
        sbWishing.Append("<img src=\"images/mood/face_" + row["Mood"].ToString() +
".gif" + "\">");//心情图案
        sbWishing.Append("<span class='wishMan'>" + row["To_person"].ToString() +
"</span><br />");//祝福对象
        sbWishing.Append(row["Wishing"].ToString() + "</p>");//祝福内容
        sbWishing.Append("<p class='wellWisher'>" + row["UserName"].ToString() +
"</p>");//祝福者
        //发送时间
        sbWishing.Append("<p class='Date'>" + row["AddDate"].ToString() + "</p>");
        sbWishing.Append("</div>");
        //追加到输出字符串中
        sbAllWishing.Append(sbWishing.ToString());
    }
    //将当前祝福板的内容添加到输出字符串中
    AllWishing += sbAllWishing.ToString();
}
```

AJAX 许愿墙首页中的字条拖放和关闭功能主要是通过 JavaScript 脚本实现的，关键代码如下：

```javascript
<script language="javascript" type="text/javascript">
//-- 控制层删除 -->
function ssdel()
{
```

```
        if(event)
        {
            lObj = event.srcElement;
            while (lObj && lObj.tagName != "DIV") lObj = lObj.parentElement ;
        }
        var id = lObj.id
        document.getElementById(id).removeNode(true);
}
//-- 控制层删除 -->
//-- 控制层移动 -->
var Obj=''
var index=10000;    //z-index 的值
document.onmouseup=Up;
document.onmousemove=Move;
function Down(Object)
{
    Obj = Object.id;
    document.all(Obj).setCapture();
    pX = event.x - document.all(Obj).style.pixelLeft;
    pY = event.y - document.all(Obj).style.pixelTop;
}
function Move()
{
    if(Obj != '')
    {
        document.all(Obj).style.left = event.x - pX;
        document.all(Obj).style.top = event.y - pY;
    }
}
//-- 控制层移动 -->
function Up()
{
    if(Obj != '')
    {
        document.all(Obj).releaseCapture();
        Obj='';
    }
}
//获取祝福板的焦点
function getPanelFocus(obj)
{
    if(obj.style.zIndex!=index)
    {
        index = index + 2;
        var idx = index;
        obj.style.zIndex=idx;
    }
}
</script>
```

20.5.5 发送祝福页设计

发送祝福页用来对指定的祝福对象发送祝福，在该页的左侧输入祝福对象、祝福者和祝福内容，并选择字条颜色、心情图案后，在该页的右侧可以预览字条的最终效果。发送祝福页如图 20-7 所示。

1. 界面设计

发送祝福页是在 Wish.aspx 页中实现的，该页面中所涉及的主要控件如表 20-2 所示。

图 20-7 发送祝福页

表 20-2　　　　　　　　　　　　Wish.aspx 页中用到的控件及说明

控件类型	控件名称	用　　途
ScriptManager	smWish	用于脚本管理
UpdatePanel	upWish	用于局部更新
TextBox	tbObject	输入祝福对象
	tbUser	输入祝福者
	tbContent	输入字条内容
	tbValid	输入验证码
RequiredFieldValidator	rfObject	验证祝福对象不为空
	rfUser	验证祝福者不为空
	rfContent	验证字条内容不为空
	rfValid	验证验证码不为空
TextBoxWatermarkExtender	tbWExdObject	为祝福对象文本框添加水印效果
	tbwExdUser	为祝福者文本框添加水印效果
ValidatorCalloutExtender	vcExdObject	多样式验证祝福对象
	vcExdUser	多样式验证祝福者
HiddenField	hfColor	记录选择的字条颜色
Input (Hidden)	hdUrl	记录选择的心情图案
Button	btnSend	"发送祝福"按钮

2. 关键代码

发送祝福页中，当用户输入祝福对象、祝福者、祝福内容，或者选择字条颜色、心情图案时，可以实时显示预览效果，该功能主要是通过 JavaScript 脚本实现的，关键代码如下：

```
<script language="javascript" type="text/javascript">
    function InputInfo(OriInput, GoalArea) {
        document.getElementById(GoalArea).innerHTML = OriInput.value;
    }
</script>
```

选择字条颜色并预览的关键代码如下：

```
protected void lbtnColor_Command(object sender, CommandEventArgs e)
{
```

```csharp
        try
        {
            //设置字条预览 div 标记的 class 样式
            preview.Attributes["class"] = "Style" + e.CommandArgument.ToString();
            //保持选定的心情图案
            if (hdUrl.Value != "0")
            {
                pFace.Src = "images/mood/face_" + hdUrl.Value + ".gif";
            }
            //记录字条样式
            hfColor.Value = "Style" + e.CommandArgument.ToString();
            //保持选定的心情图案类别
            GetFaces(flag);
        }
        catch(Exception ex)
        {
            throw new Exception(ex.Message,ex);
        }
    }
```

选择心情图案并预览的关键代码如下:

```csharp
protected void lbtnMood_Command(object sender, CommandEventArgs e)
{
    int i = Int32.Parse(e.CommandArgument.ToString());
    flag = i;
    GetFaces(flag);
}
//显示心情图案
private void GetFaces(int num)
{
    //根据 num 值显示对应行上的 6 张图片
    for (int i = num; i <= num; i++)
    {
        TableRow row = new TableRow();
        for (int j = 0; j <= 5; j++)
        {
            TableCell cell = new TableCell();
            cell.HorizontalAlign = System.Web.UI.WebControls.HorizontalAlign.Center;
            cell.Width = 42;
            cell.Height = 42;
            //在 img 标记的 onclick 事件中触发图片预览,并记录图片名称
            cell.Text = "<img style=\"cursor:hand\" width=56 height=56 onclick=\"document.all.pFace.src=this.src;document.all.hdUrl.value=" + (i * 6 + j).ToString() + "\" src=\"images\\mood\\face_" + (i * 6 + j).ToString() + ".gif\">";
            row.Cells.Add(cell);
        }
        tabMood.Rows.Add(row);
    }
}
```

发送祝福页实现的主要功能是对指定的祝福对象发送祝福,实质上就是将用户输入的祝福相关信息添加到数据库中,实现该功能的关键代码如下:

```csharp
protected void btnSend_Click(object sender, EventArgs e)
{
```

```
            string ValidateCode = tbValid.Text.Trim();          //获取输入的验证码
            if (Request.Cookies["CheckCode"].Value == ValidateCode)
            {
                Wishing wh = new Wishing();
                if (wh.AddWishing(tbUser.Text.Trim(), tbObject.Text.Trim(), tbContent.Text,
hfColor.Value, hdUrl.Value) > 0)
                {
                    ScriptManager.RegisterStartupScript(this, GetType(), "", "alert('成功发送
祝福!');location.href='Default.aspx';", true);
                }
                else
                {
                    ScriptManager.RegisterStartupScript(this, GetType(), "", "alert('发送祝福
失败!');location.href='Wishing.aspx';", true);
                }
            }
            else
            {
                ScriptManager.RegisterStartupScript(this, GetType(), "", "alert('验证码不正确!
');", true);
                GetFaces(flag);
            }
        }
```

上面代码中实现将用户输入的祝福相关信息添加到数据库中时，主要是调用一个自定义的 AddWishing 方法实现的，该方法实现的关键代码如下：

```
    public int AddWishing(string UserName, string To_person, string Wishing, string BackColor, string Mood)
    {
        SqlConnection conn = new SqlConnection(connstr);         //创建 Connection 对象
        string sqlstr = "insert into Wall(UserName,To_person,Wishing,BackColor,Mood)
values(@UserName,@To_person,@Wishing,@BackColor,@Mood)";         //定义 SQL 语句
        SqlCommand cmd = new SqlCommand(sqlstr,conn);            //创建 Command 对象
        //设置参数并赋值
        cmd.Parameters.Add("@UserName",SqlDbType.VarChar,50).Value = UserName;
        cmd.Parameters.Add("@To_person", SqlDbType.VarChar, 50).Value = To_person;
        cmd.Parameters.Add("@Wishing", SqlDbType.VarChar, 50).Value = Wishing;
        cmd.Parameters.Add("@BackColor", SqlDbType.VarChar, 50).Value = BackColor;
        cmd.Parameters.Add("@Mood", SqlDbType.VarChar, 50).Value = Mood;
        int result = -1;                                         //定义变量
        try
        {
            conn.Open();                                         //连接数据库
            result = cmd.ExecuteNonQuery();                      //执行 SQL 命令
        }
        catch(Exception ex)
        {
            throw new Exception(ex.Message,ex);
        }
        finally
        {
            conn.Close();                                        //关闭连接
        }
        return result;
    }
```

20.6 调试运行

由于 AJAX 许愿墙的实现比较简单,没有太多复杂的功能,因此,对于本程序的调试运行,总体上情况良好,在调试程序代码时,没有发现大问题,但在调试设计界面时,遇到了界面错位的情况。比如:

在设计发送祝福页(Wish.aspx)时,设计页面中的布局是整齐合理的,如图 20-8 所示。

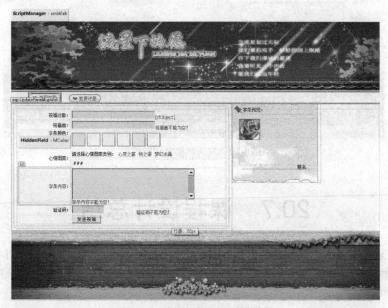

图 20-8 发送祝福页的设计效果

但在 IE 浏览器中浏览发送祝福页时,页脚却发生了错位,如图 20-9 所示。

图 20-9 浏览发送祝福页时页脚发生了错位

这时只需在发送祝福页的 HTML 代码中的 UpdatePanel 控件下方添加多个换行符(<br />)即可,调整布局之后的发送祝福页运行效果如图 20-10 所示。

图 20-10 发送祝福页运行效果

20.7 课程设计总结

通过 AJAX 许愿墙这个课程设计实训,不仅能够让大家熟悉一个完整 ASP.NET 网站的基本开发流程,而且能够巩固 ADO.NET 技术的应用,并掌握 AJAX 异步刷新技术在实际开发中的应用。

附 录
C#语言基础

C#语言是 Microsoft 公司设计的一门简单、现代、优雅、面向对象、类型安全、平台独立的组件编程语言,是.NET 的关键性语言,也是整个.NET 平台的基础。

A.1 C#语言简介

C#(读做 C Sharp)是微软公司推出的一种简洁、功能强大、类型安全的面向对象的高级编程语言,C#语言是从 C 和 C++还有 Java 演化而来的,所以吸取了以前的教训,考虑了其他语言的优点,并解决了它们的问题。C#凭借它的许多创新,在保持 C 语言的表示形式和优美的同时,实现了程序的快速开发。无论 Windows 应用程序还是 Web 应用程序(ASP.NET)都可以简单快速地开发。

C#语言是 Microsoft 专门为使用.NET 平台而创建的,并且运行在.NET CLR 上。.NET Framework 就是用 C#语言编写的,所以 C#语言是.NET 技术核心开发语言。

B.2 代码编写规则

B.2.1 代码书写规则

1. 按照命名规范书写代码

在编写程序时,需要为各种变量以及自定义的数据类型设置适当的名称,C#的命名规则如下。

由英文字母、数字和下划线组成。

英文字母的大小写要加以区别。

不允许使用数字开头。

不能用 C#中的关键字。

2. 统一代码缩进格式

很多人编写程序时不注意程序的版式结构,这样做虽然不会影响程序的功能,但是程序的可读性会大大下降。

C#语言的格式很自由,这意味着换行、空格、空行和制表符等空白在程序运行时都会被忽略。程序员可以使用空白让代码按照特定的风格缩进或分开,使程序更加清晰易懂。

使用缩进的样式很多,程序员可以根据自己的习惯选择一种样式进行缩进。一般常用的样式有以下两种。

(1)把大括号和条件语句对齐并缩进语句。

```
if(a > b)
{
    t = a;
    a = b;
    b = t;
}
```

（2）将起始大括号放在条件后，而结束大括号对齐条件语句并缩进语句。

```
if(a > b)
{
    t = a;
    a = b;
    b = t;
}
```

B.2.2 代码注释及规则

为了使编写的程序在一段时间后仍然能让开发人员清楚地知道每一条语句、每一段代码的用途，同时也为了帮助他人理解程序，在编程时应该使用注释。注释是不进行编译的文本，可以在关键的地方使用它来说明代码的用途。在C#语言中有如下两种注释方法。

单行注释：以"//"开始的代码，到所在行结束。

多行注释：以"/*"与"*/"之间的代码。

例如，单行注释。

```
int i = 0;        //声明一个整型变量
```

例如，多行注释。

```
/*
 * 声明一个整型变量
 * 用于实现类加计算
 */
int i = 0;
```

C.3 数据类型

C#中的数据类型包括两种：一种是值类型，一种是引用类型。值类型直接存储值，而引用类型存储的是对值的引用。与引用类型不同，从值类型不可能派生出新的类型。值类型不可能包含null 值，但引用类型可以。

C.3.1 数值类型

数值（Numeric）类型属于值类型，数值类型包括整数、浮点型、decimal 三种类型，下面对这三种数据类型进行详细介绍。

❑ 整型

表 1 所示显示了整型的大小和范围，这些类型构成了简单类型的一个子集。

表1　　　　　　　　　　　　　　　整型的大小和范围

类　　型	范　　围	大　　小
sbyte	−128 到 127	有符号 8 位整数
byte	0 到 255	无符号 8 位整数

续表

类 型	范 围	大 小
char	U+0000 到 U+ffff	16 位 Unicode 字符
short	−32,768 到 32,767	有符号 16 位整数
ushort	0 到 65,535	无符号 16 位整数
int	−2,147,483,648 到 2,147,483,647	有符号 32 位整数
uint	0 到 4,294,967,295	无符号 32 位整数
long	−9,223,372,036,854,775,808 到 9,223,372,036,854,775,807	有符号 64 位整数
ulong	0 到 18,446,744,073,709,551,615	无符号 64 位整数

❏ 浮点型

表 2 显示了浮点型的精度和范围。

表 2   浮点型的精度和范围

类 型	范 围	精 度
float	±1.5e−45 到 ±3.4e38	7 位
double	±5.0e−324 到 ±1.7e308	15 到 16 位

❏ decimal 类型

decimal 关键字表示 128 位数据类型。同浮点型相比，decimal 类型具有更高的精度和更小的范围，适合于财务和货币计算。decimal 类型的范围和精度如表 3 所示。

表 3   decimal 类型的范围和精度

类 型	大致范围	精 度	.NET Framework 类型
decimal	±1.0 × 10e−28 至 ±7.9 × 10e28	28 到 29 位有效位	System.Decimal

C.3.2　字符串类型

string（字符串）类型属于引用类型，string 类型表示 Unicode 字符的字符串。C#字符串是使用 string 关键字声明的一个字符数组。字符串是使用引号声明的，如下所示：

```
string s = "Hello, World!";
```

可以提取子字符串和连接字符串，如下所示：

```
string s1 = "orange";
string s2 = "red";
s1= s1+s2;    //s1 结构为 orange red
```

C.3.3　日期类型

DateTime（日期类型）属于值类型，表示值范围在公元（基督纪元）0001 年 1 月 1 日午夜 12:00:00 到公元（C.E.）9999 年 12 月 31 日晚上 11: 59:59 之间的日期和时间。时间值以 100 毫微秒为单位（该单位称为刻度）进行计量，而特定日期是自 GregorianCalendar 日历中公元（C.E.）0001 年 1 月 1 日午夜 12:00 以来的刻度数。例如，刻度值 31241376000000000L 表示 0100 年 1 月 1 日（星期五）午夜 12:00:00。DateTime 值始终在显式或默认日历的上下文中表示。

> 在 .NET Framework 2.0 版以前，DateTime 结构包含一个 64 位字段，该字段由一个未使用的 2 位字段和一个私有字段 Ticks 串联组成，Ticks 字段是一个 62 位无符号字段，其中包含表示日期和时间的刻度数。Ticks 字段的值可通过 Ticks 属性获取。
>
> 从 .NET Framework 2.0 开始，DateTime 结构包含一个由私有字段 Kind 和 Ticks 字段串联组成的 64 位字段。Kind 字段是一个 2 位字段，它指示 DateTime 结构是表示本地时间、协调通用时间（UTC）还是 UTC 和本地时间都未指定。Kind 字段用于处理本地时间和 UTC 时间之间的转换，但不用于时间的比较或算术运算。Kind 字段的值可通过 Kind 属性获取。

DateTime 类型的时间值描述通常使用协调通用时间(UTC)标准来表达，它是格林威治标准时间(GMT)的国际识别名。协调通用时间是在经度零度（即 UTC 原点）测量到的时间。夏时制不适用于 UTC。

本地时间是相对于特定时区而言。时区与时区偏移量关联，它是时区从 UTC 原点算起的以小时为单位的偏移量。此外，本地时间有可能受夏时制影响，夏时制会对日长增加或减少一小时。因此，本地时间的计算是将时区偏移量加上 UTC，如有必要，再根据夏时制进行调整。UTC 原点的时区偏移量为零。

UTC 时间适合于计算、比较日期和时间，以及将日期和时间存储在文件中。本地时间适合于在用户界面中显示。如果 DateTime 对象的 Kind 属性为 Unspecified，则其未指定表示的时间为本地时间还是 UTC 时间。各个 DateTime 成员针对该成员相应地处理未指定的时间。

C.3.4　布尔类型

布尔类型属于值类型，bool 关键字是 System.Boolean 的别名。它用于声明变量来存储布尔值 true（真）和 false（假）。

C.3.5　数据类型的转换

1. 隐式类型转换

数字到货币，日期到日期时间，简单类型到同一基础简单类型的范围值时，C#会自动发生类型转换。变量的数据类型决定了表达式转换的目标数据类型。例如：

```
int i=123;
decimal money=i;    //数字转货币
float f=i;          //整型转单精度
```

下面是隐式类型转换，如表 4 所示。

表 4　　　　　　　　　　　　　　　隐式类型转换表

源类型	目标类型
sbyte	Short、int、long、float、double、或decimal
byte	short、ushort、int、uint、long、ulong、float、double 或 decimal
short	int、long、float、double 或 decimal
ushort	int、uint、long、ulong、float、double 或 decimal
int	long、float、double 或 decimal

续表

源类型	目标类型
uint	long、ulong、float、double 或 decimal
char	ushort、int、uint、long、ulong、float、double 或 decimal
float	double
ulong	float、double 或 decimal
long	float、double 或 decimal

2. 显式类型转换

数据类型标识符（在括号中），后面跟要转换的表达式，或者使用 Convert 关键字进行数据类型强制转换。显式转换比隐式转换需要更多键入，但使用户对结果更有把握。而且，显式转换可以处理有信息丢失的转换。使用强制转换执行显式转换。

在 C#语言中，若要将某个表达式显式转换为特定数据类型，可使用显式强制转换调用转换运算符，将数据从一种类型转换为另一种类型。

下面的示例代码使用显式转换将一个单精度值转换为一个整数值。

```
float f = 123.45;
int i = (int)f;
```

或

```
float f = 123.45
int i =Convert.ToInt32(f);
```

 在进行数据类型的转换编程时，最好显式地给出转换的类型。这样既方便程序的阅读和维护，也不易导致错误。

D.4 变量和常量

D.4.1 变量和常量的概念

变量表示存储位置。每个变量都具有一个类型，这个类型确定了该变量中可以存储哪些值。C#是一种类型安全的语言，C#编译器保证了存储在变量中的值总是具有合适的类型。变量的值可以通过进行赋值或++和--运算符来更改。变量是指在程序运行过程中其值可以不断变化的量。变量通常用来保存程序运行过程中的输入数据、计算获得的中间结果和最终结果。变量的命名规则必须符合标识符的命名规则，并且变量名尽量要有意义，以便阅读。

变量的作用非常重要，它代表一个特定的数据项或值。与常量不同，变量可以反复赋值。变量关系到数据的存储，它就像一个盒子，储存着各种不同的数据。尽管计算机中存储的数据都是0和1的组合，但变量是存在类型差别的。

C#中规定，使用变量前必须声明。变量的声明同时规定了变量的类型和变量的名字。变量的声明采用如下规则：

<type><name>;

使用未声明的变量是不会通过程序编译的。C#中并不要求在声明变量时同时初始化变量，即为变量赋初值，但为变量赋初值通常是一个好习惯。

C#中可以声明的变量类型并不仅限于C#预先定义的那些。因为C#有自定义类型的功能,开发人员可以根据自己的需要建立各种特定的数据类型以方便存储复杂的数据。

声明变量非常简单,下面的例子便声明了一个整型变量 a:

```
int a;
```

还可以在声明变量的同时为变量赋初值,如下:

```
bool b=true;
```

这条代码在声明布尔型变量的同时,将其初值设置为真。

可以在同一行中同时声明多个变量,如下:

```
int b,c;
int d=1,e=2;
```

每一个变量都有自己的名称,但 C#规定不能用任意字符作为变量名。变量的命名规则有以下几条。

- 变量的第一个字符必须是字母、下划线"_"或"@"。
- 后面的字母可以是字母、下划线或数字。
- 变量的名称不能使用 C#的关键字。

C#的关键字如表 5 所示。

表 5　　　　　　　　　　　　　　　C#关键字

关键字			
abstract	event	new	Struct
as	explicit	null	Switch
base	extern	object	This
bool	false	operator	Throw
break	finally	out	True
byte	fixed	override	Try
case	float	params	Typeof
catch	for	private	Uint
char	foreach	protected	Ulong
checked	goto	public	Unchecked
class	if	readonly	Unsafe
const	implicit	ref	Ushort
continue	in	return	Using
decimal	int	sbyte	Virtual
default	interface	sealed	Volatile
delegate	internal	short	Void
do	is	sizeof	While
double	lock	Stackalloc	
Else	lock	static	
enum	namespace	String	

另外,值得注意的是 C#区分大小写,使用变量时必须按照正确的大小写引用。

D.4.2　变量的声明和赋值

在 C#语言中,变量可分为静态变量、实例变量、数组变量、局部变量、值参数、引用参数和输出参数这 7 种类型。下面分别对这 7 种变量进行讲解。

1. 静态变量

通过 static 修饰符声明的变量称为静态变量。静态变量只有被创建并加载后才会生效，同样，被卸载后会失效。无论创建多少静态变量，且只有一个副本。

例如，声明一个整型的静态变量 a，代码如下：

```
class Program
{
    public static int a;                //声明一个整型的静态变量 a
}
```

2. 实例变量

声明变量时，没有 static 修饰的变量称为实例变量。当类被实例化时，隶属于该类的实例变量被生成。当不在有关于这个实例的引用，而且实例的析构函数执行后，此实例变量失效。类中实例变量的初始值为这种类型变量的默认值。为了方便进行赋值检查，类中的实例变量是初始化的。

例如，声明一个整型的实例变量 a，代码如下：

```
class Program
{
    int a;                              //声明一个整型的实例变量 a
}
```

3. 数组变量

数组元素随着数组的存在而存在，当任意一个数组实例被创建时，该数组元素也同时被创建。每个数组元素的初始值都是其数组元素类型的默认值。出于明确赋值检查的目的，数组元素被视为初始已赋值。

例如，声明一个整型的数组变量 num，代码如下：

```
class Program
{
    int[] a = new int[8];               //声明一个整型数组变量 num
}
```

4. 局部变量

具有局部作用域的变量，称为局部变量，只是在定义它的块内起作用。所谓块指的是大括号"{"和"}"之间的所有内容。块内可以是一条语句，也可以是多条语句或者空语句。局部变量从被声明的位置开始起作用，当块结束时，局部变量也就消失。

例如声明一个整型的局部变量，代码如下：

```
static void Main(string[] args)
{
    int a;                              //声明一个整型的局部变量 a
}
```

局部变量需要注意初始化问题，局部变量需要人工赋值后才能使用。

D.4.3 定义常量

常量又叫常数，它主要用来存储在程序运行过程中值不改变的数据。常量也有数据类型，C# 语言中，常量的数据类型有多种，主要有 sbyte、byte、short、ushort、int、uint、long、ulong、char、float、double、decimal、bool 和 string 等。

常数被声明为字段，声明时在字段的类型前面使用 const 关键字。常数必须在声明时初始化。

例如：
```
class Date
{
    public const int hour=24;
}
```
在此示例中，常数 hour 将始终为 24，不能更改。另外，可以同时声明多个相同类型的常数，例如：
```
class Date
{
    public const int hour=24 ,min=hour*60;
}
```
常数可标记为 public、private、protected、internal 或 protectedinternal。这些访问修饰符定义了用户访问该常数的方式。

尽管常数不能使用 static 关键字，但可以像访问静态字段一样访问常数。未包含在定义常数类中的表达式必须使用"类名.常数名"的方式来访问该常数。例如：
```
int hours=Date.hour;
```

E.5　C#中运算符

C#提供了大量的运算符，这些运算符指定在表达式中执行哪些操作符号，本节将对 C#中常用的运算符进行介绍。

E.5.1　算术运算符

算术运算符包括"*"、"/"、"%"、"+" 和"–"操作符，用算术运算符把数值连接在一起的、符合 C#语法的表达式称为算术表达式。详细说明请参见表 6。

表 6　　　　　　　　　　　算术运算符及算术表达式

运算符	说　　明	操作数	表达式	值
+	加法运算符	二元	3+4	7
–	减法运算符	二元	3–4	–1
*	乘法运算符	二元	3*4	12
/	除法运算符	二元	9/3	3
%	模运算符	二元	9%2	1

E.5.2　关系运算符

关系运算符包括"=="、"!="、"<"、">"、"<=" 和">="等。用关系操作符把运算对象连接起来，符合 C#语法的式子称为关系表达式。关系操作符都是二元操作符，左右操作数都是表达式。关系表达式成立，则值为 true，否则值为 false。关系运算符与关系表达式的详细说明如表 7 所示。

表 7　　　　　　　　　　　关系运算符及关系表达式

运算符	说　　明	操作数	表达式	值
==	相等运算符	二元	3==4	false
!=	不等运算符	二元	3!=4	true

续表

运算符	说　明	操作数	表达式	值
<	小于运算符	二元	3<4	true
>	大于运算符	二元	9>3	true
<=	小于等于运算符	二元	9<=2	false
>=	大于等于运算符	二元	9>=9	true

E.5.3　赋值运算符

赋值运算符用于为变量、属性、事件或索引器元素赋新值。C#中的赋值运算符包括"="，"+="，"-="，"*="，"/="，"^="，"%="，"<<="，">>="。

右操作数的值存储在左操作数表示的存储位置、属性或索引器中，并将值作为结果返回。操作数的类型必须相同（或右边的操作数必须可以隐式转换为左边操作数的类型）。详细说明如表8所示。

表8　　　　　　　　　　　赋值运算符及赋值表达式

运算符	说　明	操作数	表达式	操作数类型	值类型
=	赋值	二元	c=a+b	任意类型	任意类型
+=	加赋值	二元	a+=b	数值型（整型、实数型等）	数值型（整型、实数型等）
-=	减赋值	二元	a-=b		
/=	除赋值	二元	a/=b		
*=	乘赋值	二元	a*=b		
%=	模赋值	二元	a%=b	整型	整型
&=	位与赋值	二元	a&=b	整型或字符型	整型或字符型
|=	位或赋值	二元	a|=b		
>>=	右移赋值	二元	a>>=b		
<<=	左移赋值	二元	a<<=b		
^=	异或赋值	二元	a^=b		

E.5.4　逻辑运算符

逻辑运算符包括"&"、"^"、"!"和"|"，用逻辑运算符把运算对象连接起来，符合C#语法的式子称为逻辑表达式。这4个操作符用于表达式，产生一个true或false逻辑值。逻辑运算符与逻辑表达式的详细说明如表9所示。

表9　　　　　　　　　　　逻辑运算符及逻辑表达式

运算符	说　明	操作数	表达式	操作数类型	值类型
&	与操作符	二元	a&b	布尔型	布尔型
^	异或操作符	二元	a^b	布尔型	布尔型
!	非操作符	一元	!a	布尔型	布尔型
|	或操作符	二元	a|b	布尔型	布尔型

逻辑运算符对于表达式 a 和 b 的操作如表 10 所示。

表 10　　　　　　　　　　　　　　逻辑运算符运行结果

a	b	a&b	a|b	!a	a^b
false	false	false	false	true	false
false	true	false	true	true	true
true	false	false	true	false	true
true	true	true	true	false	false

E.5.5　位运算符

位运算符将它的操作数看作是一个二进制位的集合，每个二进制位可以取值 0 和 1。位操作符允许开发人员测试或设置单个二进制或一组二进制位。C#语言中的位操作符及其功能如表 11 所示。

表 11　　　　　　　　　　　　　　位运算符

运算符	说　明	操作数	表达式	操作数类型	值类型
<<	左移运算符	二元	a<<b	整型	整型
>>	右移运算符	二元	a>>b	整型	整型
&	位与运算符	二元	a&b	整型	整型
^	位异或运算符	二元	a^b	整型	整型
!	位或运算符	一元	!a	整型	整型

E.5.6　其他运算符

1. 递增、递减运算符

增量运算符（++）将操作数加 1，它可以出现在操作数之前或之后。
- 第 1 种形式是前缀增量操作，如++a。该运算的结果是操作数加 1 之后的值。
- 第 2 种形式是后缀增量操作，如 a++。该运算的结果是操作数增加之前的值。

减量运算符（--）将操作数减 1。与增量运算符相似，减量运算符可以出现在操作数之前或之后。
- 第 1 种形式是前缀减量操作，如--a。该运算的结果是操作数减小"之后"的值。
- 第 2 种形式是后缀减量操作，如 a--。该运算的结果是操作数减小"之前"的值。

递增、递减的具体运算结果如表 12 所示（其中变量 a 为 int 类型）。

表 12　　　　　　　　　　　　　　递增、递减运算符运行结果

运算前 a 值	表达式	运算后 a 值
1	++a	2
1	a++	1
1	--a	0
1	a--	1

2. 条件运算符

条件运算符（?:）根据布尔型表达式的值返回两个值中的一个。条件运算符的格式如下：

condition?expression1:expression2;

如果条件为 true，则计算 expression1 表达式，并以它的计算结果为准；如果为 false，则计算 expression2 表达式，并以它的计算结果为准。例如：

```
int a=1;
int b=2;
a != b ? a++ :a--;
```

上面的代码首先定义了两个变量，给它们赋值并且进行三元运算，如果 a!=b，该示例返回执行结果为 2，否则返回 1。

3. new 运算符

new 运算符用于创建对象和调用构造函数。例如：

```
ClassTest test=new ClassTest();
```

new 运算符还可以用于调用值类型的默认构造函数。例如：

```
int i=new int();
```

该语句等同于：

```
int i=0;
```

new 操作符暗示创建一个类的实例，但不一定必须动态分配内存。

4. as 运算符

as 运算符用于在兼容的引用类型之间执行转换。例如：

```
string s=someObject as string;
```

as 运算符类似于强制转换，所不同的是，当转换失败时，运算符将产生空值，而不是引发异常。

E.5.7 运算符的优先级

当表达式包含多个运算符时，运算符的优先级控制着各个运算符执行的顺序。例如，表达式"a+b/c"按"a+(b/c)"计算，因为操作符"/"的优先级比"+"高。运算符的优先级及结合性见表 13 所示。

表 13　　　　　　　　　　　运算符的优先级与结合性

类别	运算符	优先级	结合性
基本	x.y、f(x)、a[x]、x++、x--、new、typeof、checked、unchecked	1	自右向左
单目	+、-、!、~、++、--、(T)x、~	2	自左向右
乘除	*, /, %	3	自左向右
加减	+, -	4	自左向右
移位	<<, >>	5	自左向右
比较	<, >, <=, >=, is, as	6	自左向右
相等	==, !=	7	自左向右
位与	&	8	自左向右
位异或	^	9	自左向右
位或	|	10	自左向右

续表

类别	运算符	优先级	结合性
逻辑与	&&	11	自左向右
逻辑或	||	12	自左向右
条件	?:	13	自右向左
赋值	=, +=, -=, *=, /=, %=, &=, |=, ^=, <<=, >>=	14	自右向左

F.6 字符串处理

ASP.NET中提供了String类来对字符串操作。这些操作在很大程度上方便了开发人员对字符串的处理，并且令编写程序具有很强的灵活性。下面将介绍常用的字符串处理。

F.6.1 比较字符串

String类提供了一系列的方法用于字符串的比较，如CompareTo方法、Equals方法。

❑ CompareTo方法用于比较两个字符串是否相等。语法格式：

```
String.CompareTo(String);
```

如果参数的值与此实例相等，则返回0；如果此实例大于参数的值，则返回1；否则返回-1。例如：

```
string str1="abc";
int m1=str1.CompareTo("abc");
int m2=str1.CompareTo("ab");
int m3=str1.CompareTo("abcd");
```

代码执行后，m1的值为0；m2的值为1；m3的值为-1。

❑ Equals方法

Equals方法是确定两个String对象是否具有相同的值。格式：

```
String.Equals(String);
```

如果参数的值与此实例相同，则为true；否则为false。例如：

```
string str1="abC",str2="abc",str3="abC";
bool b1=str1.Equals(str2);
bool b2=stri1.Equals(str3);
```

代码执行后，b1为false；b2为true；

Equals方法区分大小写。

F.6.2 定位字符及子串

定位字符串中某个字符或子串第一次出现的位置，使用IndexOf方法。格式：

```
String.IndexOf(String);
```

其中，参数为要定位的字符或子串。如果找到该字符，则为参数值的索引位置，从0开始；如果未找到该字符，则为-1；如果参数为Empty，则返回值为0。例如：

```
string str1="abcd";
int m1=str1. IndexOf ("b");
```

```
int m2=str1.IndexOf ("cd");
int m3=str1.IndexOf ("");
int m4=str1.IndexOf("w");
```
代码执行后，m1 的值为 1；m2 的值为 2；m3 的值为 0，m4 的值为-1。

F.6.3 格式化字符串

.NET Framework 提供了一种一致、灵活而且全面的方式，使您能够将任何数值、枚举以及日期和时间等基本数据类型表示为字符串。格式化由格式说明符字符的字符串控制，该字符串指示如何表示基类型值。例如，格式说明符指示是否应该用科学记数法来表示格式化的数字，或者格式化的日期在表示月份时应该用数字还是用名称。格式：

```
String Format(String,Object);
```
将指定的 String 中的格式项替换为指定的 Object 实例的值的文本等效项。例如：
```
//格式化为 Currency 类型
string str1 = String.Format("(C) Currency:{0:C}\n", -123.45678f);
//格式化为 ShortDate 类型
string str2 = String.Format("(d) Short date: {0:d}\n", DateTime.Now);
```
代码执行后，str1 的值为￥-123.46；str2 的值为 2007-3-19。

F.6.4 截取字符串

Substring 方法可以从指定字符串中截取子串，格式：
```
String.Substring(Int32,Int32);
```
子字符串从指定的字符位置开始且具有指定的长度。第一个参数表示子串的起始位置，第二个参数表示子字符串的长度。例如：
```
string str="Hello World!";
string str1=str.Substring (0,5);
```
代码执行后，str1 的值为 Hello。

F.6.5 分隔字符串

Split 方法可以把一个字符串，按照某个分隔符，分隔成一系列小的字符串。格式：
```
String[] Split(Char[]);
```
其中，参数为分隔字符串的分隔符数组。例如：
```
string str = "Hello.World!";
string[] split = str.Split(new Char[] { '.', '!'});
foreach (string s in split)
{
if (s.Trim() != "")
    Console.WriteLine(s);
}
```
代码执行后输出的结果为：Hello
                      World

F.6.6 插入和填充字符串

1．插入字符串

Insert()方法用于在一个字符串的指定位置插入另一个字符串，从而构造一个新的串。格式：
```
String Insert(Int,String);
```

其中，第一个参数指定所要插入的位置，索引从 0 开始；第二个参数指定要插入的字符串。例如：
```
string str = " This is a girl.";
str = str.Insert(10, "beautiful ");
```
代码执行后，str 的值为 This is a beautiful girl.。

2. 填充字符串

字符串通过使用 PadLeft/PadRight 方法添加指定数量的空格实现右对齐或左对齐。新字符串既可以用空格（也称为空白）进行填充，也可以用自定义字符进行填充。格式：
```
String PadLeft(Int,Char);
String PadRight(Int,Char);
```
其中，第一个参数指定了填充后的字符串长度；第二个参数指定所要填充的字符。第二个参数可以省略，如果默认，则填充空格符号。例如：
```
string str = "Hello World!";
string str1=str.PadLeft(15, '@');
string str2 = str.PadRight(15,'@');
```
代码执行后，str1 的值为@@@Hello World!；str2 的值为 Hello World!@@@。

F.6.7 删除和剪切字符串

1. 删除字符串

Remove()方法用于在一个字符串的指定位置删除指定的字符。格式：
```
String Remove (Int,Int);
```
其中，第一个参数指定开始删除的位置，索引从 0 开始；第二个参数指定要删除的字符数量。例如：
```
string str = " This is a beautiful girl.";
str = str. Remove (10,10);
```
代码执行后，str 的值为 This is a girl.。

2. 剪切字符串

若想把一个字符串首尾处的一些特殊字符剪切掉，可以使用 Trim、TrimStart、TrimEnd 方法。格式：
```
String Trim(Char[]);          //从字符串的开头和结尾处移除空白
String TrimStart (Char[]);    //从字符串的结尾处移除在字符数组中指定的字符
String TrimEnd (Char[]);      //从字符串的开头移除在字符数组中指定的字符
```
其中，参数中包含了指定要去掉的字符。Trim 方法的参数可以默认，如果默认，则删除空格符号。例如：
```
string str = "*_*Hello World! *_*";
string str2 = str.TrimStart(new char[] { '*','_' });
string str3 = str.TrimEnd(new char[] { '*','_'});
```
代码执行后，str1 的值为 Hello World*_*！；str2 的值为 *_*Hello World! 。

F.6.8 复制字符串

Copy 方法可以把一个字符串方法复制到另一个字符串中。格式：
```
String Copy(String);
```
其中，参数为需要复制的源字符串，方法返回目标字符串。例如：
```
string str="Hello World!";// 源字符串
```

```
string newstr=String.Copy(str);//目标字符串
```
代码执行后，newstr 的值为 Hello World! 。

F.6.9 替换字符串

Replace 方法可以替换掉一个字符串中的某些特定字符或者子串。格式：
```
String Replace(String String);
```
其中，第一个参数为待替换的的子串；第二个参数为替换后的新子串。例如：
```
string str="It is a dog.";
str=str.Replace("dog","pig");
```
代码执行后，str 的值为 It is a pig.。

String 类中提供了很多关于字符串的操作方法，每种方法还有多个重载形式，使开发人员可以更加方便地处理程序开发中对字符串的相关问题。

G.7 流程控制

G.7.1 有效使用分支语句

分支语句是控制下一步要执行某些代码的过程。要跳转到的代码行由某个条件语句来控制。这个条件语句使用布尔逻辑，对测试值和一个或多个可能的值进行比较。本节介绍 C#中的 2 种分支语句技术。

❑ if 语句。
❑ switch 语句。

1. if 语句

if…else 语句是控制在某个条件下才执行某个功能，否则执行另一个功能。if…else 语句语法格式如下：

```
if(布尔表达式)
{
    //代码段 1
}
else
{
    //代码段 2
}
```

if 语句会根据布尔表达式的值决定执行哪一个代码段。若为 true，则执行代码段 1 中的代码；反之，则执行代码段 2 中的代码。如果在 if 语句中用来判断的条件有多个，可以使用 else if 语句。所有的 else if 语句的条件都是互斥的。

例如，如果条件（score >= 80）计算为 true，str 的值为"优秀"；条件（score >= 60）计算为 true，str 的值为"及格"；否则，str 的值为"不及格"。

```
using System;
using System.Collections.Generic;
using System.Text;
namespace MyControl
{
    class Program
    {
```

```
        static void Main(string[] args)
        {
            int score = 90;
            string str = "";
            if (score >= 80)
                str = "优秀";
            else if (score >= 60)
                str = "及格";
            else
                str = "不及格";
            Console.Write(str + "\n\n");
        }
    }
}
```

程序运行结果如图 1 所示。

图 1 if 语句运行结果

2. switch case 语句

switch 语句是一个控制语句,它通过将控制传递给其体内的一个 case 语句来处理多个选择和枚举。控制传递给与条件值匹配的 case 语句。switch 语句可以包括任意数目的 case 实例,但是任何两个 case 语句都不能具有相同的值。语句体从选定的语句开始执行,直到 break 将控制传递到 case 体以外。如果没有任何 case 表达式与开关值匹配,则控制传递给跟在可选 default 标签后的语句。如果没有 default 标签,则控制传递到 switch 以外。

switch 语句语法格式如下:

```
switch(条件)
{
    case 条件1:
        //代码段1
        break;
    … …
    case 条件n:
        //代码段n
        break;
    default : 语句n+1;
        break;
}
```

控制传递给与条件值匹配的 case 语句。switch 语句可以包括任意数目的 case 实例,但是任何两个 case 语句都不能具有相同的值。语句体从选定的语句开始执行,直到 break 将控制传递到 case 体以外。如果没有任何 case 表达式与开关值匹配,则控制传递给跟在可选 default 标签后的语句。如果没有 default 标签,则控制传递到 switch 以外。

例如,如果 i 的值为 1,则在控制台输出 "Case 1";如果 i 的值为 2,则在控制台输出 "Case 2";如果 i 的值为其他数值,则在控制台输出 "Default case"。

```
using System;
using System.Collections.Generic;
using System.Text;
namespace MyControl
{
    class Program
    {
        static void Main(string[] args)
```

```
            {
                int i = 1;
                switch (i)
                {
                    case 1:
                        Console.WriteLine("Case 1");
                        break;
                    case 2:
                        Console.WriteLine("Case 2");
                        break;
                    default:
                        Console.WriteLine("Default case");
                        break;
                }
            }
        }
```

程序运行结果如图 2 所示。

图 2　switch 语句运行结果

G.7.2　有效使用循环语句

循环就是重复执行一些语句，该技术使用起来非常方便，因为可以对相关操作重复任意次数，而且不需要每次都编写相同的代码。

1. for 循环语句

for 语句循环重复执行一个语句或语句块，直到指定的表达式计算为 false 值。for 语句语法格式如下：

```
for(初始值;布尔表达式;表达式)
{
    //代码段，循环体
}
```

for 语句的执行顺序：首先，计算变量的初始值。然后，当布尔表达式的值为 true，将执行代码段的语句，并重新计算变量的值；当布尔表达式的值为 false 时，则将控制传递到循环外部。

例如，设置 i 的初始值为 1，并且 i 小于等于 5 执行循环体，将 i 的值输出到控制台，然后 i++ 累计加 1，直到 i 大于 5，循环结束。

```
using System;
using System.Collections.Generic;
using System.Text;
namespace MyControl
{
    class Program
    {
        static void Main(string[] args)
        {
            for (int i = 1; i <= 5; i++)
            {
                Console.Write(i);
            }
        }
    }
}
```

程序运行结果如图 3 所示。

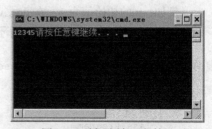

图 3　for 循环语句运行结果

2. while 语句

while 语句用来在指定条件内，重复执行一个语句或语句块。while 语句语法格式如下：

```
while(布尔表达式)
{
    //代码段
}
```

while 语句根据一个特定条件，重复执行某个程序代码块，每当程序代码块执行完毕，则重新查看是否符合条件值，若执行完毕后的结果在条件值范围内，则再次执行相同的程序代码块，否则跳出反复执行的程序代码块；也就是说，while 语句执行一个语句或语句块，直到指定的表达式计算为 false。

例如：n 的初始值为 1，如果 n 小于 6 则执行 while 循环体，在该循环体中进行 n++，累计加 1，并将 n 的值输出到控制台，直到 n 大于等于 6 时结束 while 循环。

```
using System;
using System.Collections.Generic;
using System.Text;
namespace MyControl
{
    class Program
    {
        static void Main(string[] args)
        {
            int n = 1;
            while (n < 6)
            {
                Console.Write(n);
                n++;
            }
        }
    }
}
```

程序运行结果如图 4 所示。

图 4　while 语句程序运行结果

3. do…while 语句

do…while 语句实现的循环是直到型循环，该类循环先执行循环体再测试循环条件。do…while 语句的一般语法格式如下：

```
do
{
    //代码段
}while(布尔表达式);
```

与 while 语句不同，do…while 语句在程序每一次循环执行完毕进行条件判断，而 while 语句则在每一次循环执行前进行判断。

例如，n 的初始值为 1，在 do…while 语句循环体中，将 n 值输出，然后进行 n 值累加，如果 n 值小于 1，那么结束 do…while 循环。

```
using System;
using System.Collections.Generic;
using System.Text;
namespace MyControl
{
    class Program
    {
```

```
        static void Main(string[] args)
        {
            int n = 1;
            do
            {
                Console.WriteLine(n);
                n++;
            } while (n < 1);
        }
    }
}
```

n 的初始值等多少，do...while 循环到至少执行一次。

程序运行结果如图 5 所示。

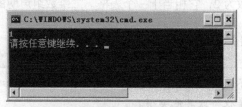

图 5 do...while 语句程序运行结果

4. foreach 语句

foreach 语句提供一种简单的方法来循环访问数组的元素。foreach 语句的一般语法格式如下：
```
foreach(数据类型 变量名 in  数组或集合)
{
    //代码段
}
```
该语句为数组或对象集合中的每个元素重复一个嵌入语句组。当为集合中的所有元素完成迭代后，控制传递给 foreach 块之后的下一个语句。

例如：声明一个字符串数组，并且设置相应的初始值，然后使用 foreach 语句循环访问字符串数组中元素，并输出到控制台。

```
using System;
using System.Collections.Generic;
using System.Text;
namespace MyControl
{
    class Program
    {
        static void Main(string[] args)
        {
            string[] str ={ "ABC", "BCA", "CBA" };
            foreach (string s in str)
            {
                Console.WriteLine(s);
            }
        }
    }
}
```

程序运行结果如图 6 所示。

图 6 foreach 语句程序运行结果

H.8 数组的基本操作

数组是包含若干相同类型的变量的集合。这些变量可以通过索引进行访问。数组的索引从 0 开始。数组中的变量称为数组的元素。数组中的每个元素都具有唯一的索引与其相对应。数组能够容纳元素的数量称为数组的长度。数组的维数即数组的秩。

数组类型是从 System.Array 派生的引用类型。数组可以分为一维、多维和交错数组。

H.8.1 数组的声明

数组可以具有多个维度。一维数组即数组的维数为 1。一维数组声明的语法：

```
type[] arrayName;//
```

二维数组即数组的维数为 2，它相当于一个表格。二维数组声明的语法：

```
type[,] arrayName;
```

其中，type：数组存储数据的数据类型；arrayName：数组名称。

数组的长度不是声明的一部分，数组必须在访问前初始化。数组的类型可以是基本数据类型，也可是枚举或其他类型。

H.8.2 初始化数组

数组的初始化有很多形式。可以通过 new 运算符创建数组，并将数组元素初始化为它们的默认值。例如：

```
int[] arr =new int[5];//arr 数组中的每个元素都初始化为 0
int[,] array = new int[4, 2];
```

可以在声明数组时将其初始化，并且初始化的值为用户自定义的值。例如：

```
int[] arr1=new int[5]{1,2,3,4,5};//一维数组成
int[,] arr2=new int[3,2]{{1,2},{3,4},{5,6}};//二维数组
```

数组大小必须与大括号中的元素个数相匹配，否则会产生编辑时错误。

可以声明一个数组变量时不对其初始化，但在对数组初始化时必须使用 new 运算符。例如：

```
//一维数组
string[] arrStr;
arrStr=new string[7]{"Sun", "Mon", "Tue", "Wed", "Thu", "Fri", "Sat"};
//二维数组
int[,] array;
array = new int[,] { { 1, 2 }, { 3, 4 }, { 5, 6 }, { 7, 8 } };
```

实际上，初始化数组时可以省略 new 运算符和数组的长度。编译器将根据初始值的数量来计算数组长度，并创建数组。例如：

```
string[] arrStr={"Sun", "Mon", "Tue", "Wed", "Thu", "Fri", "Sat"}; //一维数组
int[,] array4 = { { 1, 2 }, { 3, 4 }, { 5, 6 }, { 7, 8 } };                //二维数组
```

I.9 面向对象的程序设计

学习面向对象程序设计，第一步就是利用对象建模技术来分析目标问题，抽象出相关对象的共性，对它们进行分类，并分析各类之间的关系，同时使用类来描述同一类问题。

I.9.1 面向对象的概念

面向对象程序设计（Object-Oriented Programming）简称 OOP 技术，是开发计算机应用程序的一种新方法、新思想。过去的面向过程编程常常会导致所有的代码都包含在几个模块中，使程序难以阅读和维护。在做一些修改时常常牵一动百，使以后的开发和维护难以为继。

而使用 OOP 技术，常常要使用许多代码模块，每个模块都只提供特定的功能，它们是彼此独立的，这样就增大了代码重用的几率，更加有利于软件的开发、维护和升级。模块化的设计结构常常可以简化任务，因为比较抽象的实体，其构建和使用也是一致的。

在面向对象中，算法与数据结构被看作是一个整体，称作对象，现实世界中任何类的对象都具有一定的属性和操作，也总能用数据结构与算法两者合一地来描述。所以可以用下面的等式来定义对象和程序：

对象=（算法+数据结构），程序=（对象 + 对象 + ...）。

从上面的等式可以看出，程序就是许多对象在计算机中相继表现自己，而对象则是一个个程序实体。

I.9.2 类和对象

类是 C#中功能最为强大的数据类型。像结构一样，类也定义了数据类型的数据和行为。然后，程序员可以创建作为此类的实例的对象。与结构不同，类支持继承，而继承是面向对象编程的基础部分。

对象是具有数据、行为和标识的编程结构。对象是实例化的，也就是说，对象是从类和结构所定义的模板中所创建出来的。

1. 类和对象的概述

类是对象概念在面向对象编程语言中的反映，是相同对象的集合。类描述了一系列在概念上有相同含义的对象，并为这些对象统一定义了编程语言上的属性和方法。

类是对象的抽象描述和概括。例如：车是一个类，自行车、汽车、火车也是类。但是自行车、汽车、火车都属于车这个类的子类。因为它们有共同的特点，都是交通工具，都有轮子，都可以运输。而汽车有颜色、车轮、车门、发动机，这是和自行车，火车不同的地方，是汽车类自己的属性，也是所有汽车共同的属性，所以汽车也是一个类。而具体到某个汽车就是一个对象了，例如：车牌照为"吉 A123**"的黑色小汽车。用具体的属性可以在汽车类中唯一确定自己，并且对象具有类的操作。例如：可以作为交通工具运输，这是所有汽车共同具有的操作。简而言之，类是 C#中功能最为强大的数据类型，它定义了数据类型的数据和行为。

对象是面向对象应用程序的一个组成部件，这个组成部件封装了部分应用程序，这部分程序可以是一个过程、一些数据或一些更抽象的实体。

对象包含变量成员和方法类型，它所包含的变量组成了存储在对象中的数据，而其包含的方法可以访问对象的变量。略为复杂的对象可能不包含任何数据，而只包含方法，并使用方法表示一个过程。例如，可以使用表示打印机的对象，其中的方法可以控制打印机（允许打印文档和测试页等)。

C#中的对象是从类的定义实例化,这表示创建类的一个实例,"类的实例"和对象表示相同的含义,但需要注意的是,"类"和"对象"是完全不同的概念。

注意　术语"类"和"对象"常常混淆,从一开始就正确区分它们是非常重要的,使用汽车示例有助于区分"类"和"对象",类型可以用来指汽车的模板,或者用于指构建汽车的规划,而汽车本身是这些规划的实例,所以可以看作对象。

2. 定义类并实例化类对象

❑ 定义类

C#语言中使用class关键字来定义类。其基本结构如下:

```
class myClass
{
    //花括号内编写类成员
}
```

上面的代码中,定义了一个myClass类,默认情况下,类的访问级别为Private(私有型)。如果在其他项目或类中,要访问定义的类,可以声明访问级别为Public公共类型的,其基本结构如下:

```
public class myClass
{
    //花括号内编写类成员
}
```

在C#语言中,类具有以下特点。

- 与C++不同,C#只支持单继承:类只能从一个基类继承实现。
- 一个类可以实现多个接口。
- 类定义可在不同的源文件之间进行拆分。
- 静态类是仅包含静态方法的密封类。

❑ 实例化类对象

尽管有时类和对象可互换,但它们是不同的概念。类定义对象的类型,但它不是对象本身。对象是基于类的具体实体,有时称为类的实例。

通过使用new关键字,后跟对象将基于的类的名称,可以创建对象(也称实例化),如下所示:

```
Customer object1 = new Customer();
```

创建类的实例后,将向程序员传递回对该对象的引用。在上段代码中,object1是对基于Customer的对象的引用。此引用新对象,但不包含对象数据本身。实际上,可以在根本不创建对象的情况下创建对象引用:

```
Customer object2;
```

建议不要创建像这样的不引用对象的对象引用,因为在运行时通过这样的引用来访问对象的尝试将会失败。但是,可以创建这样的引用来引用对象,方法是创建新对象,或者将它分配给现有的对象,如下所示:

```
Customer object3 = new Customer();
Customer object4 = object3;
```

此代码创建了两个对象引用,它们引用同一个对象。因此,通过对object3对象所做的任何更改都将反映在随后使用的object4中。这是因为基于类的对象是按引用来引用的,因此类称为引用类型。

下面的代码实现了访问Car类的对象和对象数据状态,代码如下:

```
public class Car
{
    public  int number;            //汽车编号
    public  string color;              //汽车颜色
    private string _brand;         //汽车商标
    public Car()
    {
    }
    public string brand
    {
        get
        {
            return _brand;
        }
        set
        {
            _brand = value;
        }
    }
}
```

下面代码在一个方法中实例化类对象并设置和访问数据状态，代码如下：

```
private void button2_Click(object sender, EventArgs e)
{
    string pa;
    Car c = new Car();
    c.brand = "奔驰";
    c.color = "黑色";
    pa = c.brand;
}
```

I.9.3 使用 private、protected 和 public 关键字控制访问权限

访问修饰符是一些关键字，用于指定声明的成员或类型的可访问性。本节介绍下面4个访问修饰符。

- public
- protected
- internal
- private

使用这些访问修饰符可指定下列5个可访问性级别。

- public：访问不受限制。
- protected：访问仅限于包含类或从包含类派生的类型。
- Internal：访问仅限于当前程序集。
- protected internal：访问仅限于当前程序集或从包含类派生的类型。
- private：访问仅限于包含类型。

1. public 关键字

public 关键字是类型和类型成员的访问修饰符。公共访问是允许的最高访问级别。对访问公共成员没有限制，如下代码所示：

```
class SampleClass
```

```
{
    public int x;   // 访问类型为无限制访问
}
```

2. private 关键字

private 关键字是一个成员访问修饰符。私有访问是允许的最低访问级别。私有成员只有在声明它们的类和结构体中才是可访问的，如下代码所示：

```
class Employee
{
    private int i;   //访问类型为私有访问
    double d;        //在没有指定访问修饰符时，为默认的私有访问
}
```

同一代码体中（同一个大括号内）的嵌套类型可以访问定义的私有成员。

3. protected 关键字

protected 关键字是一个成员访问修饰符。受保护成员在它的类中可访问，并且可由派生类访问。仅当访问通过派生类类型发生时，基类的受保护成员在派生类中才是可访问的。例如，请看以下代码段：

```
using System;
class A
{
    protected int x = 123;
}
class B : A
{
    static void Main()
    {
        A a = new A();
        B b = new B();
        b.x = 10;
    }
}
```

4. internal 关键字

internal 关键字是类型和类型成员的访问修饰符。只有在同一程序集的文件中，内部类型或成员才是可访问的，如下代码所示：

```
public class BaseClass
{
    internal static int x = 0;
}
```

内部访问通常用于基于组件的开发，因为它使一组组件能够以私有方式进行合作，而不必向应用程序代码的其余部分公开。例如，用于生成图形用户界面的框架可以提供"控件"类和"窗体"类，这些类通过使用具有内部访问能力的成员进行合作。由于这些成员是内部的，它们不向正在使用框架的代码公开。

I.9.4 构造函数和析构函数

在 C#中定义类时，常常不需要定义相关的构造函数和析构函数，因为基类 System.Object 提供了一个默认的实现方式。构造函数是在第一次创建对象时调用的方法，析构函数是当对象即将

从内存中移除时，由运行库执行引擎调用的方法。如有需要，程序开发人员可以自己编写构造函数和析构函数，以便初始化对象和清理对象。

构造函数和析构函数具有与类相同的名称，但析构函数名称前方加以"~"符号，实现构造函数和析构函数的语法如下：

```
public class myClass
{
    public myClass()        //实现构造函数
    {
        //编写构造函数中的代码
    }
    ~myClass()              //实现析构函数
    {
        //编写析构函数中的代码
    }
}
```

下面通过一个示例，来演示构造函数和析构函数的执行过程，定义了一个具有简单的构造函数和析构函数，名为 Taxi 的类。然后使用 new 运算符来实例化该类。在为新对象分配内存之后，new 运算符立即调用 Taxi 构造函数，然后对象从内存中移除时，立即调用析构函数。

示例实现代码如下：

```
using System;
using System.Collections.Generic;
using System.Text;
namespace MyControl
{
    class Program
    {
        static void Main(string[] args)
        {
            Taxi t = new Taxi();
        }
    }
    public class Taxi
    {
        public string str = "";
        public Taxi()
        {
            str = "执行构造函数";
            Console.Write(str + "\n");
        }
        ~Taxi()
        {
            str = "执行析构函数";
            Console.Write(str + "\n");
        }
    }
}
```

程序运行结果如图 7 所示。

图 7 程序运行结果

I.9.5 定义类成员

本节讲解定义类成员，包括字段、方法、属性。所有的类成员都有自己的访问级别，通过访问修饰符来定义。

public：成员可以由任何代码访问。
private：访问仅限于本身类中的代码（如果不声明访问级别，默认为私有（private）成员）。
Internal：访问仅限于当前程序集。
protected：成员只能由类或派生类中的代码来访问。

另外，字段、方法和属性都可以使用关键字 static 来声明，表示为类的静态成员，而不是对象实例成员。

1. 定义字段

声明字段用标准的变量声明格式和访问修饰符来声明，并且可以对其初始化。例如，在类 myClass 中声明一个公共整型类型字段。代码如下：

```
public class myClass
{
    public int myField;
}
```

字段可以声明 readonly、static、const 等形式，下面分别使用这 3 种关键字声明字段。

- readonly 关键字是可以在字段上使用的修饰符。当字段声明包括 readonly 修饰符时，可以由初始化赋值语句赋值，或者在同一类的构造函数中赋值。例如：

```
public class myClass
{
    public readonly int myField;
}
```

- static 关键字意义为声明为静态。static 修饰符可用于类、字段、方法、属性、运算符、事件和构造函数，但不能用于索引器、析构函数或类以外的类型。例如，声明静态一个字段：

```
public class myClass
{
    public static int myField;
}
```

- const 关键字用于修改字段或局部变量的声明。它指定字段或局部变量的值是常数，不能被修改。例如：

```
public class myClass
{
    public const int myField;
}
```

2. 定义方法

方法是包含一系列语句的代码块。在 C#语言中，每个执行指令都是在方法的上下文中完成的。

方法在类中声明，声明时需要指定访问级别、返回值类型、方法名称以及方法中参数。方法参数放在括号中，并用逗号隔开。空括号表示无参数方法。下面的类包含 3 个方法：

```
public class Car
{
    public void CarColor()                    //void 为无返回值方法，并且没有参数
    {
        //在方法中编写代码
    }
    public void AddCar(int gallons)           //有一个 int 类型参数
    {
        //在方法中编写代码
    }
    public int Drive(int miles, int speed)    //返回值类型为 int，有两个类型为 int 的参数
```

{
　　　　　//在方法中编写代码
　　　}
}

调用对象的方法类似于访问字段。在对象名称之后,依次添加句点、方法名称和括号。参数在括号内列出,并用逗号隔开。因此,可以如下所示来调用 Motorcycle 类的方法:

```
Motorcycle moto = new Motorcycle();
moto.CarColor();
moto.AddGas(15);
moto.Drive(5, 20);
```

如前面的代码段所示,如果要将参数传递给方法,只需在调用方法时在括号内提供这些参数即可。对于被调用的方法,传入的变量称为"参数"。

方法所接收的参数也是在一组括号中提供的,但必须指定每个参数的类型和名称。该名称不必与参数相同。例如:

```
public static void PassesInteger()
{
    int fortyFour = 44;
    TakesInteger(fortyFour);
}
static void TakesInteger(int i)
{
    i = 33;
}
```

在这里,一个名为 PassesInteger 的方法向一个名为 TakesInteger 的方法传递参数。在 PassesInteger 内,该参数被命名为 fortyFour,但在 TakeInteger 中,它是名为 i 的参数。此参数只存在于 TakesInteger 方法内。其他任意多个变量都可以命名为 i,并且它们可以是任何类型,只要它们不是在此方法内部声明的参数或变量即可。

TakesInteger 方法将新值赋给所提供的参数。有人可能认为一旦 TakeInteger 返回,此更改就会反映在 PassesInteger 方法中,但实际上变量 fortyFour 中的值将保持不变。这是因为 int 是"值类型"。默认情况下,将值类型传递给方法时,传递的是副本而不是对象本身。由于它们是副本,因此对参数所做的任何更改都不会在调用方法内部反映出来。之所以叫做值类型,是因为传递的是对象的副本而不是对象本身。传递的是值,而不是同一个对象。

下面通过一个例子,来演示方法的定义及调用。本示例主要声明 3 个方法,Info 方法用于输出字符串,无返回值;OutPut 方法无返回值,有一个 string 类型参数,并将传入的参数输出;Sum 方法,返回值类型为 int,有两个 int 型参数,该方法将传入的参数相加计算,并将计算结果返回。
示例实现代码如下:

```
using System;
using System.Collections.Generic;
using System.Text;
namespace MyControl
{
    class Program
    {
        static void Main(string[] args)
        {
```

```
            Compute c = new Compute();
            c.Info();
            c.OutPut("请问 1 + 1 等于多少? ");
            int sum = c.Sum(1, 1);
            c.OutPut("等于" + sum);
            c.OutPut("回答完毕");
        }
    }
    public class Compute
    {
        public void Info()
        {
            Console.Write("+++++++开始计算+++++++++" + "\n");
        }
        public void OutPut(string message)
        {
            Console.Write(message + "\n");
        }
        public int Sum(int a, int b)
        {
            return a + b;
        }
    }
```

程序运行结果如图 8 所示。

图 8　程序运行结果

3. 定义属性

属性定义的方式与字段定义方式类似，但定义属性比较复杂，属性拥有两个花括号（{ }）代码块，一块用于获取属性值，另一块用于设置属性值，这两块又称访问器。分别用 get 和 set 关键字来定义，可以控制对属性的访问级别。set 和 get 可以单独设置，如果忽略 get 块，创建的是只写属性，如果忽略 set 块，创建的是只读属性。

可以见得，属性提供灵活的机制来读取、编写或计算私有字段的值。可以像使用公共数据成员一样使用属性，但实际上属性是称为"访问器"的特殊方法。这使得数据在可被轻松访问的同时，仍能提供方法的安全性和灵活性。

属性的基本结构包括标准的可访问修饰符（public、private 等）、属性名、get 块和 set 块。例如：

```
public int MyProperty
{
    get
    {
        //获取属性代码
```

```
        }
        set
        {
            //设置属性代码
        }
    }
```

get 块必须有一个属性类型的返回值,简单的属性一般与一个私有字段相关联,也控制对个这个字段的访问,此时 get 块可以直接返回该字段的值。

set 块主要是把一个 value 值赋给字段,其中 value 为 C # 中关键字,意义为引用用户提供的属性值。例如:

```
private int myProperty
public int MyProperty
{
    get
    {
        return myProperty;
    }
    set
    {
        myProperty=value;
    }
}
```

I.9.6　命名空间的使用

namespace 关键字用于声明一个范围。此命名空间范围允许组织代码,并提供了创建全局唯一类型的方法。

C#语言使用命名空间来组织系统类型(包括类、结构、接口等)或用户定义的数据类型。如果没有明确地声明一个命名空间,则用户代码中所定义的类型将位于一个未命名的全局命名空间中。这个全局命名空间中的类型对于所有的命名空间都是可见的。

不同的命名空间中的类型可以具有相同的名字,但是同一命名空间中的类型的名字不能相同。

用户在编写 C#语言程序时,通常都要先声明一个命名空间,然后在这个命名空间中定义自己的类型。命名空间的声明非常简单,其语法如下所示:

```
namespace name[.name1] ...] {
      type-declarations
}
```

参数:

name, name1

命名空间名可以是任何合法的标识符,如下所示:

type-declarations

在一个命名空间中,可以声明一个或多个下列类型。

- 另一个命名空间。
- 类。
- 接口。
- 结构。
- 枚举。
- 委托。

例如下面的代码:

```
namespace myNameSpace
{
    //定义自己的类型
}
```
或
```
namespace myProject.myNameSpace
{
    //定义自己的类型
}
```
或
```
namespace myObject.myProjectmyNameSpace
{
    //定义自己的类型
}
```

 在一个命名空间中，只能包含类型定义，并且这些类型具有 Public 访问属性，即可以从命名空间外部来访问。

要使用某个命名空间的类型时，可以使用 using 关键字来指定命名空间。例如下面的代码：

```
using System;                    //指定 System 命名空间
using System.Text;               //指定 System.Text 命名空间
using MyControl                  //指定用户自定义命名空间
```

如果不指定命名空间，那么需要程序开发人员使用命名空间中的类型时，就需要通过命名空间来引用类型。例如下面的代码：

```
System.Console.Write("你好! ");   //未指定命名空间
Console.Write("你好! ");          //在命名空间处，指定了 using System;
```

另外，还可以使用 using 关键字为命名空间指定一个别名，这样就可以使用这个别名来引用类型，例如下面的代码：

```
using mySystem = System;         //指定命名空间时，指定别名
......
        mySystem.Console.Write("你好! ");   //通过别名引用类型
......
```

J.10 小　结

该附录中，首先对 C#语言进行了简单介绍，接着对 C#语言中的基本语法进行了讲解，其中包括数据类型、常量、变量、数据类型转换、运算符、运算符优先级、字符串处理、程序编写规范和序注释等内容；最后对面向对象技术进行了重点讲解，详细介绍类、类对象、类和类对象的关系、属性、方法、静态方法、构造函数、析构函数、类的继承和接口，并且在 C#编程环境中进行论述，但主要是用示例来说明和讲解。对于没有 C#语言基础的读者，可以选择学习该附录，从而快速地掌握 C#语言相关的内容。